"十三五"江苏省高等学校重点教材（编号：2020-2-135）

海洋遥感机理及应用

Principles and Applications of Ocean Remote Sensing

张渊智　主编

气象出版社

China Meteorological Press

内容简介

环境气候变化和自然灾害频发等全球性问题都与海洋密切相关，而海洋遥感技术是获取海洋信息以深入了解海洋变化的重要手段。本书就海洋遥感技术的相关机理及应用技术进行了详细介绍，内容全面丰富，语言流畅易懂，理论结构体系完整。全书共分为六章，分别介绍了海洋遥感技术的相关基本内容、海洋遥感的基础理论、目前市面上的各类海洋遥感平台和遥感器、遥感数字图像特征及其处理技术、海洋遥感实际应用、海洋遥感和海岸带遥感应用练习上机演示。

本书语言通俗易懂，注重理论与实践相结合，包含上机实习内容，适用于就读海洋、遥感、水利、环境等相关专业的本科生，也可供相关专业研究生、科研人员学习。

图书在版编目（CIP）数据

海洋遥感机理及应用 / 张渊智主编. -- 北京 : 气象出版社，2021.6
　　ISBN 978-7-5029-7489-3

Ⅰ．①海… Ⅱ．①张… Ⅲ．①海洋遥感 Ⅳ．①P715.7

中国版本图书馆CIP数据核字（2021）第128536号

海洋遥感机理及应用
Haiyang Yaogan Jili ji Yingyong

出版发行	气象出版社			
地　　址	北京市海淀区中关村南大街46号	邮政编码	100081	
电　　话	010-68407112（总编室）　010-68408042（发行部）			
网　　址	http://www.qxcbs.com	E-mail	qxcbs@cma.gov.cn	
责任编辑	王　迪	终　　审	吴晓鹏	
责任校对	张硕杰	责任技编	赵相宁	
封面设计	地大彩印设计中心			
印　　刷	北京中石油彩色印刷有限责任公司			
开　　本	720 mm×960 mm　1/16	印　　张	21	
字　　数	410 千字	彩　　插	4	
版　　次	2021年6月第1版	印　　次	2021年6月第1次印刷	
定　　价	80.00 元			

本书如存在文字不清、漏印以及缺页、倒页、脱页等，请与本社发行部联系调换

编委会

主　　编：张渊智
副 主 编：丘仲锋　段洪涛　张鸿生
编写人员：纪晨旭　冯佳俊　刘莹莹　马兆越
　　　　　杨一琳　马玉菲　周　琛　陈　晨

序

海洋是生命起源的摇篮,不仅如此,海洋也是人类文明诞生和发展的策源地。中国是一个具有漫长海岸线和辽阔海洋的国家,作为一个文明古国,中国也是人类海洋文明的重要发祥地。我国有着光荣的航海历史,明代郑和七下西洋,船迹所至到达东非、红海,比欧洲的大航海时代要整整早了100年,彰显了中华民族的海洋情结。

"十三五"是我国实现全面建成小康社会的关键时期,和陆地一样,辽阔的海洋也是全面建成小康社会的重要依托,经略海洋更是国家的重要战略方向。同时,人民生活水平显著提高,消费形式加速从生存型消费向享受型消费、发展型消费转变,从而对碧海蓝天、洁净沙滩等高品质海洋环境和资源的需求更加迫切,这都要求科学合理开发并保护海洋资源,加快海洋生态环境治理,优化海洋环境。从经济发展角度看,海洋是全球化经济的动脉和纽带,中国经济的可持续发展更离不开海洋。我国经济发展速度较快的地区大多为沿海地区,发达的沿海工业和海上交通,既促进了经济的发展,也严重影响着海洋环境。海上溢油、赤潮和企业的重大安全事故频发,给沿海地区人民的生命财产安全带来严重影响,加重了海洋安全生产的潜在隐患。提高全民族的海洋战略意识,重视海洋科学教育,对提高海洋科学的研究水平、加强海洋开发与管理具有十分重要的意义。

海洋也是全球变化的引擎,厄尔尼诺、南方涛动都源自于海洋,海洋温度变化所产生的蝴蝶效应直接影响着大陆气候和天气的变化。海洋环境与生态研究是人类维持自身生存与发展、拓展生存空间的迫切需要。广袤无际的海洋是人类常规观测难以企及的,因此利用遥感技术监测海洋,对于开发海洋资源、保护海洋环境、维护海洋权益、减轻海洋灾害和有效实施海洋管理等显得尤为重要和迫切。包括光、电、声在内的海洋遥感技术是实施海洋资源和环境观测和监测的重要手段。卫星遥感技术的突飞猛进,为人类提供了从空间观测大范围海洋现象的可能性。美国、日本、欧盟、俄罗斯,甚至韩国等已发射了多颗专用海洋卫星,迄今为止我国也发射了包括海洋水色和海洋动力学观测的多颗海洋卫星,这都为我国海洋遥感技术发展及应用提供了坚实的数据、信息和技术支撑。

目前,国内外关于遥感的教材不少,但遗憾的是,这些教材大多集中讨论陆地遥感过程,对于海洋遥感的介绍不尽翔实。得益于"十三五"江苏省高等学校重点教材项目的支持,南京信息工程大学的张渊智教授和丘仲锋教授,中国科学院南京地理与湖泊研究所的段洪涛研究员,香港大学的张鸿生教授,结合他们在遥感教学、研究和应用等方面的研究成果和经验,合作编写了《海洋遥感机理及应用》这本新教材,填补了我国海洋遥感教学上的一项空白。该书内容丰富、涵盖面广,有助于缓解当前海洋遥感教育瓶颈问题,是一部既有理论深度又有应用广度的参考书。

希望通过这部教材的出版和使用,能推动我国海洋遥感高等教育、科学研究和实际应用向前发展。

(童庆禧)
中国科学院院士
国际欧亚科学院院士
中国科学院空天信息创新研究院
2021 年 2 月

前　言

　　环境变化、气候变化和自然灾害频发等全球性问题都与海洋的变化密切相关,要深入了解和分析海洋的变化,就必须获取海洋变化过程中的相关物理要素信息。海洋遥感技术是获取海洋信息的重要手段,其具有可以多要素、长时间、大范围、不间断地观测海洋的优势。

　　在过去的30年中,科学技术的快速发展使卫星技术可以更加精准地监测到全球海洋环境和大气环境的变化,其中计算机硬件制造技术和软件开发技术的提升使人类快速地获取和处理海量的卫星数据成为了可能,比如卫星获取的全球海面温度变化数据、全球大尺度海流与海浪的变化数据、海面风场数据及全球各区域海洋生物的浓度、种类变化等方面的数据。这些数据经过分析可以有效预测当地的海洋环境变化、气候变化,将其同化到数值模式中时,能够进一步改善海洋、气象预报的精度。

　　海洋在人类生活和生物学上扮演着重要的角色,它大约覆盖了地球面积的70%,提供了地球上大部分的水资源,同时包含了地球上25%的植物物种,有一个复杂的动态生态系统。这些植物物种主要集中在地球陆地与海洋交互的区域,即海岸带区域,目前地球上的高生物生产力海岸带主要是纽芬兰大浅滩、白令海和阿拉斯加海湾、北海和秘鲁海岸,它们及与它们相似的区域提供了占全球80%~90%的渔获量。

　　海洋对气候的影响也非常巨大,即使是区域海内的热含量的变化、海洋与大气之间垂直方向的热通量变化、海上的湿度的变化,也可以使全球的气候产生巨大改变。在全球范围看,赤道和南北极之间的海流为地球提供了大约一半的热输送,剩余的热输送则是大气来完成。根据研究中得到的一些数值模式可以预测到:在全球的气候变化中,两极地区的气候会率先改变,所以监测南北极冰的覆盖范围和冰的厚度对于气候研究非常重要,不仅会影响到短期的航运,还会影响到气候的变化。除了两极地区的海域和地球中部的海域,大陆周边的海域还可以通过调节气候来改善大陆的宜居性。因此,监测和研究全球范围的海洋的变化是十分必要的。

　　在监测海洋的变化中,海洋卫星与遥感技术的结合运用必不可少,海洋遥感卫星已经是我国建设海洋强国进程中的重要角色。随着如今我国在轨海洋卫星的增加,完整的卫星应用体系和海洋遥感立体观测体系已在逐步建成,这将显著提高我国在海洋综合管理、气象预测等公共服务及人民环境安全保障等领域的实力。

　　然而,目前国内外还少有专门针对海洋类的遥感教材出版,大多是集中于介绍遥感基础和原理方面、讨论陆地遥感过程的教材,比如《遥感原理与应用》《遥感影像处理教程》等,对海洋遥感的介绍并不够详尽。因此,本书将完善该领域的教材缺失,为国内外的学术研究与人才培养贡献力量。

本书共 6 章,各章内容简介如下。

第 1 章为绪论,该章介绍了海洋遥感技术的相关基本内容,包括海洋遥感技术的定义概念、系统解析、技术分类和历史发展,由纪晨旭、陈晨、张渊智和张鸿生共同撰写,可以使读者对海洋遥感的概况有一个初步的了解。

第 2 章为海洋遥感理论,这章由刘莹莹、马玉菲、张渊智和丘仲锋共同撰写,从遥感辐射传输理论、可见光遥感理论和微波遥感理论三个方面详细介绍了海洋遥感的基础相关理论,可为学生学习后续章节打下理论基础。

第 3 章介绍了目前市面上的各类海洋遥感平台和遥感器的工作原理,由纪晨旭、陈晨、张渊智和段洪涛撰写,旨在让读者了解当前海洋遥感信息的常见获取手段。

第 4 章详细叙述了遥感数字图像的特征和图像的处理技术,包括遥感图像恢复及校正、遥感图像变换、遥感图像增强和遥感图像分类,由冯佳俊、周琛、张渊智共同撰写,旨在帮助学生实现初步从理论到实践。

第 5 章为海洋遥感应用,从海洋生态环境与灾害监测、海洋动力环境与灾害预报、海岸带区域监测与开发以及海洋渔业开发与保护四个角度讲解了海洋遥感的实际应用,由马兆越、杨一琳和张渊智共同撰写,旨在带领读者开启遥感应用之路。

第 6 章为海洋遥感和海岸带遥感应用练习,由冯佳俊、纪晨旭和张鸿生完成,以海洋遥感和海岸带遥感应用练习做了上机演示,目的是带领读者实践遥感应用操作,共分五个上机练习:1)ENVI 图像处理软件及图像显示、图像拉伸;2)图像滤波与图像变换;3)图像校正;4)图像分类;5)图像信息提取。

我们首先想对书中所有章节的作者致以最真挚的谢意,感谢他们对本书弥足珍贵的贡献。在文稿提交期间,刘莹莹负责与章节作者所有的通信与协调。为了满足出版的要求,她与周琛及杨一琳一起做了许多文稿的编辑工作,在此我们对她们表示感谢,没有他们的努力付出,本书的出版工作不可能如期完成。

本书的部分成果是作者在国家自然科学基金、江苏省自然科学基金等项目共同资助下完成的,我们在此向其致谢。

由于作者学识有限,本书难免存在一些缺点及问题,诚挚欢迎读者和同行专家批评指正。

作者

2021 年 2 月

目　录

序
前言
第1章　绪论 ………………………………………………………………（ 1 ）
　1.1　海洋遥感的定义 …………………………………………………（ 1 ）
　1.2　海洋遥感系统 ……………………………………………………（ 6 ）
　1.3　海洋遥感分类 ……………………………………………………（ 8 ）
　1.4　海洋遥感的发展 …………………………………………………（ 10 ）
　1.5　遥感卫星应用技术概况 …………………………………………（ 25 ）
　1.6　遥感卫星的发展趋势 ……………………………………………（ 31 ）
　思考题 …………………………………………………………………（ 34 ）

第2章　海洋遥感理论 …………………………………………………（ 35 ）
　2.1　遥感辐射传输理论 ………………………………………………（ 35 ）
　2.2　可见光遥感理论 …………………………………………………（ 52 ）
　2.3　微波遥感理论 ……………………………………………………（ 65 ）
　思考题 …………………………………………………………………（ 77 ）

第3章　海洋遥感平台和遥感器 ………………………………………（ 78 ）
　3.1　海洋遥感平台 ……………………………………………………（ 78 ）
　3.2　海洋遥感传感器 …………………………………………………（ 83 ）
　3.3　海洋卫星 …………………………………………………………（102）
　思考题 …………………………………………………………………（123）

第4章　遥感数字图像处理 ……………………………………………（124）
　4.1　遥感图像及特征 …………………………………………………（124）
　4.2　遥感图像恢复及校正 ……………………………………………（128）
　4.3　遥感图像变换 ……………………………………………………（141）
　4.4　遥感图像增强 ……………………………………………………（156）
　4.5　遥感图像分类 ……………………………………………………（162）
　思考题 …………………………………………………………………（181）

第5章 海洋遥感应用 (182)
5.1 海洋生态环境与灾害监测 (182)
5.2 海洋动力环境与灾害预报 (194)
5.3 海岸带区域监测与开发 (209)
5.4 海洋渔业资源开发与保护 (227)
思考题 (238)

第6章 海洋遥感上机练习 (239)
6.1 ENVI遥感图像处理软件介绍 (239)
6.2 图像滤波与图像变换 (248)
6.3 图像校正 (256)
6.4 图像分类 (269)
6.5 图像信息提取 (282)

参考文献 (315)

第1章 绪　论

本章主要介绍了海洋遥感的定义，海洋遥感是指以海洋及海岸带作为监测、研究对象的遥感，包括物理海洋学遥感，生物海洋学和化学海洋遥感等。海洋遥感利用传感器对海洋进行远距离非接触观测，以获取海洋景观和海洋要素的图像或数据资料。另外，第1章还就海洋遥感系统和海洋遥感分类进行了的详细阐述，包括了卫星海洋遥感的六大系统以及按遥感谱段、遥感平台、遥感应用分类海洋遥感等内容。

1.1　海洋遥感的定义

1.1.1　遥感概述

"遥感"一词来源于英文 remote sensing，原意为"遥远的感知"，而遥感技术指的是利用传感器为工具，以电磁波为传递信息的媒介，对远距离目标进行大范围、同步观测和研究，实际上是生物感觉器官的扩展和延伸。

广义遥感：利用仪器设备从远处获得被测物体的电磁波辐射特征（光、热），力场特征（重力、磁力）和机械波特征（声、地震），据此识别物体。除电磁波外，还包括对电磁场、力场、机械波等的探测。

狭义遥感：主要指从远距离、高空以至外层空间的平台上，利用可见光、红外、微波等探测器来识别地面物质和地球大气的特性的一门新兴的科学技术。

1.1.2　人眼感知

自然界中的各种物体，都是由不同的物质组成的。任何一种物质虽然都不依赖人的感觉而存在，但是，只有人感觉到了，才能知道它的有无。人是凭借各种感觉器官的感知功能，才知道不同物质的存在及其性质的。人的眼睛就是能够感知物体的器官之一，之所以能够看见和识别各种物体，是因为物体发射（或反射）可见光，经过人眼的光学系统（晶状体）成像于视网膜的感光细胞，并经光化学反应刺激视神经，进而传到大脑，最后通过大脑的分析、对比、推理、判断，来感知和记忆各种物体，人眼的感知过程实质上就是可见光遥感（图1.1）。

1.1.3　仪器感知

仪器的感知是通过模拟人眼某些功能实现的，仪器收集来自目标物发射或反射

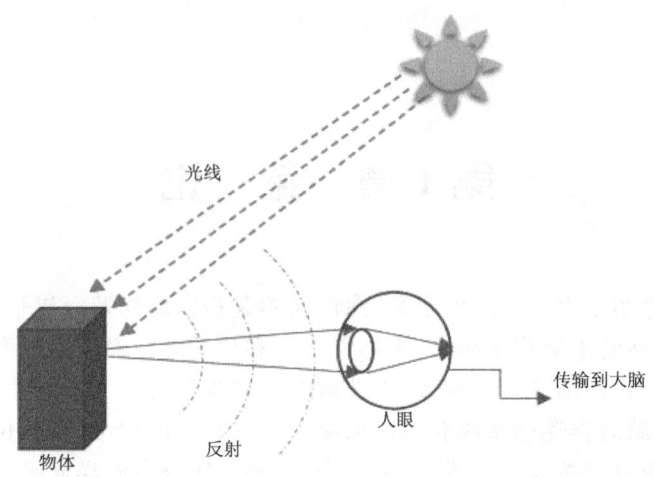

图 1.1 人眼感知物体示意图

的电磁波,其感知范围比人眼要宽很多,可以从紫外线到微波。利用地面、飞机、卫星等平台获得地球表面发射或反射的电磁信息,获取大气、陆地、海洋各个层面的不同信息,通常由收集系统、探测系统、信号转换系统、记录系统四部分组成(张安定 等,2014)。

(1)收集系统

收集系统具有收集地面目标或海洋发射或反射的电磁波的能力,对它们进行聚焦,并送往探测系统。传感器的类型不同,收集器的元件也不同,但最基本的元件有透镜组、反射镜组、天线等。

(2)探测系统

探测系统是将收集到的电磁波辐射能转换成化学能或电能。具体的元件有感光胶片、光电管、光敏和热敏探测元件、共振腔谐振器等。

(3)信号转换系统

信号转换系统是将探测器的化学能或电能转换为数字信号。

(4)记录系统

记录系统是将数字信号保存在存储的介质中,形成遥感的原始数据。

1.1.4 海洋遥感

海洋遥感是指以海洋及海岸带作为监测、研究对象的遥感,包括物理海洋学遥感,生物海洋学和化学海洋遥感等。海洋遥感利用传感器对海洋进行远距离非接触观测,以获取海洋景观和海洋要素的图像或数据资料。

目前用于海洋研究的传感器主要有以下几种。

(1)水色传感器:主要用于探测海洋表层叶绿素浓度、悬浮物浓度、黄色物质、漫射衰减系数以及其他海洋参数。

(2) 红外传感器:主要用于反演海表面温度。

(3) 微波高度计:主要用于反演平均海面高度、大地水准面、有效波高、海面风速、表层流、重力异常、降雨指数等。

(4) 微波散射计:主要用于反演海面上方 10 m 处风场。

(5) 合成孔径雷达:主要用于反演波浪方向谱、中尺度涡旋、海洋内波、浅海地形、海洋锋面、海洋污染、海上目标以及海表特征信息等。

(6) 微波辐射计:主要用于反演海表面温度、海面风速以及海冰、水汽含量、降雨、CO_2、海一气交换等。

1.1.5 遥感对象

(1) 对地遥感

遥感对地观测技术,是从空中(或宇宙空间)对地球进行观测的技术,包括大气空间及地球体。现以地球体作为观测目标(大气作为传输路径空间),讲述信息的特征及种类。地球体上具有反射、辐射波谱能量的目标均为遥感对地观测技术的观测对象。遥感能够获取地球表层(包括陆圈、水圈、生物圈、大气圈)的反射或发射电磁辐射能的数据,通过数据处理和分析,定性、定量地研究地球表层的物理过程、化学过程、生物过程、地学过程,为资源调查、环境监测服务。

(2) 月球遥感

月球是距离地球最近的天然卫星,近年来各国的探月计划相继实施,又一次掀起了探月高潮。中国于 2007 年发射了第一颗探月卫星嫦娥一号(CE-1),测绘月面地形是其首要任务之一(张继贤 等,2010)。月球探测是众多高技术的高度综合,将带动和促进航天技术和中国基础科学等其他高新技术的发展。月球遥感能够获取月球表面的三维立体影像;通过带回的月壤样品分析月球表面有用元素的含量和物质类型的分布特点;探测月壤厚度和地球至月亮的空间环境。

(3) 行星遥感

空间探测卫星所携带的传感器,提供了大量有关行星大气、表面特征的图像和数据,可以研究行星大气组成、大气层结构、行星表面温度、地表形态、土壤成分与结构、岩石矿物组成、地质构造及行星内部结构等特征。

1.1.6 遥感技术系统

(1) 遥感平台

遥感平台是装载传感器进行遥感探测的运载工具,如飞机、卫星、飞船等。按其飞行高度的不同可分为地面平台、航空平台、航天平台和航宇平台(梅安新 等,2001)

地面平台:传感器设置在地面平台上,如车载、船载、手提、固定或活动高架平台等。

航空平台：传感器设置于航空器上，主要包括飞机、气球、汽艇等。

航天平台：传感器设置于环地球的航天器上，如人造地球卫星、航天飞机、空间站。

航宇平台：传感器设置于星际飞船上，主要对地月系统外的目标进行探测。

不同平台各有其特点和用途，依据需要可单独使用，也可配合启用，组成多层次立体观测系统（沙晋明 等，2012）。

(2) 传感器

传感器是遥感技术的核心组成部分，是收集和记录地物电磁辐射能量信息的装置，如光学摄影机、多光谱扫描仪等，是获取遥感信息的关键设备。它搭载在遥感平台上，在飞行时运转对目标进行扫描成像，获得遥感信息。传感器的性能决定了遥感监测识别能力。传感器的性能包括传感器对电磁波波段的响应能力（如探测灵敏度和波谱分辨率）、传感器的空间分辨率及图像的几何特征、传感器获取地物电磁波信息量的大小和可靠程度等（沙晋明 等，2012）。

(3) 遥感信息五大过程

遥感卫星包括电磁波辐射过程、传感器与观测目标作用过程、电磁波辐射到电子信号作用过程、遥感图像生成过程和遥感图像信息处理与解译过程。

1.1.7 遥感的学科体系

遥感是技术服务型学科。它依赖其他学科和技术为其提供学科理论技术支持；同时，它又为其他研究应用提供技术支撑服务。遥感科学与技术涉及的一级学科有地理学、测绘科学与技术、地质资源与地质工程、资源科学等；二级学科有地图学与地理信息系统、大地测量学与测量工程、摄影测量与遥感，以及地质资源与地质工程中的地球探测与信息技术等。因此，遥感是一门由卫星技术、传感器技术、计算机科学、资源环境科学等多学科交叉渗透、互为支持的新兴交叉学科。

1.1.8 遥感监测特点

(1) 探测距离远，获取远距离的目标信息

遥感是远距离的探测技术，它可以获得地球、月球、行星的信息。1957年，苏联发射第一颗地球卫星，标志人类空间探测时代的开始。在50多年的发展历程中，空间探测技术突飞猛进，日新月异。空间飞行由绕地球、月球到向星际空间发展。

(2) 探测范围广，获取信息的范围大

从飞机或人造地球卫星上获取的航空像片或卫星图像，比地面上观察监测的范围大得多，且不受地形地貌的影响。在地球上有很多地方，自然地理条件极为恶劣，难以实施地面调查，如荒漠、沼泽、崇山峻岭等。遥感技术可以不受地面条件的限制，

方便及时地获取多种宝贵的资源环境信息,为人们研究地面各种自然、社会现象及其分布规律提供客观真实的信息。

(3) 探测速度快,获取连续动态监测的数据,反映动态变化信息

遥感卫星影像具有视点高、视域广、数据采集快、重复周期短、连续观察的特点,能适时获取所经区域的各种自然现象,便于更新资料,通过分析新旧两种资料的变化,实施动态监测,这是实地测量和航空摄影测量所无法比拟的。例如,陆地卫星 Landsat,每 16～18 天可覆盖地球一遍;EOS 上的 MODIS(moderate resolution imaging spectroradiometer,中分辨率成像光谱仪)每天能收到两个时相的图像;NOAA(National Oceanic and Atmospheric Administration,美国国家海洋大气管理局)气象卫星(地球静止卫星)每 30 分钟获得同一地区的图像。遥感周期性地重复对同一地区进行扫描观测的能力,有助于利用遥感数据监测地球上事物的动态变化,研究自然界的变化规律。尤其是在监视气象、洪涝灾害、资源环境乃至军事目标方面,遥感显得必不可少。

(4) 探测手段多,可获取海量信息

遥感技术所应用的波段从紫外线、可见光、红外线、远红外线、微波到激光等,涵盖了主要的电磁波。不同传感器光谱分辨率不同,形成了丰富的电磁信息。电磁信息的记录可以成像,也可以不成像;可以是直接数据形式,也可以是像片形式,还可以是影像方式。总之,遥感获取信息的波段多,信息量巨大。针对不同的工作目的,可选用不同波段信息来提取相应的地物信息。此外,还可以利用特殊波段对物体的穿透性,获取地物内部结构信息,如微波可以进行全天候的监测。遥感信息获取的信息量极大,包含了丰富的资源环境信息。例如,Landsat 卫星 TM(thematic mapper,专题制图仪)图像,一幅覆盖 185 km×185 km 地面面积、像元空间分辨率为 30 m 的 TM 图像,其数据约为 6000×6000＝36 Mbit。若将 6 个波段全部输入计算机,其数据量为 36 Mbit×6＝216 Mbit,大大超过了传统方法所获取的信息量。所以,遥感技术为研究各种宏观现象及其相互关系,如区域地质构造和全球环境等问题,提供了便捷的条件。

(5) 应用领域广,经济效益高

遥感获得的地物电磁波特性数据综合反映了地球上许多自然、人文信息。红外遥感昼夜均可探测,微波遥感可全天候探测,人们可以从中有选择地获取所需的信息。地球资源卫星 Landsat 和 CBERS 等所获得的地物电磁波特性均可以较综合地反映地质、地貌、土壤、植被、水文等特征,因而具有广阔的应用领域。遥感的费用投入与所获取的效益,与传统的方法相比,可以大大地节省人力、物力、财力和时间,具有很高的经济效益和社会效益。有人估计,Landsat 卫星的经济投入与取得的效益比为 1∶80 甚至更大。地球上资源短缺、环境恶化以及呈几何级数膨胀的人口压力,

迫使人类着眼于未来太空移民及宇宙资源和能源的开发和利用。宇宙开发离不开对行星表面岩石矿物组成、化学成分及构造特征的研究,行星遥感探测为获取行星表面有关矿产资源等方面信息,提供了快速而有效的手段。

1.2 海洋遥感系统

1.2.1 卫星海洋遥感的六大系统

卫星海洋遥感的六大系统是卫星系统、运载火箭系统、发射场系统、测控系统、地面系统和应用系统(蒋兴伟 等,2014)。

(1)卫星系统

卫星系统由有效载荷和工作平台组成。

有效载荷是指卫星上直接完成特定任务的仪器、设备或系统,又称专用系统。不同用途的卫星主要区别在于装有不同的有效载荷,例如散射计、高度计、合成孔径雷达、辐射计等。

卫星平台是有效载荷的载体,它支持一种或几种有效载荷的组合体。主要任务是为有效载荷正常工作提供支持、控制、指令和管理保障服务。

(2)运载火箭系统

运载火箭系统由箭体结构、发动机、增压输送、控制、遥测、外测安全、地面一体化测试发射控制、地面机械设备等部分构成。

(3)发射场系统

发射场系统主要由指挥、测试发射、通信、气象、技术勤务组成。主要承担发射试验任务的组织指挥,卫星测试的技术勤务保障,火箭、卫星的卸车(机)、转载转运、吊装对接和火箭测试、加注及发射,一、二级飞行段的测量与控制,一子级残骸搜索、处理等,并为发射任务提供通信、气象和其他技术勤务保障。

(4)测控系统

测控系统负责发射阶段对运载火箭的遥测和状态监视、弹道测量以及安全控制,负责对卫星发射和轨道早期段的状态监视、测量、轨道控制、遥控操作等测控任务以及长期运营阶段的卫星在轨管理。

(5)地面系统

地面系统由接收预处理分系统、精密定轨分系统、资料处理分系统、产品存档与分发分系统、辐射校正与真实性检验分系统、运控通信分系统六个分系统组成,负责海洋卫星数据的接收预处理、运控通信、资料处理、产品存档与分发、定标和验证等功能。

(6) 应用系统

海洋卫星产品的目的是应用,业务应用分析负责海洋卫星数据产品在大洋与海岸带的海洋要素监视监测方面的应用,主要包括海洋灾害、全球气候变化研究、极地科学考察保障、海洋渔业资源开发与保护等应用方面,为海洋管理、海洋研究以及其他涉海业务部门提供海洋观测要素的应用。

1.2.2 卫星海洋遥感地面系统构成

卫星海洋遥感地面系统由接收预处理分系统、精密定轨分系统、运控通信分系统、资料处理分系统、产品存档与分发分系统、辐射校正与真实性检验分系统六个分系统组成。其中,精密定轨分系统只在海洋动力环境卫星中运行(蒋兴伟 等,2014)。

(1) 接收预处理分系统

卫星接收预处理分系统由地面接收站和一个卫星数据预处理子系统构成。各地面站承担卫星下传实时和延时原始数据以及遥测原始数据的接收。预处理子系统负责将各地面站接收到的各卫星数据,经过辐射定标和地理定位等预处理,生产 0 级和 1 级产品。

(2) 精密定轨分系统

建立与精密定轨机构网络联结,如法国国家空间研究中心、上海天文台,实现海洋动力卫星精密定轨的数据获取,同时利用卫星上的定轨数据(如 DORIS 测速数据、双频 GPS 测量数据和地面获取的全球激光站的测距数据),完成海洋动力卫星轨道的精密定轨和预测预报工作。

(3) 运控通信分系统

运控通信分系统负责实现资料处理中心与地面接收站、测控中心等各机构之间的通信联系,建立数据传输、信息交换和业务联系网络管理系统,为全系统正常运行提供可靠的通信手段。负责地面应用系统的时间统一、作业运行和指挥调度及业务测控,统计分析系统运行的质量状况,遇有异常或突发事件及时组织排除故障,保持全系统正常运行,同时具备仿真能力。

(4) 资料处理分系统

资料处理分系统对卫星下行的数据进行处理,在 0 级、1 级产品基础上,利用各卫星传感器载荷的反演算法制作 2 级、3 级产品。

(5) 产品存档与分发分系统

产品存档与分发分系统负责对各级海洋卫星产品进行存档,并通过网络系统向用户提供信息查询、订单处理和数据下载等分发服务。

(6) 辐射校正与真实性检验分系统

辐射校正与真实性检验分系统在我国遥感卫星辐射校正场(陆地场和海上试验场)进行卫星遥感器的在轨外定标,并利用其他自然目标和多种辐射校正技术实现遥感器的长时间序列的跟踪定标,及时更新定标系数;进行卫星资料的真实性检验,建立和检验区域海洋动力模式,精确测量海洋要素和海陆交会区域特征值,然后与卫星遥感数据做分析比较,达到数据检验目的。

1.3 海洋遥感分类

1.3.1 按遥感谱段分类

任何物体只要温度处于绝对零度(－273.15℃)以上都具有发射电磁波的特性;同时,也具有吸收、反射、散射和透射电磁波的特性。由于各种物体的组成物质结构不同,即组成它们的分子、原子的数量和排列组合的方式不同,它们所发射的电磁波的波长和频率也不一样。如将不同波长、不同频率的电磁波按大小次序进行排列,就构成电磁波谱。从最长波长(最低频率)到最短波长(最高频率)依次为无线电波(长波、中波和短波、超短波)、微波波段、红外波段、可见光波段、紫外波段、X射线和γ射线(舒宁,2000)。

按探测器选用的电磁波谱段划分可以分为紫外遥感、可见光遥感、红外遥感和微波遥感,在探测某一目标物时可采用几个谱段同时进行观测(刘良明 等,2005)。

1.3.2 按遥感平台分类

遥感中搭载传感器的工具统称为遥感平台。按平台距地面的高度大体可分为三类:地面遥感、航空遥感、航天遥感。

(1)地面遥感

地面遥感是指平台与地面距离小于150 m时对海表面所进行的遥感观测,常用平台为汽车、船舰、塔台、浮标等,如天波雷达、地波雷达和X波段导航雷达等。

(2)航空遥感

航空遥感又称机载遥感,是指在飞机(飞艇或热气球)飞行高度上对海面遥感。它的特点是灵活性大,图像清晰,分辨率高,可进行各种遥感试验和校正工作。

(3)航天遥感

航天遥感是以卫星、空间站等为平台,从外层空间对海面进行的遥感。其特点是对大范围成像,便于宏观地研究各种自然现象和规律;能对同一地区周期性地重复成像,发现和掌握自然界的动态变化和运动规律;能迅速地获得所覆盖地区的各种自然现象的最新资料;不受沙漠、冰雪、高山、海洋和国界等现象和条件的限制,对任何地区都能成像。

1.3.3 按遥感应用分类

海洋卫星按用途大体上可分为三类:海洋水色遥感卫星、海洋动力环境遥感卫星和海洋监视监测遥感卫星(潘德炉 等,2011)。

(1) 海洋水色遥感卫星

海洋水色遥感卫星是通过星上装载的遥感设备对海洋水色要素进行探测。最具代表性的海洋水色遥感卫星是 1997 年 8 月 1 日美国国家航空航天局（National Aeronautics and Space Administration，NASA）成功发射的专用海洋水色遥感卫星"海星"（SeaStar），它标志着因水色遥感器"CZCS"在 1986 年停止运转而中断了 10 年的全球海洋水色遥感数据得以继续。到目前为止，世界上已经发射的具有海洋水色遥感功能的卫星有 10 多颗。

海洋水色遥感卫星用于探测海洋水色要素（如海水叶绿素浓度、表层悬浮泥沙含量、可溶性有机物和污染物等），从而可获得海洋初级生产力、水体浑浊度和有机/无机污染物等信息。这些信息对了解全球气候、海洋捕捞场、海洋工程环境、河口和航道、海水养殖场以及水下军事工程建设和潜艇探测反潜都十分重要。另外，也可获得浅海水下地形、海冰、海水污染以及海流等有价值的信息。海洋水色遥感卫星也可获得海冰外缘线，从而了解海冰分布，为船只提供航路信息（潘德炉 等，2008）。

(2) 海洋动力环境遥感卫星

海洋的风、浪、流、潮等是海洋动力环境的基本要素，利用卫星遥感技术获取全球大面积近实时的这些海洋动力环境参数，对提高海洋环境预报的精度和海洋灾害预警的准确性都十分重要。

海洋动力环境参数的卫星遥感主要是通过卫星上装载的雷达高度计、散射计等对海面风场、有效波高、洋流、潮汐和海底地形进行探测。高度计主要用于测量海面高度，其次也可获得海面风速和有效波高的信息。通过海面高度的测量，一方面可获得洋流、潮汐以及厄尔尼诺等海洋动力环境信息；另一方面又可获得大地水准面、海洋重力场、海底地形和地层结构等信息。这些信息对了解全球气候变化、灾害性天气、海床构造、海底矿物资源开发以及海上军事活动都至关重要（何宜军 等，2002；贾永君 等，2015）。

散射计主要用于测量海面风场矢量，可以实时获取大面积的海面风场，为风场数值预报提供海面观测风矢量数据，同时也为台风、风暴潮的灾害预警提供及时的监测数据，在海洋环境预报和海洋灾害预警以及海上活动安全保障中发挥重要作用（林明森 等，2006；蒋兴伟 等，2009）。

(3) 海洋监视监测遥感卫星

海洋监视监测遥感卫星通常搭载合成孔径雷达（SAR）等多种微波遥感有效载荷，可穿透海上的云和雾，在白天和黑夜均可对海洋进行观测，其全天时全天候的观测能力要明显优于仅能在白天天气晴朗时才能观测的光学海洋卫星。海洋监视监测卫星具体观测对象主要包括船舶、海上油气平台、溢油、海浪、海面风场、内波、大洋涡旋、上升流、海洋锋、海岛海岸带、水下地形、污染、海冰和冰盖等（张杰，2004）。

1.4 海洋遥感的发展

遥感作为一项空间探测技术,随着遥感技术的发展和应用需求的提高,经历了原始、定性到定量不同的发展阶段,并且在战场中的应用做到了先发制人,出其不备。海洋遥感始于第二次世界大战期间。发展最早的是在河口海岸制图和近海水深测量中利用的航空遥感技术。1950 年,美国使用飞机与多艘海洋调查船协同进行了一次系统的大规模湾流考察,这是第一次在物理海洋学研究中利用航空遥感技术。

此后,美国、日本、苏联等国家发射 10 多颗专用海洋遥感卫星,为海洋遥感提供了坚实的支撑平台。

1.4.1 遥感的发展史

美国海军研究局的艾弗林·普鲁伊特(Pruitt,1960)于 1960 年最早使用"遥感"一词。1962 年,在美国国家科学院(United States National Academy of Sciences)和国家研究理事会(National Research Council)的资助下,于密歇根大学(University of Michigan)的威罗·兰(Willow Run)实验室召开了"环境遥感国际讨论会"之后,在世界范围内遥感作为一门新兴的独立学科,获得了飞速的发展。但是,遥感学科的技术积累和酝酿却经历了几百年的历史和发展阶段(陈建平,1986)。

1608 年,汉斯·李波尔赛制造了世界上第一架望远镜;1609 年,伽利略制作了放大倍数为 3 倍的科学望远镜,从而为观测远距离目标奠定了基础,促进了天文学的发展,开创了地面遥感新纪元。但仅仅依靠望远镜观测的缺点是不能把观测到的事物用图像的方式记录下来的。

对遥感目标的记录与成像,开始于摄影技术的发明,并与望远镜相结合发展为远距离摄影。1839 年,达盖尔(Daguerre)发表了他和尼普斯(J. N. Niepce)拍摄的照片,第一次成功地把拍摄到的事物形象地记录在胶片上。1849 年,法国人艾米·劳塞达特(Aime Laussedat)制订了摄影测量计划,成为有目的有记录的地面遥感发展阶段的标志。

1858 年,陶纳乔(Gaspard Felix Toumachon)用系留气球拍摄了法国巴黎的"鸟瞰"相片。1860 年,布莱克(James Wallace Black)与金(Sam King)教授乘气球升空至 630 m,成功地拍摄了美国波士顿市(Boston)的照片。1903 年,纽布朗纳(Julius Nenbronner)设计了一种捆绑在鸽子身上的微型相机。这些试验性的空间摄影,为后来的实用化航空摄影遥感打下了基础。同年,莱特兄弟发明了飞机,才真正地促进了航空遥感向实用化前进了一大步。此外,还有人用风筝拍摄空中照片,如劳伦斯(Laurence)于 1906 年成功地记录了著名的旧金山大地震后的情景。1909 年,莱特在意大利的森托塞尔上空用飞机进行了空中摄影;1913 年,利比亚班加西(Bangashi)油田测量就应用了航空摄影；塔迪沃(Captain Tardivo)在维也纳国际摄影测量学会会议上发表论文，描述了飞机摄影测绘地图问题。在第一次世界大战期间，航空摄影成了军事侦察的重要手段，并形成了一定的规模。与此同时，相片的判读水平也得到了提高。第一次世界大战后，航空摄影人员从军事转向商业应用和科学研究。美国和加拿大成立了航测公司，美国和德国分别出版了《摄影测量工程》及类似性质的刊物，专门介绍有关技术方法。1930年起，美国的农业、林业、牧业等许多政府部门都采用航空摄影并应用于制订规划。1924年，彩色胶片的出现，使得航空摄影记录的地面目标信息更为丰富。1935年彩色胶片投入市场初期，由于速度慢和无法消除大气霾的影响，加工冲洗不可靠，不能推广，但为后来的航空遥感打下了基础，遥感技术的发展历程如图1.2所示。

第二次世界大战前期，德、英等国就充分认识到空中侦察和航空摄像的重要军事价值，并在侦察敌方军事态势、部署军事行动等方面收到了实际效果。第二次世界大战后期，美国的航空摄影范围覆盖了欧亚大陆和太平洋沿岸岛屿包括日本在内的广大地区，制成地图，并标绘了军事目标，成为美国在太平洋战争中的主要情报来源。苏联在斯大林格勒保卫战等重大战役中，航空摄影对军事行动的决策起到了重要作用。第二次世界大战中微波雷达及红外技术应用于军事侦察，使遥感探测的电磁波谱段得到了扩展。在第二次世界大战及其以后，出版的一些著作，对航空遥感的方法和理论进行了一些总结。如1941年厄德莱(Eardey)的《航空像片：应用与判读》、巴格莱(Bagley)的《航空摄影与航空测量》等。前者讨论了航空像片的地质学应用及某些地物包括植被的特征；后者则侧重于航空测量的方法探讨。与此同时，人才培养与专业学术刊物的出版也是这一时期的特点。美国在大学中开设了航空摄影与像片判读的课程；国际地理学会于1949年设立了航空像片应用专业委员会。1945年，美国创刊了《摄影测量工程》杂志(1975年改为《摄影测量工程与遥感》，现已成为国际著名的遥感专业刊物之一)。这为以后遥感发展成为独立的学科在理论方法上做了充分的准备，奠定了基础。

在伊拉克战争中，美军利用在轨卫星对伊拉克的军事行动进行严密监视，确保美英联军拥有信息优势。美军的预警卫星主要包括"国防气象卫星计划"(DMSP)卫星，共有5颗，有2颗专门用于监视伊导弹发射，每30 s向地面发送一次电视图像，为美军"爱国者"反导系统击落伊军导弹提供了重要保证。美军还利用在轨的10多颗各种侦察卫星以及"伊科诺斯-2"等商用遥感卫星对伊拉克的军事行动进行严密监视。由3颗KH-12光学成像卫星、2颗"长曲棍球"雷达成像卫星、1颗"增强型成像系统"(EIS)卫星以及"伊科诺斯-2"等商用遥感卫星组成的空间成像侦察系统，综合利用可见光、红外与微波成像能力。其中每颗KH-12卫星每日飞越伊上空2次；2颗"长曲棍球"雷达成像卫星，每天6次飞越伊上空。这些侦察卫星可对伊保持几乎

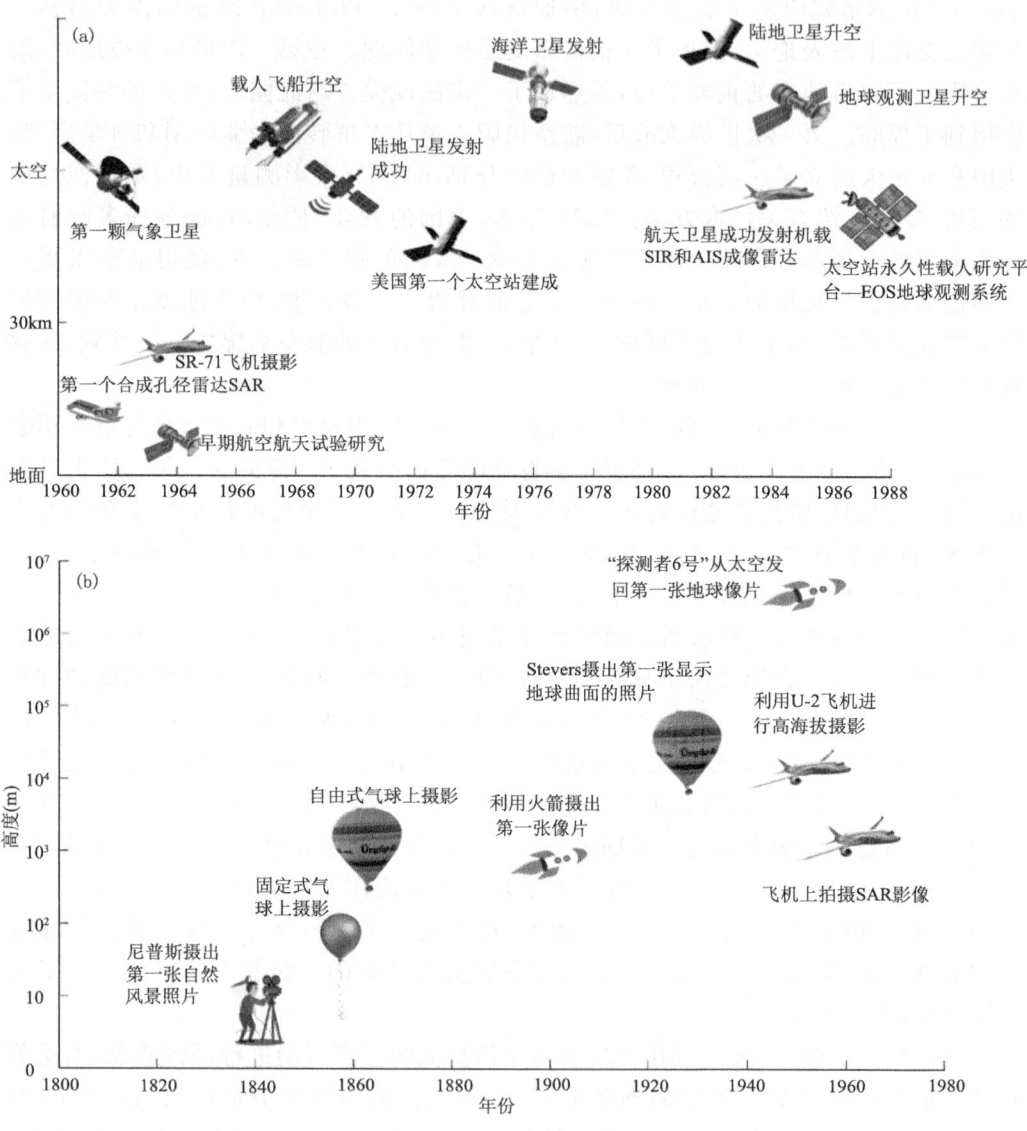

图1.2 遥感技术的发展历程

每2h一次的严密监视,成为美英联军监视伊拉克战场、选择打击目标和进行打击效果评估的主要装备。在电子侦察卫星方面,美军使用了3颗"入侵者"电子侦察卫星和12颗第二代"白云"电子型海洋监视卫星,其中后者已与KH-12和"长曲棍球"组网,可每天监视南、北纬64.3°之间的地带30多次。电子侦察卫星可对伊无线电信号进行监测,帮助寻找萨达姆等伊高层领导人的藏身之处和伊军的重要指挥控制中心,为空袭提供打击目标。美军动用的卫星见表1.1(刘晓川,2003)。

表1.1 美军卫星介绍

卫星种类	数量	作用
光学侦察与监视卫星 KH-12	3	装有可见光和红外遥感器,现役3颗,轨道高度248~992 km,轨道倾角97.9°,可在不同光照条件下对伊拉克地区重复观测。3颗卫星同时使用,可实现立体成像。这些卫星可提供0.1 m分辨率的图像,红外相机可实现夜间成像,对轰炸效果可进行更为精确的评估。卫星通过对其飞行轨迹东西两侧的成像,使7~10 km的观测幅宽有较大扩展
雷达成像侦察卫星 Lacrosse	3	3颗"长曲棍球"卫星,轨道高度680 km,分辨率1 m。不论夜晚还是云雾天气,甚至可穿过树木,进行全天候战损评估。这种卫星可识别地面部队和移动式地对空导弹系统
8X卫星 EIS	1	也称增强型成像系统(EIS)。与以前卫星最大的不同是轨道的变化,观测幅宽增加到150 km×150 km,重访周期大大缩短
商业遥感卫星	2	主要使用了1颗"伊科诺斯"卫星和1颗"快鸟-2"(Quick Bird)卫星,用于侦察和制图
NASA的地球观测卫星 EO-1	1	"地球观测-1"装有3台先进的陆地成像仪:先进的陆地成像仪、超谱成像仪和大气校正仪。先进的陆地成像仪共有10个波段,波长范围覆盖可见光、近红外与短波红外,其中有一个波段为全色波段,用于立体成图,多光谱波段空间分辨率为30 m,全色波段为10 m。超谱成像仪可以对220个谱段进行观测,空间分辨率为30 m,超光谱成像仪每张图片可拍摄7.5 km×100 km的陆地面积
电子侦察卫星	12	包括猎户座(Orion)2颗、第四代水星(Mercury)2颗,军号(Trumpet)3颗以及5颗白云(NOSS)卫星。跟踪萨达姆的行踪,主要技术手段之一是电子窃听,电子侦察卫星是长期值守的主要窃听平台之一
导航定位卫星系统 GPS	29	其中5颗为备用星。它们为精确武器和飞机提供精确制导和导航,为地面的单兵、单武器平台提供导航支持
气象卫星	8	包括极轨卫星[国防气象卫星计划(DMSP)卫星和NOAA卫星]2颗和民用静止轨道卫星戈斯(Goes)6颗。由于伊拉克地区的沙漠气候条件,如果没有气象卫星对战场气候,尤其是沙尘暴的准确预报,整个军事行动都将难以展开
NASA试验气象卫星	2	NASA"水"(Aqua)卫星和"地"(Terra)卫星提供的数据,帮助美国军队预报了可能妨碍军事行动的沙尘暴。"水"卫星发射于2002年5月,其使命是对地球的海洋、大气、陆地、冰川流动、雪层和植被进行观测,这项任务为期6年。"地"卫星价值13亿美元,是第一颗以天为单位对全世界范围内地球上的大气、陆地、海洋、太阳辐射以及生物之间的相互影响进行观测的卫星。美国官方表示,伊拉克战争标志着这些卫星首次用于军事行动。军方表示这些气象卫星提供的信息对战争十分有用
国防气象卫星计划(DMSP)预警卫星	5	DMSP星座有4颗工作星和1颗备用星。对来袭洲际弹道导弹提供25~30 min的预警时间,对潜射弹道导弹提供10~15 min的预警时间,对面对面短程导弹提供数分钟的预警时间。美国的地面系统经改进后,可同时接收和处理多颗卫星的信息,在敌战术导弹发射几十秒内,将导弹发射时间、地点、袭击目标和到达目标的预计时间传送给战区司令部。"爱国者"反导导弹系统就是在DMSP的支持下工作的

1.4.2 国外海洋遥感

对地观测卫星先后经历了 20 世纪 60 年代的起步阶段,70 年代的初步应用阶段,80 年代到 90 年代的大发展阶段,直到近 10 余年来,对地观测卫星中专门用于海洋观测的海洋卫星及对地观测卫星中具备部分海洋信息观测功能的卫星开始向高空间分辨率、高时间分辨率、高光谱分辨率、高信噪比和高稳定性等方向发展。国外主要航天大国,均有专门的海洋卫星观测计划,并形成了多种业务应用,在海洋环境监测和军民应用中对海洋卫星的依赖程度不断加大(林明森 等,2015)。

下面按时间顺序分别介绍国内外海洋卫星和对地观测卫星中具有海洋观测功能的卫星的发展历程。

1.4.2.1 美国

(1)海洋卫星

美国是世界上首个发展海洋卫星遥感技术的国家,1978 年发射了世界上第一颗海洋卫星 Seasat-A,近 40 年来美国发展了海洋环境卫星、海洋动力环境卫星和海洋水色卫星等不同类型的专用海洋卫星,实现了从空间获取海洋水色和海洋动力环境信息的能力。

"地球轨道测地卫星"(GEOS)是美国"国家测地卫星计划"的一部分,由 NASA 喷气推进实验室(Jet Propulsion Laboratory,JPL)负责设计和制造。GEOS 卫星共有 3 颗,前两颗卫星 GEOS-1 和 GEOS-2 用于重力测量;第三颗 GEOS-3 主要用于海洋动力学实验。GEOS-3 卫星于 1975 年 4 月 9 日发射,主要技术指标见表 1.2。

表 1.2　GEOS-3 主要技术指标

参数	技术指标
卫星平台参数	卫星质量 345.91 kg,采用重力梯度稳定和三轴稳定
轨道参数	近地点轨道高度 840 km,远地点轨道高度 860 km,轨道倾角 115°,周期 102 min
仪器参数	雷达高度计:可测量卫星到卫星星下点海面的距离,测量精度 60 cm,为海洋大地水准面的测量提供数据。定轨精度约 5 m

该卫星为确定海洋学和地球动力学研究提供了三年有效数据,获取的大量高质量的数据使人们的注意力从雷达高度计的试验阶段转向了应用阶段。

Seasat-A 卫星是 NASA 发展的首颗海洋卫星,也是一颗"方案验证"卫星,主要任务是验证利用海洋微波遥感载荷从空间探测海洋及有关海洋动力现象的有效性。Seasat-A 于 1978 年 6 月 27 日在范登堡空军基地发射,1978 年 10 月 9 日卫星电源系统发生故障,11 月 21 日卫星正式宣告失败。尽管该卫星仅工作了 3 个月,但获取的数据对后续微波遥感技术的发展意义重大。Seasat-A 卫星的主要性能参数见

表1.3。

表 1.3 Seasat-A 卫星主要性能参数

参数	技术指标
卫星平台参数	质量 2274 kg，三轴姿态控制，卫星设计寿命 1 a
轨道参数	轨道高度 800 km，轨道倾角 108°，周期 101 min，每天绕地球运行 14 圈，每 36 h 对全球 95%的海洋区域覆盖观测
仪器参数	雷达高度计：用于测量海洋流场、海面风速和有效波高。工作频率 13.56 GHz，地面分辨率 1.6 km。定轨精度约 1 m； L 频段合成孔径雷达：采用 HH 极化，视角 20°，分辨率 25 m，幅宽 100 km； 微波散射计：用于观测全球海面风场，工作频率 14.599 GHz，地面分辨率 280 km（天底点），幅宽 750 km； 扫描式多通道微波辐射计：用于监测海面温度、风速、降雨量和大气水汽含量等，工作频率为 6.6 GHz、10.7 GHz、18.0 GHz、21.0 GHz、37.0 GHz

Geosat 卫星是美国海军早期发展的雷达测高卫星，目标是为海军提供高密度全球海洋重力场模型以及进行海浪、涡旋、风速、海冰和物理海洋研究，获得高精度的全球海洋大地水准面精确制图。Geosat 卫星于 1985 年 3 月 13 日发射，1990 年退役。Geosat 卫星的主要性能参数见表 1.4。

表 1.4 Geosat 卫星主要性能参数

参数	技术指标
卫星平台参数	卫星质量 635 kg，设计寿命 3 a，卫星指向精度 1°，采用重力梯度稳定器进行卫星姿态控制
轨道参数	卫星分为"测地"和"精确重复轨道任务"两种，应用在不同的轨道高度，轨道倾角 108.1°，周期 100.6 min。精确重复轨道的周期为 17.05 d，用于海洋地形测量
仪器参数	单频雷达高度计：工作频率 13.5 GHz，测高精度 5 cm，定轨精度 30～50 cm

TOPEX/Poseidon 卫星是美国和法国合作开发的海面地形测量卫星，用于全球高精度海面高度的测量，从而观测和了解潮汐以及大洋环流。1992 年 8 月 10 日 TOPEX/Poseidon 卫星发射，2005 年 10 月 9 日卫星停止运行，运行时间 13 a。TOPEX/Poseidon 卫星在轨道设计、载荷配置和数据处理等方面的技术，使该卫星成为迄今海面高度观测精度最高的卫星，它与其后续卫星也是用于潮汐研究最为合适的测高系统（暴景阳，2013）。TOPEX/Poseidon 卫星的主要技术指标见表 1.5。

表 1.5 TOPEX/Poseidon 卫星的主要技术指标

参数	技术指标
卫星平台参数	卫星采用"多任务模块化卫星"平台,三轴姿态稳定,天线指向精度 0.14°
轨道参数	轨道高度 1336 km,倾角 66.039°,周期 112.4 min,轨道精确重复周期 10 d
仪器参数	双频雷达高度计:由 JPL 研制,是第一个双频高度计,工作频率分别是 13.6 GHz 和 5.3 GHz。测高精度 2.4 cm; 微波辐射计:用于海面微波亮温的观测,获取大气湿对流层的信息,为 Ku 波段雷达仪器参数高度计测高进行大气湿对流层路径延迟校正,工作频率 18 GHz、21 GHz 和 37 GHz,天底指向; 单频固态高度计:由 CNES 研制,是实验高度计,用于海面高度、海面风速观测,工作频率 13.65 GHz,测高精度 2.5 cm,定轨精度 23 cm

"海星"(SeaStar)卫星又称轨道观测-2 卫星(Orbview-2),是美国轨道科学公司的轨道观测系列卫星之一,于 1997 年 8 月 1 日发射,主要用于海洋水色观测、海洋生物和生态学研究,为美国地球探测计划提供全球环境观测数据。SeaStar 卫星继承了 Nimbus-7 卫星上搭载的"海岸带水色扫描仪"的特性,所获取的海洋遥感数据广泛用于海洋研究各个领域。SeaStar 卫星的主要技术参数见表 1.6。

表 1.6 SeaStar 卫星主要技术指标

参数	技术指标
卫星平台参数	卫星质量 309 kg,设计寿命 5 a
轨道参数	太阳同步轨道,轨道高度 705 km,轨道周期 99 min,重访周期 1 d
仪器参数	宽视场遥感器(SeaWiFS);观测刈幅 1502 km,空间分辨 1.1 km/4.5 km。SeaWiFS 有 8 个波段,能够观测叶绿素浓度和悬浮泥沙等海洋水色要素

QuikSCAT 卫星是 NASA 研制用于海洋风场观测的卫星。该卫星的目标是重启 NASA "海洋风测量" 计划,以满足改善天气预报和气候研究的需要。卫星上载有一台 "海洋风场" 微波散射计 SeaWinds,主要用来全天候、连续测量和记录全球的海洋风速和风向数据。QuikSCAT 卫星 1999 年 6 月 20 日从美国的范登堡空军基地发射,成功运行了 10 a,在 2009 年 11 月 23 日不再提供观测数据。QuikSCAT 卫星的主要技术指标见表 1.7。

表 1.7 QuikSCAT 卫星的主要技术指标

参数	技术指标
卫星平台参数	QuikSCAT 采用 BDP-2000 卫星平台,三轴姿态稳定,指向精度高于 1°,卫星质量 970 kg,设计寿命 2 a
轨道参数	QuikSCAT 是一颗太阳同步轨道卫星,轨道高度 803 km,倾角 98.6°,重复周期 1~2 d
仪器参数	工作频率 13.4 GHz,空间分辨率 25 km,入射角 46°和 54°,使用圆锥扫描式笔形天线进行 HH 和 VV 极化方式测量

(2) 对地观测卫星中具备海洋观测功能的卫星

"国防气象卫星计划"(DMSP)卫星是美国国防部发展的军用极轨气象卫星,主要用于获取全球气象、海洋和空间环境信息,为军事作战提供信息保障。DMSP 系列卫星首发时间是 1962 年 5 月 23 日,截至 2012 年 6 月 30 日,DMSP 卫星共发展了 12 个型号,发射卫星 51 颗,成功 46 颗(陈求发,2012)。在 DMSP-5D3 卫星中的"微波成像仪/探测器"可用于海冰和海面温度的观测。

"雨云"(Nimbus)卫星是美国早期的试验型气象卫星,主要用来试验地球环境卫星上使用的新遥感器,同时也提供部分气象探测资料。Nimbus 系列卫星从 1964 年 8 月到 1978 年 10 月共发射了 8 颗。其中,Nimbus-7 卫星上搭载的"海岸带水色扫描仪"用于测量海洋和海岸带水色,测量叶绿素浓度、沉积物分布等,具有 5 个通道,波长分别为 0.44 pm、0.56 pm、0.67 μm、0.75 pm、11.5 μm;幅宽 1556 km,空间分辨率 825 m。"多通道微波辐射仪"可实现海冰和海面温度的观测,工作中心频率分别为 6.6 GHz、10.7 GHz、18.0 GHz、21.0 GHz、37.0 GHz。

NOAA 卫星是美国发展的民用极轨气象卫星,也可用于全球海洋、陆地和空间等环境监测。NOAA 卫星是由 NASA 与美国国家海洋和大气管理局(National Oceanic and Atmospheric Administration,NOAA)合作研制,其他国际合作伙伴有法国、加拿大、英国和欧洲气象卫星开发组织(European Organisation for the Exploitation of Meteorological Satellites,EUMETSAT)。NASA 负责卫星设计、研制、总装和发射,NOAA 负责卫星的运行、数据的接收、存档和分发。NOAA 卫星自 1970 年 12 月发射第一颗以来,共经历了 5 代。目前,使用较多的是第五代 NOAA 卫星。1998—2009 年发射的 N0AA-15~19 卫星搭载的"第三代先进甚高分辨率辐射计"可用于海面温度的观测,"先进微波探测仪"可用于海冰的监测。

"地"(Terra)卫星是美国、日本和加拿大联合发展的对地观测卫星,属于美国"地球观测系统"(EOS)计划,主要用来观测地球气候变化。Terra 卫星搭载的有效载荷"中分辨率成像光谱仪"可以获取海面温度和海洋水色信息。由于 Terra 卫星每日当地太阳时上午 10:30 过境,因此也把它称作地球观测第一颗上午星(EOS/AM-1)。Terra 卫星 1999 年 12 月 18 日发射,现仍在轨运行。

"水"(Aqua)卫星是 NASA 发展的对地观测卫星,也属于"地球观测系统"计划,因其每日当地太阳时下午过境原名为"下午星"(EOS/PM-1),后 NASA 改名为"水"卫星。它的主要任务是对地球上的水循环进行全方位的观测,可以获取海洋温度和海洋水色信息。Aqua 卫星 2002 年 5 月 4 日发射,现仍在轨运行。

"冰卫星"(ICESat)是 NASA、美国工业界和大学联合研制的对地观测卫星,属于"地球观测系统"计划,主要任务包括监测极地冰盖的质量平衡及其对全球海平面变化的影响。ICESat 卫星 2003 年 1 月 13 日发射,2010 年 8 月退役。

1.4.2.2 欧洲空间局

"欧洲遥感卫星"(ERS)是欧洲空间局(European Space Agency,ESA)研制的对地观测卫星,用于环境监测。1991年7月17日,ERS-1卫星从法属圭亚那航天中心发射,2000年3月10日由于计算机和陀螺仪故障,ERS-1服役结束。1995年4月21日,ERS-2卫星由阿里安-4运载火箭发射。2003年6月,ERS-2失去星上数据存储能力,此后仅支持实时观测数据传输。ERS-1/2的主要技术指标见表1.8。

表1.8 ERS-1/2主要技术参数

参数	技术指标
卫星平台参数	卫星采用SPOT多任务平台,卫星质量2157.4 kg,设计寿命2 a。采用三轴稳定,姿态控制精度0.11°(俯仰/滚动);0.21°(偏航)
轨道参数	太阳同步近圆形轨道,轨道高度785 km,周期100 min,轨道倾角98.52°
仪器参数	C波段SAR:中心频率5.3 GHz,是ERS-1上最大的仪器,具有3种工作模式:①成像模式:空间分辨率10～30 m,幅宽100 km;②波模式:波长100～1000 m,空间分辨率30 m;③风散射计模式:风向范围0°～360°,精度±20°,风速精度2 m/s; 雷达高度计:工作频率13.8 GHz,工作模式有海洋模式和冰模式; 沿轨扫描辐射仪和微波探测仪:由微波辐射计和红外辐射计组成,用于高精度测量全球海面温度。ERS-2卫星星载的沿轨扫描辐射仪和微波探测仪在红外辐射计的可见光范围内增加了3个谱段,用于测量植被数据

"环境"(Envisat)卫星是ESA发展的对地观测卫星,用于综合性环境观测,是ERS的后继卫星,与"气象业务"(MetOp)卫星同属于"极轨地球观测任务"。Envisat-1也是美国EOS的组成之一。2002年3月1日,Envisat-1卫星发射。2012年5月9日,ESA宣布Envisat任务终止,在轨服务10 a。Envisat-1的主要技术参数见表1.9。

表1.9 Envisat-1主要技术参数

参数	技术指标
卫星平台参数	卫星采用极轨平台(PPF),卫星质量8211 kg。三轴姿态稳定,姿态测量精度优于0.03。
轨道参数	卫星采用太阳同步轨道,轨道高度800 km,轨道倾角98.5°
仪器参数	先进合成孔径雷达:有5种成像模式,即成像模式、交叉极化模式、宽幅模式、全球监测模式和波模式。其中,成像模式分辨率最高,为28 m,幅宽100 km。该设备可用于获取海浪、海冰信息; 雷达高度计-2:Ku波段(13.575 GHz)和S波段(3.2 GHz),用于确定海面风速和提供海洋动力环境信息; 微波辐射计:双通道天底指向辐射计,工作频率23.8 GHz和36.5 GHz,空间分辨率20 km,幅宽20 km; 先进沿轨扫描辐射计:为可见光/近红外成像多光谱辐射计,用于观测海面温度。它有7个通道,其中4个红外谱段用于海洋观测,空间分辨率1 km,幅宽500 km,海温测量精度高于0.3 K

"气象业务"(MetOp)卫星是欧洲发展的首个极轨气象卫星,属于"欧洲极轨业务型气象卫星系统"。ESA负责研制,欧洲气象卫星开发组织负责卫星的运行和管理。MetOp系列卫星共3颗,分别为MetOp-A、MetOp-B和MetOp-C卫星。MetOp-A卫星2006年10月19日发射,MetOp系列卫星将至少运行到2020年。MetOp-A卫星上的"先进甚高分辨率辐射计"可用于获取海面温度和海冰信息,"先进散射计"可用于获取全球的海面风场和海冰信息。

"重力与稳态洋流探测器"(GOCE)是ESA独立发展的地球动力学和大地测量卫星,是全球首颗用于探测地核结构的卫星。GOCE于2009年3月17日发射,GOCE能够提供海洋重力场和海洋大地水准面的信息。

"土壤湿度和海洋盐度观测卫星"(SMOS)是ESA首颗用于监测全球土壤湿度和海洋盐度的卫星。卫星于2009年11月2日发射,目前仍在轨运行。SMOS搭载的"L波段合成孔径微波成像辐射计",具有全天候、全天时的对地观测能力,能够提供海面盐度信息,每10 d在200 km×200 km面积内的平均测量精度为0.1 psu。

"冷卫星"(Cryosat)是"欧洲地球探测者计划"的一颗卫星,该卫星采用雷达高度计测量陆地和海洋冰盖厚度的变化,可对极地冰层海温、海洋浮冰进行精确监测。Cryosat-1卫星2005年10月8日发射失败,Cryosat-2卫星于2010年4月8日发射,目前仍在轨运行。

1.4.2.3 苏联/俄罗斯

(1)海洋卫星

苏联/俄罗斯—乌克兰研制的海洋卫星系列,分为两类:①遥感器以可见光、红外探测器为主;②遥感器主要为侧视雷达。1979年2月12日,第一颗海洋卫星(宇宙-1076)发射,用于卫星试验和海洋气象、大气物理参数的测量。1983年9月28日,发射了载有侧视雷达的试验卫星"宇宙-1500",观测结果表明侧视雷达作为海洋遥感的手段具有很大潜力。1988年7月5日,第一颗实用型海洋卫星(Okean-O1)发射成功。海洋系列卫星共发展了4代,第一代为Okean-E系列,共发射2颗;第二代为Okean-OE系列卫星,共发射2颗;第三代为Okean-O1系列卫星,共发射9颗;最后一代为Okean-O系列卫星,发射1颗。Okean系列卫星的用途是对海表温度、风速、海洋水色、冰覆盖等进行观测。其中,Okean-O1系列卫星的技术参数见表1.10。

表1.10 Okean-O1系列卫星主要技术参数

参数	技术指标
卫星平台参数	卫星质量1950 kg,采用三轴姿态稳定,设计寿命2 a
轨道参数	采用近圆极地轨道,轨道高度650 km,轨道周期98 min

续表

参数	技术指标
仪器参数	侧视真孔径雷达：是 Okean-Ol 系列卫星的主载荷，工作在 X 频段(9.7 GHz)，沿轨分辨率 2.1~2.8 km，交轨分辨率 0.7~1.2 km，幅宽 450 km，采用垂直极化； 被动毫米波扫描辐射计：工作频率 36.6 GHz，分辨率 15 km×20 km，幅宽 550 km，用于海冰、海面温度等监测，海温测量精度 1~2 K； 低分辨率多光谱扫描仪：分辨率 1.0 km×1.7 km，幅宽 1700 km，用于海温和云的监测； 中分辨率多光谱扫描仪：分辨率 250 m，幅宽 1100 km

(2) 对地观测卫星中具备海洋观测功能的卫星

"流星"(Meteor)卫星是苏联/俄罗斯发展的极轨气象卫星，目前已经发展了 4 代，即 Meteor-1/2/3/3M/M。其中，Meteor-M 是俄罗斯发展的第四代极轨气象卫星，也是俄罗斯现役气象卫星。Meteor-M 卫星搭载的低分辨率多光谱仪能够观测海面温度，X 波段合成孔径雷达能够实现冰的监测。

1.4.2.4 日本

(1) 海洋卫星

"海洋观测卫星"(MOS)是日本的第一个地球观测卫星系列，又称"桃花卫星"(Momo)，共发射了两颗。MOS-1 于 1987 年 2 月 18 日发射，是一颗试验型海洋观测卫星，用于测量海洋水色、海面温度和大气水汽含量。MOS-1B 于 1990 年 2 月 7 日发射，是一颗应用型海洋卫星，用于观测海洋洋流、海面温度、海洋水色等。MOS 系列卫星的主要技术参数见表 1.11。

表 1.11 MOS 系列卫星主要技术参数

参数	技术指标
卫星平台参数	卫星采用箱式结构和零动量三轴稳定控制方式，卫星质量 745 kg，设计寿命 2 a
轨道参数	太阳同步极地轨道，轨道高度 909 km，倾角 99.1°，轨道周期 103 min，回归周期 10 d
仪器参数	多光谱电子扫描辐射计：有 2 个可见光和 2 个红外谱段，分辨率 50 m，幅宽 100 km，用于海洋水色监测 可见光与热红外辐射计：有 1 个可见光和 3 个热红外谱段，用于海面温度监测 微波扫描辐射计：有 23 GHz 和 31 GHz 两个波段，用于大气水汽含量的观测

(2) 对地观测卫星中具备海洋观测功能的卫星

"日本地球资源卫星"(JERS)是日本发展的首颗对陆地表面进行观测的卫星，星上装载的合成孔径雷达可以用于海岸以及溢油的监测；高分辨率相机能够获取海洋资源信息。JERS-1 于 1992 年 2 月 11 日发射，1998 年 10 月停止运行。

"先进地球观测卫星"(ADEOS)是日本发射的地球环境观测卫星,主要用于监测全球环境变化,能够获取海洋水色和海面温度信息。其中,搭载的先进微波扫描辐射计,可用于海面温度、海面风速和海冰分布观测;全景成像仪有 36 个谱段,幅宽 1600 km,用于监测海洋碳循环;微波散射计用于观测全球海面风场;水色和海温扫描仪能够对海洋进行高精度观测,测量海洋水色和海面温度。ADEOS-1 卫星于 1996 年 8 月 17 日发射,1997 年 6 月 30 日因太阳翼破裂导致无法供电,致使整星失败。ADEOS-2 卫星于 2002 年 12 月 14 日发射,整星于 2003 年 10 月失效。

"全球变化观测任务"(GCOM)是日本开发的对地观测卫星,由 3 颗 GCOM-W 卫星和 3 颗 GCOM-C 卫星组成,旨在构建一个可以全面、有效进行全球环境变化监测的系统。卫星上搭载的载荷主要有高性能微波辐射计-2 和新型圆锥扫描式微波辐射计,可用于海面风速、海面温度和海冰信息的获取。

1.4.2.5 法国

Jason 系列卫星是法国 CNES 和美国 NASA 联合研制的海洋地形观测卫星,是 TOPEX/Poseidon 卫星的后继星,属于美国"地球观测系统"的高度计任务。用于海洋表面地形和海平面变化的测量。CNES 负责平台、载荷和 DORIS 接收机的研制,NASA 负责卫星的发射。2001 年 12 月 7 日,Jason-1 卫星发射;2008 年 6 月 20 日,Jason-2 卫星发射。目前,Jason-2 卫星仍在轨正常运行。Jason-1/2 卫星的主要技术参数见表 1.12。

表 1.12 Jason-1/2 卫星主要技术参数

参数	技术指标
卫星平台参数	卫星采用"可重构的观测、通信与科学平台",三轴姿态稳定;寿命 5 a
轨道参数	卫星高度 1336 km,倾角 66.038°,轨道精确重复周期 9.9 d
仪器参数	18.7 GHz、23.8 GHz 和 34 GHz,温度分辨率优于 1 K

1.4.2.6 印度

"海洋卫星"(Oceansat)是印度发射的专用海洋卫星,包括 Oceansat-1 和 Oceansat-2,用于海洋环境探测,包括测量海面风场、叶绿素浓度、浮游植物以及海洋中的悬浮物和沉淀物。Oceansat-1 是"印度遥感卫星系统"(IRS)中首颗用于海洋观测的卫星,它于 1999 年 5 月 26 日发射,2010 年 8 月 8 日退役。Oceansat-2 卫星于 2009 年 9 月 23 日发射,目前在轨运行。Oceansat-1 和 Oceansat-2 的主要载荷有海洋水色监测仪、多频率扫描微波辐射计和扫描微波散射计。

1.4.2.7 韩国

"通信、海洋和气象卫星"(Communication Ocean Meteorological Satellite,COMS)是

韩国发展的地球静止轨道卫星,用于朝鲜半岛及周边区域的海洋和气象监测。COMS-1 于 2010 年 6 月 26 日发射,目前正在轨运行。COMS-2 正在研制。COMS-1 采用欧洲星-E-3000 平台,采用三轴稳定方式,天线指向精度优于 0.11。COMS-1 的主载荷是地球静止海洋水色成像仪(GOCI),空间分辨率 500 m×500 m,谱段为 0.4~0.9 μm,用于提供海岸带资源管理和渔业信息。

1.4.2.8 其他国家

"科学应用卫星"(SAC)是阿根廷国家空间计划的核心计划,共包括 4 颗卫星,其中 SAC-A、SAC-C 和 SAC-D 具备对地观测能力。SAC-D 卫星中的主载荷"宝瓶座"微波辐射计和散射计,NASA 负责研制,由 L 波段推扫式微波辐射计和 L 波段微波散射计组成,用于获取全球海面盐度信息,并用于研究海洋环流。另外,SAC-D 卫星搭载的"Ka 频段微波辐射计"可以用来测量海面风速以及海冰特征。SAC-D 卫星于 2011 年 6 月 10 日发射,目前仍在轨运行。

"雷达卫星"(RADARSAT)是加拿大航天局(Canadian Space Agency,CSA)的成像雷达卫星,主要用于地球环境监测和资源调查。RADARSAT 卫星系列目前已经发射了 RADARSAT-1 和 RADARSAT-2 两颗。RADARSAT-1/2 卫星的主载荷为"合成孔径雷达"SAR,可用于海洋溢油和海冰的监测。RADARSAT-1 卫星于 1995 年 11 月 4 日发射,1996 年 4 月 1 日投入运行;RADARSAT-2 卫星于 2007 年 12 月 14 日发射,2008 年 4 月 24 日投入运行。

"X 频段陆地合成孔径雷达"(TerraSAR-X)是德国民用和商用高分辨率雷达成像卫星,可以用于海冰和溢油监测。TerraSAR-X 卫星于 2007 年 6 月 15 日发射。

1.4.3 国内海洋遥感

20 世纪 80 年代,我国开始重视海洋卫星遥感事业的发展,在风云-1(FY-D)系列卫星遥感器的配置上,同时增配了海洋可见光和红外遥感载荷,实际上风云-1(FY-D)系列卫星是气象和海洋应用相结合的卫星。在 1988 年 9 月和 1990 年 9 月发射的气象卫星风云-1A(FY-1A)和风云-1B(FY-1B)上,安装了甚高分辨率扫描辐射计(Very High Resolution Scanning Radionmeter,VHRSR),该辐射计有 5 个探测通道,其中 2 个通道(B3、B4)用于海洋水色(可见光)探测,1 个通道(B5)用于海洋水温探测。后来,我国又分别于 1999 年 5 月和 2002 年 5 月发射了 FY-1C 和 FY-1D 气象卫星,这两颗卫星的 VHRSR 在性能上有很大提高,由原来的 5 个探测通道增加到 10 个,其中 4 个通道(B7、B8、B9 和 B10)用于海洋水色环境要素(如悬浮物浓度、叶绿素浓度、黄色物质等)的探测,2 个红外通道用于海洋水温的探测。

根据《联合国海洋法公约》规定,我国主张可管辖的海域约 $300 \times 10^4 \text{ m}^2$,相当于陆地面积的 1/3,海岸线长 1.8×10^4 km。利用卫星技术监测海洋,在维护我国海洋权益、保护我国海洋环境、开发海洋资源、减灾防灾和海洋科学研究等方面都对卫星探测海洋的光谱分辨、探测海域、时间覆盖率提出了新的更高要求。2002年3月25日,我国在"神舟三号"留轨舱装载了中国的中等分辨率成像光谱仪(CMODIS),在留轨舱的半年运行内,这些海洋遥感传感器获得了许多宝贵资料,科学家通过对留轨舱带回的遥感资料的研究,获得了各种大气和海洋信息的试验产品。我国于2002年5月发射了第一颗专用海洋卫星HY-1A,在该卫星上安装了2个遥感器,用于探测海洋水色水温的水色水温扫描仪(Chinese Ocean Color and Temperature Scanner,COCTS)和海岸带成像仪(Coastal Zone Imager,CZI)。其中,COCTS有8个可用于测量海洋水色的通道和2个用于测量水温的通道,CZI有4个通道用于海岸带环境监测(如河口污染、海岸线变迁、海岸带土地利用等)。5年后,于2007年4月发射了第二颗海洋卫星,至今一直正常在轨运行。这颗海洋卫星同样安装了COCTS和CZI遥感器,但在性能上有所改进。

微波海洋遥感与国际相比,我国起步较晚。在20世纪90年代初,我国加强了星载微波遥感器的研制。2004年12月,"神舟四号"成功发射,该飞船上对地观测的主载荷是多模态微波遥感器。这个遥感器是我国进入太空的第一个集微波高度计、散射计和辐射计为一体,具有综合观测能力的遥感器,"神舟四号"飞船在轨运行为我国微波海洋遥感资料获取以及多源卫星资料的融合应用迈出了可喜的一步。

我国在海洋卫星方面经过多年的建设,取得了显著进展。自2002年5月至2011年8月分别发射了HY-1A/B和HY-2A 3颗卫星,已经初步建立海洋水色和海洋动力环境卫星监测系统。

1.4.3.1 海洋卫星

HY-1A卫星是我国第一颗海洋水色卫星,于2002年5月15日成功发射。它实现了我国海洋卫星零的突破,完成了海洋水色功能及试验验证,使海洋水色信息提取与定量化应用水平得到了提高,促进了海洋遥感技术的发展,为我国的海洋卫星系列发展奠定了技术基础。到2004年4月HY-1A卫星停止工作,在轨运行685 d期间,获取了中国近海及全球重点海域的叶绿素浓度、海表温度、悬浮泥沙含量、海冰覆盖范围、植被指数等动态要素信息以及珊瑚、岛礁、浅滩、海岸地貌特征,研发制作了42种遥感产品。我国第二颗海洋水色卫星HY-1B,于2007年4月11日成功发射,该卫星在HY-1A卫星基础上研制,其观测能力和探测精度进一步增强和提高。目前在轨运行7 a多,实现了卫星由试验型向业务服务型的过渡(国家海洋局,2013)。HY-1A/B主要技术参数见表1.13。

表1.13 HY-1A/B 主要技术参数

参数	技术指标
卫星平台参数	卫星质量：368 kg(HY-1A)，442.5 kg(HY-1B)；设计寿命3 a
轨道参数	太阳准同步近圆形极地轨道，轨道高度798 km，轨道倾角98.8°
仪器参数	海洋水色水温扫描仪(COCTS)：10个波段，幅宽1800 km，光谱分辨率20～49 nm； 海岸带成像仪(CZI)：4个波段，幅宽500 km，光谱分辨率20 nm； COCTS和CZI用于探测叶绿素、悬浮泥沙、可溶有机物及海洋表面温度、海冰等要素以及进行海岸带动态变化监测

HY-2A卫星是我国第一颗海洋动力环境卫星，于2011年8月16日发射，现仍在轨运行。该卫星集主、被动微波遥感器于一体，具有高精度测轨、定轨能力与全天候、全天时、全球探测能力。卫星主要载荷有雷达高度计、微波散射计、扫描辐射计、校正辐射计。主要使命是监测和调查海洋环境，获得包括海面风场、浪高、海流、海面温度等多种海洋动力环境参数，直接为灾害性海况预警预报提供实测数据，为海洋防灾减灾、海洋权益维护、海洋资源开发、海洋环境保护、海洋科学研究以及国防建设等提供支撑服务(蒋兴伟 等，2014)。HY-2A卫星主要技术参数见表1.14。

表1.14 HY-2A主要技术参数

参数	技术指标
卫星平台参数	卫星质量1575 kg，设计寿命3 a
轨道参数	太阳同步轨道，轨道高度973 km，倾角99.34°
仪器参数	雷达高度计：工作频率13.58 GHz和5.25 GHz，空间分辨率2 km； 微波散射计：工作频率13.256 GHz，空间分辨率50 km； 扫描辐射计：工作频率6.6～13.256 GHz，空间分辨率25～100 km； 校正辐射计：3频段，工作频率18.7～37 GHz

1.4.3.2 对地观测卫星中具备海洋观测功能的卫星

1988年9月我国发射了第一颗极轨气象卫星"风云一号"(FY-1A)卫星，搭载的主要传感器是多通道可见光和红外扫描辐射计(MVISR)。1990年9月发射了FY-1B卫星，配置了两个海洋水色通道的甚高分辨率扫描辐射计(VHRSR)。虽然两颗卫星的寿命不长，但首次利用我们自己的卫星获得了我国海区较高质量的叶绿素浓度和悬浮泥沙浓度的分布图。2008年5月27日，我国新一代极轨气象卫星FY-3A发射，卫星装载11台仪器，光谱通道达百个。FY-3A卫星上的微波成像仪(MWRI)，频段范围：10～89 GHz，地面分辨率：15～85 km，能够获取的海洋信息包括海面温度、海面风速以及海冰信息。

到2025年，我国已经规划了11颗专用的海洋业务卫星、4颗试验型海洋科研卫星,基本建成3个海洋系列业务卫星;另外,后续计划发射的FY-2、FY-3和环境与灾害监测系列卫星也配置有可进行海洋观测的遥感波段。这些共同构建了实现我国海洋水色和动力环境的业务化服务能力。

1.5 遥感卫星应用技术概况

1.5.1 遥感卫星观测系统的组成

遥感卫星在地球体系的大气、陆地、海洋三大领域各自形成了特定的信息获取与处理应用技术,形成了从空间实施对地球观测的基本技术和方法。遥感卫星观测系统主要包括空间系统和地面应用系统两部分。

空间系统指处于各种轨道类型和轨道高度上的遥感卫星或其星座。一般除了卫星平台外,还包括各类传感器,如可覆盖可见光、短波红外、中波红外和热红外的光学传感器,主要的类型有CCD相机、多光谱扫描仪和高光谱成像仪等;还有一类可以全天候工作的微波传感器,如SAR等。地面应用系统包括遥感图像数据接收站、数据处理中心和相应的测控站等,用于接收、记录和处理卫星发回的图像数据并对卫星进行跟踪、测量,实施功能管理等。

1.5.2 遥感卫星的分类及应用

遥感卫星发展到现在,已进入多元化应用阶段,各类卫星层出不穷,种类繁多。针对遥感卫星的分类业内并没有统一的规则,因此依据不同分类标准有不同的分类体系。目前针对遥感卫星的分类标准主要有观测领域和传感器性能。遥感卫星按观测领域可分为陆地资源卫星、海洋卫星、气象卫星三类;按传感器性能可分为高光谱遥感卫星、微波遥感卫星、高空间分辨率遥感卫星三类。

1.5.2.1 按观测领域

根据观测目标所处的环境,传统上将遥感卫星分为陆地、大气、海洋三大系列,即利用不同的遥感传感器针对地球体系的三大领域(陆地、大气、海洋)分别建立相对独立的遥感卫星对地观测体系。例如,气象卫星是针对地球体系中的大气领域进行观测的;海洋卫星是对地球的海洋领域进行观测的;陆地资源卫星主要是对地球的陆地领域进行观测。每一种卫星虽有侧重,但是可同时兼顾开展陆地、大气及海洋的观测。所以为了便于分析,本书将遥感卫星分为三类:陆地资源卫星、气象卫星和海洋卫星,并针对每种卫星应用情况进行分析。

(1)陆地资源卫星,是指勘探和研究地球陆地自然资源的人造地球卫星,主要用于地球陆地资源调查、监测与评价。根据遥感传感器的不同,所具备的用途也不一样,主要的用途有土地利用调查与制图、森林资源调查与监测、区域地质调查、水资源调查与监测、农林业资源调查与作物估产、能源与环境监测、自然灾害遥感监测与评估、生态环境调查、测绘成像、科学研究等。陆地资源卫星应用极其广泛,是遥感卫星的主要类型。比较典型的陆地资源卫星有：美国的陆地卫星(Landsat)、法国的SPOT卫星、中巴地球资源卫星(CBERS)、印度遥感卫星(IRS)、中国的环境减灾卫星。

(2)气象卫星,是指从外层空间对地球及大气层进行气象观测的人造地球卫星,主要用于云移、云顶高度、云分布、海洋表面温度、对流层水蒸气分布以及辐射平衡等方面的测定与科学研究。气象卫星除了应用在天气预报和气候预测外,还广泛应用于海洋、航空、农渔业等领域,而且在自然灾害和地球环境监测方面发挥重要的作用,具体来讲,气象卫星的主要用途有台风监测、洪涝灾害监测、森林草原火情监测、耕地旱情监测等。气象卫星为这些自然灾害的监测提供了强有力的支持,并成为政府机构减灾应急、抗灾救灾信息获取的主要渠道和手段。

由于轨道的不同,气象卫星可分为两大类,即太阳同步极地轨道气象卫星和地球同步气象卫星。前者由于卫星是逆地球自转方向与太阳同步,故又称为太阳同步轨道气象卫星；后者与地球保持同步运行,相对地球是不动的,故称作静止轨道气象卫星,又称为地球同步轨道气象卫星。在气象预测过程中非常重要的卫星云图的拍摄也有两种形式：一种是借助于地球上物体对太阳光的反射程度而拍摄的可见光云图,只限于白天工作；另一种是借助地球表面物体温度和大气层温度辐射的程度,形成的红外云图,可以全天候工作。气象卫星具有以下特点。

①轨道多（低轨和高轨两种）；

②短周期重复观测；

③成像面积大,有利于获得宏观同步信息,减少数据处理容量；

④资料来源连续实时性强、成本低(蒋尚城,2006)。

气象卫星主要观测内容包括：①卫星云图的拍摄；②云顶温度、云顶状况、云量和云内凝结物相态的观测；③陆地表面状况的观测,如冰雪和风沙,以及海洋表面状况的观测,如海洋表面温度、海冰和洋流等；④大气中水汽总量、温度、湿度分布、降水区和降水量的分布；⑤大气中臭氧的含量及其分布；⑥太阳的入射辐射、地气体系对太阳辐射的总反射率以及地气体系向太空的红外辐射；⑦空间环境状况的监测,如太阳发射的质子、高能粒子和电子的通量密度。这些观测内容有助于监测天气系统的移动和演变,为研究气候变迁提供了大量的基础资料,为空间飞行提供了大量的环境监测结果。

比较典型的气象卫星有美国的 NOAA 系列,中国的风云系列(FY),欧空局的 Meteosat 系列以及日本的葵花气象卫星(GMS)。

(3)海洋卫星,是指针对地球海洋表面进行观测的人造地球卫星；主要用于海洋温度场,海流的位置、界线、流向、流速,海浪的周期、速度、波高,水团的温度、盐度、海冰的类型、密集度、数量等方面的动态监测。主要的用途有海洋资源开发与管理、海洋环境监测(包括海洋赤潮和污染监测)、海洋科学研究等。

海洋卫星主要包括海洋水色卫星、海洋地形卫星和海洋动力环境卫星。海洋水色卫星主要用于探测叶绿素、悬浮泥沙、可溶有机物、海面温度、污染、海冰和海流等;海洋地形卫星用于探测海面高度、大地水准面、洋流、潮汐、海洋重力场、海洋风速等;海洋动力学卫星用于探测海面风场、海面浪场、海面温度、内波、涡旋和水下地形等。

海洋卫星与陆地卫星和气象卫星相比,具有以下特点。

① 海洋环境要素探测要求大面积、连续、同步或准同步探测;

② 海洋卫星可见光传感器要求波段多而窄,灵敏度和信噪比高(高出陆地卫星一个数量级);

③ 为与海洋环境要素变化周期相匹配,海洋卫星的地面覆盖周期要求 2～3 d,空间分辨率为 250～1000 m;

④ 由于水体的辐射强度微弱,而要使辐射强度均匀,具有可对比性,则要求水色卫星的降交点地方时(发射窗口)选择在正午前后;

⑤ 某些海洋要素的测量,例如海面粗糙度的测量、海面风场的测量,除海洋卫星探测技术外,尚无其他办法。

比较典型的海洋卫星有美国的 Seasat 系列,日本的海洋观测卫星(MOS),欧空局的 ERS 系列,加拿大的 Radarsat 卫星系列和中国的 HY 卫星系列。

陆地资源卫星是遥感卫星的主要类型,是应用最广泛的遥感卫星,有 84 颗,占遥感卫星总数的 63%;其次是气象卫星,有 36 颗,占遥感卫星总数的 27%;海洋卫星受其应用范围限制所占比例最少,为 13 颗,占遥感卫星总数的 10%。其实,由于科学技术的发展以及现实应用的需求,目前很多卫星都已经不是单一的某一类卫星,而是具有综合观测能力的卫星,在陆地、气象和海洋三方面都具备了较强的观测能力,因此综合类型卫星的发展必将成为今后卫星发展的主要方向。

1.5.2.2 按传感器性能

遥感卫星上搭载有很多种不同用途的遥感传感器。遥感传感器是收集、探测、记录地物电磁波辐射信息的工具。它的性能直接决定了遥感卫星的能力,即传感器对电磁波波段的响应能力(如探测灵敏度和光谱分辨率)、传感器的空间分辨率、传感器获取地物电磁波信息量的大小和可靠程度等(钱乐祥 等,2004)。

基于测量方式,遥感传感器可分为主动式和被动式,被动式是一种收集目标物反射太阳光的辐射电磁波或目标物自身发射的红外或微波辐射的遥感传感器;主动式是向目标地物发射电磁波,然后收集目标物反射回来的电磁波的遥感传感器。传感器的种类很多,一般由四部分组成:收集器、探测器、处理器和输出器,与此对应,遥感的四个过程分别是:数据采集、数据处理、数据传输和数据输出与应用。

遥感传感器的工作波段是对传感器进行分类的主要标准,可分为两类:光学传感器和微波传感器。从可见光到红外区的光学领域的传感器称为光学传感器,微波领域的传感器称为微波传感器。分辨率是分析传感器性能的主要参数,遥感卫星传感器的分辨率是指记录数据的最小度量单位(钱乐祥和李爽,2004)。一般存在四类分辨率:空间分辨率、光谱分辨率、时间分辨率和辐射分辨率。

空间分辨率(spatial resolution)是指传感器区分两个目标的最小角度或线性距离的度量,反映对两个非常接近的目标物的识别区分能力,一般来说,传感器的空间分辨率越高,其识别地物的能力相对就越强,影像细节的可见程度就越高。

光谱分辨率(spectral resolution)是指传感器所选用的波段数量的多少、各波段的波长位置及波长间隔的大小。它反映的是对遥感信息多波段的特性,一般用于描述高光谱数据。光谱分辨率越高,专题研究的针对性就越强,影像的光谱信息就越丰富,对物体的识别精度就越高(赵英时 等,2003)。

时间分辨率(temporal resolution)是描述遥感卫星重访时间间隔的性能指标,是指卫星传感器重复观测的最小时间间隔,它不仅取决于卫星的回归周期,还与传感器的设计等因素相关。

辐射分辨率(radiometric resolution)是指传感器对光谱信号强弱的敏感程度、区分能力,以及探测器的灵敏度。

在以上四个分辨率参数中,空间分辨率和光谱分辨率是描述光学传感器性能的主要参数,而对于微波传感器,一般描述其性能的参数是工作波段、极化方式和全色分辨率。本节基于传感器的性能和工作波段将遥感卫星分为三类进行介绍:高空间分辨率遥感卫星、高光谱遥感卫星、微波遥感卫星。

(1) 高空间分辨率遥感卫星

航天遥感的一个重要发展趋势是空间分辨率的大幅度提高,高空间分辨率遥感卫星技术,尤其是空间分辨率小于 1 m 遥感卫星的出现和普及具有划时代的意义。高空间分辨率遥感卫星最初用来获取敌对国家经济、军事情报以及地理空间数据。1999 年,美国太空成像公司第一颗商业高分辨率遥感卫星 IKONOS 发射成功,开创了商业高空间分辨率遥感卫星的新时代。

(2) 高光谱遥感卫星

高空间分辨率遥感信息能够较好地满足诸多用户的需求,并促进了高光谱分辨率遥感的发展。

同时资源调查、农作物长势、病虫害、土壤状况、地质勘查等领域,对光谱分辨率的要求不断提高,使光谱分辨率从微米级的多光谱向纳米级的超光谱发展(王景泉,2001)。高光谱分辨率的遥感技术是利用图像和光谱合二为一的特点(遥感图像上每一个像元对应一条较光滑的光谱曲线),研究地表物质的成分、含量、存在状态和动态变化与光谱反射率之间的对应关系,利用地物反射光谱特征识别其类型。

高光谱遥感研究的光谱波长范围包括:可见光(V)、近红外(NIR)、短波红外(SWIR)、中热红外(MIR)和热红外(TIR)波段。

(3) 微波遥感卫星

微波遥感就是利用传感器接收地面各种地物反射或发射的微波信号,借以识别、分析地物,提取所需信息。雷达遥感(微波遥感)可分为主动和被动两种方式。被动方式与可见光和红外遥感类似,是由微波扫描辐射计接收地表目标的微波辐射。目前多数星载雷达采用主动方式,即由遥感平台发射电磁波,然后接收反射和散射回波信号,探测地物的后向散射系数和介电常数。微波遥感发射的电磁波波长一般较长,在 1 mm~1 m。微波遥感卫星搭载的传感器分为被动式和主动式,被动式传感器有微波辐射计,主动式传感器有微波散射计、雷达高度计、合成孔径侧视雷达。

微波遥感的特点是:全天时工作,全天候工作;微波对某些地物有穿透能力(尤其是对云层的穿透力),微波遥感器可以探测地物的微波特性;微波遥感器可采用多种频率、多种极化方式、多个视角工作,从而获取目标多种信息;成像可以记录目标的距离信息和相位信息,投影方式属于距离投影。

1.5.3 遥感卫星的应用

遥感卫星的用途非常广泛,对地观测功能是其最主要的功能,快捷准确的特点使其在地球上的大部分领域都有相关应用。遥感卫星可以提供大量连续的有关地球及其环境的数据,来加强人类对地球系统的理解。这些数据涵盖了全球各圈层,包括陆地、大气、海洋和冰雪等方面。遥感卫星的应用从内容上可划分为资源调查与应用、环境与灾害监测评价、测绘制图与区域分析规划、全球宏观研究及其他。

(1) 资源调查与应用。主要包括土地资源调查、农业资源调查与作物估产、森林资源调查与监测、区域地质调查、水文水资源调查与水利建设、地质矿产调查与监测等。

(2) 环境与灾害监测评价。主要包括对各类污染(大气污染、水污染、土地污染和海洋污染等)的监测与评估,气候变化与环境演变分析,天气监测与分析预报,各类自然灾害(台风、洪涝、干旱、地震、冰雪、森林草原火灾、滑坡、泥石流、农林病虫害等)的监测与评估等。

(3) 测绘制图与区域分析规划。主要包括地形地貌测量与模拟、成像制图、城市布局结构分析与规划、城市用地与道路交通分析、城市人口与生态分析等。

(4) 全球宏观研究。全球宏观研究是指宏观地、整体性地对人类赖以生存的岩石圈、大气圈、水圈、生物圈等进行研究,并以此来带动区域性的分析规划,促进全球环境的改善。主要的研究内容包括:地球板块运移的监测和研究、深层大断裂活动的监测与研究、环形构造的成因研究、全球性气象研究、海洋动力学研究、地表固态水的分布、世界冰川的进退,以及世界大环境的监测与治理等(张更新,2009)。

(5)其他。遥感卫星在军事方面的应用是不言而喻的,军事应用是遥感卫星最早也是最全面的应用。目前遥感卫星技术的发展和其在军事中的应用是分不开的,很多遥感卫星最初也都是为军事服务的。遥感卫星在军事方面的应用具有高保密性、高精度、全方位的特点。

1.5.4 中国遥感卫星技术发展

自1970年中国发射了第一颗自主研发的人造地球卫星后,中国的卫星事业一直在稳步发展,而进入21世纪以来,中国的卫星事业发展非常迅速。中国遥感卫星技术的迅速发展推动了整体卫星事业的发展。以下将从数量、发射年份和种类分布三个方面对比分析主要国家与中国遥感卫星发展的差异。

中国遥感卫星技术发展开始较晚,但发展迅速。为了对比分析主要国家与中国遥感卫星发展的差异,本书将中国、美国、印度、俄罗斯和德国在轨遥感卫星的发展,从数量、发射年份、种类分布和传感器性能四个方面进行比较分析。五国在轨遥感卫星数量:中国47颗,印度10颗,俄罗斯5颗,美国11颗,德国8颗。

从发射年份方面分析,五国的遥感卫星除美国外基本上都是进入21世纪才开始兴起的。美国很早就已经发射了遥感卫星,发展很稳定;德国是20世纪90年代中期开始发展遥感卫星事业,进入21世纪后受全球金融危机影响,连续几年都未发射遥感卫星;俄罗斯的遥感事业起步较早,但目前在轨的遥感卫星却很少,可见近几年的发展很缓慢;印度和中国的遥感卫星事业发展较晚,进入21世纪才开始发展,不过中国的遥感卫星事业一经起步就发展的比较迅速,尤其在近些年国家的大量科技和经费投资,使得在轨遥感卫星的发射数量超过了美国。

由于不同卫星的传感器性能不同,为了准确地比较各国传感器的性能,本书从各国卫星中选取了功能比较接近的卫星进行传感器性能比较。在陆地资源卫星中,美国卫星的传感器无论是从空间分辨率还是光谱范围都比其他各国卫星的传感器性能要先进,而在气象和海洋卫星中,美国卫星所搭载的仪器数量更多也更先进,这是美国作为遥感卫星第一大国的优势所在。印度遥感卫星事业发展极为迅速,各类卫星都基本达到了世界较高水平,而且与美国卫星的差距也已经很小。而中国的陆地资源卫星的性能较好,具有高空间分辨率的卫星和高光谱分辨率的卫星,但其精度仍与世界先进国家有一定的差距。中国的气象和海洋卫星发展较好,已达到了一流水平,与世界先进国家的差距正逐步缩小。

由以上比较分析可知,中国的遥感卫星事业目前还处在初步发展阶段,大部分卫星都是在近10年内发射的,虽然在数量上具有一定的优势,但在种类上还过于单一,传感器性能上和美国、印度等国还存在着很大的差距,所以未来中国遥感卫星需要在传感器性能上多做研究,提高精度,扩大观测范围。此外,在遥感卫星种类上,还需要全面发展,加强海洋和气象卫星技术的创新。

1.6 遥感卫星的发展趋势

过去 20 年,遥感卫星由最初的萌芽试验阶段经过基本应用阶段发展至今天的综合应用阶段,但通过之前各国卫星的发展计划,可以预知,在未来 10 年遥感卫星将迎来发展的高峰期,无论是数量上还是质量上,都将有长足的发展。

未来 10 年,遥感卫星的发展将从三个方面进行改进:有效载荷性能、遥感卫星应用功能和遥感卫星整体。在有效载荷性能方面,可以预知成像卫星的传感器将向着高分辨率、多角度方向发展,各类陆地大气海洋参数获取和试验的仪器将向着多功能、高精度、寿命长方向发展;在遥感卫星应用功能方面,可以预知遥感卫星的功能将从单一化应用发展为综合应用,从独立的遥感观测技术发展为协同其他技术的一体化技术,从功能的零散性发展为功能的系统性;在遥感卫星整体方面,遥感卫星将朝着小型化、商业化的方向发展。

1.6.1 高分辨率、多模式和多角度

随着遥感卫星对地观测技术的进步以及人们对地球资源和环境认识的不断深化,用户对高分辨率遥感数据的质量和数量的要求在不断提高。未来世界各国在高分辨率遥感卫星领域的竞争必将日趋激烈,随着更多数量、更高分辨率的卫星发射,可以利用的高分辨率卫星影像资源也将更加丰富。而且随着高分辨率卫星影像资源的不断丰富与市场的日益成熟,也将极大地促进其应用技术的不断发展。有关专家预测在未来几年内,在 1∶5000 至更大比例尺地图的测绘方面,竞争力日益提高的高分辨率遥感卫星将取代传统的航空摄影测量,同时新的应用领域将不断出现;而且随着技术的不断提高,高分辨率卫星的影像成本也会随之降低,高清卫星图像将应用在越来越多的领域,实现普及。

高分辨率卫星传感器具有地物纹理信息丰富、成像光谱波段多和重访时间短这三个特征,因此高分辨率卫星一般可分为高空间分辨率、高光谱分辨率和高时间分辨率。

目前,高空间分辨率卫星的空间分辨率已至 0.5 m,已基本可以取代航天遥感摄影测量的功能,但因为价格昂贵,重访周期较长等一些不足,使其难以得到广泛的应用。所以未来高分辨率卫星的发展在不断提高空间分辨率的同时,将更注重成本降低,提高时间分辨率和加强功能多样化等方面。

和高空间分辨率的情况基本相同,高光谱分辨率卫星在高光谱数据中光谱分辨率也已经达到了很理想的情况,但其空间分辨率普遍较低,不容易和其他数据融合,而且同样具有价格高、周期长的不足,因此,高光谱分辨率卫星的发展将朝着低成本、

短周期的方向发展。

一般气象卫星大都是高时间分辨率卫星,这是因为气象卫星需要对天气情况进行实时监测,重访周期要求较短。目前高时间分辨率卫星遥感影像的时间分辨率已经从几天缩小到几小时。我国2004年10月发射的风云二号C星,携带的遥感仪器在36000 km高空观测地球,具有很高的时间分辨率,可以观测到大气中生命期为几个小时的中小尺度天气系统及其演变过程,对中小尺度天气系统所造成的灾害性天气的动态监视具有独特的优势。

不仅在分辨率方面,在传感器的模式、角度等方面,也都将有新的发展。传感器的功能将从过去单一的成像或采集功能发展至数据采集、处理、监测和传输等多项功能综合。传感器的模式,尤其是微波遥感传感器的模式将从过去单一的观测模式,发展至现在可相互切换的多模式观测方式。如微波遥感,过去的极化方式一般只有垂直极化或者水平极化,但现在的极化方式基本上都是多极化的方式,而且可以互相切换,不影响原来的极化方式,这进一步扩大了传感器的应用范围。传感器的观测角度,将从正射方向单一角度观测发展至多角度全方位的观测,并综合运用合成孔径雷达、微波遥感、光学遥感和红外遥感等技术手段,实现对陆地、海洋和大气的观测。通过不同空间分辨率(从覆盖全球到几米的数量级)和时间频率(从几秒到10年以上)的观测配合,以及空间水平和垂直观测的综合,保证了遥感卫星科学探测任务的实现。

1.6.2 综合应用和协作应用

遥感卫星的应用功能不再是单一的针对某个观测领域,而是向着各个领域的综合应用的方向发展。例如,对于陆地资源卫星,不再是只针对陆地上的各项资源的探测,而是向着整个地球各圈层的资源进行综合探测;再如气象卫星也不再只是针对下垫面的大气研究,而是针对地球上各项气象相关领域进行气候变化等方向的探索。

目前,由于单颗卫星无法发现相互关联的整体诸多因素,因此,对于快速变化的情况,单颗卫星只能观测到现象,而缺乏分析原因的资料。通常为了预测变化趋势,就要有连续观测数据,对某些观测对象需要进行快速、重复观测。这就需要把各种轨道、各种遥感器结合起来,同时观测具有相关性的诸多要素,从而使获得的数据可以非常方便地进行融合、集成、外推,使"信息"的形成周期大大缩短。遥感卫星与数据中继、通信、导航定位等卫星功能融合,不仅可快速重访,大大提高观测频度,而且还可实现快速定性、定量和定位。例如,遥感与GIS(geographic information system,地理信息系统)及GPS的密切结合及一体化的发展将使高精度遥感数据的需求成倍增加,今后拥有高分辨率遥感卫星的国家和地区将日益增多。这些对地观测卫星夜以继日、源源不断地向人们提供丰富的高质量遥感数据和动态情报。从这一点上来说,遥感卫星的应用功能将不再仅仅局限于对地观测这一方向,而是协作其他各类卫星对更大范围的领域进行综合研究。

人们对于地球系统的知识,尽管在某些领域很深,但很不全面。当前观测和了解地球系统的活动需要从现在单独的遥感卫星计划,发展成为综合的、同步的、实时的、高质量的、长期的、全球的遥感卫星观测系统,同时要采取一致的标准,作为将来决策和行动的基础。所以加快遥感卫星的综合应用和协作应用功能的发展是当前遥感卫星功能发展的主要方向。

1.6.3 小型化、星座化和系统化

目前,世界遥感卫星正朝着小型化、商业化方向发展。小型化可减少资金投入、缩短设计研制周期;星座化和系统化可以使遥感卫星集成使用,使其功能更加强大从而满足用户更多的需求。

随着微电子和微机械技术的发展,全球掀起了一股"小卫星热",很多国家开始研发小卫星。小卫星一般是指卫星质量在 1000 kg 以下的卫星,小卫星的数字图像具有多谱段、大范围、高精度、准实时、高频率重复成像、低成本等多种优势,吸引了广大的商业用户,在未来的发展中具有较强的竞争力。各国都以发射高分辨率小卫星作为推动本国遥感卫星的机遇和起点,未来遥感卫星的发展趋势将是大、小卫星并存,多星组网,协作发展。

任何一颗卫星无论技术多么先进也不可能满足用户的所有需求,所以就需要多星组合成星座网络的形式来共同发挥作用。遥感卫星技术的迅猛发展,将在未来几十年把人类带入一个多层、立体、多角度、全方位和全天候的新时代,将由各种高、中、低轨道相结合,大、中、小卫星相协同,高、中、低分辨率相弥补的方式组成全新的全球遥感卫星星座系统,能够准确有效、快速及时地提供多种空间分辨率、光谱分辨率和时间分辨率的遥感数据(安培浚 等,2007)。未来的遥感卫星系统将采用遥感卫星星座网络,来克服以前大型的、昂贵的卫星平台的缺点以及在平台上放置众多传感器和所产生的各种冗余部件。

所以,未来遥感卫星的质量将向着更小更轻的方向发展,将由多颗小卫星组成遥感卫星星座网络进行观测,以实时地获取质量更高,范围更广,信息量更全的遥感数据。

1.6.4 商业化、市场化和产业化

遥感卫星商业化可以把遥感卫星真正转换成为一种产业,为其实现良性循环提供必要条件,并可刺激遥感卫星技术的进一步创新和广泛应用。遥感技术的商业化驱动力主要是市场需求和商业利益,一方面随着市场经济的发展,各行业用户已经注意到空间信息的重要性,进而涌现出大批新用户和潜在市场;另一方面,遥感图像进入市场将会应用于交通、新闻、娱乐、地籍管理、保险业等众多新领域,这将会给遥感

卫星商业化发展注入新契机。基于以上两点，可以预知，随着遥感卫星商业化程度的不断提高，遥感卫星技术的工程实际应用水平也将会大幅度提高，应用范围将越来越广泛，全球将会掀起遥感应用的又一次高潮。

商业遥感卫星系统的特点是以应用为导向的，强调采用实用技术系统和市场运行机制，注重配套服务和经济效益。但是就目前的形势来看，商业遥感系统还不可能取代政府资助的遥感卫星系统，不过随着遥感卫星的运作商业化、市场化不断提高，将来商业遥感卫星系统必将会成为一种非常重要的遥感信息补充系统（王晓梅，2004）。

近年来，各类遥感卫星公司如雨后春笋般出现在遥感领域，而且其商业化、企业化的运行模式对提高遥感卫星的性能和扩大遥感卫星的应用范围起到了极大的推进作用，并且这种以应用为主导的商业遥感卫星系统可以作为政府资助遥感卫星系统极好的补充，比较有名的遥感卫星和图像公司基本都集中在美国，例如美国空间成像公司（Space Imaging）、美国数字地球公司（Digital Globe）、美国轨道图像公司（OrbImage）、美国地球之眼公司（Geo-Eye）。此外还有其他国家公司如以色列的卫星图像国际公司，法国斯波特图像公司（Spot）等。

遥感卫星经过几十年的发展和应用，尤其是经过近几年突飞猛进的发展，已经为其未来朝着商业化方向迈进奠定了坚实稳固的基础－包括可靠的技术基础以及广阔的应用基础。只要国家在政策方面给予大力支持，使商业化发展在经营理念的指引下保证正确的方向，加上科技工作人员的勤奋努力使技术不断创新，再加上遥感应用产品开发经销商进行有效的市场运作，以及广大遥感用户的热情支持，那么就能极大地促进遥感卫星的市场化、商业化和产业化发展。相信今后遥感卫星商业化的步伐会加快，能够早日进入产业化发展的新时代。

思考题

1. 海洋遥感的发展历程是怎样的？
2. 海洋遥感分为哪几类？
3. 海洋遥感的发展趋势和相关应用是怎样的？

第 2 章 海洋遥感理论

2.1 遥感辐射传输理论

通常对电磁波的发射、吸收、反射和透射现象称为电磁辐射。电磁辐射是遥感的能源,是传感器与远距离目标联系的纽带。遥感技术就是根据电磁辐射的理论,应用现代技术中的各种探测器对远距离目标所辐射的电磁波信息进行收集,并最终成像,从而对地物进行探测和识别的一种综合技术(马蔼乃,1978)。因此应用遥感技术的前提就是要了解电磁辐射的基本性质。

2.1.1 电磁波与电磁波谱

1865 年,英国科学家詹姆斯·麦克斯韦在总结前人研究电磁现象的基础上,建立了完整的电磁波理论。此理论于 1887 被德国物理学家赫兹用实验证实。电磁波是由同向且互相垂直的电场与磁场在空间中衍生发射的震荡粒子波,是以波动的形式传播的电磁场(拉温德拉·阿罗拉 等,2017)。描述电磁波特性的指标有波长、频率、振幅和位相等,电磁波的特性包括:

①电磁波是横波;

②电磁波在真空中以光速传播;

③电磁波具有波粒二象性:电磁波在传播过程中,主要表现为波动性;在与物质相互作用时,主要表现为粒子性;

④波粒二象性的程度与电磁波的波长有关:波长越短,辐射的粒子性越明显;波长越长,辐射的波动性越明显。

(1) 电磁波的基本方程

1873 年,詹姆斯·麦克斯韦建立了的麦克斯韦方程,该方程是电磁波传播、散射过程中所必须满足的基本方程,支配着电磁波在自由空间和介质中的行为。麦克斯韦方程的矢量形式可表示如下:

$$\begin{cases} \nabla \times \boldsymbol{E} + \dfrac{\partial \boldsymbol{B}}{\partial t} = 0 \\ \nabla \times \boldsymbol{H} - \dfrac{\partial \boldsymbol{D}}{\partial t} = \boldsymbol{J} \end{cases} \qquad (2.1)$$

$$\begin{cases} \nabla \times \boldsymbol{B} = 0 \\ \nabla \times \boldsymbol{D} = \rho \\ \boldsymbol{B} = \mu_r \mu_0 \boldsymbol{H} \\ \boldsymbol{D} = \varepsilon_r \varepsilon_0 \boldsymbol{E} \end{cases} \quad (2.2)$$

式中,E 为电场强度(V/m);H 为磁场强度(A/m);D 为电位移矢量(C/m);B 为磁感应强度(Wb/m);ρ 为电荷密度(C/m^2);J 为电流密度(A/m^2);μ_r 和 μ_0 分别为相对磁导率和真空磁导率;ε_r 和 ε_0 分别为相对介电常数和真空介电常数。式(2.1)对应法拉第感应定律和安培环路定律;式(2.2)是对应于磁场和电场的高斯定律。在真空中,电荷密度 ρ 和电流密度 J 都为零,$\varepsilon_0 = \mu_0 = 1$。

(2)边界条件

当电磁波在传播过程中遇到不同介质分界面时,分界面处电磁波必须满足相应边界条件。在两种不同介质交界面处,E、B、D、H 在跨越界面时可能不连续,因此麦克斯韦方程微分形式不能适用,但是应用麦克斯韦方程的积分形式可以证明在如图 2.1 所示界面两侧,电磁场的法向与切向分量满足以下边界条件。

$$\begin{cases} \boldsymbol{n} \times (\boldsymbol{B}_1 - \boldsymbol{B}_2) = 0 \\ \boldsymbol{n} \times (\boldsymbol{D}_1 - \boldsymbol{D}_2) = \rho_s \\ \boldsymbol{n} \times (\boldsymbol{E}_1 - \boldsymbol{E}_2) = 0 \\ \boldsymbol{n} \times (\boldsymbol{H}_1 - \boldsymbol{H}_2) = \boldsymbol{J}_s \end{cases} \quad (2.3)$$

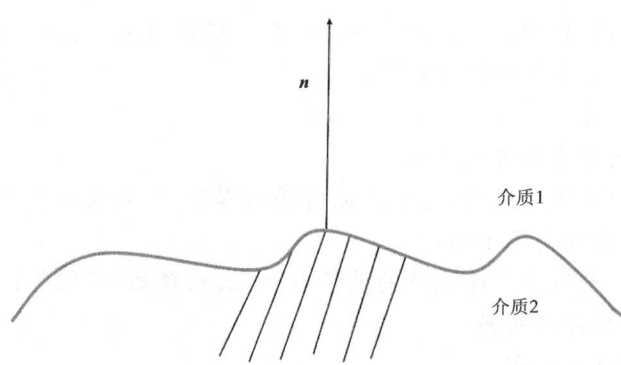

图 2.1 两种不同介质 1 和 2 的交界面

式中,n 为界面的单位法向量,由介质 2 指向介质 1;ρ_s 为界面处自由面电荷密度;J_s 为自由面电流密度。

(3)电磁波的波动性

电磁波的波动性可用波函数的形式进行描述,其解析表达式

$$\boldsymbol{\Psi} = A\sin[(\omega t - kx) + \boldsymbol{\Phi}] \quad (2.4)$$

式中，Ψ 为波函数（表示电场强度）；A 为振幅；ω 为角频率，$\omega=\dfrac{2\pi}{T}$；t 为时间变量；k 为圆波数，$k=\dfrac{2\pi}{\lambda}$；x 为空间变量，距离；Φ 为初位相。

由式(2.4)可知，电磁波是一时空周期性函数，其时间周期性用周期 T（或频率 $f=\dfrac{1}{T}$）描述，空间周期性用波长 λ（或波数 $\upsilon=\dfrac{1}{\lambda}$）来描述。

波函数由振幅和相位组成。一般传感器仅记录电磁波的振幅信息。随着干涉测量技术的发展，相位信息的利用引起了广泛关注。

对所有的电磁波来说，有

$$\begin{cases} c=\dfrac{\lambda}{T}=\lambda f \\ \upsilon=\dfrac{c}{\sqrt{\varepsilon\mu}} \end{cases} \tag{2.5}$$

式中，c 为光速，$c=3\times10^8$ m/s；f 为频率，单位为 Hz 或 s^{-1}；μ 为介质中的相对磁导率；υ 为电磁波在介质中的传播速度，单位为 m/s；ε 为介质中的相对介电常数。当 $\varepsilon=\mu=1$ 时（真空中），电磁波的传播速度等于光速。一般介质中的电磁波的传播速度小于光速。

（4）电磁波的粒子性

电磁波是以"场"的形式存在于自然界中的一种物质。由于电场（磁场）具有能量，所以电磁波的传播也是能量的传播。这种以电磁波形式传播出去的能量称为辐射能，其传播表现即为光子（photon）或量子（quanta）组成的粒子流的运动。光子（或量子）是由原子和分子状态改变而释放出的一种稳定、不带电、具有能量和动能的基本粒子（赵英时，2013）。实验证明，光照射在金属上能激发出电子，这种现象即光电效应，所激发的光电子的能量（E）与其频率（f）成正比，光子的动量（P）与其波长（λ）成反比，即

$$E=hf \tag{2.6}$$

式中，h 为普朗克常数，$h=6.6260693\times10^{-34}$ J·s。

光子的动量（P）与其波长（λ）成反比，即

$$P=\dfrac{h}{\lambda} \tag{2.7}$$

式(2.6)和式(2.7)中的 E、P 是粒子性属性，f、λ 是波动性属性。由式(2.6)和式(2.7)可知，电磁波中的可见光和红外线同时具有波动性和粒子性，而紫外线、X 射线、γ 射线因其光子能量远大于红外线和可见光，所以主要表现为粒子性；微波和无线电波的光子能量远小于红外线和可见光，所以主要表现为波动性。

电磁波在传播过程中,主要表现为波动性,但当电磁辐射与物质相互作用时,则主要表现为粒子性,这就是电磁波的波粒二象性。遥感传感器所探测到的目标物在单位时间辐射(反射)的能量,由于电磁辐射的粒子性,所以才具有统计性。遥感传感器所接收的电磁波辐射通量的方向和数量在遥感中是极其重要的。辐射通量中定义为在单位时间内通过某一表面的辐射能量(radiant flux),单位为 W 或 J/s。这种辐射通量构成了我们所研究的目标与遥感器之间联系的纽带。遥感器所接收的辐射通量的数量、性质和方向成为远离传感器目标存在的根据(郭硕宏,2008)。

电磁波的波长不同,其波动性和粒子性所表现的程度也不同,一般来说,波长愈短,辐射的粒子特性愈明显,波长愈长,辐射波动特性愈明显。遥感技术正是利用电磁波的波粒二象性实现探测目标物的。

(5)电磁波的干涉

由两列(或多列)频率、振动方向、相位相同(或相位差恒定)的电磁波在空间叠加,引起振动强度重新分布,即出现交叠区某些地方的振动加强,某些地方的振动减弱或完全抵消的现象,这种现象称为干涉(interference)(吴诗敏,1996)。能产生干涉的电磁波称为相干波。

就某一频率 f 的单色波而言,在任意点 P 的瞬时场是确定的,如果波由大量的单色波组成,其频率在 f_0 至 $f_0+\Delta f$ 的带宽范围,那么所有分量波的随机叠加将导致合成场的不规则脉动。

(6)电磁波的偏振

电磁波偏振(polarization)是指电磁波的电场振动方向的变化,这一概念在主、被动海洋遥感领域都具有重要应用。电磁波是一种横波,在自由空间中,电场、磁场相互垂直并垂直于波的传播方向,因此,只需其中一个场的方向和幅度,就可以从麦克斯韦方程确定另一个场的方向和幅度。传播方向确定后,电场的振动方向并不是唯一的,它可以是 y、z 平面内的任意方向。振动方向可以是不变的,也可以是随时间按一定方式变化或按一定规律旋转。任一振动方向的电磁波都可以分解为水平和垂直两个特定的偏振方向。

通常把包含电场振动方向的平面称为偏振面,如果振动方向是唯一的,不随时间而改变,即偏振面方向固定,这种情况称为线性偏振。在一个固定平面内仅沿着一个固定方向振动的光为偏振光。太阳光是非偏振光,它在所有可能的方向上传播,其振幅可以认为是相等的,而非保持一个优势方向。介于自然光(非偏振光)与偏振光之间还有部分偏振光。

光学中的偏振与微波的极化概念是一致的。通常用空间电场矢量 E 端点随时间的变化来定义。若电场矢量端点轨迹为直线,称为线极化波;若端点轨迹为圆,则称为圆极化波,对于椭圆极化,其端点轨迹为椭圆。若右手大拇指向波传播方向,其余四指所握的方向与 $\boldsymbol{E}$ 矢量端点运动方向一致,则称为右旋极化波。改用左手描写时,则称为左旋极化波。

设电磁波的传播方向用 $\boldsymbol{k}$ 表示,用 $\boldsymbol{k}$、$\boldsymbol{h}$ 和 $\boldsymbol{v}$ 构成相互垂直的正交系,$\boldsymbol{n}=\boldsymbol{h}\times\boldsymbol{v}$,则电场 $\boldsymbol{E}$ 可表示为

$$\boldsymbol{E}(t)=\boldsymbol{h}E_h+\boldsymbol{v}E_v=\boldsymbol{h}e_h\cos(\omega t-\varphi_h)+\boldsymbol{v}e_v\cos(\omega t-\varphi_v) \tag{2.8}$$

消去时间 t 后,可得

$$\left(\frac{E_h}{e_h}\right)^2+\left(\frac{E_v}{e_v}\right)^2-2\frac{E_h E_v}{e_h e_v}\cos\varphi=\sin^2\varphi \tag{2.9}$$

式中,$\varphi=\varphi_v-\varphi_h$ 为式(2.8)中电磁两正交分量之间的相位差。式(2.9)是倾斜椭圆方程,当 $0<\varphi<\pi$ 时为右旋,而 $-\pi<\varphi<0$ 时为左旋。当式(2.9)中的振幅 e_h、e_v 和相位差 φ 取一些特殊值时,几种特殊极化状态如图2.2所示。

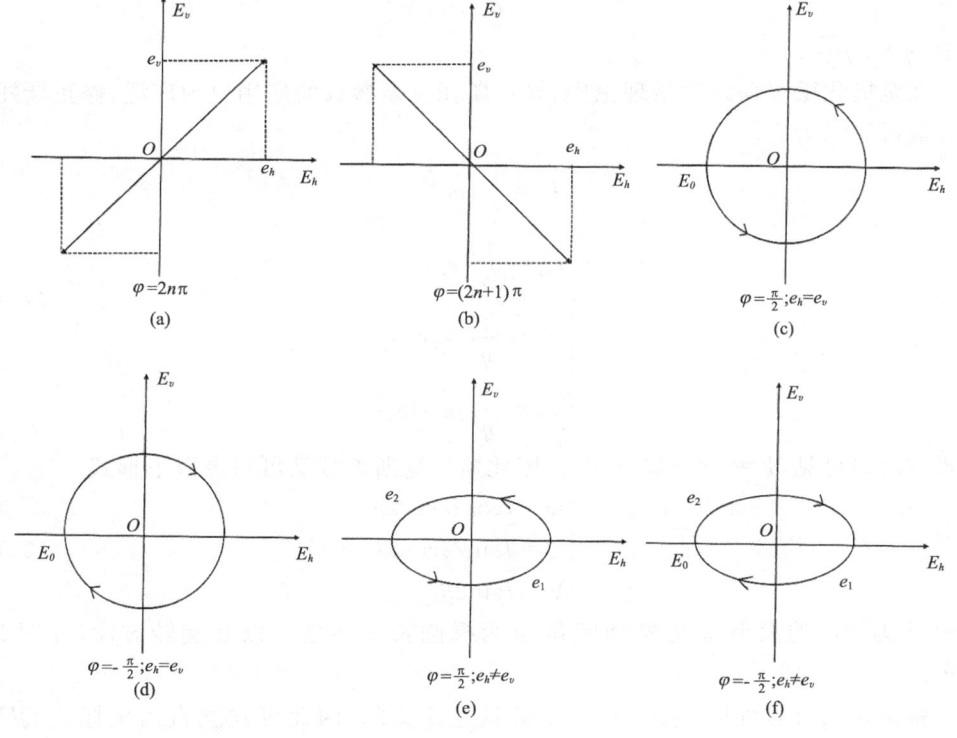

图 2.2　极化的几种特殊情形

图 2.2e 和图 2.2f 表示正椭圆,即其长短轴正好与坐标轴一致。在正椭圆的情况下,$\varphi=\pm\pi/2$,则有

$$E_h = e_h \cos(\omega t - \varphi_h)$$
$$E_v = \pm e_v \sin(\omega t - \varphi_v) \quad (2.10)$$

式中,取"+"号时为右旋,取"-"号时为左旋。

在微波遥感领域,斯托克斯(Stokes)参数是表述地物回波极化特征时常用的极化参数之一。斯托克斯参数定义为

$$\begin{cases} I = \dfrac{1}{\eta}(e_h^2 + e_v^2) \\ Q = \dfrac{1}{\eta}(e_h^2 - e_v^2) \\ U = \dfrac{2}{\eta} e_h e_u \cos\varphi \\ V = \dfrac{2}{\eta} e_h e_v \sin\varphi \end{cases} \quad (2.11)$$

式中,$\eta = \sqrt{\mu/\varepsilon}$。

在全极化微波辐射测量理论中,修正斯托克斯参数的应用更为广泛,修正斯托克斯参数可表示为

$$\begin{cases} I_a = \dfrac{1}{\eta} |e_h|^2 \\ Q_a = \dfrac{1}{\eta} |e_v|^2 \\ U_a = \dfrac{2}{\eta} e_h e_v \cos\varphi \\ V_a = \dfrac{2}{\eta} e_h e_v \sin\varphi \end{cases} \quad (2.12)$$

由式(2.11)可见,$I^2 = Q^2 + U^2 + V^2$。因此斯托克斯参数又可写成以下形式。

$$\begin{cases} Q = I\cos 2\alpha \cos 2\beta \\ U = I\sin 2\alpha \cos 2\beta \\ V = I\sin 2\beta \end{cases} \quad (2.13)$$

式中,I 为椭圆的大小;α 为椭圆倾角;β 为椭圆长短轴之比以及旋转方向,如图2.3所示。

根据式(2.13)可见,Q、U、V 三个分量是正交的,因此可建立直角坐标系 QUV,定义相应球坐标张角 $\theta = \pi/2 - 2\beta$,方位角 $\varphi = 2\alpha$。如前所述,$0 < \beta < \pi/4$ 时为右旋极化,对应以 I 为半径的上半球面的点。下半球面的点则对应于左旋极化。球的北极和南极,$\theta = 0$ 和 π,即 $\beta = \pi/4$ 和 $-\pi/4$,分别代表右旋和左旋圆极化。球的赤道则与不同取向的线极化相对应。这一球称为庞加莱球,如图2.4所示。

从某些辐射源产生的辐射,例如太阳,没有任何明显的极化特性。当电磁波到达

接收器时,它的电场是随机取向的,这种情况称为随机极化或无极化。在某些情况下,波是部分极化,许多散射光、反射光、透射光都属于部分偏振光。波在与目标接触时发生的反射、吸收、透射和散射过程中,不仅其强度发生变化,其偏振状态也常常发生改变,这与目标的形状及其特性紧密相关。而一些人造光源(如无线电、激光、雷达发射)通常有明显的极化状态,入射波和再辐射波的极化状态在遥感中起着重要作用,它们对研究辐射源或散射体的性质提供了除强度和频率之外的附加信息。

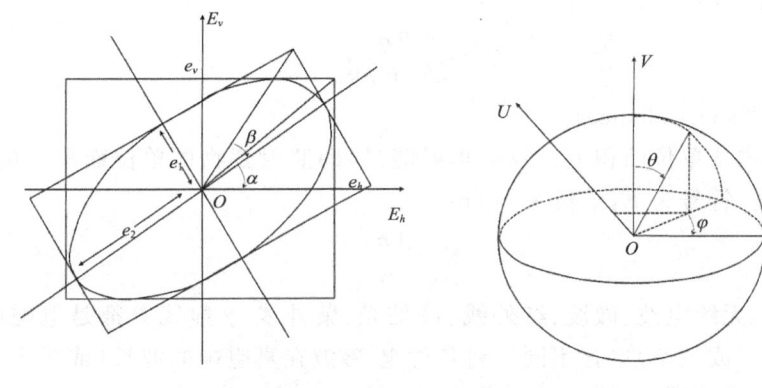

图 2.3 椭圆极化 　　　　　图 2.4 庞加莱球

遥感信息是从遥感器定量记录的地表物体电磁辐射数据中提取的。为了测量从目标地物反射或辐射的电磁波的能量,以伽马射线到电磁波的整个波段范围为对象的物理辐射量的测定,常见的电磁辐射度量如下。

(1) 辐射能量(radiant energy)

以电磁波形式发射、传输或接收的能量,称辐射能量,符号为 Q,单位为 J。普朗克(Max Planck)发现电磁辐射能量以离散单元形式(光子、量子)被吸收和发射,指出辐射能量的大小与电磁辐射的频率成正比,表示如下。

$$Q = h \times f \tag{2.14}$$

式中:h 为普朗克常数,$h = 6.626 \times 10^{-34}$ J·s。

(2) 辐射通量(radiant flux)

单位时间内,通过某一面积的辐射能量,又称辐射功率,符号 Φ,单位为 W(即 J/s),表达为

$$\Phi = \frac{dQ}{dt} \tag{2.15}$$

(3) 辐射强度(radiant intensity)

点辐射源在单位立体角、单位时间内向某一方向发出的辐射能量,即点辐射源在单位立体角内发出的辐射通量,符号为 I,单位为 W/sr。

$$I = \frac{d\Phi}{d\Omega} \tag{2.16}$$

(4) 辐射亮度(radiance)

面辐射源在单位立体角、单位时间内,在某一垂直于辐射方向单位面积(法向面积)上辐射出的辐射能量,即辐射源在单位投影面积、单位立体角上的辐射通量,简称辐亮度,符号为 L,单位为 $W \cdot m^{-2} \cdot sr^{-1}$,如果是单位光谱波长上的,单位为 $W \cdot m^{-2} \cdot \mu m^{-1} \cdot sr^{-1}$。

$$L = \frac{d^2\Phi}{dA\cos\theta d\Omega} \tag{2.17}$$

(5) 辐射照度(irradiance)

单位时间内从单位面积上接收的辐射能量,即照射到物体单位面积上的辐射通量,简称辐照度,符号为 E,单位为 W/m^2

$$E = \frac{d\Phi}{dA} \tag{2.18}$$

实验证明,无线电波、微波、红外线、可见光、紫外线、γ 射线等都是电磁波,只是波源不同,波长(或频率)也各不同。将各种电磁波在真空中的波长(或频率)按其长短,依次排列制成的图表(图 2.5)叫作电磁波谱。

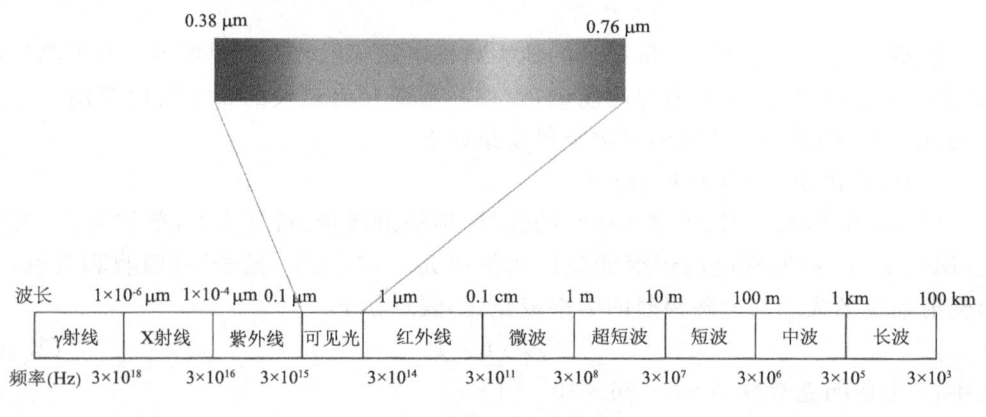

图 2.5 电磁波谱(见彩图)

目前,遥感技术所使用的电磁波集中在紫外线、可见光、红外线到微波的光谱段,各谱段划分界线在不同资料上采用光谱段的范围略有差异。本书采用表 2.1 中所列出的波长范围。

紫外线(ultraviolet light)介于可见光和 X 射线之间,波长范围为 $0.01 \sim 0.38$ μm。太阳辐射含紫外线,通过大气层时,波长短于 0.3 μm 的能量几乎全被吸收,只有 $0.3 \sim 0.4$ μm 的波段到达地面,而且能量很小。它能使溴化银底片感光。紫外波段在遥感方面的应用比其他波段要晚。目前,用于测定碳酸盐岩分布。碳酸盐岩处于 $0.4~\mu m$ 以下的短波区域,它对紫外线的反射比其他类型的岩石要强。另外,紫外线对水面漂浮的油膜比周围水的反射强烈,因此可以用于油污染的监测。但是这种波长从空中可探测的高度大致在 2000 m 以下,对高空遥感不适用。

表 2.1 电磁波谱

波段		波长范围(单位:m)
γ射线		$<10^{-12}$
X 射线		$10^{-12} \sim 10^{-8}$
紫外线		$10^{-8} \sim 3.8 \times 10^{-7}$
可见光	紫	$3.8 \times 10^{-7} \sim 4.3 \times 10^{-7}$
	蓝	$4.3 \times 10^{-7} \sim 4.7 \times 10^{-7}$
	青	$4.7 \times 10^{-7} \sim 4.0 \times 10^{-7}$
	绿	$5.0 \times 10^{-7} \sim 5.6 \times 10^{-7}$
	黄	$5.6 \times 10^{-7} \sim 5.9 \times 10^{-7}$
	橙	$5.9 \times 10^{-7} \sim 6.2 \times 10^{-7}$
	红	$6.2 \times 10^{-7} \sim 7.6 \times 10^{-7}$
红外波段	近红外	$7.6 \times 10^{-7} \sim 3 \times 10^{-6}$
	中红外	$3 \times 10^{-6} \sim 6 \times 10^{-6}$
	远红外	$6 \times 10^{-6} \sim 1.5 \times 10^{-5}$
	超远红外	$1.5 \times 10^{-5} \sim 1 \times 10^{-3}$
微波		$1 \times 10^{-3} \sim 1$
超短波		$1 \sim 10$
短波和中波		$10 \sim 3000$
长波		>3000

可见光(visible light)在电磁波谱中,它只占一个狭窄的区间,波长范围为 $0.38 \sim 0.76~\mu m$。它是由红、橙、黄、绿、青、蓝、紫光组成的。人眼对可见光有敏锐的感觉,不仅对可见的全色光,而且对不同波段的单色光,也都具有敏锐的分辨能力。所以可见光是作为鉴别物质特征的主要波段。在遥感技术中是以摄影方式和扫描方式接收和记录地物对可见光的反射特征。

红外线(infrared light)位于可见光与微波之间,波长范围为 $0.76 \sim 1000~\mu m$。为了实际应用方便,又将其划分为:近红外($0.76 \sim 3.0~\mu m$)、中红外($3.0 \sim 6.0~\mu m$)、远红外($6.0 \sim 15.0~\mu m$)和超远红外($15 \sim 1000~\mu m$)。近红外在性质上与可见光相似,所以又称为光红外。在遥感技术中采用摄影方式和扫描方式,接收和记录地物对太阳辐射的光红外反射。中红外、远红外和超远红外是产生热感的原因,所以又称为热红外。自然界中任何物体,当温度高于绝对零度(−273.15℃)时就能向外辐射红外线。物体在常温范围内发射红外线的波长多在 3~40 μm,而 15 μm 以上的超远红外被大气和水分子吸收,所以在遥感技术中主要利用 3~15 μm 波段,更多的是利用 3~5 μm 和 8~14 μm 波段。红外遥感采用热感受方式探测地物本身的热辐射,所以它的工作不仅白天可以进行,夜晚也可以进行。由于红外线不易被天空微粒散射,所以红外线遥感不受日照条件的限制,比可见光遥感更优越。

微波(microwave)的波长范围一般规定为 1 mm~1 m(即频率在 300 MHz~3000 GHz)。微波辐射和红外辐射两者的特征相似,都属于热辐射性质。微波遥感是借助于微波散射现象来探测地物的性质,它的优点主要如下。

①波易于聚成较窄的发射波束,波束角可达 10°左右;
②波近似直线传播,不受高空(100~400 km)电离层反射的影响;
③地面目标对微波散射性能好;
④自然界中的电磁波对微波干扰小。

2.1.2 电磁辐射源

自然界中一切物体在发射电磁波的同时,也被其他物体发射的电磁波所辐射。遥感的辐射源可分自然电磁辐射源和人工电磁辐射源两类,它们之间没有什么原则区别。就像电磁波谱一样,从高频率到低频率是连续的。物质发射的电磁辐射也是连续的。

2.1.2.1 自然辐射源

凡是能够产生电磁辐射的物体,叫作辐射源。它分为两大类:天然辐射源和人工辐射源。在自然界最大的天然辐射源是太阳和地球,它们是遥感信息的主要提供者。太阳辐射是可见光及近红外遥感的主要辐射源,地球是远红外遥感的主要辐射源。被动遥感方式接收的是天然辐射源的电磁辐射(反射、发射、散射等)。主动遥感方式接收的是人工辐射源发出的电磁辐射的回波,如机载侧视雷达系统。

(1)太阳辐射

太阳是光学遥感的唯一自然光源。太阳辐射是地球上生物、大气运动的能源,也是被动式遥感系统中重要的自然辐射源。太阳的中心温度约为 $1.5×10^7$ K,表面温度约为 6000 K。大气层外的太阳辐射光谱可以用黑体辐射波谱进行模拟,太阳辐射光谱曲线与温度为 5900 K 的理想黑体所产生的光谱辐射曲线类似。太阳辐射覆盖了很宽的波长范围,由 1 nm 直至 10 m 以上,包括 γ 射线、X 射线、紫外线、可见光、红外光、微波和无线电波。太阳辐射能量中各波段所占的能量的百分比见表 2.2。

太阳辐射的能量主要集中在 0.31~5.6 μm 波谱区,约占全部能量的 97.62%,其光谱的峰值约为 0.48 μm,可见光部分集中了约 40% 的太阳辐射能量,因此,太阳辐射主要是短波辐射。在这一光谱区内太阳辐射的强度相当稳定;而 γ 射线、X 射线、紫外线以及微波波段的太阳辐射能小于 1%,它们受太阳黑子及耀斑的影响,因而强度变化较大。太阳辐射的物理特性可用地基或机载传感器进行测量。

表 2.2 太阳辐射能量中各波段所占比例

波段	波长 λ(μm)	能量(%)
γ 射线、X 射线、远紫外	<0.20	0.02
中紫外	0.20~0.31	1.95
近紫外	0.31~0.38	5.32
可见光	0.38~0.76	43.50
近红外	0.76~1.5	36.80
中红外	1.5~5.6	12.00
远红外	5.6~1000	0.41
微波	>1000	

到达地球大气外边界的太阳辐射,约 30% 被云层和大气其他成分反射回到太空,约 17% 的入射太阳能被地球大气吸收,还有 22% 左右的太阳能被大气散射成为漫射太阳辐射,所以,作为直射太阳辐射到达地面的能量只占 31% 左右。通过大气层后,到达地面的太阳辐射光谱是经过大气窗口调制的,只在 0.25~3 μm 波长范围仍保持着较显著的太阳辐射能量。

在不考虑大气影响的情况下,地球上接收的太阳辐照度 E(指单位时间内从单位面积接收的太阳辐射能量,单位为 W/m²)与太阳的天顶角 θ(太阳—地表某点的连线与该点的法线之间的夹角)有关,其关系为

$$E = \frac{E_0}{D^2} \cos\theta \tag{2.19}$$

式中,E_0 为太阳常数,指地球处于日—地平均距离处时,单位时间内在垂直于太阳光线的单位面积上接收到的全部太阳辐射能,其均值为 1.36×10^3 W/m²;D 为以日—地平均距离为单位的日地之间的距离(一个天文单位)。

由于地球的公转和自转,到达地球上任一点的太阳辐射能量会随时间的变化而变化,可近似表达为

$$E_i = E_{\max} \sin\left(\frac{\pi t}{N}\right) \tag{2.20}$$

其中,$E_{\max}$ 为太阳位于某地天顶时的最大辐照度,N 为理论日照时数。

到达地面的太阳辐射是太阳直射辐射(E_s)和漫射辐射(E_d)的总和,即$E_t = E_s + E_d$。由于太阳天顶角会随纬度、季节和时间等因素而变化,因而太阳总辐射E_t也是纬度、时间和云的函数。

(2)地球的电磁辐射

地球表面平均温度27℃(绝对温度300 K),地球辐射峰值波长为9.66 μm。地球辐射的能量分布在从近红外到微波这一很宽的范围内,但大部分能量集中在4~30 μm。各波段所占的能量比例大约是:0~3 μm段占0.2%,3~5 μm段占0.6%,5~8 μm段占10%,8~14 μm段占50%,14~30 μm段占30%,30~1000 μm段占9%,以上微波占0.2%。地球辐射也被大气强烈吸收。

当太阳辐射入射到地球表面后,一部分被吸收(68%);一部分被地面反射回空间(32%)。反射回去的太阳辐射,属于近紫外、可见光和近红外。太阳辐射被吸收的部分,通过能量转换,一部分变为热能,使地面物体具有温度,能发射电磁辐射。温度不同,说明该物体所具有热能量不同,因而所辐射的电磁波波长有差异。因此,地面物体的电磁辐射信息包括两部分:一部分是反射信息,它只能在白天接收;一部分是发射信息,既能在白天接收,又能在夜间接收。

2.1.2.2 人工辐射源

主动式遥感采用人工辐射源。人工辐射源是指人为发射的具有一定波长(或一定频率)的波束。工作时接收地物散射该光束返回的后向反射信号的强弱,从而探知地物或测距,称为雷达探测。雷达又可分为微波雷达和激光雷达。在微波遥感中,目前常用的主要为侧视雷达。

(1)微波辐射源

在微波遥感中常用的波段为0.8~30 cm。由于微波波长比可见光和红外线波长要长。因此,在技术上微波遥感应用的主要是电学技术,而可见光、红外遥感应用则偏重于光学技术。在应用上微波遥感具有以下特点。

①具有全天候全天时探测能力。雷达是主动式传感器,它不依靠太阳辐射,因此能在昼夜获得同等质量的影像。由于微波波长长,受大气干扰小,一般厚云层(除特别恶劣气候条件外)微波都可以透过,故可全天候进行探测,这是可见光与红外遥感所不能相比的。

②微波对某些物质具有一定的穿透能力,能直接透过植被覆盖,对于冰、雪和土壤等表层覆盖物也有一定的穿透能力。

③某些物质的光谱在微波波段有较大的差异。这样,在可见光与红外遥感中不易区分的一些物体,在微波遥感中则容易区别。

(2)激光辐射源

目前研究成功的激光器种类很多。按照工作物质的类型可分为:气体激光器、液体激光器、固体激光器、半导体激光器和化学激光器等;按激光输出方式可分为:连续输出激光器和脉冲输出激光器。激光器发射光谱的波长范围较宽,短波波长可至 0.24 μm 以下,长波波长可至 1000 μm,输出功率低的仅几微瓦,高的可达几兆兆瓦以上。激光在遥感技术中逐渐得到应用,其中应用较广的为激光雷达。激光雷达使用脉冲激光器,它可精确测定卫星的位置、高度和速度等,也可测量地形、绘制地图、记录海面波浪情况,还可利用物体的散射性及荧光、吸收等性能监测污染和勘查资源。在遥感图像处理中,采用激光输出器和激光存储器,可大大提高图像处理的速度和精度。

2.1.3 辐射基本定理

2.1.3.1 普朗克辐射定律

所有物体都在不断地发射和吸收辐射能量。假设存在一个理想辐射体,其表面为朗伯面,辐射特性由温度唯一决定且光谱连续,则称为黑体(blackbody)。它是完全的吸收体,又是完全的辐射体,即发射的能量等于吸收的能量。

对于黑体辐射源,其辐射出射度(M)与温度(T)、波长(λ)的关系可由普朗克定律表示如下。

$$M_\lambda(T) = \frac{2\pi h c^2}{\lambda^5 (e^{hc/\lambda kT} - 1)} = \frac{c_1}{\lambda^5 (e^{c_2/\lambda k} - 1)} \tag{2.21}$$

式中$M_\lambda(T)$是黑体分谱辐射射出度(辐射通量密度),h 是普朗克常数,$k=1.3806^{-36}$ J·K 是玻尔兹曼常数,$c_1=3.7418\times10^{-16}$ W·m^2,$c_2=1.4388\times10^{-2}$ m·K 分别为第一和第二辐射常数。

2.1.3.2 维恩位移定律

如果将普朗克公式对波长求导,并令其为 0,就得

$$\frac{dB(\lambda, T)}{d\lambda} = 0 \tag{2.22}$$

可以得$\lambda_{max} T = 2897.8(\mu m \cdot K)$

此式即维恩位移定律。λ_{max}为辐射强度达到峰值对应的波长。可见,当黑体温度升高时,最大辐射值朝短波方向移动。

2.1.3.3 斯蒂芬—玻尔兹曼定律

如果考虑所有频率上的黑体辐射,

$$M(T) = \int_0^\infty \frac{2\pi c_0^2 h f^3}{\exp(hf/kT) - 1} df = \frac{2\pi k^4 T^4}{c_0^2 h^3} \int_0^\infty \frac{X^3}{e^X - 1} dX = \frac{\pi^4}{15} \frac{2\pi k^4 T^4}{c_0^2 h^3} = \sigma T^4$$

$$\tag{2.23}$$

任一物体辐射能量的大小是物体表面温度的函数,斯蒂芬—玻尔兹曼定律

表达了物体的这一性质。此定律将黑体的总辐射出射度与温度的定量关系表示为：

$$M(T) = \sigma T^4 \tag{2.24}$$

式中：$M(T)$ 为黑体表面发射的总能量，即总辐射出射度；σ 为斯蒂芬—玻耳兹曼常数，其值为 $\sigma = 5.6697 \times 10^{-8} W \cdot m^{-2} \cdot K^{-4}$。

2.1.4 大气及其传输特性

大气在现代遥感技术中处于特殊的地位，它既是遥感的对象，又是从空间遥感地面时电磁辐射必须通过的介质。太阳辐射通过地球大气照射到地面，经过与地面物体的作用又反射回大气，再经过大气到达传感器。因此，电磁辐射与大气的相互作用对遥感影响很大，我们必须详细研究大气对电磁辐射的传输特性。电磁辐射与大气的相互作用主要有3种方式：散射、吸收和透射，其作用强度取决于大气的物质成分、结构和通过大气时的路程长短。

2.1.4.1 大气成分与结构

地球大气由多种气体组成，此外还包含着少量的水汽和杂质。地球大气的成分（atmospheric constituents）按其浓度的变化幅度可分为痕量气体、变量气体、液态微粒和固体微粒。痕量气体（permanent gases）是指那些浓度几乎恒定的气体，即浓度随空间、时间变化很小。大气中的氮气约占空气总量的78%维持生命的氧气占21%，其余的1%由惰性气体、二氧化碳和其他气体组成。变量气体是指气体的浓度会随时间和空间有很大变化的气体，主要有水蒸气、臭氧、含氮和含硫化合物。除了气态物质、大气中还含有固体和液体微粒如气溶胶、水滴和冰晶，这些颗粒会聚集形成云、雾（孙家柄，2003）。

按大气的热力学性质，大气的垂直剖面分为四层：对流层、平流层、中间层和热层。这些层的顶部分别为对流层顶、平流层顶、中间层顶和热层顶。

(1) 对流层（troposphere）

这一层的特点是随高度的升高温度逐渐降低，气温以约 6.5 ℃/km 的速度递减，直到约 10 km 的高度（极地上空仅 7～8 km，赤道上空可达 16～19 km）。所有的天气活动（水蒸气、云、降水）也仅限于这一层。气溶胶粒子层通常存在接近地球表面的 2 km 高度范围内，气溶胶浓度随高度升高呈指数下降。

(2) 平流层（stratoshpere）

平流层的范围是从对流层顶至 50 km。在较低的 20 km 的平流层内，温度几乎是恒定不变的，在这一高度之上的温度随高度增加而增加，直到约 50 km 的高度。臭氧主要存在于平流层。对流层与平流层以内的大气质量占大气总质量的 99% 以上。

(3) 中间层(mesosphere)

中间层的范围为 50~85 km，介于上下两个暖层之间，又称"冷层"。在这一层里，温度随高度的增加而逐渐降低，递减速率约为 3℃/km。大概在海拔 80 km 处降到最低点，约为 −95℃，也是整个大气层温度最低点。

(4) 热层(thermosphere)

热层又称电离层，是大气的最外层。热层从约 85 km 向上延伸到几百千米。温度从 500 K 到 2000 K。气体主要以稀薄等离子体形式存在，因太阳紫外辐射和高能宇宙射线轰击而产生电离现象。无线电波在该层发生全反射现象。

上层大气通常是指对流层以上的大气层。许多遥感卫星就是在高度约 800 km 能远高于热层顶。

2.1.4.2 大气透射和大气窗口

(1) 大气透射

透射是指电磁辐射与介质作用后，产生的次级辐射和部分原入射辐射穿过该介质，到达另一种介质的现象或过程，一般用透射率 τ 来表示透射能力，τ = 透射能量/入射能量。电磁辐射经大气输送时，由于大气的散射和吸收，其辐射能受到强烈的衰减，如太阳辐射中的可见光，经过大气时，其吸收率 $\alpha = 14\%$，散射率 $\gamma = 23\%$，所以透过大气到达地面的透射能力 $\tau = 63\%$。

(2) 大气折射

电磁波穿过大气层时会发生折射现象。大气的折射率与大气密度直接相关，大气密度越大，折射率越大。空气越稀薄，折射也越小。正因为电磁波传播过程中折射率的变化，使电磁波在大气中传播的轨迹是一条曲线，到达地面后，地面接收的电磁波方向与实际上太阳辐射的方向相比偏离了一个角度，称为折射值 R，当太阳垂直入射时，天顶距为 0 折射值，R 为零；随着太阳天顶距加大，折射值增加；天顶距为 45°时，折射值 $R = 1'$；天顶距为 90°时，折射值 $R = 35'$。这时折射值达到最大。

(3) 大气窗口

太阳辐射在到达地面之前穿过大气层，大气折射只是改变太阳辐射的方向，并不改变辐射的强度。但是大气反射、吸收和散射的共同影响却衰减了辐射强度，剩余部分才为透射部分。不同电磁波段通过大气后衰减的程度是不一样的，因而遥感所能够使用的电磁波波段是有限的。有些大气中电磁波透过率很小，甚至完全无法透过电磁波。这些区域就难于或不能被遥感所使用，称为"大气屏障"；反之，有些波段的电磁辐射通过大气后衰减较小，透过率较高，对遥感十分有利，这些波段通常称为"大气窗口"。研究和选择有利的大气窗口、最大限度地接收有用信息是遥感技术的重要课题之一。目前在遥感中使用的一些大气窗口见表 2.3。

表 2.3 大气窗口

类型	波长	透过率	应用
紫外、可见光、近红外波段	0.3～0.4 μm	约为 70%	可用光学摄影、扫描方式成像
	0.4～0.7 μm	>95%	
	0.7～1.1 μm	约为 80%	
近红外窗口	1.4～1.9 μm	60%～95%	可用扫描方式成像
近红外窗口	2.0～2.5 μm	约为 80%	可用扫描方式成像
中红外窗口	3.5～5.0 μm	60%～70%	可用热探测
热红外窗口	8.0～14.0 μm	约为 80%	可用热探测
微波窗口	1.0～1.8 mm	35%～40%	全天候、全天时
微波窗口	2.0～5.0 mm	50%～70%	
微波窗口	8.0～1000.0 mm	约为 100%	

对大气透射的研究，有非常重要的意义：为传感器寻找最佳通道，给辐射校正提供基本资料。如对地面物体进行遥感时，一定要选用"大气窗口"，否则物体的电磁波信息到达不了传感器；而对大气遥感，则应选择衰减系数大的波段，才能收集到有关大气和温度等方面的信息。

2.1.4.3 大气对电磁波传播的影响

所有用于遥感的辐射能都要通过地球大气层，但各种遥感的路程变化较大，如航天遥感中的光学摄影机，由于其利用太阳光源，所以需要二次通过大气层；而红外辐射计是直接探测地表的发射辐射，它只需要一次经过大气层，并且电磁波传播路程的长度还取决于遥感器距地面的高度和观测角度。对于低空航空摄影，大气对图像质量的影响一般可忽略不计，但如果传感器获得的能量经过整个大气层，则大气效应会使其强度和光谱分布均发生变化，大气对图像质量的影响不能忽视。大气净效应与路径长度、电磁辐射能量信号的强弱、大气条件和波长等有关。当电磁辐射穿过大气层时，大气中的粒子可能吸收或散射电磁波。大气中分子吸收的电磁波辐射能将转换成分子的激发能，散射则将入射光束的能量向空间的各个方向传播。总的效果是造成入射辐射的能量衰减。气体分子的能量可以以不同的形式存在，即跃迁能量、旋转能量、振动能量和电子能量。

(1)跃迁能量：分子质心的中心跃迁需要的能量。一个分子的平均动能等于$\sigma T/2$，其中，σ为玻耳兹曼常数，T为气体的热力学温度(K)。

(2)旋转能量：分子绕一个通过其质量中心的轴旋转的能量。

(3)振动能量：组成分子的原子在它们的平衡位置附近振动产生的振动能量。这种振动与拉伸原子之间的化学键有关。

(4)电子能量:此能量取决于分子中电子的能量状态。

旋转能量、振动能量和电子能量这三种形式的能量是量化的,即能量只能以离散量的形式变化,称为跃迁能量。当一束入射电磁波的频率与一个分子的可得的跃迁能量匹配时,这个电磁辐射的光子可能被分子吸收。

大气中的紫外光(UV)吸收主要是由于氧和氮原子及分子的电子跃迁。由于紫外线吸收,一些高层大气中的氧和氮分子经过光化学分解而成为原子氧和氮。这些原子在吸收热层中的太阳紫外线起了很重要的作用。氧气的光化学分解是形成平流层中的臭氧层的主要原因。

在可见光波段,电磁辐射吸收率较小。

在红外波谱区,大气吸收主要是由于分子的转动和振动跃迁。主要的大气吸收成分是水蒸气(H_2O)和二氧化碳(CO_2)分子。H_2O 和 CO_2 分子的吸收带从近红外延伸到远红外($0.7 \sim 15 \mu m$),在远红外区域,大部分的辐射被大气吸收。

微波波段,大气对微波辐射几乎透明。

大气的吸收作用主要是由大气层中的气体分子吸收引起的,例如水汽、臭氧、氧气和气溶胶等。气溶胶的吸收作用可由单次散射反照率 ω_a 反映出来,若 $\omega_a=1$,则气溶胶就不具吸收性。对于大多数多光谱传感器来说,主要考虑水汽和臭氧的吸收作用,因为在可见光波段,其他气体只吸收很窄波谱区的电磁波能量,并且这些气体的含量很稳定。但对高光谱传感器而言,就必须考虑其他一些气体(如氧气)的作用。

2.1.5 辐射传输方程

考虑一束位于 $x=(x,y,z)$ 的辐射光源,沿 (θ,φ) 方向传播。在这个方向传播过程中,将受到吸收及偏离该方向散射的作用,同时还将获得来自热辐射以及外源散射到该方向上的能量。综合上述各项可得下述辐射传输方程的形式(Kirk,1996):

$$\frac{d}{dr}L(\lambda,x,\theta,\varphi) = -k_g(\lambda,x)L(\lambda,x,\theta,\varphi) + \Pi(\lambda,x,\theta,\varphi) \quad (2.25)$$

式中:r 是由 (θ,φ) 确定的方向,方程左边是辐亮度在该方向上单位距离发生的变化;右边第一项表示由于吸收和散射所产生的衰减,第二项是源项,由下式给出。

$$\Pi(x,\theta,\varphi) = \Pi_{emit}(x,\theta,\varphi) + \Pi_{scat}(x,\theta,\varphi) \quad (2.26)$$

式中:$\Pi_{emit}(x,\theta,\varphi)$ 是发射源项,$\Pi_{scat}(x,\theta,\varphi)$ 是散射源项,包括所有从非传输方向散射到传输方向上的散射分量。其中,热发射源项可以表示如下。

$$\Pi_{emit} = k_A(T,p,\lambda)f_P[\lambda,T(x)] \quad (2.27)$$

由于大气和海洋的温度都在 300 K 左右,所以可见光波段的发射源项可以忽略。散射源项比发射源项要复杂得多,以下讨论散射源项的过程中,为简便起见,将省略 λ 的标识。

假设一个体元素位于 x 处,长度在观测方向上为 dr,在 x 处,所有从非传输方向散射到传输方向(θ,φ)上的散射分量之和构成了该散射源项。散射的几何关系见图2.6。图2.6中来自外源项的一束辐射L_{ex},以角度(θ',φ')入射到位于坐标零点的散射体上,有一部分辐射被散射到面向传感器的方向(θ,φ)上,α为入射辐射与散射辐射之间的夹角。

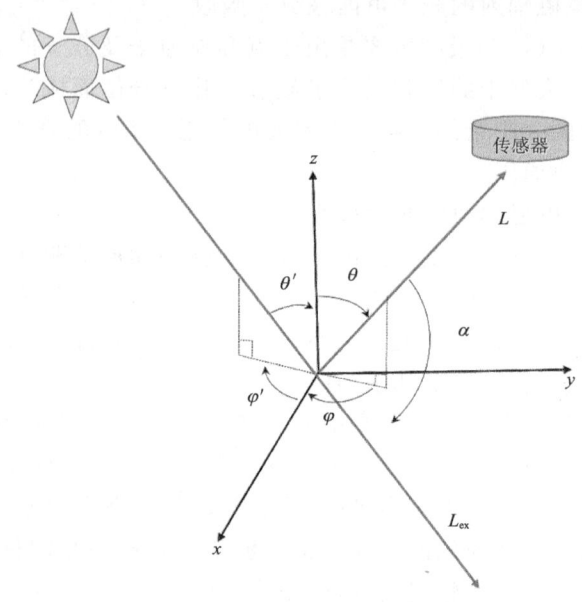

图2.6 讨论散射源时用到的坐标系和几何关系

针对上述几何关系,散射源项Π_{scat}可以写为体散射函数β的形式。入射辐照度表示为$E_{ex}=L_{ex}\Delta\Omega'$,其中$\Delta\Omega'$是光源对着的立体角,此时传感器接收到从坐标零点散射过来每单位长度上的辐亮度如下。

$$\Pi_{scat} = \frac{dL}{dr} = \beta(\alpha)\, L_{ex}\, \Delta\Omega' \tag{2.28}$$

在有多个外部辐射源的情况下,对上式在所有立体角内积分,可得:

$$\Pi_{scat}(\theta,\varphi) = \int_{4\pi} \beta(\theta,\varphi;\theta',\varphi')\, L_{ex}(\theta',\varphi')\, d\Omega' \tag{2.29}$$

式中:L_{ex}代表所有外部辐射源。在给定L_{ex}和β的情况下,对上式右边进行积分可得散射源项。

2.2 可见光遥感理论

可见光遥感是利用安装在航空或航天遥感平台上的光学传感器探测地表反射或散射的太阳辐射,如图2.7所示。这种获取影像的方式类似于高空拿相机拍摄地表的照片。光学遥感使用的电磁波范围从可见光、近红外（near infrared，VNIR）到短波红外（short-wave infrared，SWIR）。电磁波从辐射源到传感器的传输过程中，经历了吸收、再辐射、反射、散射、偏振和波谱重新分布等一系列过程。在此传输过程中，电磁波的变化取决于它与介质所发生的相互作用。其中，电磁波与大气的相互作用近似于体效应，而与地表的相互作用则主要是与地表浅层物质的表面效应。理解这种相互作用机制和过程，对认识获得的遥感影像数据和地物的特性具有重要意义。由于不同物质反射和吸收各种电磁波的特性各不相同，因此，各种不同的物质可以通过分析遥感图像上目标的光谱反射特征区分开（潘德炉，2017）。

根据成像过程中使用的光谱波段数，遥感系统可以分为全色成像系统、多光谱成像系统、超光谱成像系统、高光谱成像系统。

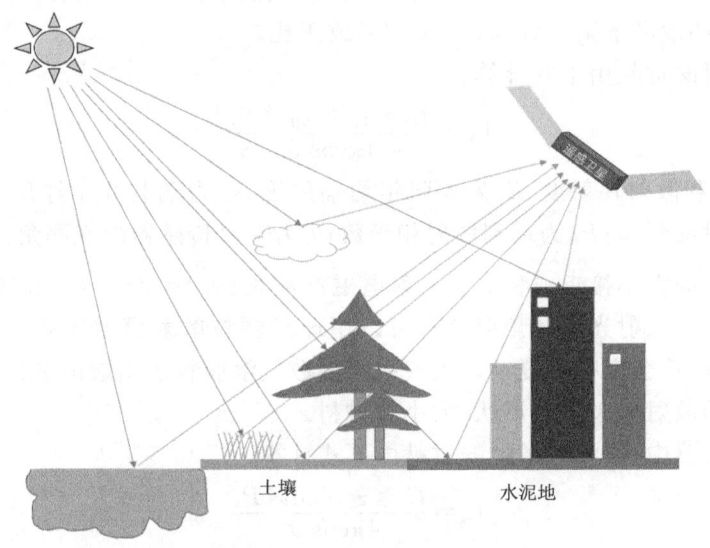

图 2.7　光学遥感示意图

2.2.1　可见光在大气中的传输

2.2.1.1　大气散射

电磁辐射的散射是由于辐射与物质之间相互作用导致部分能量再辐射到其他的方向，而不再沿着入射辐射路径。散射能有效削弱入射光束的能量，与吸收不同，这种能量没有丢失，而是被重新分配到其他方向。根据入射电磁波波长与介质微粒大小的相对关系，大气组分的散射可分为瑞利散射（Rayleigh scattering）、米氏散射（Mie scattering）和无选择性散射。

空气分子的散射定律是瑞利在1871年发现的，因此这种散射被称为瑞利散射。

当大气中微粒的直径远小于入射辐射的波长时,其散射模式可以用瑞利散射公式计算。对于球形微粒,若定义

$$\chi = \frac{2\pi r}{\lambda} \tag{2.30}$$

式中,r 为球形粒子的半径;λ 为入射电磁波的波长。

当 $\chi<0.01$ 时,大气中介质的散射用瑞利散射公式计算。此时,微粒的散射相函数为

$$P(\mu) = \frac{3}{16\pi} \times \frac{2}{2+\delta} [(1+\delta)+(1-\delta)(1+\mu^2)] \tag{2.31}$$

式中,$\mu = \cos\theta$,其中 θ 为散射相位角,即入射波和散射光线的方向之间的夹角;δ 为去极化因子,用来纠正各向异性分子散射的去极化效应。形状对称分子的 $\delta=0$,因此,非极化光的瑞利散射光强与 $(1+\cos^2\theta)$ 成正比。

瑞利散射的贡献由下式计算。

$$L_R = \frac{E_0 \times \tau_R \times \omega_R \times P_R}{4\pi\cos\theta_v} \tag{2.32}$$

式中,L_R 为瑞利散射辐射度;E_0 为太阳年均辐照度;τ_R 为瑞利光学厚度;ω_R 为瑞利散射的单次散射反照率;P_R 为瑞利散射相函数;θ_v 为卫星传感器的观测角。

如果微粒的大小接近或稍大于入射电磁波波长($0.1<\chi<50$),其散射模型服从米氏散射定律。散射光强和角度分布可以用球形颗粒散射模型计算。然而,对于不规则的颗粒,计算会变得很复杂。大气中大多数气溶胶粒子引起的散射为米氏散射,气溶胶粒子的散射取决于其形状、大小和材料。

在光学遥感中,气溶胶散射的贡献由下式计算。

$$L_a = \frac{E_0 \times \tau_a \times \omega_a \times P_a}{4\pi\cos\theta_v} \tag{2.33}$$

式中,L_a 为气溶胶散射辐射度;τ_a 为气溶胶光学厚度;ω_a 为气溶胶散射的单次散射反照率;P_a 为气溶胶散射相函数;θ_v 为卫星传感器的观测角。

2.2.1.2 电磁波辐射传输的参数

一般情况下,大气的散射和吸收作用是同时存在的,这两种作用会造成电磁波穿过大气时衰减。设太阳辐照度为 E_0,经过大气的路径为 r,则穿过该大气路径后的辐照度 E_r 为

$$E_r = E_0 \times e^{-k_a r} \tag{2.34}$$

式中,$k_a(\lambda)$ 为衰减系数(attenuation coefficient),也称体消光系数,单位:m^{-1}。它由两部分组成,即

$$k_a = k_{sc} + k_{ab} \tag{2.35}$$

式中，k_{sc} 为散射系数；k_{ab} 为吸收系数。由于大气透过率的定义为：$t=E_r/E_0$，比较式(2.34)可知，$t=e^{-k_a r}$。

介质的光谱吸收系数 $k_{ab}(\lambda)$、散射系数比 $k_{sc}(\lambda)$、散射相函数 P 和光束的衰减(beam attenuation)系数 $k_a(\lambda)$ 是其固有光学特性(Inherent Optic Properties, IOPs)。这些特性不随入射光场分布与强度变化而变化。

体散射相函数(volume scattering phase function)或其归一化后的散射相函数(scattering phase function)是另一个重要的固有光学特性(IOP)参数，该参数决定了光场强度的角度分布。所谓体散射相函数，是指单位体积上单位入射辐照度在特定方向上的辐射强度。

考虑介质的一个很小的体积 dV(图 2.8)，一束入射光的辐照度为 E_{in}，从该体积介质散射出来的在 (θ,φ) 方向上的光，可以看作是点光源发射出来的辐射强度 d$J(\theta,\varphi)$。则体散射相函数 $\beta(\theta,\varphi)$ 为

$$\beta(\theta,\varphi)=\frac{\mathrm{d}J(\theta,\varphi)}{E_{in}\mathrm{d}V} \tag{2.36}$$

式中，$\beta(\theta,\varphi)$ 的单位为 $\mathrm{m}^{-1}\cdot\mathrm{sr}^{-1}$。由体散射相函数导出散射系数 k_{sc}。在图 2.8 中，由于散射强度与方位角无关，因此有

$$k_{sc}=2\pi\int_0^\pi \beta(\theta)\sin\theta\mathrm{d}\theta \tag{2.37}$$

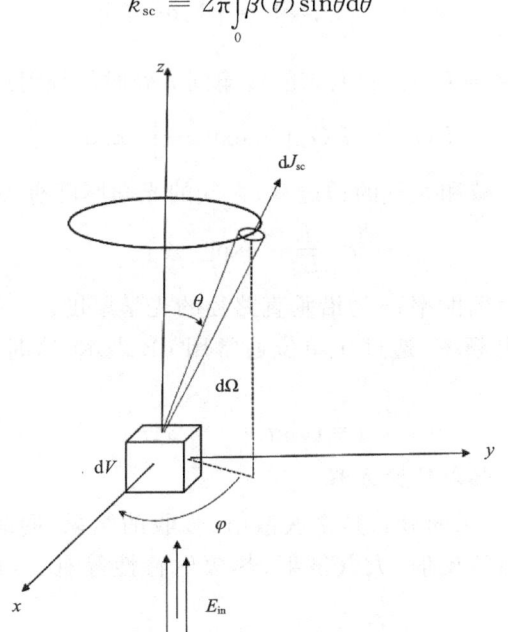

图 2.8　体散射函数的定义示意图

散射相函数 $P(\theta,\varphi)$ 的定义为

$$P(\theta,\varphi) = 4\pi\beta(\theta,\varphi)/k_{sc} \tag{2.38}$$

式中，P 的单位是 sr^{-1}。由此，可得 $\int 4\pi P(\theta,\varphi)\,\mathrm{d}\Omega$。图 2.9 是不同粒子的散射相函数。

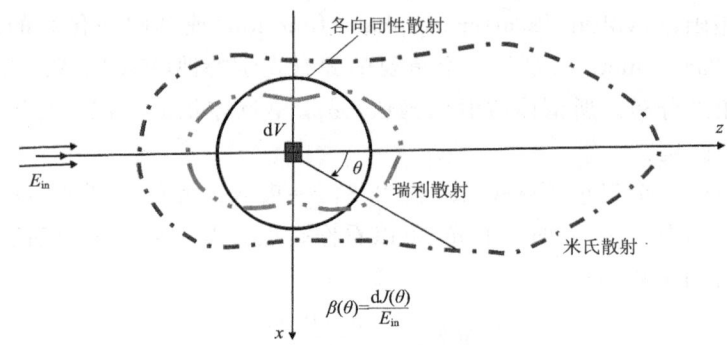

图 2.9　不同粒子的散射相函数示意图

在电磁波传播路径上的区间 $[r_i,r]$ 内，介质的光学厚度 τ 的定义如下。

$$\tau(r_i,r) = \int_{r_i}^{r} k_a\,\mathrm{d}r \tag{2.39}$$

而该路径的 r_i 处辐射度为 $L(r_i)$ 的电磁波传输到 r 处时的辐射度 $L(r)$ 为

$$L(r) = L(r_i) \times \exp\left(-\int_{r_i}^{r} k_a\,\mathrm{d}r\right) \tag{2.40}$$

因此，光谱辐射率的衰减和大气的透过率、大气的光学厚度有关，并且可导出

$$t = \frac{L}{L_0} = \exp[-\tau] \tag{2.41}$$

式中，L_0 为表面的光谱辐射率；τ 为沿垂直路径的光学厚度。

另外，对于无线电频率，透过比单位通常用 dB 表示，这时透过率与光学厚度的关系（图 2.10）为

$$t = 10\lg t = -4.34\tau \tag{2.42}$$

2.2.1.3　光学遥感的辐射传输方程

由于介质中某一光场的分布是多次散射、吸收的结果，同时与边界条件，如太阳入射角度、地面或水面的反射、大气散射、热辐射特性等有关，所以光场是与角度有关的。

现定义如图 2.11 所示的坐标系，考查经过介质内部任意薄层 $(z,z+\mathrm{d}z)$ 的某一方向 (θ,φ) 的辐射亮度 L 的变化过程，需考虑以下 4 项。

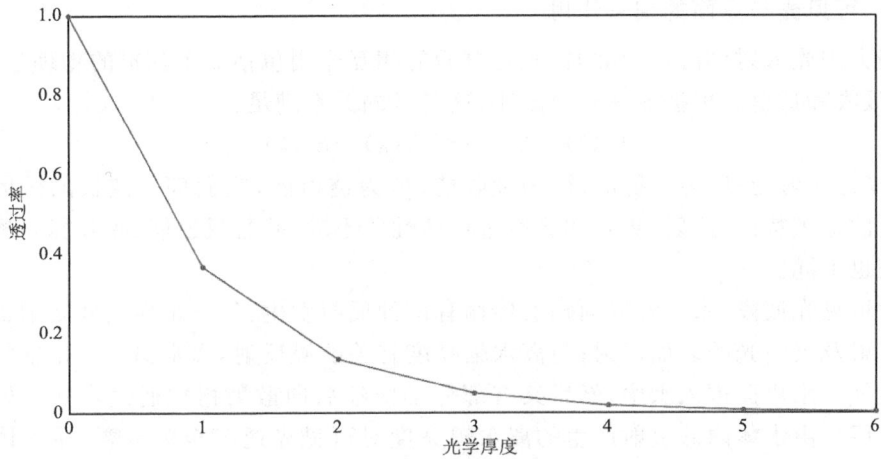

图 2.10 透过率—光学厚度的函数

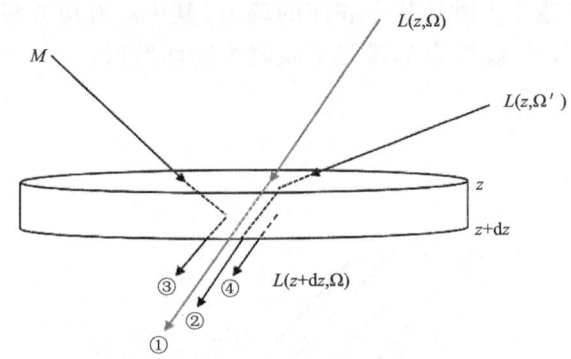

图 2.11 辐射传输方程的导出示意图

(1) 该方向上的直射光束衰减;
(2) 其他所有 4π 方向上的光在该薄层散射进入该方向的辐射;
(3) 光源 M 经过斜程厚度为 $z\sec\theta_0$ 的介质后,在本层产生的散射,进入到该方向的辐射;
(4) 该层本身产生的热辐射。
经过该路径的直射光束衰减如下。

$$dL = L(z+dz,\Omega) - L(z,\Omega) = -k_a L(\Omega)dz/\cos\theta \tag{2.43}$$

或

$$\frac{dL(\theta,\varphi)}{\sec\theta dz} = -k_a L(\theta,\varphi) \tag{2.44}$$

2.2.2 可见光与海面的相互作用

当太阳光入射到海洋表面时,光与海面的相互作用包括3个基本的物理过程,即反射、吸收和透射。根据能量守恒定律,这三者的关系满足:

$$E_i(\lambda) = E_r(\lambda) + E_a(\lambda) + E_t(\lambda) \tag{2.45}$$

式中,E_i 为入射能;E_r 为反射能;E_a 为吸收能;E_t 为透射能,它们都是波长的函数。对于不同的地表特征,反射、吸收和透射过程的性质不同,并且反射能、吸收能和透射能的比例也不同。

对可见光波段,水—气界面辐射传输有两种反射发生:气—水界面处太阳辐射的直射反射及天空光的表面反射;与离水辐亮度有关的漫反射,离水辐亮度是空气入射辐射经气—水界面进入水中,然后又有部分辐射经后向散射再次通过水—气界面进入大气层。由水体内部散射产生的离水辐亮度对可见光遥感至关重要,使水体组分浓度等水体特性反演得以实现。

对海表面反射和散射而言,表面平滑或粗糙取决于瑞利粗糙度准则。根据 Rees(2001),图 2.12 描述了入射到某一表面的辐射,其中 σ_η 为均方根海面高度。一般来说,若辐射以 θ 角入射,波长为 λ,满足下式时为镜面散射:

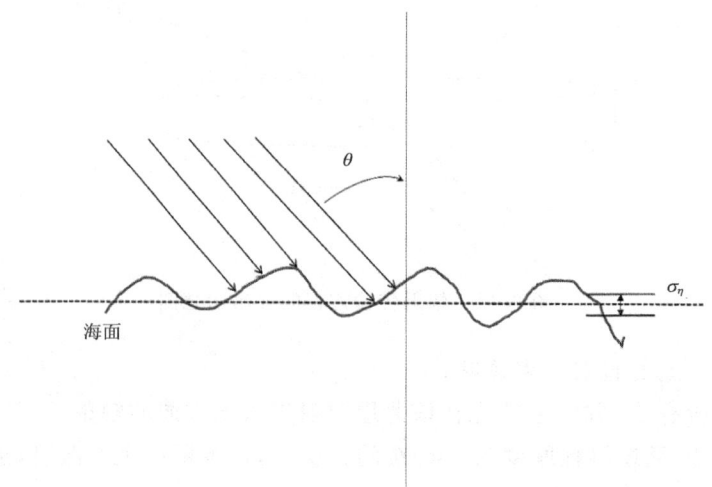

图 2.12 讨论表面散射与镜面反射时用到的几何关系

$$\frac{(\sigma_\eta \cos\theta)}{\lambda} < \frac{1}{8} \tag{2.46}$$

若上式成立,表面是平滑的,否则为粗糙表面。上式表明,散射依赖于3个变量:σ_η,θ 和 λ。若 σ_η 和 θ 为常数,随着 λ 的增加,表面粗糙度的重要性降低。当 σ_η 和 λ 为常数时,粗糙度则依赖于θ。一个表面在接近垂直入射时是粗糙的,但在接近水平入射时则是平滑的。当上式在任何角度都不成立的极限情况下,则为拉曼反射。

图 2.13 给出入射辐射在四个粗糙度依次增大的表面上的反射。图 2.13(a)是理想平滑表面上的镜面反射,反射辐射以与入射角大小相同、方向相反的角度传输。这是纯粹的相干镜面散射或反射,表明反射光束与入射辐射有特定的相位关系。在低粗糙度的情况下,参见图 2.13b。沿镜面反射方向有部分相干(coherent)散射,在所有方向上都有部分非相干散射或漫射散射,其中非相干散射与入射辐射有随机的相位关系,随着粗糙度的增加,镜面散射减少而非相干散射增加。对更粗糙的表面而言,散射变为准朗伯散射,意味着大部分散射是随机的,只有在镜面反射方向有一小部分相干散射,参见图 2.13d。最后,图 2.13c 给出理想粗糙表面上的反射情形,为完全朗伯反射。

图 2.13a 所示的理想平面界面,界面之上为大气,之下为水,且上-下介质内的光学特性只随着距离界面的距离垂直变化。Mobley(1994)认为水—气界面可假设为一个无限薄的薄片,通过这个薄片,折射指数的实部从大气中的相应值阶跃变化为海水中的相应值,入射辐射与界面的相互作用可假设为线性的,这样反射和透过辐射的大小是随入射辐射的增加而线性增加;而不发生频率倍加等非线性效应。

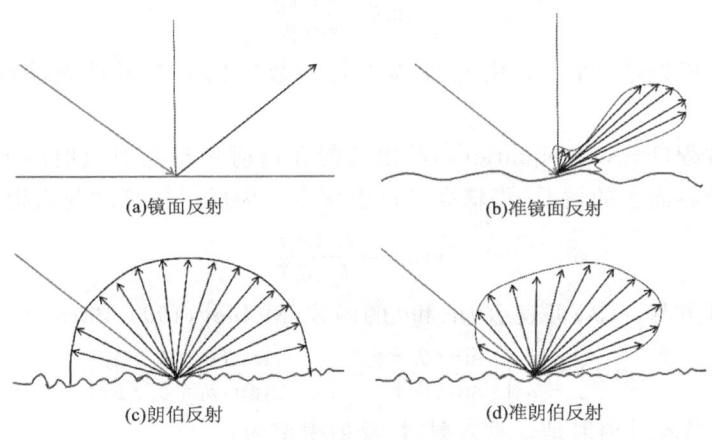

(a)镜面反射　　(b)准镜面反射
(c)朗伯反射　　(d)准朗伯反射

图 2.13　表面反射与散射的极限形式

图 2.14 给出一窄光束入射到平滑水平面上新产生的镜面反射与透射,这里窄光束表示入射辐射的立体角很小。图中的上半部分为大气,下半部分为水。我们可以分两部分描述光束与海表面相互作用时产生的反射与折射:与界面相互作用的几何关系和由菲涅耳定理给出的反射辐射与折射辐射。

图 2.14 中,n_a 和 n_w 分别代表大气和水折射指数的实部,θ_i、θ_r 和 θ_t 分别代表入射

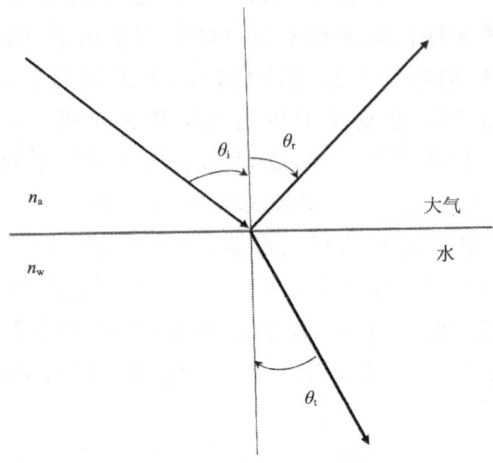

图 2.14　由大气入射的辐射在平滑界面上的折射与散射

角、反射角和透射角,其中入射角和反射角大小相同,方向相反,即有 $\theta_i = -\theta_r$。透射辐射被折射到方向 θ_t 上,满足 Snell 定律。

$$\frac{n_w}{n_a} \equiv n = \frac{\sin\theta_i}{\sin\theta_t} \tag{2.47}$$

为简化下面讨论,将上式中 n 设为折射指数之比。在可见光波段有 $n_a = 1$ 和 $n_w = 1.34$。

菲涅耳方程(Fresnel equations)给出反射和透射相对入射辐射的大小。考虑辐亮度入射平滑界面上的情况,将辐亮度反射率定义为反射辐亮度与入射辐亮度之比。

$$r(\theta_r) = \frac{L_r(\theta_r)}{L_i(\theta_i)} \tag{2.48}$$

由菲涅耳方程,$r(\theta_i)$ 可表示为 θ_i 和 θ_t 的函数(Mobley,1994;Born et al.,1999)

$$r(\theta_i) = \frac{1}{2}\left\{\left[\frac{\sin(\theta_i - \theta_t)}{\sin(\theta_i + \theta_t)}\right]^2 + \left[\frac{\tan(\theta_i - \theta_t)}{\tan(\theta_i + \theta_t)}\right]^2\right\} \tag{2.49}$$

式中:$\theta_i \neq 0$。当入射辐射是垂直入射时,反射率变为:

$$r(0) = \frac{(n-1)^2}{(n+1)^2} \tag{2.50}$$

在粗糙表面上,菲涅耳反射产生太阳耀斑(sun glint),即入射太阳辐射从粗糙表面被散射到传感器方向。在所有观测波长下,太阳耀斑都可能远远大于反射或发射的海表辐亮度,所以要避免或掩掉(mask)。

水体中太阳辐射的后向散射只在可见光谱段产生向上传输的辐照度,并从水下入射到水-气界面上,穿过界面的辐照度产生离水辐亮度。

当辐射从水下入射到平滑的水—气界面，辐射传输方向与图 2.14 正好相反，根据 Snell

$$\frac{\sin \theta_i}{\sin \theta_t} = \frac{1}{n} = 0.75 \tag{2.51}$$

图 2.15 给出从水下入射的辐射穿过水—气界面时，根据上式得出的反射率 r 随入射角的变化。由图 2.15 可以看出，当 $\theta_i \leqslant 30°$ 时，r 近似为一常数 0.02，当 $\theta_i = 49°$ 时，r 突然上升到 1，因此当 $\theta_i > 49°$ 时发生全反射，没有透射发生。以入射角 $\theta_i = 49°$ 从水下入射的辐亮度折射到大气中的折射角为 $\theta_t = 90°$，此时辐亮度与界面平行。

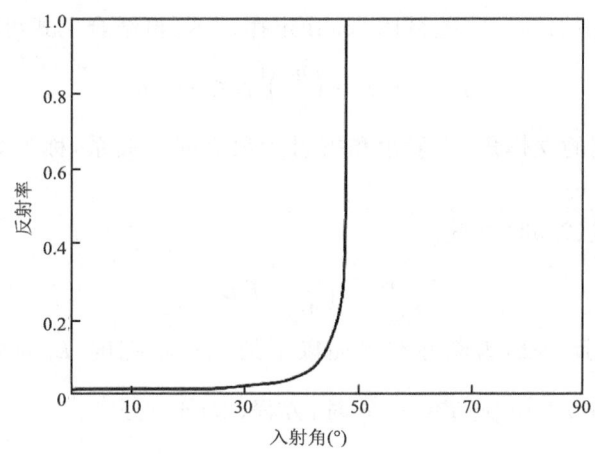

图 2.15　反射率随入射角的变化

以小的立体角从水下向上传输的光线在空气中会将光线的角度拉大，反之亦然，这种界面上的聚焦和散焦作用分别称作折射汇聚或发散（refractive convergence or divergence）。假设一束窄光束从水下入射到水平水—气界面上，其中水的折射指数为 n_1，大气的折射指数为 n_2，下面给出界面两侧辐亮度的关系。

假设辐亮度以角度 θ_1 入射到界面上面积为 ΔA_s 的区域（图 2.16），其中部分入射辐射能以角度 θ_2 穿透界面。若定义 $T(\theta_1) = 1 - r(\theta_1)$ 为界面透过率，则界面处的辐射能 Φ_1 和 Φ_2 有如下关系：

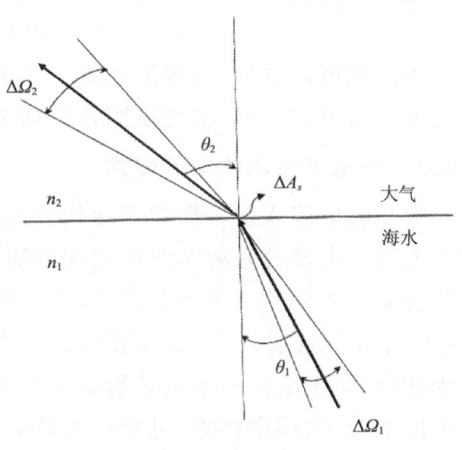

图 2.16　水—气界面辐亮度变化

$$\Phi_2 = T(\theta_1)\Phi_1 \tag{2.52}$$

当入射角小于 40°时,向上入射到大气和向下入射到水中的辐射透过率都满足 $T \cong 0.98$,相应辐亮度分别以立体角 $\Delta \Omega_i (i=1,2)$ 在界面两侧传输。利用辐亮度的形式,将上式改写为如下形式。

$$L_2 \cos \theta_2 \Delta \Omega_2 = T(\theta_1) L_1 \cos \theta_1 \Delta \Omega_1 \tag{2.53}$$

根据定义有:

$$\Delta \Omega_i = \sin \theta_i \Delta \theta_i \Delta \varphi \tag{2.54}$$

由于方位角 φ_i 位于界面所处平面内,则界面两侧的 φ_i 关系式与 Snell 定律无关,有 $\Delta \varphi_1 = \Delta \varphi_2$。将 $\theta_i (i=1,2)$ 关系用 Snell 定律表示,再结合上式可得:

$$\Delta \Omega_1 \cos \theta_1 = \left(\frac{n_2}{n_1}\right)^2 \Delta \Omega_2 \cos \theta_2 \tag{2.55}$$

上式给出界面两侧的立体角、入射角和折射指数之间的关系,称为 Staubel 不变定律 (Mobley,1994)。

将上式代入式(2.53)可得:

$$L_2 = \left(\frac{n_2}{n_1}\right)^2 T L_1 \tag{2.56}$$

如图 2.16 所示,令 L_1 为刚好在界面以下的上行辐亮度,L_2 为离水辐亮度,并有 $n = \frac{n_1}{n_2} = 1.34$,则当 $0 < 40°$ 或 $T \approx 0.98$ 时,方程(2.56)变为:

$$L_2 = \frac{T L_1}{n^2} \cong 0.55 L_1 \tag{2.57}$$

相反,当辐射从大气入射,$\theta < 50°$ 时,方程(2.57)变为:

$$L_1 = n^2 T L_2 \cong 1.76 L_2 \tag{2.58}$$

由上式可以看出,当辐射从水下入射时,透过海表面的辐亮度降低了一半左右;而从大气入射时,透射辐亮度则几乎加倍。

2.2.3 可见光在水体中的传输

太阳辐射能入射至海洋表面约占总功率的 30%,其余的被大气吸收和散射、反射入太空。那部分入射至海面的太阳辐射能中的一部分被海面直接反射或吸收,一部分透射进入海水。从实际测量的光谱特性发现,只有在可见光波段(0.4～0.76 μm)的光才能透射入水,其他波段几乎全被海面反射或被表层水吸收。蓝色光波的透水性好,对于清洁海水可透射到水下十几米至几十米。透射入水的电磁波能经水体中的水分子、浮游植物、悬浮物等散射,其中一部分会往上传播(上行辐射),经水-气界面折射进入大气,这部分的反射照度(单位波长)称为离水反射辐射率,简称离水辐射率。显然离水辐射率含有浮游植物、悬浮物的有关信息。海水中的植物与陆地植物一样,在太阳光照射下会发生光合作用,绿色植物吸收二氧化碳释放出氧气,因此、透射入水的可见光有一小部分会被吸收。

如果水体足够深,那么入射到水体的可见光在到达海底之前已完全衰减。如果水较浅,则透射进入海水中的光波传播到海底时会反射,再次经过水体的漫衰减后从水面进入到大气。

2.2.3.1 归一化离水辐射率

水体光谱特性包括两个方面:表观光谱和固有光谱。海洋水色遥感是利用离水辐射率L_w,或归一化离水辐射率L_{wn}与水色要素浓度之间的关系来反演水色要素。在利用遥感数据进行水色要素反演之前,需了解光在水体中的传输规律,这些规律可由现场实测数据得到。研究表明,离水辐射率与刚好在水面下的向上辐射率$L_u(0^-)$之间的关系为

$$L_w = \frac{t}{n^2} L_u(0^-) = 0.543 L_u(0^-) \tag{2.59}$$

式中,t为透射率;n为折射率。归一化离水辐射率与离水辐射率的关系为

$$L_{wn} = \frac{\bar{F}_0}{E_S} L_w \tag{2.60}$$

式中,$\bar{F}_0$为大气层外太阳辐照度,E_S为海表面辐照度。

2.2.3.2 水体内部的光场漫衰减

由于海表面波动的影响,刚好处于水表面以下0^-深度处的辐射值是无法直接测量的,必须用某一深度z处的值,或用某一层水体外推导出0^-深度处的值。实地测量表观光谱从仪器和方法上可分为两类:剖面测量法(profiling measurements)和水表面以上测量法(above-water measurements)。剖面法是由水下光场测量外推得到水表面的信号,一般适合水深大于10 m的一类水体。水表面以上测量法是采用与陆地光谱测量相似的仪器,通过严格定标、合理设置观测几何和测量积分时间,测量水表面的表观反射率、离水辐亮度等变量的值。水表面以上测量法是浑浊二类水体测量的主要方法。

现定义水体的向下辐照度为E_d,则刚好在水表面下(0^- m)的$E_d(0^-)$与某一深度z处的辐照度$E_d(z)$的关系为

$$E_d(z) = E_d(0^-) \exp\left[-\int_0^z K_d(z) dz\right] \tag{2.61}$$

式中:$E_d(z)$为E_d在深度z的漫衰减系数,其差分运算为:

$$K_d(z) = -\frac{\ln[E_d(z_2)] - \ln[E_d(z_1)]}{z_2 - z_1} \tag{2.62}$$

如果$z_1 \sim z_2$深度范围为均匀混合水层,其间的$K_d(z)$基本是常数K_d,则有:

$$E_d(z_2) = E_d(z_1)\exp(-K_d z) \tag{2.63}$$

任何介质，$a < K < a+b$，a 为吸收系数。蒙特·卡罗模拟表明

$$\frac{K}{D_0} = 1.0395(a+b_b), D_0 \approx 1/\cos\theta_{0w} [\theta_0 < 60° 时] \tag{2.64}$$

式中，θ_{0w} 为水下太阳天顶角。

同理，对于水体的向上光谱辐照度 E_u 和向上光谱辐射率 L_u，在计算出漫衰减系数 K_u 和 K_L 后，可由 z 深度处的值计算出刚好在水表面下的向上光谱辐照度 $E_u(0^-,\lambda)$ 和光谱辐射率 $L_u(0^-,\lambda)$ 的值。

水体中其他辐射量以相似规律随着深度衰减，当水体中的分子或颗粒物进行吸收作用时，辐射能量将转化为其他能量形式，这时辐射能量是真正意义上的衰减；而当水体中的分子或颗粒进行散射时，辐射能量继续以原来的能量形式存在，只是偏离了原有的传播方向。散射过程中，后向散射与水质遥感密切相关，正是由于后向散射的存在，才使得下行辐射可能转化为上行辐射，最终穿过水—气界面，成为离水辐射被我们所观测，因此才有了水质遥感中的关键辐射参数，离水辐亮度。

下面首先给出平面辐照度反射率 $R(z)$ 的定义，然后讨论离水辐亮度和入射辐射及海水吸收和散射特性的关系。Zaneveld 等（1995）将 $R(z)$ 定义为上行平面辐照度与下行辐照度之比：

$$R(z) = \frac{E_u(z)}{E_d(z)} \tag{2.65}$$

用 $R(0^-)$ 表示刚好处于水表面以下的辐照度反射率，由刚好处于水表面以下的上行辐照度 $E_u(0^-)$ 和下行辐照度 $E_d(0^-)$ 决定。为了与离水辐亮度建立联系，在朗伯体假设下，引入如下关系式：

$$L_u(0^-) = \frac{E_u(0^-)}{\pi} \tag{2.66}$$

根据上一节的分析，$L_u(0^-)$ 和 $E_d(0^-)$ 与刚好处于水表面以上的上行辐亮度（离水辐亮度）和下行辐照度的关系近似为：

$$E_d(0^-) = TE_d(0^+)$$
$$L_u(0^-) = \frac{1}{T}\left(\frac{n_1}{n_2}\right)^2 L_u(0^+) = \frac{n^2}{T}L_w \tag{2.67}$$

综合式（2.65）、式（2.67），我们可以从离水辐亮度 L_w 和入射辐照度 $E_d(0^-)$ 得到刚好处于水表面以下的辐照度反射率 $R(0^-)$。将 $R(0^-)$ 看做一个刚好处于水表面以下的假想反射体，代表水体中的所有散射与吸收作用，其位置恰好避免了界面透射的问题。为获得该反射体的特性，定义光谱后向散射系数 b_b 从为 $\beta(\alpha)$ 在上半平面内的积分所得：

$$b_b = 2\pi \int_{\frac{\pi}{2}}^{\pi} \beta(\alpha)\sin\alpha\, d\alpha \tag{2.68}$$

其中 π 是后向散射的方向。水体中的辐射传输在一阶近似时表现为吸收与散射之间的平衡，如果一个下行光子被吸收就不能再散射，但如果一个光子被悬浮物或水分子后向散射就会变成上行光子(Mobley,1994)。描述这一过程最简单的模型是假设 $R(0^-)$ 与 b_b 成正比而与 a 成反比，因为在后向散射较强而吸收较弱的情况下，上行辐照度可能比下行辐照度更强一些(Mobley,1994;Zaneveld et al.,1995)。所以在一阶近似下有：

$$R(0^-) = R \sim \frac{b_b}{a} = G\frac{b_b}{a} \tag{2.69}$$

式中：G 是一个依赖于入射光场和体散射函数的常数，对于太阳天顶角下的平坦海面，$G=0.33$(Gordon et al.,1975)。式(2.69)将水体中的固有光学量与表观光学量联系起来，我们可以根据它们之间的关系对辐照度反射率和吸收及散射系数进行计算。

2.2.3.3 考虑水体光学特性的辐射传输方程

在海洋水色遥感中，卫星上的传感器接收到的辐射能量包括大气反射辐射的贡献、海表反射太阳光和水下透射出的辐射，即

$$L_t(\lambda) = L_a(\lambda) + L_r(\lambda) + L_{ar}(\lambda) + T[L_g(\lambda) + L_f(\lambda)] + tL_w(\lambda) \tag{2.70}$$

式中，$L_t(\lambda)$ 为传感器接收到的总辐射；$L_a(\lambda)$ 为气溶胶散射的贡献；$L_r(\lambda)$ 为瑞利散射的贡献；$L_{ar}(\lambda)$ 为瑞利散射和气溶胶散射相互作用的贡献；$L_g(\lambda)$ 为海面耀光；$L_f(\lambda)$ 为海面泡沫反射的贡献；$L_w(\lambda)$ 为离水辐射率；T 为大气漫射透过率。水色遥感就是要从式(2.70)中推算出 $L_w(\lambda)$ 的值，再基于 $L_w(\lambda)$ 与水色要素浓度之间的已知关系，估算出水色要素浓度值。

2.3 微波遥感理论

任何温度高于绝对零度的物体都能够发射电磁波，并且也能够吸收、反射、散射和透射电磁波。组成物体的分子、原子的数量和排列组合的方式不同，所以它们发射的电磁波的波频率也不一样。不同波长、不同频率的电磁波按照波长从大到小排序可以分为无线电波(长波、中波和短波、超短波)、微波波段、红外波段、可见光波段、紫外波段、X 射线和 γ 射线。按照探测器选择的电磁波谱段，可以分为紫外遥感、可见光遥感、红外遥感和微波遥感。各种电磁波谱段探测方式可以相互结合探测某一目标物。

微波频段的信号范围是 300 MHz～300 GHz，对应波长范围是 1 mm～1 m，介于红外频段和无线电波之间。常用的微波频段可以分为 Ka、K、Ku、X、C、S、L、P 等

波段,波长依次减小。微波的详细划分如表 2.4 所示。

表 2.4 微波频段具体参数

波段频段	频率范围(GHz)	波长范围(cm)
L	1~2	30~15
S	2~4	15~7.5
C	4~8	7.5~3.75
X	8~12.5	3.75~2.5
Ku	12.5~18	2.5~1.67
K	18~26.5	1.67~1.11
Ka	26.5~40	1.11~0.75
U	40~60	0.75~0.5
V	60~80	0.5~0.375
W	80~100	0.375~0.3

微波遥感是指利用微波波段的电磁波获取地球大气、陆地和海洋信息的探测技术。微波遥感按照探测类型的不同可以分为两种,一种是主动微波遥感,另一种是被动微波遥感。主动微波遥感是传感器发射微波,最终接收微波与大气、地物相互作用后的回波信号。被动微波遥感是传感器不发射微波信号,而是接收地物发射或反射的微波辐射信号。利用微波工作的主要传感器有微波辐射计、微波高度计、微波散射计、真实孔径雷达、合成孔径雷达。其中,主动式微波传感器有雷达高度计、微波散射计、真实孔径雷达、合成孔径雷达,被动式微波传感器有微波辐射计。

微波遥感按照工作方式的不同可以分为微波成像遥感和非成像遥感。微波成像传感器和非成像传感器的区别是能否将接收到的微波辐射信号转换成数字或者模拟图像。微波成像传感器包括微波辐射计、侧视雷达和合成孔径雷达;非成像传感器包括微波散射计、雷达高度计等。微波遥感按照遥感平台的不同还能分为机载微波遥感和星载微波遥感。机载平台主要是飞机,一般飞行高度在 100 km 以下,地面分辨率高、机动灵活性较好,调查周期短,资料回收方便。星载平台主要是卫星,飞行高度在大气的外层空间。静止轨道卫星用于定点地面观测,比如气象卫星(FY-2E 等);椭圆轨道卫星(地球观测卫星)用于定期地面观测,比如 Landsat、SPOT、MOS 等。星载遥感的优势是能够全球范围内观测成像,便于宏观地研究各种自然现象和规律;获取地面数据的速度快,能够对同一地区周期性地重复成像。

雷达高度计向地面发射微波波束并记录后向散射的回波信号。雷达高度计获得的信息包括全球海面高度分布和变化、海浪振幅和风速信息。能够应用于测量平均海平面高度、大地水准面、有效波高、海面风速、表层流、重力异常、降雨指数等。微波散射计沿几个方向发射微波脉冲并记录后向散射回波信号。回波信号的大小和海表面的粗糙度有关,而海面粗糙程度受海风影响,所以可以推演得到风的速度和方向,它能够获取高精度的全球海面风场信息。星载微波散射计是目前唯一能够同时测量海面风速和风向的遥感系统。微波散射计有 3 种类型,第一种类型的散射计主要是利用棒状天线以及多普勒分辨技术。比如 NASA Seasat-A 卫星散射计(SASS)和 NASA 散射计(NSCAT);第二种类型的散射计主要是利用 3 根长的矩形天线以及距离分辨技术,比如搭载在欧洲遥感卫星 ERS-1、ERS-2 的主动微波装置(AMI)散射计,搭载在 MetOp 卫星上的 ASCAT 散射计;第三种类型的散射计主要是利用旋转的蝶形天线以不同的入射角产生圆锥扫描的笔形波束并采用距离分辨技术。比如搭载在 QuickSCAT 卫星和 ADEOS-2 卫星上的 SeaWinds 散射计、HY-2 卫星上的 HSCAT 散射计。合成孔径雷达(Synthetic Aperture Radar,SAR)不仅可以测量海面风速,还能够测定海洋内波、探测海面油污、海冰和航行船只。SAR 利用后向散射信号的时间延迟和方位向的多普勒效应分别形成距离向和方位向分辨率,从而生成图像(舒宁,2003)。微波辐射计主要用于测量海面温度、海水盐度、海面风速以及海冰、水汽含量、降雨、CO_2 和海一气交换等。

国内外的微波遥感技术的发展已经有了 50 多年,陆续从试验到应用。微波遥感平台从陆基(地面、船载)、机载(飞机、导弹、气球平台)到星载(卫星、飞船、航天飞机)。海洋遥感最开始发生在第二次世界大战期间。发展最早的航空遥感技术最先应用于河口海岸制图和近海水深测量。1950 年,美国使用了飞机和多艘海洋调查船协同考察湾流,这是第一次把航空遥感技术运用到物理海洋学研究中。全球已有卫星微波传感器及工作波段见表 2.5。

可见光遥感、红外遥感和微波遥感探测海面时,都只能探测到有限深度的海水信息,但是微波遥感还具有其他优势:

(1)微波遥感能够全天候、全天时工作。微波能够穿透云、雾、雨、雪,在多云、雾天、雨天和雪天等气候条件下都可以工作。可见光遥感依赖太阳光探测地表信息,只能在白天获得遥感资料;红外遥感虽然能弥补可见光不能在夜间工作的不足,但是红外线无法穿透云雾。主动微波遥感的依赖光源来自传感器,所以不受时间的限制。

(2)地球上将近一半的地区经常被云层覆盖,微波的穿透能力很强,能够穿透大气中的云、雾和陆地上的植被、土壤、冰层和雪层,获取地面一定深度下的信息。电磁波振幅衰减到 1/e 时的穿透深度为电磁波的穿透深度。对于同一目标体,不同波长的微波的穿透深度差别很大。波长较长的微波能够穿透冰层上百米至数千米;波长较短的微波穿透冰层的深度则低一些。对于同一波长微波,穿过不同目标体的深度也不同。微波穿透电导率大的目标体的深度小,比如微波穿透金属良导体的深度远远低于 1 mm;微波穿透电导率小的目标体的深度则较大。因此,微波遥感可以应用于调查地质结构、海洋内波、海冰等。

表 2.5 国内外微波遥感卫星

		卫星	时间	发射机构/国家
主动式微波传感器	雷达高度计	CEOS-3	1975 年	美国
		Seasat-A	1978 年	美国
		Geosat	1985 年	美国
		ERS-1	1991 年	欧空局
		TOPEX/Poseidon(T/P)	1992 年	美国、法国
		HY-2A	2002 年	中国
		卫星	传感器	发射机构
	微波散射计	Seasat	SASS	NASA
		ERS-1	AMI	ESA
		ERS-2	AMI	ESA
		ADEOS-1	NSCAT	NASA/NASDA
		QuickSCAT	SeaWinds-1	NASA
		ADEOS-2	SeaWinds-2	NASDA/NASA
		Metop	ASCAT	ESA
		HY-2	HSCAT	NSOAS
		GCOM-B1	OVWM	NASDA/NASA
		HY-2B	HSCAT-B	NSOAS
被动式微波传感器	微波辐射计	卫星	时间	国家
		Seasat-A	1978 年	美国
		Nimbus-7	1978 年	美国
		DMSP-F8	1987 年	美国
		ERS-1/2	1991 年/1995 年	欧空局
		EOS PM-1	2002 年	美国
		ADEOS-2	2002 年	日本
		Envisat	2002 年	欧空局
		Oceansat-1	1999 年	印度
		Oceansat-2	2002 年	印度

(3) 微波与可见光、红外遥感相比,具有其他优势。可见光遥感和红外遥感可以提供海洋水色要素,比如海水叶绿素浓度、表层悬浮泥沙含量、可溶性有机物和污染物等。微波对海水非常敏感,很适合海面动态环境观测,能够提供海洋上的动力环境

要素,比如雷达高度计可以测量海面高度、海面风速和有效波高。微波在非均匀介质内部会发生体散射,非均匀介质包括地球上的植被、土壤和积雪。所以利用微波探测这类介质比可见光、红外更有优势。

(4)微波具有极化特征。电磁波的电场矢量的大小和方向随时间的变化而变化,变化的电场矢量尖端形成变化的轨迹,这种形式叫作电磁波的极化。利用不同极化的电磁波探测目标物,获得不同极化方式的回波,回波形成的目标体的特征也不尽相同,可以获得不同的地物信息。

(5)主动雷达不但记录电磁波的振幅信号而且信号中还包含电磁波的相位。

微波遥感除了具有多种优势以外,还存在一些不足。

(1)跟可见光和红外遥感相比,微波遥感的空间分辨率低(除了合成孔径侧视雷达图像)。

(2)由于微波遥感特殊的成像方式,微波遥感图像的处理和解译相对困难。

微波遥感能够应用在各个领域。微波遥感技术可以监测农作物的生长、估算农作物的种植面积以及确定土壤类型。不同类型的植物,自身形态和组织结构不同,遥感手段能够获取不同的光谱特征,不仅可以识别农作物、估算种植面积,而且可以确定土壤类型。土壤中的水分占水资源的 0.005%,是全球能量与水循环中的重要参数。被动式微波遥感方式对土壤中的水分很灵敏,但是空间分辨率低;不过主动式微波遥感方式的空间分辨率高,因此主被动遥感方式结合探测土壤水分受到了很大关注。不同环境下,同一种植被作物的生长状况也不同,在微波图像上会显示不同的辐射特性。利用微波遥感数据能够反演植株的高度、叶面积指数、生物量和叶绿素总含量等。微波遥感技术还可以监测海洋动力环境要素,比如海面高度、海洋矢量风、海流等。一方面它能够提供海洋监测环境要素,另一方面可以分析要素信息,进一步了解海洋的区域性和全球性变化、开展海洋灾害预报、保护和开发海洋环境与资源以及预测海洋的发展变化。除此以外,根据海涡旋和海底地形等现象的特征,这些特征与海洋渔业有关,可以应用到渔业遥感中。在海洋渔业方面,国外已开发应用于渔场渔情分析的渔业微波遥感技术方法,主要有海面高度法遥感技术和合成孔径雷达法遥感技术。我国第一颗海洋应用方面的微波遥感卫星是海洋二号卫星,它是获取海洋动力环境信息的专用对地观测卫星。微波遥感还能够监测大气的环境变化和冰雪变化以及军事应用。冰雪探测主要分为海冰微波遥感、冰川积雪和冻土微波遥感。海洋中的海水和海冰具有明显的温度、形态差异。在同一频率下,海水和海冰由被动式微波传感器接收到的亮温存在差异;在不同频率下,被动式微波传感器接收的亮温变化不同。利用这种差异,可以区分固态冰和开阔水域以及海冰的种类和密集度。微波具有能够穿透物体的特性,所以除了识别出海冰以外,还能够获得冰雪厚度、冰层内部结构等重要信息。在被动式微波遥感数据处理中,常用的积雪深度反演算法是

NASA 的 Chang 的半理论和半经验算法。微波遥感技术发展到现在,已经相对成熟,今后微波遥感技术的研究趋势是越来越高的分辨率,利用微波遥感影像获取信息的成本也将越来越低,使用价值也会逐渐提高。

2.3.1 海洋遥感的基本参数

星载微波传感器一般运行在距离地面 30 km 以外的高空或者太空,主动式微波传感器在探测海表信息时向海面发射微波,微波经过大气并与大气分子相互作用,一部分返回传感器,另一部分传输至海表面并且被海表面散射和透射,被散射的部分微波按照传输路径返回传感器,透射入海洋内部的微波随着深度的增加逐渐衰减。主动式微波传感器主要接收被散射回波源方向的能量。

星载微波辐射计是一种被动式微波传感器,被动式微波传感器接收到的微波来自外界,可以分解为四个部分(潘德炉,2017)。

(1)海面向上发射的微波辐射与大气相互作用后被传感器接收的部分;

(2)大气的上行辐射经大气衰减后被传感器接收的部分;

(3)大气的下行辐射经海面反射和大气衰减后进入传感器的部分;

(4)太阳和深空的背景辐射。一般情况下(4)项可忽略不计。

2.3.2 微波在大气中的传输

大气层包裹在地球表面,从地表延伸至几百千米以上的高空,没有明确的上层边界,在垂直方向自下而上分为对流层、平流层、中间层和热层。大气层内包括气体、液体颗粒和其他固体颗粒。大气层中的气体可以分为痕量气体和变量气体。痕量气体的浓度随时间、空间的变化很小。比如氮气、氧气、惰性气体、二氧化碳和其他气体。变量气体的浓度随时间、空间的变化很大。比如水蒸气、臭氧、含氮和含硫化合物。大气中的液体颗粒和固体颗粒包括气溶胶、水滴和冰晶。

物质对电磁波的衰减作用分为吸收和散射。当电磁波穿过物质或者入射到物质表面时,它的全部或一部分能量可以转移给物质,这个过程叫作吸收。散射是物质改变电磁波的入射方向,传播方向由入射方向偏离到各个方向。散射的结果是入射方向上的电磁能量减弱,其他方向上的电磁能量增强。散射的实质是电磁波在传播过程中遇到大气微粒而产生的一种衍射现象。微粒对电磁波的散射作用有两种类型。当微粒直径远远小于入射波波长时,电磁波被微粒散射到各个方向的电磁波强度不同,散射波强度与入射波频率的 4 次方成正比,这种散射类型叫作瑞利散射。这种散射主要是由大气中的原子和分子引起,如氧、二氧化碳和氮分子等;当微粒直径大于电磁波波长时,散射波强度与入射波频率的二次方成正比,而且散射在前向比后向更强,这种散射类型叫作米氏散射。这种散射主要是由大气中的烟、尘埃、小水滴及气溶胶等引起。

在低空遥感下,电磁波在大气中传输的距离短,大气对电磁波的衰减作用小,一般忽略不计。在高空遥感下,电磁波传输过程中会穿过整个大气层,大气对电磁波的衰减作用明显,不能忽视大气对电磁波传播的影响。微波在大气传播的过程中,会受到大气的衰减作用。大气对微波的衰减程度与微波的波长和大气成分有关。微波的波长越小,越容易受到大气的衰减。微波在大气中传播过程受到的衰减主要是氧气和水汽的吸收以及大气微粒(水滴包括云雾、霾和降水,冰粒,尘埃)对微波的散射。

大气中的氧气主要是由植物的光合作用产生的,含量稳定,约占空气总量的 20.95%,浓度为 $2.98\times10^8\ \mu g/m^3$。氧气是地球上绝大多数生物生存所依赖的必要条件,它的化学性质活泼,大多以氧化物的形式存在;大气中的水蒸气来自地球水体表面蒸发和植物的蒸腾作用,只占大气总量的 0%~4%,含量随气压、高度、纬度的变化而变化。大气中的水汽含量在垂直方向上随着高度的增加减少得很快。距离地面 1.5~2 km 高度处,水汽含量仅为地表的一半,5 km 处水汽含量减少到地面的 1/10,10~12 km 处水汽含量便十分稀少了。由于地域差异,水汽含量在水平方向上分布也有差异,一般地,地表水资源充沛区域的上空水汽含量多于地表干燥、干旱区域上空的水汽含量。比如海洋上空多于陆地,低纬多于高纬,植被茂盛区域多于干旱、植被稀疏的区域。水汽在地表产生后,随着大气的垂直运动上升到高空,遇冷凝结成云,然后又以降水的形式回到地面。量子力学的观点认为物质对电磁波的吸收具有强烈的选择性,这是因为每种物质的原子结构和能级构成不同。氧气对微波的强烈吸收带位于 60 GHz,水汽对微波的强烈吸收带位于 180 GHz 和 320 GHz 左右(刘西川,2018)。

组成物质的分子、原子、电子等微小粒子以某些固有频率发生振动,并能释放出与固有频率相同的电磁波。粒子的振动频率与粒子的大小有关,粒子越大,振动频率越低,释放出的电磁波频率也越低;粒子越小,振动频率越高,释放出的电磁波频率也越高。但是这种振动不是自行产生的,它需要一定的能量。一旦粒子受到电磁波的照射,而照射的电磁波的频率与该粒子的固有频率相同,就会引起共振。粒子内的电子便以该振动频率开始振动,从而产生相应频率的电磁波,入射的能量被吸收而转化为粒子的能量,粒子又将能量重新以波的形式辐射出去。根据分子微波波谱学理论,气体分子对微波的吸收和发射主要是分子转动能级之间跃迁的结果(Meeks et al.,1963),实际分子的电子能级跃迁常常伴随着振动跃迁和转动跃迁。对于分子来说,分子由原子构成,原子内部存在运动的电子和原子核。一个分子的能量形式可以分为电子能、振动能、转动能,分子的能态取决于电子的运动、原子核在平衡位置的振动。当分子吸收辐射能量后,分子就从一个量子态跃迁到另一个量子态。原子的最低能态称为基态,当原子的电子由于碰撞而吸收能量并跃迁到较大的运行轨道时,称原子处于激发态,处于激发态的原子不稳定,电子会跃迁到低能态并释放能量。1913

年,玻尔提出,当原子从能量E_k态跃迁到能量E_j态时伴随着光子的吸收和发射。可以记为

$$|E_k - E_j| = h\bar{\upsilon} \tag{2.71}$$

式中,j、k分别为描述能态的整数;h是普朗克常数;$\bar{\upsilon}$是振子频率。

氧气分子是双原子线性分子。20世纪30年代,Van Vleck用谐振线延拓的方法获得了氧和水汽的吸收系数的简单表达式,从理论上确定了氧分子在微波区的吸收特征。不过Van Vleck对水汽的吸收系数的原始计算公式误差较大(Van Vleck,1932)。1975年,Rosekrans提出了令人满意的线型,他做了一些合理假设并使用了谱带理论来解决线宽随气压而变化的问题(Rosekrans,1975)。

根据双原子分子的特点,氧分子微波吸收系数($f<300$ GHz)的公式为

$$k_{O_2}(f) = 1.61 \times 10^{-2} \frac{p}{1013} \left(\frac{300}{T}\right)^2 F' = 1.434 p \left(\frac{f}{T}\right)^2 F \tag{2.72}$$

式中,p为气压,单位是hPa;f为频率,单位是GHz;T为温度,单位是K;F为谱带型函数。

水汽分子是三原子极性分子。水分子化学式是H_2O,由两个氢原子和一个氧原子构成,以氧原子为顶点彼此形成一个等腰三角形,三角形顶角为$105°$。水分子具有很强的永电偶极矩。水分子的吸收系数不仅与微波频率有关,而且很大程度上取决于水汽含量。冬天空气中水汽含量少,因而对微波的吸收作用较小。

波长较长的微波在大气和非降水云层中传播时,大气分子尺度和云层中的水粒直径远远小于微波波长,大气对微波的散射是瑞利散射而且散射作用比吸收作用小得多,散射衰减可以忽略不计,微波的衰减主要是氧气、水汽和云中液态水的吸收。在微波波段,云滴的吸收比散射至少要大一个量级以上,云的衰减系数可以用吸收系数来代替,其吸收系数为

$$\kappa_c = \frac{0.435M}{\lambda^2} \times 10^{[0.01224(291-T)-1]} \tag{2.73}$$

式(2.73)可近似写作

$$\kappa_c = k_c \times L \tag{2.74}$$

式中,M为单位体积云中含水量,单位为g/m^3;T为云滴温度,单位为K;L为θ路径上的积分总水汽含量;k_c为云中水的平均路径质量吸收系数。

在降水(比如雨滴、冰粒、雪花和干湿冰雹)条件下,微粒直径大于100 μm,大气微粒对微波的散射属于米氏散射,散射作用明显,一般不能忽略,同时,微波受到的吸收衰减情况十分复杂。

2.3.3 微波和海面的相互作用

电磁波入射到海表面,一部分电磁波被海表面散射返回到大气并被传感器接收,

另一部分会穿透过海表并且穿透能量随深度增加而逐渐衰减。

入射到不同粗糙程度的表面上的电磁波会发生不同程度的散射,离开表面后的电磁波与入射电磁波互为镜像则称为反射,离开表面后的电磁波方向在其余方向则称为散射。电磁波入射到光滑表面时发生反射,也叫镜面反射,如图 2.17a。随着光滑表面产生起伏,表面越粗糙,镜像反射将逐渐减少,散射到其他方向上的能量将逐渐增加,当表面粗糙到一定程度时,散射到各个方向上的能量趋于相等,如图 2.17。

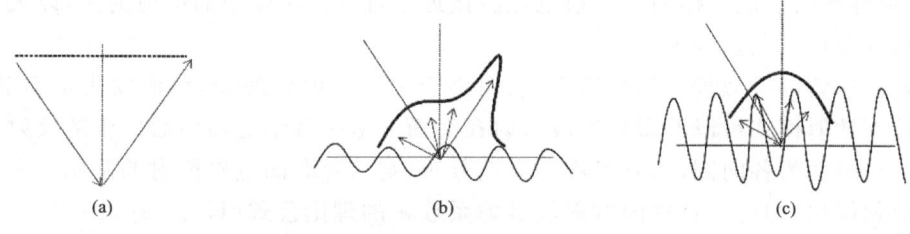

图 2.17　电磁波在不同粗糙表面上的散射方式

对于表面粗糙的定量描述,瑞利准则提出,如果两条光线同时入射到地物的表面,它们的反射光线的相位差小于 π/2,则该表面是光滑表面。如图 2.18 所示。光线 1 和光线 2 同时入射到地物表面,两个入射点间的地面高度差为 h,它们的反射光线的高程差 $\Delta r = 2h\cos\theta$,相位差 $\Delta\varphi = \dfrac{2\pi}{\lambda}\Delta r = \dfrac{4\pi h}{\lambda}\cos\theta$,按照瑞利准则,地物表面光滑的条件是 $h < \dfrac{\lambda}{8\cos\theta}$。

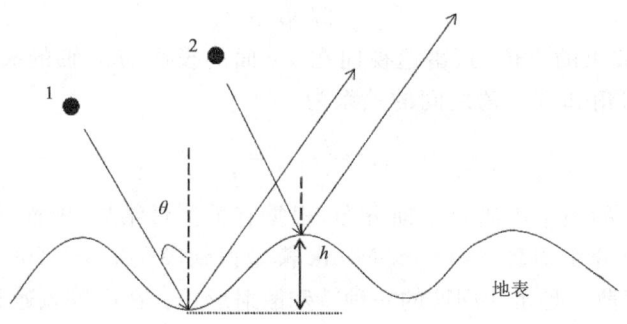

图 2.18　瑞利准则判别示意图

瑞利准则只能判定地表是否粗糙,把地表分为平滑和粗糙两种类型,但是不能描述粗糙地表的粗糙程度。1971 年 Peake 和 Oliver 改进了瑞利准则,将地表按照粗糙程度分为光滑、粗糙和中等粗糙。若 $h<\dfrac{\lambda}{25\cos\theta}$,则地表是光滑表面;若 $h>\dfrac{\lambda}{4.4\cos\theta}$,则地表是粗糙表面;若 $\dfrac{\lambda}{25\cos\theta}<h<\dfrac{\lambda}{4.4\cos\theta}$,则地表是中等粗糙表面。由地物表面的粗糙判据可知,地表是否粗糙是相对于入射电磁波而言的,与电磁波的波长 λ 和入射角 θ 有关。

一般来说,海洋表面的后向散射可描述成镜面散射模型和布拉格散射模型的叠加,也被称作组合散射模型。入射电磁波接近垂直入射时以镜面散射为主,以大角度入射时以布拉格散射为主。

若雷达波以近似垂直的角度(入射角小于 15°)入射到海面,海面发生镜面散射,这种镜面散射模式可以看做雷达波照射在海面上呈一直线的镜面后发生的反射。

假定海面为各向同性,并且满足高斯分布,则结合海面电磁散射的基尔霍夫近似和驻留相位法,即可获得镜向散射场散射系数 σ^0 的理论公式(Holliday,1987)。

$$\sigma^0=\dfrac{|R(0)|^2}{\sigma_s^2}\sec^4\theta_i\exp\left(-\dfrac{\tan^2\theta_i}{2\sigma_s^2}\right) \quad (2.75)$$

式中,σ_s^2 为海面斜率的方差。由于雷达入射角很小,通常将菲涅尔反射系数中的角度设为零来简化,此时菲涅尔反射系数为 $R(0)=R_H(0)=R_V(0)$。

海面在满足各向同性但不满足高斯分布的条件下,

$$\sigma^0=\pi|R(0)|^2\sec^4\theta_i P(s_x,s_y) \quad (2.76)$$

式中,$P(s_x,s_y)$ 为海面沿坐标系 x 轴和沿 y 轴方向斜率的联合概率密度函数

$$\begin{cases} q_x=2k\sin\theta\cos\varphi \\ q_y=2k\sin\theta\sin\varphi \\ q_z=2k\cos\varphi \end{cases} \quad (2.77)$$

式中,φ 为雷达波束的方位角(雷达视向在 xy 面的投影与 x 轴的夹角)。其中,s_x、s_y 和雷达波束入射角和方位角之间的关系为

$$s_x=\dfrac{q_x}{q_z},\ s_y=\dfrac{q_y}{q_z} \quad (2.78)$$

非高斯海面的斜率不满足高斯分布,根据有关测量结果,海面顺风向斜率和侧风向斜率的联合概率分布函数可由 Cox-Munk 模型得到(Mcdaniel,2003)。

布拉格共振散射是雷达回波的一种特殊散射形式。在中等风速和中等入射角 $\theta_i\in(15°,75°)$ 的条件下,海面微波散射的主导机制是布拉格共振散射。产生布拉格散射的条件是

$$k_{\text{water}}=2\,k_{\text{radar}}\times\sin\theta \quad (2.79)$$

式中,k 为电磁波波数,表示电磁波单位距离的相位变化。k_{water} 表示布拉格波波数;k_{radar} 表示入射电磁波波数;θ 为入射角。

其中

$$k_{\text{water}} = \frac{2\pi}{\lambda_{\text{water}}}, k_{\text{radar}} = \frac{2\pi}{\lambda_{\text{radar}}} \quad (2.80)$$

式中,λ_{water} 表示布拉格波波长,λ_{radar} 表示入射波波长。将(2.80)式代入(2.79)式,产生布拉格散射的条件还可以表示为

$$\lambda_{\text{water}} = \lambda_{\text{radar}}/2\sin\theta \quad (2.81)$$

不考虑长波存在的情况下,海面的后向散射主要是布拉格散射,后向散射系数正比于海面波谱中布拉格波的谱密度。1968 年,Wright 给出布拉格共振后向散射系数的计算公式

$$\sigma_{ij}^0 = 8\pi k_e^4 \cos^4\theta |g_{ij}(\theta)|^2 [F(\boldsymbol{k}_B) + F(-\boldsymbol{k}_B)] \quad (2.82)$$

式中,k_e 为电磁波的波数;θ 为入射角;$\boldsymbol{k}_B$ 为布拉格波数,$F(\boldsymbol{k}_B)$ 和 $F(-\boldsymbol{k}_B)$ 表示布拉格波的波谱密度(正负号代表传播方向相反的布拉格波)。$g_{ij}(\theta)$ 是与极化方式有关的极化系数,下标 i、j 表示极化方式。如果是 HH 极化,那么

$$g_{\text{HH}} = R_\text{H} \quad (2.83)$$

如果是 VV 极化,那么

$$g_{\text{VV}} = R_\text{V} + 0.5 T_\text{V}^2 \left(1 - \frac{\varepsilon_1}{\varepsilon_2}\right) \tan^2\theta \quad (2.84)$$

式中,R_H、R_V 为菲涅尔反射系数;T_V 为菲涅尔透射系数。

入射电磁波经海表面散射后返回到传感器的能量叫作后向散射。传感器接收到的这部分回波信号强度采用后向散射截面或后向散射系数来描述和度量。后向散射截面是经后向散射返回传感器的功率和入射功率密度(海面单位面积上接收到的能量)的比值,用有效散射面积表示,符号为 σ,单位为 m^2。雷达后向散射系数是入射方向目标单位截面积的雷达的反射率,符号为 σ^0,单位为 dB(分贝)。

主动式微波遥感主要是雷达遥感,雷达通过天线发射和接收电磁波。设雷达的发射功率为 P_t(单位为 W),天线增益为 G_t,波长为 λ,海面接收到电磁波时与天线的距离为 R(单位为 m),则入射功率密度为

$$P_{\text{or}} = \frac{P_t G_t}{4\pi R^2} \quad (2.85)$$

设经后向散射返回传感器的功率为 P_{oe},那么后向散射截面 σ 为

$$\sigma = \frac{4\pi R^2 P_{\text{oe}}}{P_t G_t} \quad (2.86)$$

微波穿透海表后的能量会迅速衰减。微波的穿透深度是指微波能量衰减到在海表面时的强度的 1/e 时的深度。电磁波对介质的穿透深度 $d = \sqrt{1/\omega\mu\sigma}$,其中,$\omega$ 为电磁波的角频率;μ 为介质的磁导率(单位为 H/m);σ 为电导率(单位为 S/m)。由此可见,电磁波进入介质的穿透深度与介质的介电常数成反比,与电磁波波长成正比。

2.3.4 海表的微波辐射

任何温度高于绝对零度的物体都能够辐射电磁波。影响海表的微波辐射的因素有很多,不仅与海面的发射率、温度有关,还与频率、偏振特性、水体的介电常数、观测天顶角和方位角及海表面的粗糙度等物理性质有关。另外,海洋的盐度也影响海表的微波辐射,在海表微波辐射波长较小时,微波辐射随盐度的增大而增大。

在海面满足热动力平衡条件下,平静海面的发射率 e 和海面菲涅尔反射率 ρ 的关系为

$$e_i(f,\theta) = 1 - \rho_i(f,\theta) \tag{2.87}$$

式中,i 表示极化方式,$i=H$ 或 V;f 为频率;θ 为观测的角度。

平静海面的微波发射率为

$$e_H(f,\theta) = 1 - \left| \frac{\cos\theta - \sqrt{\varepsilon_r}\cos\theta'}{\cos\theta + \sqrt{\varepsilon_r}\cos\theta'} \right|^2$$

$$e_V(f,\theta) = 1 - \left| \frac{-\sqrt{\varepsilon_r}\cos\theta + \cos\theta'}{\sqrt{\varepsilon_r}\cos\theta' + \cos\theta'} \right|^2 \tag{2.88}$$

式中,ε_r 为海水的相对介电常数;θ' 为海面的折射角。

粗糙海面的微波反射率计算比平静海面复杂得多,因为海面粗糙度不但会影响海面微波辐射强度,而且也会影响极化状态;海面形成的白冠及泡沫也会增加海面发射率。计算粗糙海面的发射率有两种模型,一种是直接模型,另一种是间接模型(Camps et al.,1998)。直接模型是直接求解电磁波坡印廷矢量在粗糙海面的通量,比如直接计算海面辐射率的小斜率近似模型(Soto-Crespo et al.,1990;Voronovich,1996;Irisov,1997;Johnson et al.,1999);间接模型是通过计算粗糙海面对入射波的散射求解海面的反射系数,再根据能量守恒和灰体辐射的基尔霍夫定律,获得海面发射率,比如光学类模型、传统的微扰法和双尺度模型。

求解粗糙海面的微波发射率的方法和平静海面的微波发射率类似,都通过先求海面的微波反射系数(胡来平,2003)。粗糙海面的反射率不仅与海面的介电常数有关,也与海面粗糙度有关。反射率的计算公式如下。

$$\rho(f,\theta_s,\varphi_s) = \frac{1}{4\pi\cos\theta_s} \int_0^{\pi/2} \int_0^{2\pi} \sigma_0(f,\theta_i,\varphi_i,\theta_s,\varphi_s) \sin\theta_i \mathrm{d}\theta_i \mathrm{d}\varphi_i \tag{2.89}$$

式中,$\sigma_0(f,\theta_i,\varphi_i,\theta_s,\varphi_s)$ 表示频率为 f 的微波的雷达归一化散射截面,微波的入射角为 (θ_i,φ_i),散射角为 (θ_s,φ_s)。方程式(2.89)再结合基尔霍夫定律就可以求得粗糙海面微波发射率为

$$e(f,\theta_s,\varphi_s) = 1 - \rho(f,\theta_s,\varphi_s) \tag{2.90}$$

微波辐射计的天线具有方向性响应,它的增益为 $A_e \times G(\theta,\varphi)$,其中 A_e 为微波天

线的有效面积，$G(\theta,\varphi)$为具有主瓣和旁瓣的典型形式的归一化功率。

A_e的定义为

$$A_e = \frac{\lambda^2}{\int_{4\pi} G(\theta,\varphi)\mathrm{d}\Omega} \tag{2.91}$$

因此，在f和$f+\Delta f$之间的带宽内，非极化辐射的亮度$B_f(\theta,\varphi)$照射的天线所接收的总功率为

$$P = \frac{1}{2} A_e \int_f^{f+\Delta f}\int_{4\pi} B_f(\theta,\varphi)G(\theta,\varphi)\mathrm{d}\Omega\mathrm{d}f \tag{2.92}$$

如果相对天线方向(θ,φ)的发射具有$T(\theta,\varphi)$温度，则根据式(2.91)，可以将式(2.92)写为

$$P = \frac{k A_e \Delta f}{\lambda^2} \int_{4\pi} T(\theta,\varphi)G(\theta,\varphi)\mathrm{d}\Omega \tag{2.93}$$

式中，已假设带宽Δf相对λ很窄，带宽上的T、ε和G呈线性变化，那么式(2.93)取平均值，则发射体的亮度温度为

$$T_B(\theta,\varphi) = \varepsilon(\theta,\varphi)T(\theta,\varphi) \tag{2.94}$$

根据瑞利－金斯定律，辐射度在微波波段与海面的亮温呈线性关系。在不考虑大气影响时，辐射计探测到的海面的亮温T_B与海面真实温度（热力学温度）T_S有下列关系

$$T_B = e T_S \tag{2.95}$$

式中，$e(\theta,f,i,T_S,S_S,u,\varphi)$为海面发射率，它是观测的天顶角$\theta$、辐射计频率$f$、辐射计极化方式($i=H$或$V$)、海面真实温度$T_S$、海面盐浓度$S_S$、海面摩擦风速$u$和风向$\varphi$的函数。式(2.95)的意义是用发射率$e$对从热辐射中测量的物理温度进行修正。

因此，微波辐射计观测信息不仅包含海面温度、大气吸收和发射信息，而且也包含了大洋盐度和海况的信息(Yueh et al.,1994,2006)。

思考题

1. 名词解释：辐射通量、辐射亮度、辐射照度、离水辐射度、反射率。
2. 简述大气散射和大气吸收对电磁波的影响。
3. 简述与大气对微波的衰减作用有关的因素。

第3章 海洋遥感平台和遥感器

3.1 海洋遥感平台

　　海洋遥感平台是指安装海洋遥感器的飞行器,是用于装载各种海洋遥感仪器,使其从一定高度或距离对地面目标进行探测,并为其提供技术保障和工作条件的运载工具。海洋遥感平台根据遥感目的、对象和技术特点分为:卫星海洋遥感平台、航空海洋遥感平台和其他遥感平台等。这些海洋遥感平台联合组成一个多层次、立体化的现代化海洋遥感信息获取系统,为完成专题的或综合的、区域的或全球的、静态的或动态的各种遥感活动提供了技术基础。

3.1.1 卫星遥感平台

　　当火箭飞行速度超过了第一宇宙速度,把人造卫星送入绕地球运行的轨道后,卫星就周期性地绕地球运动,从而获得周期性的遥感资料,卫星的轨道要素决定了卫星遥感方式(徐福祥,2002)。

3.1.1.1 卫星轨道名词

（1）轨道半径（卫星运行高度）

　　卫星绕地球运行多数是近圆形轨道或椭圆形轨道,轨道的长半径决定了轨道离地的最大高度,按轨道离地面的高度,可分低轨、中轨和高轨卫星。

　　低轨卫星:距地面 150～300 km。低轨卫星可以获得大比例尺、高分辨率的遥感影像,但离地高度低,受地心引力和大气层的摩擦力的影响,寿命短,一般只有几天到几周的工作时间,这种卫星多数用于侦察遥感。

　　中轨卫星:距地面 1000 km 左右的高度。这种卫星的寿命较长,适用于各种环境遥感和资源遥感,例如陆地卫星和雨云气象卫星都在逾 900 km 的高空运行,海洋卫星在逾 800 km 的高空运行。

　　高轨卫星:把卫星发射到赤道上空约 36000 km 处,则卫星沿赤道绕地球运行的周期为 24 h,与地球自转速度相同,此时卫星好像是静止在赤道某处上空一样,这样的卫星叫作地球同步卫星。

(2)轨道的偏心率

偏心率 $e=(a-b)/a$（a、b 分别为轨道平面的长短半径）决定了轨道的形状,当 e 接近于 0 时,轨道近似于圆形,有利于对地球的资源遥感和测绘制图,当 e 不等于 0 时,轨道呈椭圆形,有利于探空研究。根据卫星运行轨迹的偏心率,卫星轨道分如下。

圆轨道:偏心率等于 0;

近圆轨道:偏心率小于 0.1;

椭圆轨道:偏心率大于 0.1,而小于 1。

(3)轨道面倾角

轨道面与赤道面的两面夹角称为轨道倾角,当卫星绕地球转动的方向与地球自转方向一致,轨道倾角变动在 0°～90°;当卫星绕地球转动的方向与地球自转方向相反时,轨道倾角变动在 90°～180°;当轨道面倾角为 0°时,卫星轨道面与赤道面重合,且运行方向与地球自转方向一致;当轨道面倾角为 90°时,卫星轨道面与赤道面互相垂直,为极轨卫星。轨道倾角的大小决定了卫星可能飞跃地面的覆盖纬度。根据卫星运行轨迹的倾角,卫星轨道分如下。

赤道轨道:倾角等于 0 或 180°;

极地轨道:倾角等于 90°;

倾斜轨道:倾角不等于 90°、0 或 180°。

(4)升交点

卫星与地心的连线在地面上的交点称为星下点。卫星飞过某一纬圈就是指星下点落在该纬圈上,各纬圈上星下点的连线,即卫星轨道在地球表面上的投影,称为星下点轨迹。星下点轨迹与赤道有两个交点,当卫星由南向北飞行时的交点叫作升交点,当卫星由北向南飞行时的交点叫作降交点。如果轨道倾角小于 90°,且卫星沿轨道运转方向与地球自转方向一致,则升交点西退,降交点东进;如果轨道倾角大于 90°,且卫星沿轨道运转方向与地球自转方向相反,则降交点西退,升交点东进。陆地卫星的轨道倾角为 99°,且卫星沿轨道运转方向与地球自转方向相反,因此降交点西退,隔日成像像带自东向西排列。升交点赤经是指升交点的地球向径与春分点向径之间的夹角。

(5)近地点角距

由地心(A),升交点(B),近地点(C)组成的角 BAC 就称为近地点角距。近地点角距是指升交点向经与近地点向径之间的夹角,决定了轨道在赤道平面内的方位。卫星入轨后,其升交点和近地点是相对稳定的,所以近地点角距通常是不变的。

(6)卫星周期

分为卫星运行周期和卫星重复周期。

卫星重复周期指卫星飞过地面同一位置所需时间,一般以天为单位度量。

卫星绕地球运行一周所需要的时间为卫星的运行周期。轨道的长半径、偏心率、倾角、近地点角距、运行周期是卫星椭圆轨道的 6 个参数，只要这 6 个参数确定，卫星轨道状态就确定了，卫星在确定的轨道上运行时，要保持一定的空中姿态，使得传感器始终对准地面（李志刚 等，2008）。

3.1.1.2 主要的轨道类型

用于地球观测的主要轨道类型包括太阳同步轨道、地球同步轨道、高度计轨道和近赤道低倾角轨道。

(1) 太阳同步轨道

太阳同步轨道指卫星的轨道平面和太阳始终保持相对固定的取向，轨道的倾角（轨道平面与赤道平面的夹角）接近 90°，卫星要在两极附近通过，因此又称之为近极地太阳同步卫星轨道。为使轨道平面始终与太阳保持固定的取向，因此轨道平面每天平均向地球公转方向（自西向东）移动 0.9856°（即 360°/年）（徐华 等，2012）。

卫星的轨道平面以地球的公转速率围绕太阳旋转，太阳同步轨道上的卫星总是在每天白天同一个时间穿过赤道，总是在相同的当地时间飞跃同一纬度地球表面的上空。设升轨点的天赤经用 Ω 表示，用卫星轨道平面的角速度 $d\Omega/dt$ 表示卫星轨道进动率，它描述了卫星轨道平面随地球绕太阳公转的速率。太阳同步卫星轨道平面的进动率 $d\Omega/dt$ 与地球围绕太阳公转的角速度相同。所以太阳同步卫星轨道平面与日地连线的交角不变。太阳同步轨道卫星的轨道平面一般采用 97°～110°的倾角，相对于地球西向逆行。多数太阳同步轨道卫星高度在 700～800 km，轨道周期为 90～100 min，每天围绕地球旋转 14～16 圈。如果轨道倾角接近 90°，卫星就能接近南极和北极地区，这样的太阳同步卫星轨道被称为太阳同步极轨或近极轨道，如果卫星环绕地球的椭圆轨道偏心率较小，则被称为圆轨道或近圆轨道。太阳同步极轨轨道卫星可以观察全球或者除两极区域外的绝大部分地球表面，例如 EOS-AM（Terra）卫星在降轨点穿越赤道的当地太阳时是 10:30，轨道倾角为 98°，这意味着该卫星能够观测 82°N～82°S 的全球海域。对于 Geosat 和 Seasat 卫星，轨道倾角为 108°，这意味着该卫星能观测到 72°W～72°S 的全球海域。

(2) 地球同步轨道

如果卫星轨道是地球同步的或相对于地球静止的，则卫星环绕地球角速度的纬向分量等于地球自转角速度（付正光 等，2021）。地球静止轨道是地球同步轨道的一个特例，当轨道倾角为 0°时，地球同步轨道成为静止轨道，这时在地球上观察到的卫星是静止的。当轨道倾角接近于 0°时，地球同步轨道也成为地球静止轨道，这时从地球上观察卫星有一恒星日周期的微小摆动。地球同步卫星的周期是 23.93 h，代表地球自转一周的时间，24 h 是相邻的两个正午的间隔，这是地球自转和公转联合作用的结果。要实现地球静止轨道，得满足下列条件：

①卫星运行方向与地球自转方向相同；
②轨道倾角为 0°；
③轨道偏心率为 0，即轨道是圆形的；
④轨道周期等于地球自转周期，静止卫星的高度为 35786 km。

(3) 高度计轨道

高度计专用卫星不能使用太阳同步轨道，因为半日潮与全日潮叠加在一起的潮汐正好与太阳同步轨道卫星的相位相同或接近，所以太阳同步轨道不能分辨潮汐，例如，太阳同步轨道的高度计会将 S1 和 S2 分潮误认为零频率，将 P1、K1、K2、T2 和 R2 分潮误认为年变化的频率。由于高度计卫星与潮汐相位不同，并且卫星轨道位于 1200~1400 km 的较高高度(徐莹 等,2009)，所以卫星会受到较小的阻力，这种轨道上的高度计卫星有 TOPEX/Poseidon 和 Jason-1。

高度计专用卫星不能采用极轨和近极轨方式运行，卫星在升轨运行时其星下点在地球表面形成一条投影线，在降轨运行时其星下点在地球表面又形成一条投影线。为了更好地分析表面斜率的两个分量，相交的两条星下点投影线的夹角应该接近 90°，对于极轨和近极轨卫星，由于轨道倾角太大，其相交的两条星下点投影的夹角太小，所以高度计卫星不能采用极轨和近极轨方式运行。高度计卫星需要在轨道设计上采用较小的轨道倾角，然而，较小的倾角又限制了卫星对极地区域的探测，例如，TOPEX/Poseidon 高度计卫星的轨道倾角为 66°，这意味着该卫星只能在 66°N~66°S 的区域内运行，而不能到达极地区域。

相邻两个升轨点之间的时间间隔被称为轨道周期或者节点周期，在一个轨道周期内，卫星环绕地球完成一圈公转。最南端与最北端之间的星下点轨迹被称为一个 PASS，对应的时间长度等于半个节点周期，卫星环绕地球多圈后回到原来位置对应的星下轨迹被称为一个 CYCLE。一个 CYCLE 对应着一个重复周期，例如，对于 TOPEX/Poseidon 高度计而言，它的重复周期 $T=9.9156$ d，轨道周期为 112 min，在一个重复周期内完成的全部公转圈数 $N=127$，即一个 CYCLE 包含 127 个公转圈数。根据定义，一个 PASS 等于半个 REVOLUTION，故一个 CYCLE 包含着 254 个 PASS。

3.1.2 航空遥感平台

机载航空遥感历史悠久，直到 20 世纪 70 年代卫星图像出现之前，航空摄影一直是地球表面遥感的主要数据源。航空遥感系统的形成与大范围应用，在 70 年代之后更为显著。早在 1974 年，美国就建立了航空油膜污染监视系统 AOSS，用于执法和抗污染。该系统采用了 X 波段侧视雷达微波气象系统及多通道线性扫描仪(红外、紫外)和多光谱低照度电视系统(紫外、可见光、红外线)等多种传感器进行监视。可以探测到 50 km 以内的船只及溢油，能够实时地向违法者提出高分辨率的证据，并能自动报警,识别假目标,给出近似排油量。后来又有了 AOSS Ⅱ 系统,对仪器进行了更新和改进(王迪峰 等,2009)。

  航空遥感可以是垂直或斜视/侧视,这取决于成像仪器的光轴相对于地球的方向。垂直成像的轴角垂直或接近垂直于(90°±3°)地面。侧视通常从垂直的轴线倾斜超过 2°。虽然机载平台不适合获取大的地理区域(如 10000 km² 以上),然而航空遥感仍然非常重要,可以适应具体的项目需求。航空遥感具有几项优势:①飞机能飞在相对较低高度,因此能够实现亚米级传感器空间分辨率;②飞机可以很容易地改变飞行计划,以避免天气问题;③可以针对太阳光照调整飞行路线,以避免要遥感的海域受耀光影响并提高遥感区域的重访频度;④飞机平台传感器的维护、维修和配置更改相对卫星平台来说较容易。

  目前无人机载遥感平台发展迅猛,包括固定翼无人机、无人直升机等多种无人机平台(刘宇中 等,2001)。

  高空飞行的气球也可作为探测大气与海洋的重要工具。气球具有广泛的高度范围,可以覆盖从低海拔的原位测量一直到平流层遥感测量,特别是 22～40 km 高度区域的邻近空间,高于当前飞机的高度范围。气球构成了一个重要的、相对廉价的平台,可用于在开发过程中测试卫星遥感仪器的性能与精度,气球搭载的遥感仪器可以为卫星遥感测量提供相关数据支持,包括验证和补充/验证数据。由于大部分气球存在无自主性,受风影响严重,且无法长时间滞留空中的缺点,因此无人驾驶飞艇慢慢发展成一个有潜力的航空遥感平台。目前发展起来的无人驾驶飞艇能实现目测遥控、超视距实时监控和程序控制飞行,有效载荷一般较无人机大、能够悬停和垂直起降、安全性和经济性较好。主要缺点是在一定程度上受风的影响。

3.1.3 其他遥感平台

  高频地波雷达作为一种新兴的海洋监测技术,具有超视距、大范围、全天候以及低成本等优点,被认为是一种能实现对各国专属经济区(EEZ)进行有效监测的高科技手段。各临海发达国家均进行了研发投入,并实施了多年的对比验证和应用示范。

  高频地波雷达利用短波(3～30 MHz)在导电海洋表面绕射传播衰减小的特点,采用垂直极化天线辐射电波,能超视距探测海平面视线以下出现的舰船、飞机、冰山和导弹等运动目标,作用距离可达 300 km 以上。同时,高频地波雷达利用海洋表面对高频电磁波的一阶散射和二阶散射机制,可以从雷达回波中提取风场、浪场、流场等海况信息,实现对海洋环境大范围、高精度和全天候的实时监测。船基遥感能够提供海表面、大气及其交换过程的信息。装载的仪器包括被动式微波辐射计、雷达云高计、全景相机、太阳辐射计、拉曼雷达等。

3.2 海洋遥感传感器

遥感器是用来远距离测量地物和环境所辐射或反射的电磁波的仪器。按设计时选用的频率或波段来划分,有紫外遥感器、可见光遥感器、红外遥感器、微波遥感器等。从可见光到红外区的光学领域的遥感器统称为光学遥感器,微波领域的传感器统称为微波遥感器(Abbott et al.,1991)。

3.2.1 可见光遥感器

3.2.1.1 CZCS 海岸带水色扫描仪

CZCS(Coastal Zone Color Scanner)是搭载在 Nimbus-7 卫星(1978.10—1986.06)上的第一个专门用于海洋水色研究的多通道扫描辐射计(图 3.1)。它包含 6 个波段,其中 4 个是水色波段,带宽均为 20 nm,分别以 443 nm、520 nm、550 nm、670 nm 为中心波段。第五波段(700~800 nm)的灵敏度较差,更适宜陆地遥感;第六波段是 10.5~12.5 μm 的热红外区域。遥感器扫描宽度约 1600 km,天底点空间分辨率为 800 m,扫描倾角范围为 2°~20°。研究表明,CZCS 数据可观测浮游植物色素浓度的细微变化,此优势在浮游植物的大尺度分布、春季水华过程监测、检测水体边界以及中尺度环流模式等方面具有较广泛应用(潘德炉 等,2002)。

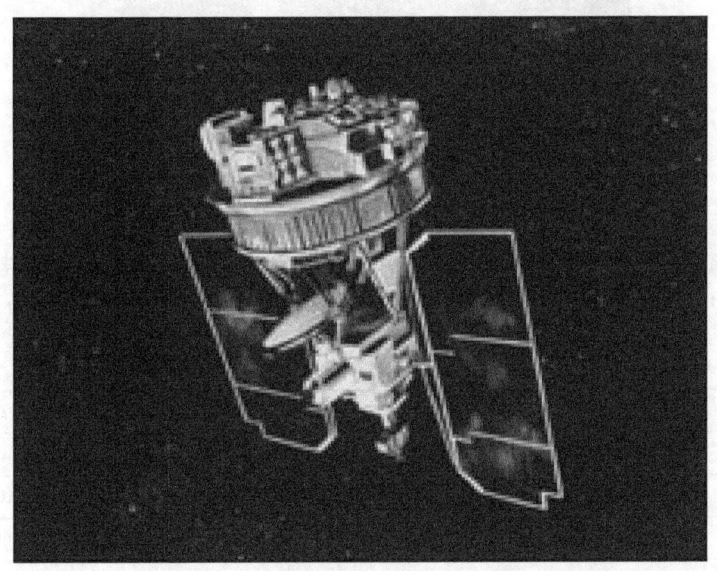

图 3.1 CZCS 海岸带水色扫描仪示意图
(图片摘自国际海洋水色协调工作组:https://ioccg.org/sensor/czcs/)

CZCS 的成功发射开启了海洋遥感新时代,它拓展了遥感领域的应用范围,启发了人们对于海洋的新认识,奠定了海洋水色卫星遥感的基础。

3.2.1.2 SeaWiFS 海洋宽视场扫描仪

SeaWiFS(Sea-viewing Wide Field-of-view Sensor)是在 CZCS 基础上进行改进而研制的第二代水色传感器,1997 年 8 月发射的海洋水色卫星 SeaStar 所携带的海洋宽视场扫描仪,提供有关地球生物化学性质的定量数据(图 3.2)。SeaWiFS 拥有 8 个探测波段(表 3.1、表 3.2),其中前 6 个波段属于可见光范围,第 7 波段、第 8 波段属于近红外波段。采用太阳漫射平板和月亮成像作星上定标,使得仪器的测量精度提高许多,其灵敏度是 CZCS 的两倍(潘德炉 等,2002)。

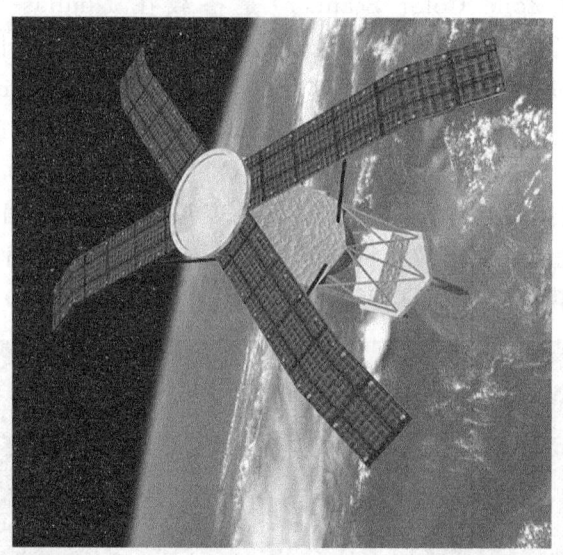

图 3.2 SeaWiFS 海洋宽视场扫描仪示意图(图片摘自美国国家航空航天局地球观测系统:https://eospso.nasa.gov/missions/sea-viewing-wide-field-view-sensor)

表 3.1 SeaWiFS 参数

扫描宽度	58.3°(LAC);45.0°(GAC)
扫描空域	2800 km(LAC);1500 km(GAC)
扫描方向的像元	1285(LAC);248(GAC)
天底点分辨率	1.13 km(LAC);4.5 km(GAC)
扫描周期	0.124 s
倾角	−20°,0,+20°

(LAC 代表 Local Area Coverage;GAC 代表 Global Area Coverage)

表 3.2 SeaWiFS 波段设置

波段/中心波长(nm)	主要用处
1/ 412（violet）	溶解有机物
2/ 443（blue）	叶绿素吸收
3/ 490（blue-green）	色素吸收(Case 2)，K(490)
4/ 510（blue-green）	叶绿素吸收
5/ 555（green）	色素，沉积物
6/ 670（red）	大气校正(CZCS 后续)
7/ 765（near IR）	大气校正，气溶胶辐射
8/ 865（near IR）	大气校正，气溶胶辐射

3.2.1.3 MODIS 中分辨率成像光谱仪

MODIS(Moderate-resolution Imaging Spectroradiometer)是搭载在 Terra 和 Aqua 系列卫星上的重要探测仪器(图 3.3)。在 0.4～14 μm 波谱范围内设有 36 个通道，空间分辨率为 250～1000 m，量化等级为 12 bit(表 3.3，表 3.4)，Terra 和 Aqua 上的 MODIS 数据在时间更新频率上相配合，可得到每天最少两次白天和两次黑夜更新数据，这样快的更新频率对于开展自然灾害与生态环境监测、全球环境和气候变化研究以及进行全球变化的综合性研究具有非常重要的实用价值(刘玉洁 等，2001)。

重量　　　　　　<250 kg
体积　　　　　　1×1×1.6 m³
平均功率　　　　<225 W
峰值功率　　　　<275 W
峰值数字传输率　<11 Mbps

图 3.3　MODIS 示意图(图片摘自美国国家航空航天局：https://modis.gsfc.nasa.gov/)

表 3.3 MODIS 参数

轨道	705 km,太阳同步
扫描速率	20.3 rpm,交叉轨道
刈幅	2330 km(交叉轨道)by 10 km(沿着最低点的轨道)

表 3.4 MODIS 波段设置

波段	波长(nm)	分辨率(m)	主要用途
1	620~670	250	土地/云/气溶胶边界
2	841~876	250	
3	459~479	500	土地/云/气溶胶特性
4	545~565	500	
5	1230~1250	500	
6	1628~1652	500	
7	2105~2155	500	
8	405~420	1000	海洋水色/浮游植物/地球生物化学
9	438~448	1000	
10	483~493	1000	
11	526~536	1000	
12	546~556	1000	
13	662~672	1000	
14	673~683	1000	
15	743~753	1000	
16	862~877	1000	
17	890~920	1000	大气水蒸气
18	931~941	1000	
19	915~965	1000	
20	3.660~3.840	1000	表面/云温度
21	3.929~3.989	1000	
22	3.929~3.989	1000	
23	4.020~4.080	1000	
24	4.433~4.498	1000	大气温度
25	4.482~4.549	1000	
26	1.360~1.390	1000	卷云水蒸气
27	6.535~6.895	1000	
28	7.175~7.475	1000	
29	8.400~8.700	1000	云属性
30	9.580~9.880	1000	臭氧

续表

波段	波长（nm）	分辨率(m)	主要用途
31	10.780~11.280	1000	表面/云温度
32	11.770~12.270	1000	
33	13.185~13.485	1000	云顶高度
34	13.485~13.785	1000	
35	13.785~14.085	1000	
36	14.085~14.385	1000	

3.2.1.4 VIIRS 可见光红外成像辐射仪

VIIRS(Visible Infrared Imaging Radiometer Suite)为扫描式成像辐射仪，将用来接替服役超期的 MODIS，其数据信噪比和沿水平方向的采样间隔有较大提高，但 VIIRS 波段数不如 MODIS 丰富，特别是 VIIRS 没有可用于晴空测试的 6.7 μm 通道、缺少位于水汽吸收区的 7.3 μm 通道、没有可用于检测高云的 13.9 μm 通道。VIIRS传感器共 22 个波段(412 nm 至 12 μm)：1 个 750 m 分辨率的 DNB，5 个 370 m 空间分辨率的 I 波段和 16 个 M 波段。扫描角±56°，扫描带宽 3000 km，每天可获得全球 2 次观测数据(表 3.5)。VIIRS可用来测量云量和气溶胶特性、海洋水色、海洋和陆地表面温度、海冰运动和温度、火灾和地球反照率(李旭文 等,2014)。

表 3.5 VIIRS 波段设置

波段号	光谱范围(μm)	主要用途
M1	0.402~0.422	海洋水色/气溶胶
M2	0.436~0.454	海洋水色/气溶胶
M3	0.478~0.498	海洋水色/气溶胶
M4	0.545~0.565	海洋水色/气溶胶
I1	0.600~0.680	影像
M5	0.662~0.682	海洋水色/气溶胶
M6	0.739~0.754	大气校正
I2	0.846~0.885	NDVI
M7	0.846~0.885	海洋水色/气溶胶
M8	1.230~1.25	云粒径
M9	1.371~1.386	云覆盖
I3	1.580~1.640	二进制雪图
M10	1.580~1.640	雪盖率

续表

波段号	光谱范围(μm)	主要用途
M11	2.225～2.275	云
I4	3.550～3.930	云图
M12	3.660～3.840	海表温度(SST)
M13	3.973～4.128	海表温度/火情
M14	8.400～8.700	云顶的属性
M15	10.263～11.263	SST
I5	10.500～12.400	云图
M16	11.538～12.488	SST

3.2.1.5 MERIS中等分辨率成像光谱仪

MERIS(Medium Resolution Imaging Spectrometer)由法国与荷兰共同研制开发并搭载于Envisat卫星上,于2003年5月正式投入使用。MERIS是推扫被动式成像光谱仪,扫描过程由一排由5架摄像机排列组成的探测器元件完成,共同观测旁向1150 km(68.5°的宽视场)宽的地面刈幅,每3 d覆盖全球一次,信噪比高达1700。在0.39～1.04 μm波谱范围内设有15个波段,带宽范围为3.75～20 nm,可见光光谱的平均带宽为10 nm。对海岸带与陆地测量的300 m分辨率数据需要实时传输到地面接收站,对大面积海域监测的分辨率为1200 m,记录在星上记录器上。MERIS遥感器具体参数见表3.6。它可以测量海洋与近岸水体水色要素,包括探测海表面叶绿素浓度、悬浮物质浓度、溶解有机物等。

表3.6 MERIS参数

通道	中心波长±带宽(nm)	应用
1	412.5±10	黄色物质和色素
2	442.5±10	叶绿素最大吸收
3	490±10	叶绿素和其他色素
4	510±10	悬浮沉积物,赤潮
5	560±10	叶绿素吸收最低
6	620±10	悬浮沉淀物
7	665±10	叶绿素吸收和荧光
8	681.25±7.5	叶绿素荧光峰
9	708.75±10	荧光、大气校正
10	753.75±7.5	植被,云

续表

通道	中心波长±带宽(nm)	应用
11	760.625±3.75	氧气吸收
12	778.75±15	大气校正
13	865±2	植被,水蒸气
14	885±10	大气校正
15	900±10	水蒸气、陆地

MERIS 遥感器与常用遥感器 SeaWiFS、MODIS 两者相比,MERIS 遥感器包含了 SeaWiFS、MODIS 遥感器所有的水色波段,且增加了悬浮物质的敏感波段 620 nm、叶绿素荧光性大气校正波段 708.75 nm、氧气吸收波段 760 nm、大气含水量波段 900 nm等;光谱分辨率也由 SeaWiFS 的 20 nm 提高到 10 nm 甚至更高。在数据量化级数方面,MERIS 数据较前两者也有所提高,为 16 bit,而 SeaWiFS 与 MODIS 的量化级数分别为 10 bit 与 12 bit;300 m 的空间分辨率使之更加适用于海岸带区域,且当用于大范围的海洋应用研究时,可选择低空间分辨率模式(1200 m×1200 m)(高中灵 等,2006)。

3.2.1.6 OLCI 海陆色度仪与 SLSTR 海陆表面温度辐射计

OLCI(the Ocean and Land Colour Instrument)遥感器与 SLSTR(the Sea and Land Surface Temperature Radiometer)遥感器是欧盟新一代对地观测卫星 Sentinel-3 系列卫星很重要的光学仪器,分别是在 Envisat 卫星的 MERIS 与 AATSR 遥感器的基础上研制出来,并分别继承了前者的业务观测功能(Kravitz et al.,2020)。为支持协同产品的研制工作,这两台光学仪器被设定成对地球进行准同步观测。它们所选取的轨道和扫描 宽度可以使卫星在任何海洋和陆地位置上的重访时间分别小于 3.8 d(考虑太阳耀光,但不考虑云)和 1.4 d(太阳耀光和云均不考虑)。

OLCI 遥感器的数据扫描机制最鲜明的特点是它由 5 个呈扇形排列的具有共同视场的相机构成,总视场达到 68.5°,约为地面 1300 km 大小的扫描幅宽,2～3 d 便可将全球覆盖一次,为避免太阳耀斑的影响,仪器整体沿着太阳轨道移动了 12°。对海岸带和陆地的空间分辨率为 300 m,可以实时传回地面站,并通过 21 个光谱波段提供高信噪比数据,以便使 MERIS 的 15 个波段所产生的数据产品具有延续性。与 MERIS 相比,增加了 6 个波段,它们为人们实现改进型水色要素反演(400 nm 和 673.76 nm)大气含水量(940 nm)、大气/气溶胶校正(1020 nm)以及改进型 Oa2 波段参数反演(784～788 nm)提供有效途径,其余波段设置与 MERIS 一致。波段设置见表 3.7。

表 3.7 OLCI 波段设置

波段	中心波长(nm)	波段宽度(nm)	主要用途
Oa01	400	15	气溶胶校正,改进的水成分检索
Oa02	412.5	10	黄色物质和碎屑色素(浑浊度)
Oa03	442.5	10	叶绿素最大吸收值,地球生物化学,植被
Oa04	490	10	叶绿素
Oa05	510	10	叶绿素,沉积物,浑浊度,赤潮
Oa06	560	10	叶绿素
Oa07	620	10	含沙量
Oa08	665	10	叶绿素,沉积物,黄色物质/植被
Oa09	673.75	7.5	—
Oa10	681.25	7.5	叶绿素荧光峰
Oa11	708.75	10	叶绿素荧光的基线
Oa12	753.75	7.5	氧气吸收/云,植被
Oa13	761.25	2.5	氧气吸收/气溶胶校正
Oa14	764.375	3.75	大气校正
Oa15	767.5	2.5	地表荧光
Oa16	778.75	15	大气校正/气溶胶修正
Oa17	865	20	大气校正/气溶胶校正,云,像素配准
Oa18	885	10	水蒸气吸收参考带,植被监测
Oa19	900	10	水汽吸收/植被监测(最大反射率)
Oa20	940	20	水汽吸收、大气校正/气溶胶校正
Oa21	1020	40	大气校正/气溶胶修正

SLSTR 这个锥形成像辐射计在垂直观测时幅宽可达到 1400 km(与整个 OLCI 视场相重叠),在倾斜观测时幅宽可达到 740 km。SLSTR 将利用 AATSR 的沿轨扫描原理,其中每一个视场对应于各自的扫描仪,但为了拥有双视场能力,SLSTR 在 AATSR 基础上采用两块独立的扫描机构。SLSTR 共有 9 个波段,红外波段中波段中心分别为 3.74 μm 与 10.95 μm,将被用于监测海面温度和火灾。当垂直于卫星轨迹进行近天底观测和倾斜观测时,太阳光通道(可见光和短波红外)和热通道(中波红外和长波红外)的沿轨和穿轨的地面采样距离分别为 500 m 和 1000 m。与 AATSR 相比,增加了波段中心为 1.375 μm 与 2.25 μm 的两波段。SLSTR 将借助两个星上高稳定参考黑体辐射源对其红外通道进行精确、稳定的在轨定标,使其偏振灵敏度可小于 0.07,另外,其可见光—近红外通道和短波红外通道的定标则将由包含一个漫

反射靶的可见光定标分系统进行:其中 S1~S6 绝对辐射精度<2%(BOL)或<5%(EOL),S7/8/9 为 0.2 K;S1~S6 辐射稳定性<0.1%,相应地,S7/8/9 为 0.08 K。

3.2.1.7 OCTS 海洋水色水温扫描仪

OCTS(Ocean Color and Temperature Scanner)是由前日本国家宇宙开发局(NAS-DA)研制并搭载在 ADEOS 卫星(1996 年 8 月 17 日至 1997 年 6 月 30 日)上的光学遥感器。遥感器扫描宽度约 1400 km,地面空间分辨率约 700 m;包含 6 个可见光波段、2 个近红外波段、4 个热红外波段,带宽从可见光波段的 20 nm 到近红外波段的 40 nm;数据量化级数为 10 bit。OCTS 在短短 8 个月(1996 年 11 月 2 日至 1997 年 6 月 30 日)的运行期间就获得了超过 7TB 的观测资料,并很快进入卫星实时渔情预报业务。OCTS 主要为海洋环境观测服务,包括叶绿素、水中溶解物质、海表温度、海洋初级生产力等,对了解海洋现象具有重大意义(刘良明 等,2011)。

3.2.1.8 GLI 全球成像仪

GLI(Global Imager)是对 ADEOS-1 卫星上 OCTS 遥感器的一种改进的推扫式成像遥感器,搭载在 ADEOS-2 卫星(2002 年 12 月至今)上。它可以满足海洋、大气、陆地三大领域观测的需要,并且是带有可变波段宽的多波段遥感器(张立福 等,2005)。

3.2.1.9 GLI 第二代全球成像仪

GLI(Second-generation Global Imager)是针对全球成像仪 GLI 而设的,是日本的新一代海洋水色遥感器,将被搭载在 GCOM 中的 GCOM-C1 上,于 2017 年发射升空。GCOM 是日本一项旨在观测全球变化的长期卫星计划,包括两个卫星系列:GCOM-W 和 GCOM-C。其中 GCOM-C 主要观测地表以及大气中有关碳循环和地球辐射收支的现象,比如云、气溶胶、水色、植被覆盖、冰雪等,SGLI 是其主要载荷之一。SGLI 主要由可见光和近红外辐射计(VNR)以及红外扫描辐射计(IRS)两个部分组成。VNR 的光谱范围从 380 nm 到 868.5 nm,共 13 个波段,包括 11 个非极化波段和 2 个极化波段。在 11 个非极化波段中,除了一个中心波长为 763 nm 的波段因为用于一类水体的观测而把空间分辨率定为 1000 m 外,其余的 10 个波段其空间分辨率均为 250 m。在这 11 个波段中,有一个中心波长为 380 nm 的窄波段可以用来判别海面上空吸收性气溶胶的存在并了解其相关性质,用来探测海水中的黄色物质。两个极化波段中心波长分别为 670 nm 和 865 nm,共有 3 个极化方向,空间分辨率都为 1000 m。SGLI 还设置了两个热红外波段,用来估计二类水体的初级生产力,能够精准地探测出近岸水体中叶绿素浓度及悬浮物质、溶解有机物的相关性质,了解海水的初级生产力、水质等,进而可以进行渔业规划以及监测赤潮(刘良明 等,2011)。

3.2.1.10 OCM-2 海洋水色监测仪

OCM-2(Ocean Color Monitor-2)是印度卫星 Oceansat-2(2009 年 9 月 23 日)上所搭载的第二代海洋水色监测仪(第一代海洋水色监视仪 OCM-1 搭载在卫星 Oceansat-1 上)。OCM-2 的幅宽为 1420 km,每两天就可以覆盖印度全境一次,局部区域覆盖的分辨率为 350 m,其数据被实时下行到地面处理站进行处理,而全球区域覆盖的分辨率为 4 km,其数据则被暂时存储在卫星上。OCM-2 被用于浮游植物以及藻华监测、渔业动态监测、潮流潮汐等对沿海水体中的悬浮物质的传输及疏散产生的影响等方面,为海洋生物光学特性的研究提供了有效途径,进而为海洋污染监测、海洋初级生产力的发展以及海岸带管理等提供合理依据(刘良明 等,2011)。

3.2.1.11 HICO 沿海海洋高光谱成像仪

HICO(Hyper spectral Imager for the Coastal Ocean)是一种基于 PHILLS 机载成像光谱仪,是第一颗专门设计应用到海岸带的星载高光谱成像仪。目前搭载在国际空间站 ISS(International Space Station)上,于 2009 年 9 月 25 日第一次获得成像数据,主要为各项海岸带及其他地区的科学研究提供数据。HICO 以推扫方式获取 42 km×192 km 大小的条带状影像,空间分辨率为 90 m,偏振敏感度小于 5%。HICO 在 360～1080 nm 范围内共设置了 128 个波段,400～745 nm 范围带宽为 10 nm,746～900 nm 带宽为 20 nm,光谱分辨率为 5.7 nm。目前 HICO 的各项产品中,用户可以获得 L1B 和 L2A 级产品。原始数据(Level 0)包含大气层顶的辐亮度以及各项轨道参数和传感器参数。经光谱定标和辐射校正后得到 L1B 产品。L1B 产品包含了大气层顶的辐射亮度数据、几何纠正信息、植被指数和质量控制信息。为了有效地存储数据,HICO 采用了缩放系数。对于 L1B 数据,所有波段的缩放系数为 50,在使用 L1B 数据前要先对所有波段数据除以 50。L2A 是大气纠正后的产品,包括星上反射率、地表反射率、遥感反射比和归一化离水辐射。目前,L2A 产品的大气校正过程采用的是 Tafkaa 6s 改进算法,该算法增加了 825 nm 水汽校正。HICO 的产品验证过程是与玛萨文雅岛海岸带实验室(Martha's Vineyard Coastal Observatory,MVCO)的实测数据进行比对来完成的,白沙岛和新墨西哥州其他几个站点也参与到了验证过程(娄明静 等,2013)。

3.2.1.12 GOCI 地球同步水色成像仪

GOCI(Geostationary Ocean Color Imager)是 2010 年韩国发射的世界上第一颗静止轨道海洋水色卫星 COMS-1 上所搭载的遥感器。观测以朝鲜半岛为中心的一定范围内的海洋环境的变化,对该区域的海洋生态系统进行长期的和短期的监测并提供不断更新的关于叶绿素、藻华等的数据(刘良明 等,2011)。与其他海洋水色遥感器不一样,GOCI 可以以独特的高空间分辨率和时间分辨率(1 h 更新一次)来观测海洋和沿海水域。GOCI 的地面分辨率为 500 m×500 m,覆盖范围为 2500 km× 2500 km。轨道高度为 35786 km,信噪比大于 1000,观测频率为 1 h,每天产出 10 景影像(白天 8 景,夜晚 2 景),设计寿命 7 a。不仅如此,GOCI 的精度非常高,其辐射校正误差小于 3.8%,且它覆盖中国大部分的海域,其数据可以免费获取,其超高的时空分辨率使得 GOCI 在监测短时间周期变异的特性中具有很大的优势(Ryu et al.,2012)。GOCI 的波段参数见表 3.8。

GOCI 的波段设置与 SeaWiFS 相似。信噪比约是 SeaWiFS 的两倍。海洋是时时变化的,其循环机制包括碳循环、洋流、海面水汽循环等一直是人类研究的热点。因此利用水色卫星的探测资料,建立一个关于海洋每日循环性能的数据库,对于了解海洋循环机理、海上突发性事件实时监测及后续消除治理等工作都有不可忽视的重要作用。

表 3.8 GOCI 波段设置

波段	中心波长(nm)	带宽(nm)	种类	主要应用
1	412	20	可见光	黄色物质和浊度
2	443	20	可见光	最大叶绿素吸收
3	490	20	可见光	叶绿素
4	555	20	可见光	浊度,悬浮沉积物
5	660	20	可见光	浑水、荧光信号基线、叶绿素、悬浮泥沙的大气校正
6	680	10	可见光	荧光信号
7	745	20	近红外	大气校正与荧光信号基线
8	865	40	近红外	大气校正,植被,海洋上空的水汽基准

3.2.1.13 COCTS 和 CZI 遥感器

COCTS 和 CZI 是我国 HY-1 系列卫星上的主遥感器之一,主要用途为探测海洋水色环境要素、水温、浅海水深和水下地形等。其主要作用是掌握海洋初级生产力分布和环境质量,了解河口港湾的悬浮泥沙分布规律以及监测海面赤潮、溢油、热污染、海冰冰情等。COCTS 包含 8 个可见光近红外波段和 2 个热红外波段,星下点分辨率小于或等于 1.1 km,数据的量化级数为 10 bit。COCTS 的 10 个波段主要范围及应用见表 3.9(王其茂 等,2003)。

HY-1B 卫星上的另一个重要的载荷为四波段海岸带成像仪(CZI)。HY-1B CZI 遥感器相比于早期的 HY-1A CCD 相机,在通道设置和性能指标等方面都有所进步。它的设置考虑了海洋和陆地兼顾的原则,主要用于海岸带动态监测,以获得海陆交互作用区域的较高分辨率图像。其星下点地面分辨率为 250 m,刈幅 500 km,每扫描行有 2048 个像元,数据的量化级数为 12 bit,波段配准精度小于 2 nm(HY-1A 中的

CCD 相机为±5 nm)。海岸带成像仪的 4 个波段范围设置也与 CCD 相机不同,依次为433~453 nm、555~575 nm、655~675 nm、675~695 nm。

表 3.9 COCTS 波段设置

编号	波段(μm)	应用对象
1	0.402~0.422	黄色物质、水体污染
2	0.433~0.453	叶绿素吸收
3	0.480~0.500	叶绿素、海水光学、海冰、污染、浅海地形
4	0.510~0.530	叶绿素、水深、污染、低含量泥沙
5	0.555~0.575	叶绿素、低含量泥沙
6	0.660~0.680	荧光峰、高含量泥沙、大气校正、污染、气溶胶
7	0.730~0.770	大气校正、高含量泥沙
8	0.845~0.885	大气校正、水汽总量
9	10.30~11.40	水温、海冰
10	11.40~12.50	水温、海冰

国家海洋局国家卫星海洋应用中心、国家海洋局第二海洋研究所和中国海洋大学分别在北京、三亚、牡丹江、杭州和青岛建立了卫星地面接收站,这些地面站能够接收我国 HY-1、HY-2 系列卫星资料、美国 MODIS 或 SeaWiFS 海洋水色卫星资料。海洋系列卫星观测范围由原来的中国海域延伸至全球海域。制作了海洋离水辐射率、叶绿素浓度分布、海表面温度分布、气溶胶光学厚度和悬浮泥沙含量分布等多种卫星资料产品,这些产品为开展渔业分析、赤潮监测和海洋动力学研究等提供了基础,在全球海洋环境监测、海洋渔业资源开发与保护、海岸带变迁和滩涂综合利用、河口港湾工程环境评价等领域也有着广泛的应用前景。

3.2.2 红外遥感器

3.2.2.1 AVHRR 改进型甚高分辨率辐射计

AVHRR(the Advanced Very High Resolution Radiometer)是 NOAA 系列卫星载有的且可用于海洋研究的遥感器。AVHRR 是包含可见光与红外波段的扫描辐射计,它可用来测量大气状况以及地球表面温度,进而提取地球表面(主要是海域)信息。第一代四波段辐射计 AVHRR 最初在 1978 年发射的 NOAA/TIROS 上使用,随后发展的五波段辐射计 AVHRR-2 开始在 1981 年发射的 NOAA-7 上使用,1998年 NOAA-15 的成功发射标志着第四代业务卫星的开始,3A 与 3B 交替使用即 3A 白天工作,3B 夜间工作。该辐射计所拥有的通道在 MODIS、FY-1C、FY-1D 等卫星上均设有相对应的波段。星上探测器扫描角为±55.4°,相当于探测地面 2800 km 宽的带状区域,但由于扫描角大,图像边缘部分变形较大,实际上最有用的部分在±15°范围内(15°处地面分辨率为 1.5 km)。为了用于洲级及全球范围的研究,AVHRR 数据经常被重采样形成空间分辨率更低的数据。

目前有两种全球尺度的 AVHRR 数据:NOAA 全球覆盖(Global Area Coverage,GAC)数据和 NOAA 全球植被指数(Global Vegetation Index,GVI)数据。GAC 是通过对原始 AVHRR 数据进行重采样而生成,空间分辨率为 4 km,没有经过投影变换;GVI 是对 GAC 数据的进一步采样而得到,空间分辨率为 15 km 或更粗,经过投影变换。此外,为了减少云的影响,GVI 是由连续 7 d 图像中 NDVI 值最大的像元所组成。AVHRR 资料的应用主要集中在大尺度区域(包括国家、洲乃至全球)调查。

3.2.2.2 AATSR 高级沿轨迹扫描辐射计

AATSR(Advanced Along Track Scanning Radiometer)是 ESA 的卫星 Envisat 上携带的遥感器之一,于 2002 年 3 月发射升空。它是继沿轨迹扫描辐射计 ATSR-1(ERS-1,1991 年 7 月发射)、ATSR-2(ERS-2,1995 年 4 月发射)之后,该系列的第三个传感器。ATSR 系列遥感器虽然逐代改进,但是整体设计和工作原理是类似的:量化级数为 12 bit,扫描带宽为 500 km,共包含 6 个波段,ATSR-2 与 AATSR 相同,ATSR-1 不存在前 4 个通道。该系列遥感器提供长达近 20 a 的数据集,除了主要用于海表面温度监测外,在气候研究方面有诸多应用(Llewellyn et al.,2001)。

为弄清大气对地球表面温度传播的影响,AATSR 采用双次扫描机制,包括 0°与 55°。两个观测角度所对应的空间分辨率分别为 1 km×1 km 与 1.5 km×2 km,可以在 3 min 内完成对同一地区两个角度的观测,并且两次观测所经的大气路径长度不同,遥感器的圆锥扫描方式可产生双视效果,即可测量出大气吸收对辐射的影响。

AATSR 与 ATSR 一样采用在轨定标系统。系统包含接近地球气温两个极端的稳定性很高的黑体作星上辐射量定标,在每个扫描周期内均测量一次,以提高辐射定标的精度,克服 AVHRR 测量中天空辐射不为零的影响,利用新型的主动冷却装置使探测器的温度保持在 80 K 左右,以降低探测器噪声,且不需要基于地面的定标。AATSR 与其处理系统测量的海表面温度的绝对精度通常都低于 0.3 K。该遥感器进行长期的气候记录与监测,直到 2013 年 Envisat 卫星退役。

3.2.2.3 "风云"系列卫星遥感器

"风云一号"(FY-1)系列气象卫星是我国自行研制发射的第一代太阳同步极轨气象卫星,由 4 颗气象卫星组成,即 FY-1A/B/C/D,前 2 颗为试验用卫星,后 2 颗为业务应用卫星。FY-1 系列卫星海洋探测性能类似于美国的 NOAA/TIROS 卫星,主要用于天气预报、气候研究及环境监测。

多通道可见光与红外扫描辐射计(Multi channel Visible and Infrared Scan Radiometer,MVISR)是 FY-1 的主要遥感器之一,MVISR 的星下点分辨率为 1.1 km,刈幅为 3100 km,每扫描行有 2048 个像元,数据的量化级数为 8 bit。MVISR 的波段数由 A 星、B 星的 5 个增加到 C 星、D 星的 10 个,包括 4 个可见光、2 个近红外、1 个中红外与 3 个热红外波段,其中 4 个波段用于海洋水色环境要素(悬浮物浓度、叶绿素浓度、黄色物质等)的探测,2 个红外波段用于海洋水温的探测。

"风云二号"(FY-2)系列气象卫星是我国第一代静止气象卫星,计划发射 8 颗,即 FY-2A/B/C/D/E/F/G/H,两颗试验星(FY-2A/B)、6 颗业务星(FY-2C/D/E/F/G/H),2014 年 1 月,FY-2G 卫星(08 星)发射成功并正式获取了第一幅可见光云图。

FY-2 系列气象卫星的主要载荷是可见光与红外自旋扫描辐射计(Visible and In-frared Spin-Scan Radiometer,VISSR)。该遥感器的主要功能是获取可见光、红外光的水汽和云图,由多幅连续云图显示的云运动导出的高空风矢量和利用红外数据提取的海表面温度(许健民 等,2000)。

风云四号卫星(FY-4)卫星第二代地球静止轨道(GEO)定量遥感气象卫星,采用三轴稳定控制方案,将接替自旋稳定的风云二号(FY-2)卫星,其连续、稳定运行将大幅提升我国静止轨道气象卫星探测水平。作为新一代静止轨道定量遥感气象卫星,FY-4 卫星的功能和性能实现了跨越式发展。卫星的辐射成像通道由 FY-2G 星的 5 个增加为 14 个,覆盖了可见光、短波红外、中波红外和长波红外等波段,接近欧美第三代静止轨道气象卫星的 16 个通道。星上辐射定标精度 0.5 K、灵敏度 0.2 K、可见光空间分辨率 0.5 km,与欧美第三代静止轨道气象卫星水平相当。同时,FY-4 卫星还配置有 912 个光谱探测通道的干涉式大气垂直探测仪,光谱分辨率 0.8~1 cm,可在垂直方向上对大气结构实现高精度定量探测,这是欧美第三代静止轨道单颗气象卫星不具备的(董瑶海,2016)。

国家卫星气象中心地面站能接收我国风云系列卫星资料,并对用户提供服务。至 2014 年年底,我国已发射 14 颗风云气象系列卫星,大幅度提高了对干旱、洪涝、台风、雪灾和沙尘暴等灾害天气预测预报的水平,我国风云气象系列卫星在监测各大水系的洪涝灾害、农作物干旱、森林火灾等领域发挥了重要的作用。

3.2.3 微波遥感器

微波遥感器分为主动和被动两种方式。被动方式(无源遥感)与可见光和红外遥感器一样,是由某种传感器如微波扫描辐射计接收太阳光的反射或目标本身辐射电磁波的遥感方式。微波遥感通常采用主动方式(有源遥感),是遥感器在遥感平台上向被探测目标发射一定波长的电磁波并接收目标回波信号的遥感方式。因而它不依赖于太阳辐射,不论白天黑夜都可以工作,又由于微波波长较长,能穿透云层,故能全天时、全天候工作(张俊荣,1997)。

3.2.3.1 雷达高度计

雷达高度计通过向海面垂直发射尖脉冲,并接收返回脉冲信号进行测量,返回脉冲中包含全球海面高度分布和变化、海浪振幅和风速信息。主要用于测量平均海平面高度、大地水准面、有效波高、海面风速、表层流、重力异常、降雨指数等。雷达高度计属于主动微波遥感器(蔡玉林 等,2006)。

第一颗雷达高度计卫星 GEOS-3 在 1975 年 4 月发射,测高精度为 0.25~0.5 m。主要任务是确定地球重力场和描绘全球海面的变化。该卫星为确定海洋学和地球动力学参数提供了 3 年有效数据,获取的大量高质量的数据使人们的注意力从试验阶段转向了应用阶段(Stanley,1979)。美国在 1978 年发射的 Seasat-A 卫星上搭载的高度计测高精度达到了 10 cm 左右,径向轨道误差为 150 cm。Seasat-A 搭载的高度计证明了采用遥感技术可以在全球范围内测量海面温度、海面风速、流、潮汐等水文要素的能力(Jordan,1980)。1985 年美国海军发射的 Geosat 高度计卫星是一颗测地卫星,测高精度为 5 cm、径向轨道误差为 10 cm,首要任务是精确确定全球的地球重力场及平均海平面形状。ESA 于 1991 年 7 月发射了欧洲第一颗遥感卫星 ERS-1,它的测高精度 2~3 cm。该卫星的任务是获取全球海浪的动态信息、海面风场、大洋环流和全球的平均海面变化等(Rignot et al.,1993)。美、法在 1992 年 8 月联合发射了海洋地形卫星 TOPEX/Poseidon(T/P),它的测高精度达到 1.7 cm,任务就是精确测定全球海面的形状,增进人们对全球海洋现象的认识(Fu et al.,1994)。后来,美国和欧洲空间局分别发射了一些卫星的后继星,如:Geosat 的后继星 Geosat Follow On-1(GFO-1),它由美国海军 1998 年 2 月 10 日发射,按照与 Geosat 同样的重复轨道运行;ERS-1 的后继星 ERS-2,它的任务同 ERS-1;ERS-2 的后继星为 Envisat;TOPEX/Poseidon(T/P)的后继星为 Jason-1 和 Jason-2。

我国在 2002 年 12 月 30 日发射了"神舟四号"(ShenZhou-4、SZ-4)飞船,在上面搭载了我国自行研制的多模态微波传感器。多模态微波传感器包括高度模态(简称高度计)、辐射模态和散射模态。SZ-4 飞船高度计的主要任务是观测全球的有效波高、海面风速和海面高度。SZ-4 的成功发射,实现了对仪器功能体制的验证,为 HY-2A 卫星雷达高度计的研制和数据处理等奠定了技术基础。

2011 年 8 月 16 日,我国成功发射了 HY-2A 卫星,星上搭载的卫星雷达高度计成功实现了海面高度、有效波高和海面风速等全球海洋动力环境要素的观测,各项观测指标均达到国外同类卫星的观测水平。

3.2.3.2 微波散射计

微波散射计是一种主动式微波雷达传感器,主要用于获取高精度的全球海面风场信息。星载微波散射计是目前唯一能够同时测量海面风速和风向的遥感系统。它周期性地向海面发射一定频率的微波脉冲,并接收返回的后向散射信号能量,利用雷达方程和内定标可以测得海面后向散射系数,通过数据反演可获得海面的风场信息。

微波散射计可分为3种类型,第一种类型主要是利用棒状天线以及多普勒分辨技术的散射计,包括 NASA Seasat-A 卫星散射计(SASS)和 NASA 散射计(NSCAT),其中 NSCAT 是搭载在日本的"先进地球观测卫星"ADEOS-1 上的;第二种类型主要是利用3根长的矩形天线以及距离分辨技术的散射计,包括搭载在欧洲遥感卫星 ERS-1、ERS-2 的主动微波装置(AMI)散射计以及 2006 年发射的搭载在 MetOp 卫星上的 ASCAT(Advanced Scatterometer)散射计;第三种类型包括搭载在 QuikSCAT 卫星和 ADEOS-2 卫星上的 SeaWinds 散射计以及 HY-2 卫星上的 HSCAT 散射计。SeaWinds 和 HSCAT 散射计利用旋转的蝶形天线以不同的入射角产生圆锥扫描的笔形波束并采用距离分辨技术。

NASA 的散射计工作波段为 Ku 波段(14 GHz,波长 $\lambda=2$ cm),而欧洲的散射计工作波段为 C 波段(5.3 GHz,波长 $\lambda=6$ cm)。C 波段的大气透射率几乎等于 1,而 Ku 波段的大气透射率接近于 1。由于短的毛细重力波对海面风速变化的响应比长波灵敏,因此 Ku 波段对风速变化的响应灵敏,并且其动态范围也超过 C 波段。但是,海面降雨对 Ku 波段的影响要超过 C 波段。

第一个星载散射计是 1978 年 NASA 发射的棒状天线 SASS 散射计(Johnson et al.,1980)。后来欧洲发射了搭载在 ERS-1、ERS-2 卫星上的 AMI 扇形波束散射计,ERS 系列散射计从 1991 年一直工作到 2001 年。作为 SASS 散射计的延续,NSCAT 散射计于 1996 年 8 月搭载在 ADEOS-1 卫星上发射成功。由于太阳电池板的故障,NSCAT 散射计只工作了不到一年的时间(Wentz et al.,1999),于 1997 年 6 月 30 日停止运行。作为 NSCAT 散射计的补充,SeaWinds 散射计于 1999 年 6 月 19 日搭载在 QUIK-SCAT 卫星上发射成功,至 2001 年,SeaWinds 散射计是唯一的、在轨运行的测风散射计。2002 年 12 月,与 SeaWinds 相同的散射计搭载在 ADEOS-2 上发射成功,并于 2003 年 10 月停止运行;2003 年 1 月被动极化微波装置 WindSat 开始运行。另外,搭载在 MetOp-1 卫星上 ASCAT 散射计 2006 年发射,目前正在轨运行。

2011 年 8 月发射的 HY-2 卫星散射计是我国自主研发的第一颗卫星散射计,目前在轨运行状态良好。

3.2.3.3 微波辐射计

微波辐射计是被动方式遥感器,主要用于测量海面温度、海面风速以及海冰、水汽含量、降雨、CO_2 海—气交换等。微波辐射计是利用被动的接收各个高度传来的观测目标辐射的微波信号来判断温度、湿度廓线。

1973 年在 SKYLab 系列载人飞船上搭载了微波辐射计,在 Nimbus-5 和 Nimbus-6 上装载了电子扫描微波辐射计(ESMR),在 Nimbus-6 上装载了微波波谱仪

(NEMS)和扫描微波波谱仪(SCAMS)。Nimbus-5 上的 ESMR 只有 19.35 GHz 一个波段，Nimbus-6 上的 ESMR 只有 37.0 GHz 一个波段。显然，这两台仪器提供的实验有限，NEMS 和 SCAMS 波段设置主要用作大气探测。

Seasat-A(1978 年 7 月)上和 Nimbus-7(1978 年 10 月)上的扫描辐射计(SMMR)具有 5 个波段，适合于大气、海洋和陆地探测。Seasat-A 寿命仅 100 d，Nimbus-7 却一直运行到 1987 年 8 月，积累了大量有关海温和海冰的宝贵资料。接着，DMSP 系列卫星之一 F8(1987 年 6 月)上装载了专用微波探测成像仪(SSM/I)，其后继卫星 F10、F11、F12、F13 和 F14 上都装载了 SSM/I，它是一台 4 波段微波辐射计。

此外，NOAA 系列极轨卫星上装有微波探测器 MSU(NOAA-15 以前)和先进微波探测器 AMSU(NOAA-15 以后)。MSU 在氧气吸收带 5(N58 GHz)细分为 4 个波段，AMSU 由 AMSU-A 和 AMSU-B 两台仪器组成，AMSU-A 又由独立的 AMSU-A1 和 AMSU-A2 两个单元组成。AMSU-A 共有 15 个波段，即 23.8 GHz、31.4 GHz(八河 511-人 2)、89.0 GHz 以及在 50～58 GHz 氧气吸收带细分的 12 个波段(AMSU-A2)。AMSU-B 有 5 个波段，即 89 GHz、150 GHz 和水汽吸收线 183.31 GHz 附近细分的 3 个波段。AMSU-A 主要用于大气温度廓线，而 23.8 GHz、31.4 GHz 和 89.0 GHz 也可用于海表和陆地探测；AMSU-B 主要用于大气湿度廓线。

ERS-1/2 上亦装有微波辐射计，共两个波段，即 23.8 GHz 和 36.5 GHz，主要用于大气水汽测量，为星上雷达高度计等主动微波仪器进行水汽订正。

另外，装有微波辐射计的卫星还有 EOSPM-1(2002 年)、ADEOS-2(2002 年)、CHEM-1(2002 年)、Envisat(2002 年)、Oceansat-1(1999 年，印度)、Oceansat-2(2002 年，印度)。

2011 年 8 月发射的 HY-2 卫星上的微波辐射计是我国第一颗卫星微波辐射计。

3.2.4　激光遥感器

海洋激光遥感器(Oceanic Laser Remote Sensing System)是由激光器向海水发射一束或多束激光，由探测系统接收海洋水体目标受到激光激发后发射出来的回波信号，再通过计算机系统采集和分析信号数据，从而获取海洋环境、水深、生化、动力等信息的新兴的先进科学测量设备。它集成了激光技术、光电探测技术、计算机技术、信息技术、生化技术等。

海洋激光探测技术具有以下优势：不依赖太阳辐射，可以昼夜工作，而且可以根据探测目的的不同，主动选择激光的波长和发射方式；其产品可与常规水色遥感及水文产品相互验证，并提供其他额外水体参数信息；测量光谱性质的同时，能提供深度剖面信息，弥补了常规测量手段只能测量水表层信息的缺点。激光探测系统可以依据操作目的和科学研究应用范围作为有效载荷安装在飞机、船舶或固定式等多种平台上。

海洋激光遥感器在海洋领域的应用很广,其中之一即是激光诱导荧光雷达,其利用激光诱导荧光技术或激光后向散射回波信号监测水体生态环境信息;激光测深雷达,利用探测激光回波时间差测量浅海水深或测量海岸带高程;测风激光雷达,是以激光器为光源向大气发射激光脉冲,接收大气(气溶胶粒子和大气分子)的后向散射信号,通过分析发射激光的径向多普勒频移来反演风速,从探测方式上可以分为相干探测激光雷达和非相干探测(直接探测)激光雷达;此外,另一应用领域是激光雷达水下目标成像及探测,例如利用水下机器人(AUV)或飞机载荷的激光探测及成像技术探测水下目标,常用于军事水下目标探测应用。

海洋激光荧光遥感技术是一种主动遥感探测手段,相对于传统的现场水光学采集仪器,它的测量方式的优点是快速高效、实时测量、可同时测量多参数、大面积以及很高的灵敏度。海洋激光遥感探测手段在海洋领域应用范围很广,与经济和国防等领域紧密相关。激光相对于自然光源,具有强度高且集中、指向性好、单色性、相干性的特点。这些特性使得激光荧光遥感在海洋遥感领域成为一种行之有效的工具,在近岸或远海区域能够提供定量化的、高分辨率的、实时测量数据进行化学污染、富营养化、生物量和水文过程等方面的研究,而且在许多条件特殊或苛刻的海洋环境下,它往往是唯一的测量解决方案。

激光探测系统发出激光照射入水体,水体中荧光物质(如溢油、CDOM 和藻类等)吸收激光后会发出与其化学性质对应的激光诱导荧光光谱。激光诱导荧光能够测量水体参数浓度是依据特定波长的荧光强度与受激物质中荧光团浓度之间具有直接的相关性这一原理。因此,激光照射目标激发出荧光后,用探测器接收荧光光谱,然后对荧光光谱进行光谱分析就可获取水体成分浓度等信息,这是激光诱导荧光探测的机理,也是激光诱导荧光探测仪器设计的依据。激光诱导荧光水体成分探测系统的基本原理是:激光器发出一束激光,通过一系列反射镜打到海面上,海水中的荧光物质会发出荧光信号及水成分会发射拉曼散射光,这些光信号被望远镜收集,经由准直透镜以及滤光片等光学装置,最后由探测器件收集。

目前,美国、德国、法国、加拿大和澳大利亚是国际上研制海洋激光诱导荧光探测系统比较成熟的几个国家。机载海洋激光探测系统(Airborne Oceangraphic Lidar,AOL)是 NASA 研制的很有代表性的探测系统,海岸带及浅海水深、叶绿素 cW-a 浓度、溢油、可溶性有机物 DOM 以及其他一些海洋光学参数(如衰减系数、透明度等)都可以被探测(Wright et al.,2001);激光荧光仪(Scanning Laser Environmental Airborne Fluorosensor,SLEAF)则由加拿大环境技术中心研制,主要装备在海洋污染调查的飞机上,主要用于海洋和近海沿岸环境下原油和石油产品的监测和污染专题图绘制(Brovon et al.,1995);机载激光荧光仪(Oceanographic Lidar System,

OLS)是由德国运输部和奥尔登堡大学共同研制,可用于海水参数(如衰减系数、透明度等)和海表溢油等的测量(Churnside,2013);机载激光测深仪(WRELADS)是由澳大利亚军方自主研制,它主要是用于水体浑浊度测量以及水下目标探测。

激光测深遥感器一般是采用 532 nm 蓝绿光激光和波长为 1064 nm 红外激光,同时测量水面反射光(主要是红外激光)与海底反射光的走时差,并结合蓝绿光的入射角度、海水的折射率等因素进行综合计算,获得被测点的水深值,再与定位信号、飞行姿态信息、潮汐数据等综合,确定出特定坐标点的水深。其主要优点如下:具有较高的机动性和灵活性,能够快速获取特定区域海底地貌并成图;作用范围广、测量效率高,能够测量非常浅的海域以及船只无法进入的海区,如具有暗礁或者未知航道的海域;具有水部和陆部同时测量的功能,能够同时测量海底、海岸带、浅滩;费用是声呐测深技术的 $1/5 \sim 1/2$。

多普勒测风激光雷达是利用光的多普勒效应,测量激光光束在大气中传输其回波信号的多普勒频移来反演不同高度处的风速分布。激光具有单色性、相干性强的特点,而且波长较短,因此利用气溶胶的后向散射光,就能够获得足够强的多普勒测风信息,有利于探测微风速,具有较高的测风精度。与其他方式比较,其优势为空间分辨率高(角分辨率 μrad 量级)、时间分辨率高、测量精度高(低对流层 <1 m/s,中高层 <3 m/s)及覆盖范围大(全球范围)。其劣势为适合晴天工作,大气穿透能力差(不适合雾、雨、雪天);由于大气衰减,近地面水平作用距离有限。

测量海面风场一般使用的是相干探测激光雷达。激光多普勒雷达的工作原理是根据目标运动造成的多普勒频移来测量目标径向速度,基于激光的相干性和探测器的平方律特性,相干激光多普勒雷达采用相干探测方式,也称之为光外差探测。至今,国际上主要发展了几种测风激光雷达系统,例如美国机载大气风场相干测量传感器(MACAWS)。MACAWS 是一种利用机载脉冲多普勒激光雷达扫描测量对流层和同温层三维风场及气溶胶散射的测量系统。该系统是由 NASA 马歇尔空间飞行中心(NASA-MSFC)、NOAA 环境技术实验室(ETL)以及 NASA 喷气推进实验室共同研发(Brightsmith et al.,2006)。它采用 10.6 μm 波长激发波段,单脉冲能量为 0.8 J,望远镜采用 0.3 m 口径,距离分辨率为 300 m,径向速精度达到 1 m/s;美国 NOSA 海军机载的 TDWL(Twin Otter Doppler Wind Lidar)激光雷达,它采用 2.05 μm 波长的激光激发,脉冲能量为 $2 \sim 3$ mJ,脉冲宽度为 500 ns,脉冲重复频率为 200 Hz,望远镜口径为 100 mm,测量距离分辨率为 $50 \sim 100$ m,径向速精度达到 1 m/s;美国 CTI 相关公司开发的商用机型 WinTrace 相干激光多普勒测风雷达,它采用 2.02 μm 波长的激光激发,脉冲能量为 2 mJ,脉冲宽度为 500 ns,脉冲重复频率为 50 Hz$\pm$10 Hz,望远镜口径为 100 mm,测量距离分辨率为 100 m。

3.3 海洋卫星

3.3.1 海洋卫星的发展

卫星海洋探测的发展大致可分为四个阶段:第一阶段为探索试验阶段(1978年之前);第二阶段为试验研究阶段(1978—1985年);第三阶段为应用研究阶段(1985—1999年),在这一阶段世界上发射了多颗海洋卫星,如海洋地形卫星(Geosat、Geo-1、TOPEX/Poseidon等)、海洋动力环境卫星(ERS-1和ERS-2、Radarsat等)、海洋水色卫星(SeaStar、ROCSAT、KOMPSAT等),发射的海洋观测卫星提高了时间分辨率和空间分辨率、性能更优越,并且星载传感器接收的空间光谱信息范围从可见光、红外覆盖到微波波段,推广了星载雷达技术和微波遥感技术,实现了三维观测;第四阶段为综合探测阶段(1999年至今)。

(1)探索试验阶段(1978年之前)

该阶段主要为载人飞船搭载试验和利用气象卫星、陆地卫星探测海洋。主要是以气象研究和陆地资源观测,或者是利用卫星进行海洋观测和海军监视,而并非进行海洋气象数据的收集。空间海洋观测始于1957年苏联发射第一颗人造地球卫星之前。美国发射的TIROS-2开始进行海温观测。1961年美国执行水星计划,使得宇航员可以在高空观测海洋。尽管这些对地观测计划的初衷是以空间技术试验为主,但是也已经展现了卫星观测和研究海洋的潜力。1969年NASA开始推动海洋观测计划,于1975年在Goes-3上搭载高度计,用于测量卫星到海面的距离,并且于1973年在SKYLAB航天器上证实了可见光和红外遥感对地球连续观测的潜力。在此基础上,NASA研制了一系列高分辨率多光谱扫描仪,特别是装载在Landsat上的扫描仪沿用至今,它用于获取河口和沿海水域的海色及浑浊度信息。1972—1976年发射的NOAA卫星,装载了红外扫描辐射计和微波辐射计,除了用以探测大气温度、湿度廓线等,还用于估计海表面温度(徐建平,2000)。

这个阶段的主要特点是利用气象卫星、陆地卫星(包括其他空基平台)探测海洋。但气象卫星和陆地卫星具有自身的特点,不能完全代替海洋卫星,主要理由是:①气象卫星和陆地卫星的探测器是光学探测器,如 AVHRR(Advanced Very High Resolution Radiometer,甚高分辨率辐射仪)、TM、ETM+等,不能代替海洋动力环境卫星和海洋地形卫星,后者主要探测器是微波探测器。②虽然气象卫星和陆地卫星与海洋水色卫星上的主要探测器都用于光学探测器,但相互之间不能代替。主要原因有:波段配置不同,海洋水色仪要求波段较多且窄,存在较大差别;灵敏度和精确度不同,因为海洋水色参数要求定量测量,所以要求要高得多;观测方式不同,对于海洋水色卫星,为使轨道两侧太阳辐照度均匀,要求观测时间维持在正午。为了避开太阳耀光引起的镜面反射,要求观测时沿轨上下倾斜约 0°～20°可调(刘良明,2005)。

(2)试验研究阶段

在该阶段主要的海洋遥感探测卫星主要有美国发射的海洋卫星(Seasat)、雨云卫星七号(Nimbus-7)、TIROS-N、GEOS 卫星等。这个阶段卫星探测器主要反演的海洋要素包括:海表面温度、海洋水色及海冰等。海洋卫星(Seasat)是一颗海洋动力环境卫星,星上装载了 5 台探测器:合成孔径雷达(SAR)、雷达高度计(ALT)、微波散射计(SASS)、多通道扫描微波辐射计(SMMR)和可见光红外辐射计(VIRR)。其主要探测对象为海面风场、浪场、流场、海温、极区海冰、海平面高度、水陆分界等。雨云卫星 Nimbus-7 是一颗气象科学卫星,星上装载了 9 台遥感器,其中用于海洋探测的有 2 台,即海岸带水色扫描仪(CZCS)和多波段微波辐射计(SMMR)。其主要探测对象为海水叶绿素、悬浮泥沙、有色可溶有机物、海水污染、水质、海面温度、海冰等。1978 年 10 月 13 日发射成功的 TIROS-N 卫星,装载甚高分辨率辐射计 AVHRR 和 TIROS 业务化垂直探测器 TOVS,奠定了卫星遥感海表面温度进入气象、海洋业务化预报阶段的基础。

该阶段所发射的 3 颗卫星 Seasat、Nimbus-7 和 TIROS-N 是卫星海洋遥感观测的里程碑。特别是 Seasat 卫星的发射成功,这是第一个全球海洋动态(洋流、潮汐、热动态、大气—海洋界面动态等)及其他重要的物理特性探测卫星。在这个阶段尽管海洋遥感探测卫星及星载传感器较少,但是首次为全球海洋动态探测提供了专门探测工具,提供用户对定向风场、海浪波谱、海面温度等数据的连续、全天候、大范围使用,从而为调查和开发海洋资源及航海等提供依据(石汉青 等,2009)。

(3)应用研究阶段

1985—1999 年是海洋遥感卫星发展的应用研究和业务使用阶段,该阶段世界上发射了多颗海洋卫星,如海洋地形卫星 Geosat、Geosat-FO、TOPEX/Poseidon,海洋动力环境卫星 ERS-1、ERS-2、Radarsat、QuickSCAT 及海洋水色卫星 SeaStar、MOS-1A/1B、IRS-P3、ROCSAT-1 和 Ocean-01。除此以外,还在 NOAA、Landsat、GMS、JERS-1 等卫星上搭载海洋探测器,开展了卓有成效的应用研究。日本 Adeos-1 卫星上装载有 2 台海洋探测器,即海洋水色水温扫描仪(OCTS)和 NASA 提供的微波散射计(NSCAT),前者用于海洋水色探测,后者用于海面风场探测。在这些卫星上装载有各种微波监测仪器、红外辐射计和海洋水色仪等,对海平面、海底地形地貌、波浪、风、水、流、海洋污染和初级生产力等要素进行监测。这一阶段所发射的海洋观测卫星,与前两阶段相比,除了时间频率和空间分辨率有所提高,性能更优越,还具有一个显著的特点就是,星载传感器接收的空间光谱信息范围从可见光、红外覆盖到微波波段,推广到了星载雷达技术和微波遥感技术,实现了三维立体观测。

(4)综合探测阶段

目的是通过卫星及其他工具对地球进行更深入地研究,用以观测获得全球系统的定量变化目标,科学认识全球尺度范围内整个地球系统及其作用机理等,进而预测10~100 a地球系统的变化及其对人类的影响。随着国际新一代对地观测系统的发展,遥感技术在海洋监测领域发挥着越来越大的作用,显示出广阔的应用前景和巨大的应用潜力。从1999年至今为海洋遥感综合探测阶段。1999年12月18日,国际新一代对地观测卫星系统的第一颗卫星 Terra(EOS-AM1)卫星发射成功,标志着人类对地观测新里程的开始。第二颗极地轨道环境遥感卫星 Aqua(EOS-PM1)于2002年5月4日发射成功。Terra 和 Aqua 载有中等分辨率成像光谱仪 MODIS,其有36个波段,从可见光覆盖至热红外;其中有9个波段可用于水色遥感。与 SeaWiFS 相比,MODIS更先进,被誉为第三代海洋水色(兼气象要素)传感器。Jason 计划是适应国际上建立全世界海洋观测体系、满足对于海洋和气候研究的需求提出的。Jason-2已于2008年6月20日发射成功,是 CNES、EUMETSAT、NASA 和 NOAA 合作研制的海洋测高计划卫星(也即精确测定海洋地形),作为 TOPEX/Poseidon 和 Jason-1的后续卫星,它是研究全球海洋的重要观测平台(李景刚 等,2010)。进入20世纪90年代末,随着小卫星技术的大力发展和成熟,用小卫星完成海洋水色的观测任务成为可能。我国海洋一号卫星(HY-1A)于1998年开始立项研制,于2002年5月15日和 FY-1D 一起发射,是中国第一颗自主研制和发射的用于海洋水色水温探测的卫星,该星为试验型业务卫星,结束了我国没有自主研发海洋卫星的历史。HY-1A是一颗小卫星,有效载荷为10波段海洋水色成像仪(COCTS)和4波段 CCD 相机,COCTS 在频率和波段宽度的设计上类似于 SeaWiFS。卫星获取了大量海洋水色数据,在海洋环境监测、海洋环境预报和海洋减灾等方面发挥了重要作用。第二颗海洋水色卫星(HY-1B)在2007年4月11日发射成功,9月3日交付运行。HY-1B是 HY-1A 的接替星,设计寿命3年,各项技术指标和功能较 HY-1A 都有较大提高,继续进行海洋水色环境的监测业务化试验。我国海洋动力环境卫星 HY-2系列卫星搭载微波遥感器,全天候探测获取海面风场、海面高度和海表面温度,提高海洋预报的时效和精度,达到防灾减灾目的(石汉青 等,2009)。

从海洋需求角度出发,我国海洋卫星发展目标包括以下几个方面。

①逐步建立稳定运行的海洋卫星体系

根据规划,中国的海洋卫星将由海洋水色卫星系列、海洋动力环境卫星系列、海洋监视监测卫星系列组成。

海洋水色卫星(HY-1)系列:以可见光、红外探测水色水温为主,其主要有效载荷为水色扫描仪、CCD 成像仪和中分辨率成像光谱仪,其探测要素包括叶绿素、悬浮泥沙、海温、污染物质等。

海洋动力环境卫星(HY-2)系列：以微波探测全天候获取海面风场、海面高度和海温为主，其主要有效载荷为微波散射计、雷达高度计、微波辐射计等，其探测要素包括海面风场、海面高度、海面温度等。"十五"期间各项工作全面启动。2001年完成了卫星总体方案论证和星地同步高精度定轨技术方案论证。2003年，在前期海洋动力环境卫星总体技术研究的基础上，HY-2卫星四项关键技术预研项目，即HY-2卫星精密定轨技术研究、HY-2卫星雷达高度计研究、HY-2卫星微波散射计研究和HY-2卫星微波辐射计研究技术攻关工作已经全部完成，并且通过了国防科工委组织的验收。

海洋监视监测卫星(HY-3)系列：海洋监视监测卫星，其主要有效载荷为合成孔径雷达，能够全天时、全天候、高空间分辨率地获取我国海洋经济专属区和近海的监视监测数据，为我国海洋权益维护、海洋减灾防灾、海洋环境保护、海域使用管理、执法监察提供强有力的技术支撑，从而提高我国对海洋经济专属区内突发事件的快速反应能力。2005年，海洋卫星用户部门与航天研制部门组织开展HY-3卫星用户需求分析，初步提出了HY-3卫星平台、有效载荷要求和技术性能指标，确定了多极化、多工作模态合成孔径雷达为主载荷的发展思路。目前，国家卫星海洋应用中心正在与国内卫星平台、有效载荷部门联合进行总体设计，并进一步做好卫星用户需求分析工作。

②继续做好海洋卫星地面应用系统的建设

我国的第二颗海洋卫星HY-1B于2007年发射升空和入轨运行，HY-1B是HY-1A的接替星。HY-1A是试验卫星，在运行期间遥感卫星器的可靠性、姿态控制、工作寿命、能源供应、覆盖周期、全球探测等方面都暴露出一些问题，还存在许多值得改进的地方。经过总结和提高，HY-1B改进了HY-1A的不足，设计寿命延长为3年。要在HY-1A已有经验的基础上，切实抓好HY-1B入轨运行后的水色资料应用研究，开发地面应用系统的功能，最大限度地挖掘卫星实时观测数据资源，并在应用中检验和发展地面应用系统。同时，在已有海洋卫星地面应用系统和运行经验的基础上，新建牡丹江和北京海洋卫星地面站，扩建三亚海洋卫星地面站，建设南极、北极国家级卫星回放数据接收站，建设海上遥感卫星辐射校正与真实性检验场，支持系列海洋卫星的发射和应用。

③努力提升遥感卫星海洋应用水平

要充分利用现有的国内外卫星资源，包括海洋卫星和非专业海洋卫星，特别是微波遥感数据资源，深入开展卫星海洋应用研究，努力提升卫星海洋应用水平，并为后续海洋系列卫星的发射作技术准备。要在努力提高遥感器本身的测量精度基础上，加强遥感器的海上辐射定标和真实性检验技术与装备的研究，努力提高遥感器的定标精度和卫星资料处理精度，同时要加强海洋环境反演算法等应用基础研究。数值模拟与现场观测相结合,多源、多维、多时相海洋环境数据的融合和同化,能显著提高数据产品的质量和应用水平。

④加速卫星数据和数据产品的业务化应用

2003年5月9日,国务院发布了《全国海洋经济发展规划纲要》(以下简称《规划纲要》)。这是贯彻落实"十六大"提出的"实施海洋开发"战略部署的重大举措。为实施海洋开发战略,落实《规划纲要》,实现建设海洋强国的宏伟目标,海洋卫星及卫星海洋应用必须尽快实现从"试验型"向"业务服务型"的转变。要用遥感卫星数据产品支持国家海洋经济的发展,先进的科学技术要形成先进的生产力,回报社会,产生效益。为此,要努力提升海洋遥感应用基础和技术能力,建立和健全长期、连续、稳定运行的海洋遥感卫星应用体系,达到产品多样化、数据标准化、应用定量化、运行业务化的要求,积极推进国家海洋环境立体监测系统的建设,逐步实现海洋监视监测现代化、科学化、信息化、全球化的目标。

3.3.2 海洋卫星的特点

归纳起来,海洋卫星探测具有如下特点(刘良明,2005)。

(1)全天候、全天时探测:对于海洋动力学过程探测,诸如海面风场、浪场、潮汐、风暴潮、内波、溢油、漂浮海冰等,由于这些过程时间变化尺度小,所以要求海洋卫星具有全天候、全天时探测能力。此外还要求卫星地面覆盖周期短,如半天或一天,甚至几小时。目前海洋动力环境卫星具有全天候、全天时探测能力,但地面覆盖周期较长。

(2)半球或全球探测:为了研究海面拓扑结构、大气环流、厄尔尼诺现象、大洋洋底地形和极区海冰,以及冰盖等全球尺度现象,为了中长期海况预报和海平面上升因果关系的研究以及利用海洋水色要素——叶绿素浓度分布及变化来研究全球碳循环等,都要求海洋卫星具有半球乃至全球探测能力。

(3)长期不间断监测:有些海洋现象时间变化尺度小,如海洋内波发生时间只有数小时或几天,海洋赤潮从发生到消退,短的也只有几天;溢油污染从发生到扩散,短的只有一两天;潮汐则在一天内有涨潮、落潮,风暴潮增水每时每刻都不同;热带风暴潮也是瞬息变化。为了捕捉这些现象,需要长期不间断监测。

(4)定性定量探测:对于水平变化尺度大的海洋现象,或许定性探测就能满足。但大部分海洋探测要求定量探测,如海平面高度相对精度,目前可达1～3 cm;海面风速风向精度可达2 m/s和20°;有效浪高精度为0.5 m;无云时的海面温度精度可达0.5℃;离水辐射率探测精度5%等。虽然这样的精度目前已是卫星探测技术的极限,但与海洋调查规范相比仍然偏低。

(5)轨道定位精度高:为了海平面高度的高精度测量,海洋地形卫星轨道径向高度测定精度要求也十分高(如1 m以内),与通常测定轨道精度几百米相比,高出几个量级。目前采取星上 GPS 定位、地面全球激光测距和无线电全球测距网等多项措施来实现。

(6) 海洋水色探测器接收的是离水辐射率：该辐射率是经水体各类分子散射后离开水面的反射通量，其量级约为陆地的 1/10，所以其灵敏度比陆地探测器要高 10 倍，为了保证精度，仪器的信噪比要求比较高。此外，若要兼顾海岸带测量或在有云时探测器不饱和时能正常工作，就要求探测器的动态范围要宽，数据量化精度要高，一般为 10~12 bit，印度遥感卫星 IRS-P3 上德国研制的海洋水色仪 MOS 量化等级为 16 bit。

(7) 探测海洋水色要素，需要细分波段：海洋卫星探测器波段多而狭窄，如 5~10 nm 波段宽度；中心波长如 412 nm、443 nm 等都需要精确配准；而业务气象卫星和陆地卫星波段宽度为 25~50 nm，中心波长配准精度也较低。对于河口悬浮泥沙探测、赤潮探测和海岸带测绘等，不仅要求波段多而窄，而且要求地面分辨率高，如 100~250 m，这比海洋水色探测器分辨率(800~1100 m)要高得多。

(8) 探测器配套性好：由于海洋运动过程是多种因素作用的综合过程，一个海洋探测变量是多个参变量的函数，很难由一个探测器测量众多参变量，因而需要多个探测器配合测量，如风生浪(即由风生成的波浪)，其有效波高可由雷达高度计测得；波长与波向要用微波散射计或合成孔径雷达测量；波浪图像则靠合成孔径雷达获取；海面风速风向靠风散射计测得。又如极地海冰，其冰面高度可由雷达高度计给出，冰面积雪和纹理则要从合成孔径雷达图像得到，海冰密集度和分类则由微波辐射计测量。

3.3.3 海洋卫星的种类

20 世纪中叶，航天和航空遥感技术逐渐应用于海洋探测。目前，运用遥感卫星技术，实现了对海表面温度、海表面盐度、海平面异常、海流、海表面风、海浪、海洋内波、悬浮物浓度、叶绿素浓度、色素浓度和水色等多种海洋要素的监测。因为能够获取长时间、大范围、近实时和近同步的监测资料，遥感卫星在海洋监测和研究中正在发挥越来越大的作用，所以海洋卫星受到各海洋国家的重视，近年来其技术得到迅速发展。由于海洋的环境与陆地、大气环境不同，它是占地球面积 70.8% 的不断运动着的水体，因而不仅光谱域特性不同，而且对空间域和时间域的要求也有明显差别。由于这些差别存在，导致了对遥感卫星器的技术特性和运行方式的要求也不同，对卫星轨道和姿态测定精度的要求也较高。海洋遥感卫星大体包括三大类：海洋水色卫星、海洋地形卫星和海洋动力环境卫星(表 3.10)。

表 3.10 主要海洋卫星及其性能

卫星类别	主要用途	探测器	卫星要求	典型卫星
海洋水色卫星	探测叶绿素、悬浮泥沙、可溶有机物、海表温度（可选）、污染、海冰、海流	水色仪、CCD相机、中分辨率成像光谱仪	太阳同步轨道；降交点地方时间为中午，全球覆盖周期为2~3 d；前后倾角可调；姿控测轨精度较高	SeaStar、MOS-1A、MOS-1B、KOSMOS、ROCSAT-1、IRS-P3、ADEOS
海洋地形卫星	探测海面高度、有效波高、海面风速、海洋重力场、冰面拓扑、大地水准面，潮汐洋流、大气水汽	雷达高度计、微波辐射计	太阳同步轨道；精密轨道测定，姿控精度高；全球覆盖周期1~2 d	Geosat、TOPEX/Poseidon、GFO-1
海洋动力环境卫星	探测海洋风速和风向、海面高度、波高、波向和波谱、海洋重力场、大地水准面、海流潮汐、内波、海岸带水下地形、污染等	合成孔径雷达、微波散射计、雷达高度计、微波辐射计、红外辐射计	太阳同步轨道：全球覆盖周期1~2 d，精密轨道测定，姿控精度高	QuickSCAT、ERS-1、ERS-2、ADEOS-1、JERS-1、Okean-1、ALMAZ-1、Radarsat

3.3.3.1 海洋水色卫星

海洋水色卫星是通过卫星装载的遥感设备对海洋水色要素进行探测,为海洋生物资源开发利用、海洋污染监测与防治、海岸带资源开发和海洋科学研究等提供科学依据和基础数据。海洋水色卫星的设计需要充分考虑海洋自身的特点以及海洋应用对海洋观测的要求。海洋水色卫星的特点主要有以下几点。

(1)轨道:为了获得全球初级生产力的时空分布数据,实现全球定时观测,要求采用近极地太阳轨道;为了空间分布具有可对比性,要求轨道是圆形的;为了轨道东西两侧太阳照度相同,要求降交点地方时为正午。

(2)卫星平台:由于海上无法设定地面控制点(Ground Control Point,GCP),定位精度完全由轨控和姿控来保证。轨道可以由地面测控来保证,姿控精度应保证定位精度为1~3个像元。目前世界上水色卫星均采用三轴稳定方式,指向精度<0.3°,测量精度<0.1°。另外为了避开海面直射反射光入瞳,需要探测器沿轨前后倾斜(0°~±20°)扫描,倾角按一年四季太阳高度角变化而进行调整。

(3)探测器:海洋水色探测器的性能要求主要是由波段设置、信噪比(signal/noise,S/N)、视场、量化级、辐射精度和偏振度等确定。为了满足水色探测的需要,水色探测器需要较陆地卫星和气象卫星更高的光谱分辨率;另外海洋的离水辐射率很弱,因此要求仪器有很高的信噪比、M化级、辐射精度和偏振度等。目前国际技术水平为S/N为600~800,偏振度<0.01,辐射精度为2%~5%。另外,为了使覆盖周期与

浮游植物大量繁殖历时相匹配,目前国际上海洋水色卫星覆盖周期通常为 2~3 d。

海洋水色卫星的运用始于 1978 年美国 NASA 发射的 Nimbus-7 卫星,其上装载有传感器 CZCS。这颗卫星一直工作到 1986 年,它首先揭示了全球性海区色素的时空分布和变化图。1997 年 9 月美国又发射了海洋水色卫星 SeaStar 卫星,其上装载了水色传感器 SeaWiFS。SeaStar 具有低噪声、高灵敏度、合理波段配置和倾斜扫描等功能。1999 年美国 NASA 又发射了 EOS-Terra,其上搭载有 MODIS,MODIS 是当今国际上最先进的海洋水色卫星传感器之一。2005 年 5 月 4 日美国又发射了 Aqua(EOS-PM)卫星,其中也装载了 MODIS。这样上午有 Terra(EOS-AM)、中午有 SeaStar、下午有 Aqua(EOS-PM),一共 3 颗卫星可以获取不同时间的海洋水色信息,同时还能够弥补太阳耀斑造成的影响。美国计划自 SeaStar 卫星发射开始,进行 20 年时序全球海洋水色遥感资料的连续积累。1996 年日本发射了装有海洋水色水温扫描仪 OCTS 的 ADEOS-1 卫星,遗憾的是这颗卫星只运行了 10 个月。2002 年 12 月 14 日日本又成功发射 ADEOS-1 的后继卫星 ADEOS-2,其上装载了全球成像仪(GLI),GLI 的性能与 MODIS 的性能相类似。韩国在 1999 年 12 月 20 日发射 KOMPSAT-1 卫星,星上的海洋水色仪(OSMI)有 6 个波段,空间分辨率均为 850 m。印度在 1996 年 3 月 21 日发射 IRS-P3 卫星,该卫星具有海洋水色遥感器 MOS。到目前为止,世界上已经发射的具有海洋水色遥感功能的主要卫星有 20 多颗,部分海洋水色卫星的性能指标见表 3.11。

表 3.11 部分海洋水色卫星的性能指标

卫星	国家	发射年月	轨道类型	高度(km)	倾角(°)	周期(d)
SeaStar	美国	1987 年 8 月	太阳同步	705	98.2	2
Terra	美国	1999 年 12 月	太阳同步	705	98.2	1
IRS-P3	印度	1996 年 3 月	太阳同步	812	98.7	1
IRS-P4	印度	1999 年 5 月	太阳同步	720	98.28	2
ADEOS-2	日本	2002 年 12 月	太阳同步	805	98.7	4

3.3.3.2 海洋地形卫星

海洋地形卫星主要是通过卫星上装载的雷达高度计对海洋地形进行探测,即探测海平面高度的空间分布。此外,还可探测海冰、有效波高、海面风速和海流等,它在地球物理、海洋大中尺度动力过程等学科研究上的科学价值以及海洋灾害预报和海底油气资源勘探开发方面的经济价值显而易见。最早的卫星高度计是装载在美国国家海洋大气管理局的 Geos-3(1975—1978 年)和美国宇航局的高度计卫星 Seasat-A (1978 年)上。此后陆续发射的载有高度计的卫星有 Geosat、TOPEX/Poseidon、ERS-1、ERS-2、Jason-1 和 Envisat 等。最具代表性的是美国的"测地卫星"系列和

"托佩克斯/海神"(TOPEX/Poseidon)系列卫星,它是目前最精确的海洋地形探测卫星。美国 EOS 计划中的 LaserALT-1 和 ALT-2 也可用于精确测量。已发射的海洋地形卫星的性能指标见表 3.12。

表 3.12 已发射的海洋地形卫星的性能指标(钟陪武,2002)

卫星	发射时间	高度(km)	倾角(°)	截距(km)	回归周期(d)
Geosat	1985 年	800	108	150	17(ERM)
GFO-1	1998 年	880	108	150	17(ERD)
TOPEX/Poseidon	1992 年	1336	66	315	9.9156
Jason-1	2001 年	1336	66	315	9.9156

3.3.3.3 海洋动力环境卫星

海洋动力环境卫星是对海面风场、海面高度、浪场、流场以及温度场等协动力环境要素探测的卫星,有效载荷通常是微波散射计、微波辐射计、雷达高度计等,并具有多种模式和多种分辨率。发展海洋动力环境系列卫星的主要目的是:利用微波散射计监控全球海洋表面风场,得到全球海洋上的风矢量场和表面风应力数据,利用雷达高度计提供全球海洋地形数据,得到全球高分辨率的大洋环流、海洋大地水准面、重力场和极地冰盖的变异。

海洋动力环境卫星的特点是扫描范围大,便于探测大面积海洋动力环境要素。此外,还可以用于监测海冰的变化和海洋污染等,用于研究海洋生态系统的变化。欧洲航天局(简称欧空局)于 1991 年 7 月和 1995 年 4 月相继发射的 ERS-1 和 ERS-2 在这类卫星中最具代表性。已发射的海洋动力环境卫星的性能指标见表 3.13。

表 3.13 已发射的海洋动力环境卫星的性能指标

卫星	运行时间	轨道类型	高度(km)	倾角(°)	测高精度(cm)
ERS1	1991.7—2000.8	太阳同步	780	98.5	10~15
ERS-2	1995.4—2002.3	太阳同步	780	98.5	10~15
Envisat-1	2002.3—2012.4	太阳同步	800	98.5	4.5

3.3.4 主要海洋遥感卫星性能

从美国 1975 年发射第 1 颗海洋卫星 Geos-3 至今,卫星海洋探测的发展经历四个阶段。随着国际新一代对地观测系统的发展,遥感技术在海洋监测领域发挥着越来越大的作用,显示出广阔的应用前景和巨大的应用潜力。海洋卫星受到各海洋国家的重视,近年来其技术得到迅速发展。在这些卫星上装载有各种微波监测仪器、红外辐射计和海洋水色仪等,对海平面、海底地形地貌、波浪、风、水、流、海洋污染和初级生产力等要素进行监测。

卫星传感器能够测量在各个不同波段的海面反射、散射或自发辐射的电磁波能量,通过对携带信息的电磁波能量的分析,人们可以反演某些海洋物理量。传感器的遥感精度随着遥感卫星技术的发展不断提高,其丰富的海洋观测数据不但超过了百余年来船舶与浮标数据的总和,并且其精度目前正在接近、达到甚至超过现场观测数据的精度。下面将分别介绍一些专题海洋卫星的情况。

3.3.4.1　Seasat 卫星

Seasat(sea satellite)系列的第一颗卫星 Seasat-A 于 1978 年 6 月 28 日发射成功。Seasat 卫星主要测量洋面温度、海面风速和风向、有效波高、海洋潮汐、流场、极区海冰等水文要素,用于研究深海和大陆架海波模式,海岸区陆地水和海洋水的相互影响,以及海表水、淡水、雪覆盖等。同时海洋卫星上的传感器 SAR 和 SMMR 还可用于陆地探测,得到陆地表面的信息,可以提供地表起伏、地质类型、土地类型、植物和环境等方面的数据。所以它也可以作为地面资源遥感数据分析中的一种十分有价值的参考资料。Seasat 卫星可以说是遥感技术用于海洋学研究的里程碑。Seasat 卫星的轨道参数见表 3.14。

Seasat 卫星上载有 5 种类型的海洋遥感探测器,分别为合成孔径雷达(SAR)、雷达高度计(ALT)、微波散射计(SASS)、多通道扫描微波辐射计(SMMR)和可见光红外辐射计(VIRR)(图 3.4)。

图 3.4　Seasat 卫星示意图(图片摘自美国国家航空航天局喷气推进实验室 http://www.jpl.nasa.gov/missions/missionImages.cfm?)

表 3.14 Seasat 卫星的轨道参数

轨道平均高度(km)	800
轨道倾角(°)	108
重复周期(d)	3~17
工作寿命(d)	106
跨赤道间距(km)	160~800
频率(GHz)	135
升交点周期(min)	100

3.3.4.2 SeaStar 卫星

美国海洋水色卫星 SeaStar 是国际上第二颗海洋水色专用卫星,于 1997 年 8 月 1 日发射成功,其上的 SeaWiFS 传感器是 SeaStar 卫星上唯一的科学应用的有效载荷。SeaWiFS 共有 8 个通道,前 6 个通道位于可见光范围,中心波长分别为 412 nm、443 nm、490 nm、510 nm、555 nm、670 nm。7、8 通道位于近红外,中心波长分别为 765 nm 和 865 nm。SeaWiFS 地面分辨率为 1.1 km,刈幅宽度 1502~2801 km,观测角沿轨迹方向倾角为 20°、0°、-20°,数据量化精度为 10 bit。SeaWiFS 在 CZCS 基础上进行了改进和提高:①增加了光谱通道,即中心波长 412 nm、490 nm、865 nm。412 nm 针对于 U 类水域 DOM 的提取,490 nm 与漫衰减系数相对应,865 nm 用于精确的大气校正。②提高了辐射灵敏度,SeaWiFS 灵敏度约为 CZCS 的 2 倍。在 CZCS 反演算法中被忽略因子的影响,如多次散射、粗糙海面、臭氧层浓度变化、海表面大气压变化、海面白帽等,都在 SeaWiFS 反演算法中做了考虑。

3.3.4.3 Jason-1 卫星

Jason-1 卫星是使用 PROTEUS 平台的第一颗卫星,是由美国 NASA 和法国国家太空研究中心(CNES)合作的 TOPEX/Poseidon 海洋观测卫星的后续卫星。卫星于 1997 年 6 月开始在法国研制,于 2001 年 12 月发射。卫星轨道为圆形轨道,轨道倾角为 66°。轨道高度为 1336 km。可以观测到全球无冰覆盖的海洋面。轨道重复周期为 10 d(精度为±1 km),每 10 d 可覆盖 95% 的无冰海洋区域。Jason-1 的只有 1 台雷达高度计和 1 台微波辐射计;Jason-1 是小卫星,质量为 500 kg。Jason-1 的技术参数见表 3.15。

表 3.15 Jason-1 的技术参数

卫星	发射时间	轨道类型	高度(km)	倾角(°)	回归周期(d)	质量(kg)
Jason-1	2001.12	太阳同步	1336	66	9.9156	500

Jason-1 卫星有效载荷为：①Poseidon-2 雷达测高计（CNES Poseidon-2 altimeter，频率为 13.6 GHz 和 5.3 GHz）；②Jason 微波辐射计（NASA Jason microwave radiometer，JMR）以 3 种频率工作，用于测量沿着高度计观测路径上的水蒸气，以修正雷达测高计的脉冲延迟；③利用地面网站的 DORIS 定位仪；④GPS 接收机；⑤激光反射器等。Jason 卫星的雷达可测量海面高度的精度达到 2.5 cm。Jason-1 卫星的目标为：在 21 世纪继续研究海表地形学，为全球海表地形学提供 5 年的观测数据。测量全球海平面变化和估计海洋的有效波高和风速，以改进外海潮汐模型，增加对大洋环流及其季节变化的了解以及改进气候预报（如对厄尔尼诺现象的预报）。Jason-1 卫星的海平面测量误差必须小于 4.2 cm，最好是小于 2.5 cm。数据率为 613 kbit/s。每 3 h 有数据产品并且每 1 h 进行数据接收（图 3.5）。

图 3.5　Jason-1 卫星示意图（图片摘自美国国家航空航天局喷气推进实验室：http://sealevel.jpl.nasa.gov/mission/jason-1.html）

3.3.4.4　ADEOS 卫星

高级对地观测卫星 ADEOS 是日本国家航天发展局（NASDA）发射的极轨卫星。它是日本发射的最大的卫星（图 3.6）。ADEOS-1 于 1996 年 8 月发射成功。其上装载有来自 NASA、CNES、NOAA 和 NASDA 的探测器，其中 2 台海洋探测器，即海洋水色水温扫描仪（OCTS）和 NASA 提供的 Ku 波段主动式微波散射计（NSCAT），前者用于海洋水色探测，后者用于海面风场测量。另外还有先进的可见光和近红外辐射计（advanced visible and nearinfrared radiometer，AVNIR）、改进的大气分光计（improved limb atmospheric spectrometer，ILAS）、监测温室气体的干涉测量仪（interferometric monitor for greenhouse gases，IMG）、地表反射极化和方向的测量仪（polarization and directionality of the earth's reflectance，POLDER）、太空回射器（retroreflector in space，RIS）和 NASA 提供的臭氧总量成像光谱仪进行陆地、大气

图 3.6 ADEOS 卫星示意图(图片摘自美国国家航空航天局喷气推进实验室：http://winds.jpl.nasa.gov/missions/nscat/)

和海洋领域的遥感。遗憾的是，ADEOS-1 只工作了短短的 11 个月就因故障停止了工作。其后续卫星 ADEOS-2 于 2002 年 12 月 14 日发射升空。ADEOS-2 的载荷为：先进的微波扫描仪(advanced microwave scanning radiometer，AMSR)、全球成像仪(global imager，GLI)、海洋风场散射计(Sea Winds)、地球反射比的偏振化和指向性仪器(polarization and directionality of the earth's reflectances，POLDER)、改进型临边大气分光计(improved limb atmospheric spectrometer-Ⅱ，ILAS-Ⅱ)其参数见表 3.16。

表 3.16 ADEOS-2 卫星的参数

搭载仪器	AMSR，GLI，SeaWinds，POLDER，ILAS-Ⅱ
电源	可展开的太阳能阵列，电池
质量	3680 kg
幅宽，轨道倾角	804 km×807 km，98.69°

3.3.4.5 Radarsat 雷达卫星系列

加拿大 Radarsat-1 于 1995 年 11 月发射入轨，遥感器为 SAR(C 波段，HH 极化)，工作方式非常灵活，用户可根据需要选择入射角(20°～50°)、分辨率(100 m)，以及扫描带宽(45～500 km)。在 Radarsat-1 使用期满时，它的工作由与之类似的 Radarsat-2(分辨率为 3～100 m)来接替(图 3.7)。

图 3.7　Radarsat 雷达卫星示意图(图片摘自加拿大国家航天局：
https://www.asc-csa.gc.ca/eng/satellites/radarsat1/Default.asp)

3.3.4.6　Aqua 卫星

2002 年 5 月 4 日，美国发射了 EOS 计划中的"水"(Aqua)卫星，这是颗多功能地球观测卫星，原名 EOS-PM 1(下午星)，是对应 EOS-AM 1(上午星)而言的(图 3.8，图 3.9)。于 1999 年 12 月 18 日发射的 EOS-AM 1 后改名为"土"(Terra)卫星，它也是一颗多功能地球观测卫星。Aqua、Terra 是拉丁语，意思分别是"水"和"土"，它们分别对地球水圈和土圈进行观测。

图 3.8　Aqua 卫星示意图(图片摘自美国国家航空航天局：
https://aqua.nasa.gov/content/about-aqua)

Aqua 卫星轨道参数与 Terra 基本相同，唯一不同的是发射窗口，Aqua 是下午，而 Terra 是上午。具体见表 3.17。

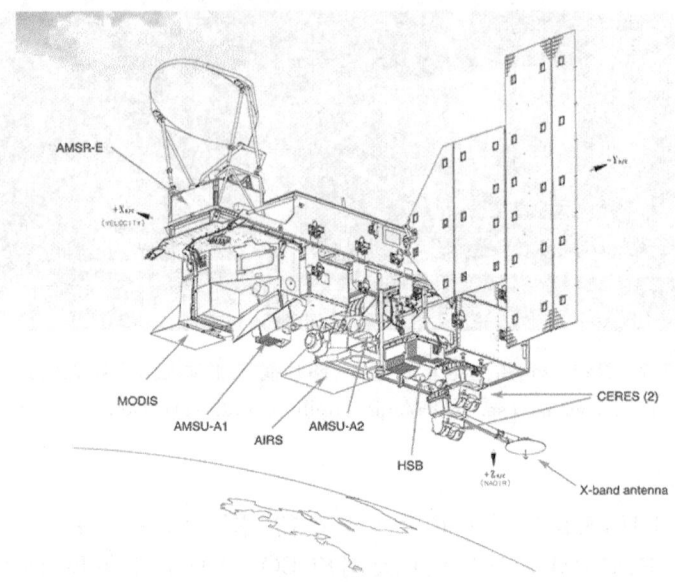

图 3.9 Aqua 卫星结构（图片摘自美国国家航空航天局：https://aqua.nasa.gov/content/instruments）

表 3.17 Aqua 和 Terra 卫星轨道参数

卫星	发射时间	轨道类型	倾角(°)	高度(km)	探测仪器(台)	重访周期(d)
Aqua	2002-05	太阳同步	98.2	705	6	16
Terra	1999-12	太阳同步	98.2	705	5	16

Aqua 卫星遥感器的技术特性见表 3.18

表 3.18 Aqua 遥感器参数

型号	名称	技术特性	主要应用
MODIS	中分辨率成像光谱仪	0.405~14.385 μm,36 通道	大气/海洋/陆地监测
AIRS	大气红外探测器	0.4~15.5 μm,2300 通道	大气温湿度
AMSR-E	先进微波扫描辐射计	6.9~89 GHz,12 通道	水汽、降水、温湿度
AMSU	先进微波探测器	23.8~89 GHz,15 通道	水汽、地表温度
CERES	云和地球辐射能量系统	0.3~5.0 μm,8~12 μm,0.3~100 μm	地球反射/发射辐射
HSB	微波湿度探测器	1 个通道 150 GHz+3 个通道 180 GHz	大气湿度廓线

3.3.4.7 SMOS 卫星

SMOS 卫星于 2009 年 11 月 2 日发射，该卫星是欧空局"地球探索者"计划的一部分(图3.10)。该卫星任务的目标是以4%的精度(在35~50 km的空间分辨率下)监测地表土壤水分。同时计划将尝试以0.1 psu(10至30天的平均值,200 km×200 km的空间分辨率)的精度监测海表盐度。该卫星搭载孔径合成微波成像辐射仪(MIRAS),该仪器发射微波L波段(1.4 GHz)电磁波。卫星具体参数见表3.19。

图3.10 SMOS卫星(图片摘自欧洲航天局:
https://earth.esa.int/web/guest/missions/esa-eo-missions/smos/mission-summary)

表3.19 SMOS卫星参数

近地点高度(km)	765
远地点高度(km)	766
倾角(°)	98.44°
升交点周期(min)	100.02
重复周期(d)	23

3.3.4.8 海洋一号A卫星

每个Sentinel卫星都是通过两颗卫星星座来满足重访和覆盖范围要求。

Sentinel-1是用于陆地和海洋服务的极地轨道全天候昼夜雷达成像任务。Sentinel-1A于2014年4月3日发射升空,Sentinel-1B于2016年4月25日发射升空。主要应用:监测北极海冰范围、海冰测绘、海洋环境监测,土地变化、土壤含水量、产量估计、地震、山体滑坡、城市地面沉降、支持人道主义援助和危机局势,包括溢油监测、海上安全船舶检测、洪水淹没。

Sentinel-2是一个极轨多光谱高分辨率成像卫星,用于陆地监测,以提供例如植被,土壤和水覆盖,内陆水道和沿海地区的图像。Sentinel-2还可以提供紧急服务信息。Sentinel-2A于2015年6月23日发射升空,Sentinel-2B于2017年3月7日发射升空。除了监视植物生长之外,Sentinel-2还可以用于绘制土地覆盖变化图并监视世界森林。它还提供有关湖泊和沿海水域污染的信息。洪水，火山喷发和山体滑坡的图像有助于绘制灾害图，并有助于人道主义救援工作。

Sentinel-3 是一项多仪器任务，可高端准确度和可靠性地测量海面地形，海面和陆地表面温度，海洋颜色和陆地颜色。该卫星将支持海洋预报系统以及环境和气候监测。Sentinel-3A 于 2016 年 2 月 16 日发射升空，Sentinel-3B 将于 2018 年 4 月 25 日发射。扩展了 Sentinel-2 多光谱成像仪的覆盖范围和光谱范围。

Sentinel-5 Precursor（也称为 Sentinel-5P）是 Sentinel-5 的先驱，可及时提供有关影响空气质量和气候的多种微量气体和气溶胶的数据。它的开发是为了减少 Envisat 卫星（尤其是 Sciamachy 仪器）与 Sentinel-5 发射之间的数据间隙。Sentinel-5P 于 2017 年 10 月 13 日从俄罗斯北部的普列塞茨克宇宙飞船的 Rockot 发射器上进入轨道。

Sentinel-5 是一种有效载荷，它将监视 MetOp 第二代卫星上极地轨道的大气。

Sentinel-6 装有雷达测高仪，用于测量全球海平面高度，主要用于海洋学和气候研究，已于 2020 年 11 月 21 日发射成功。

3.3.4.9 海洋一号 A 卫星

海洋一号 A（HY-1A）卫星是一颗小卫星（图 3.11），于 2002 年 5 月 15 日 9 时 50 分在太原卫星发射中心发射，该卫星初入轨与 FY-1D 卫星一样达到 870 km 高度，为了得到适合海洋探测的重复观测周期和保证可观察区域的日照度，按计划经过 7 次变轨后，于 5 月 27 日将卫星降轨到 798 km，在轨测试表明，降交点地方时在 2 年内将向中午漂移 70 min。5 月 29 日按预定时间星载有效载荷开始进行对地观测，上午 9 时 50 分北京、三亚地面接收站成功获得了第一景海洋水色遥感图像，并验证了卫星及地面应用系统的各项功能。从此，我国的海洋卫星进入了业务化应用阶段，海洋

图 3.11　海洋一号 A 卫星示意图（图片摘自国家卫星海洋应用中心：http://www.nsoas.org.cn/news/node_44.html）

卫星事业进入正常发展时期。HY-1A 卫星首次采用了小卫星技术,整星重量 368 kg,倾角 98.8°,远行轨道为太阳同步近圆形轨道,以可见光、红外波段传感器探测水色、水温为主,设计寿命为两年。其主要有效载荷为含有热红外波段的 10 波段水色扫描仪中国水色和温度传感器(Chinese Ocean Color and Temperature Scanner, COCTS)和 4 波段 CCD 成像仪,它们的性能指标见表 3.20。与国际海洋水色卫星类比有明显特色,它更多地关注全球海洋和区域海洋相关要素。HY-1A 卫星定位于我国近海溢油、海冰等环境灾害监测和海陆相互作用区的大陆架、海岸带、河口、滩涂的动态测绘。受卫星体积、重量、能源的限制,HY-1A 的观测区域只能实现境内实时和境外有限观测。实时观测区为渤海、黄海、东海、南海及海岸带区;境外区域采用星上记录、过境我国时回放接收。HY-1A 的观测要素包括海水光学特性、叶绿素浓度、悬浮泥沙含量、可溶有机物、污染物、海表温度,以及海冰冰情、浅海地形、海流特征、海面上空气溶胶等。

表 3.20 HY-1A 卫星 COCTS 和 CCD 的技术指标

传感器	COCTS	CCD
扫描角(°)	±40	±19
瞬时现场(mard)	1.38	0.33
海面分辨率	1.1 km	250 m
刈幅宽度(km)	1600	500
覆盖周期(d)	3	7
量化等级(bit)	10	12
通道数	10	4
光谱范围(nm)	402~885	420~890

3.3.4.10 海洋一号 B 卫星

2007 年 4 月 11 日上午 11 时 27 分,由我国自行研制的"海洋一号 B"(HY-1B)卫星在山西太原卫星发射中心由长征二号丙火箭发射升空。经过 797 s 飞行后,星箭成功分离,卫星进入距地球 798 km 的太阳同步轨道。海洋一号(HY-1B)卫星是中国第一颗海洋卫星(HY-1A)的后续星,星上载有一台 10 波段的海洋水色扫描仪和一台 4 波段的海岸带成像仪。该卫星在 HY-1A 卫星基础上研制,其观测能力和探测精度进一步增强和提高。主要用于探测叶绿素、悬浮泥沙、可溶有机物及海洋表面温度等要素和进行海岸带动态变化监测,包括海面风场、海面高度、海浪、海流和温度监测,保证海洋一号卫星系列的连续业务运行(图 3.12)。

图 3.12　海洋一号 B 卫星示意图(图片摘自国家卫星海洋应用中心：
http://www.nsoas.org.cn/news/node_44.html)

3.3.4.11　海洋一号 C 卫星

2018 年 9 月 7 日 11 时 15 分,海洋一号 C 卫星在太原卫星发射中心由长征二号丙运载火箭成功发射,这是"海洋一号"系列的第三颗卫星,也是中国民用空间基础设施"十二五"任务中 4 颗海洋业务卫星的首发星,开启了中国自然资源卫星陆海统筹发展的新时代。

海洋一号 C 卫星配置了海洋水色水温扫描仪、海岸带成像仪、紫外成像仪、星上定标光谱仪、船舶自动识别系统等 5 大载荷,与海洋一号 A 卫星和 B 卫星相比,观测精度、观测范围均有大幅提升。海洋一号 C 卫星将与海洋一号 D 卫星组建中国首个海洋民用业务卫星星座,大幅提高海洋光学遥感卫星的全球覆盖能力,为全球大洋水色水温环境业务化监测,为中国近海海域与海岛、海岸带资源环境调查、海洋防灾减灾、海洋资源可持续利用、海洋生态预警与环境保护及气象、农业、水利等行业提供数据服务(图 3.13)。

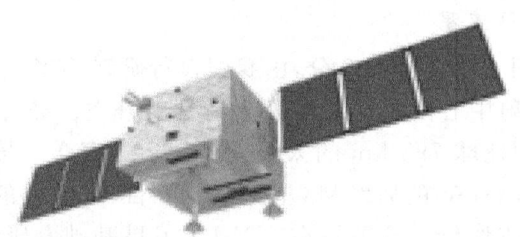

图 3.13　海洋一号 C 卫星示意图
(图片摘自国家卫星海洋应用中心:http://www.nsoas.org.cn/news/node_44.html)

3.3.4.12　海洋一号 D 卫星

2020 年 6 月 11 日 2 时 31 分,中国在太原卫星发射中心用长征二号丙运载火箭,成功将海洋一号D卫星送入预定轨道,发射获得圆满成功。该次任务是长征系列运载火箭的第334次飞行。海洋一号D星采用中国自主研发的CAST2000卫星平台,配置与海洋一号C星性能相同的五个有效载荷,其中海洋水色水温扫描仪用于探测全球海洋水色要素和海面温度场,空间分辨率1.1 km,幅宽大于2900 km,探测覆盖周期为1 d;海岸带成像仪用于获取近岸水体环境、海岸带、江河湖泊生态环境信息,空间分辨率50 m,幅宽大于950 km,探测覆盖周期为3 d;紫外成像仪用于近岸高浑浊水体大气校正;定标光谱仪用于监测水色水温扫描仪和紫外成像仪在轨辐射精度和稳定性;船舶自动识别系统用于获取大洋船舶位置信息。

该星与2018年成功发射的海洋一号C星进行上、下午组网观测,填补中国海洋水色卫星下午无观测数据的空白。海洋一号D卫星主要用于获取全球海洋水色水温信息、中国近海和全球重点区域海岸带环境变化信息及陆上区域数据、海上船舶信息,为海洋环境监测与预报、海洋灾害预警、海洋维权执法和海洋科学研究提供服务。首个海洋民用业务卫星星座将大幅提升中国对全球海洋水色、海岸带资源与生态环境的有效观测能力,对开展全球气候变化研究、应对人类共同面临的全球气候变暖和生态文明建设等具有重要意义,将开启中国自然资源卫星陆海统筹发展新时代,助力海洋强国建设。

3.3.4.13 海洋二号卫星

2011年8月16日6时57分,载有"海洋二号"卫星的"长征四号乙"运载火箭从太原卫星发射中心点火升空。中国在太原卫星发射中心用"长征四号乙"运载火箭,成功将"海洋二号"卫星送入太空。"海洋二号"卫星是中国第一颗海洋动力环境监测卫星,主要用于监测海洋动力环境,获得包括海面风场、海面高度场、有效波高、海洋重力场、大洋环流和海表温度场等重要海况参数;实现国产行波管放大器在轨寿命飞行验证;完成星地激光通信链路新技术试验验证。

海洋二号卫星(HY-2)集主、被动微波遥感器于一体,具有高精度测轨、定轨能力与全天候、全天时、全球探测能力。其主要使命是监测和调查海洋环境,获得包括海面风场、浪高、海流、海面温度等多种海洋动力环境参数,直接为灾害性海况预警预报提供实测数据,为海洋防灾减灾、海洋权益维护、海洋资源开发、海洋环境保护、海洋科学研究以及国防建设等提供支撑服务。

HY-2卫星装载雷达高度计、微波散射计、扫描微波辐射计和校正微波辐射计以及DORIS、双频GPS和激光测距仪。卫星轨道为太阳同步轨道,倾角99.34°,降交点地方时为6:00 am,卫星在寿命前期采用重复周期为14 d的回归冻结轨道,高度971 km,周期104.46 min,每天运行13+11/14圈;在寿命后期采用重复周期为168 d的回归轨道,卫星高度973 km,周期104.50 min,每天运行13+131/168圈。

3.3.4.14 海洋二号 B 卫星

2018 年 10 月 25 日 6 时 57 分,中国在太原卫星发射中心用长征四号乙运载火箭,成功将"海洋二号 B"卫星发射升空,卫星进入预定轨道。海洋二号 B 星在 A 星的基础上新增了船舶识别和数据收集分系统,实现了六大有效载荷的完美融合,它不仅能对海面高度、风场、温度等海洋动力环境要素精准观测,还有了两项"副业"——具备对全球船舶自动识别以及接收、存贮和转发我国近海及其他海域的浮标测量数据的能力。

海洋二号 B 卫星配置了雷达高度计、微波散射计、扫描微波辐射计、校正辐射计、数据收集系统和船舶自动识别系统等 6 个有效载荷。该星将与后续发射的海洋二号 C 卫星和 D 卫星组成我国首个海洋动力环境卫星星座,可大幅提高海洋动力环境要素全球观测覆盖能力和时效性。

3.3.4.15 海洋二号 C 卫星

2020 年 9 月 21 日,海洋二号 C 星成功发射升空。这是我国海洋动力环境监测网的第二颗卫星,也是我国首颗运行于倾斜轨道的大型遥感卫星,其入轨后与海洋二号 B 星组网,将大幅提升我国海洋观测范围、观测效率和观测精度。将构成我国首个海洋动力环境监测网,可在 6 小时内完成全球 80% 的海面风场监测。与海洋二号 A 星和海洋二号 B 星相比,该卫星增强了对海面风场的快速重访能力。

3.3.4.16 中法海洋卫星

2018 年 10 月 29 日 8 时 43 分,中法海洋卫星(CFOSAT)在酒泉卫星发射中心用长征二号丙运载火箭成功发射。中法海洋卫星是两国合作研制的首颗卫星,中方负责提供卫星平台、海风观测载荷以及发射测控,法方负责提供海浪观测载荷,卫星数据双方共享(图 3.14)。

该星装载了中方研制的微波散射计和法方研制的海洋波谱仪,将在距地 520 km 的轨道上 24 小时不间断工作,实现在全球范围内对海洋表面风浪的大面积、高精度同步观测,并通过进行与海洋、大气有关的科学试验和科学应用的研究,进一步科学认知海洋动力环境的变化规律,提高对巨浪、海洋热带风暴、风暴潮等灾害性海况预报的精度与时效。其中由中方研制的新型微波散射计能对海面风速、风向进行高精度观测。该仪器首次采用扇形旋转扫描波束体制,可同步获取海面多方位角观测数据,降低数据处理难度,提高海面风场反演精度。除此之外,中法海洋卫星还能观测陆地表面,获取土壤水分、粗糙度和极地冰盖相关数据,为全球气候变化研究提供基础信息。

图 3.14 中法海洋卫星示意图

(图片摘自国家卫星海洋应用中心:http://www.nsoas.org.cn/news/node_44.html)

3.3.4.17 高分 3 号卫星

2016 年 8 月 10 日 6 时 55 分,高分三号卫星在太原卫星发射中心用长征四号丙运载火箭成功发射升空。高分三号卫星是中国高分专项工程的一颗遥感卫星,为 1 m 分辨率雷达遥感卫星,也是中国首颗分辨率达到 1 m 的 C 频段多极化合成孔径雷达(SAR)成像卫星。

该卫星采用了全新的体制和多极化的设计,使得卫星可以尽可能把来自各方面的信息都收集起来,传递给地面,从而为全方位获取地表的 4 种极化信息提供依据,具有全天候、全天时、全方位的特点。同时该卫星可获取我国主张的 300 万 km^2 管辖海域的监视数据,提供油气资源勘探开发、船舶作业、岛礁变化、海面溢油、风暴潮、巨浪、海冰等信息,提升海洋权益维护能力,为海上侵权突发事件快速响应提供服务;可以获取全球大洋和近海的高分辨率风、浪监测数据,提高海洋预报和海况预报精度;此外,它还用于海岛和海岸带环境综合督查。

思考题

1. 第一个专门用于海洋水色研究的传感器是什么?
2. 海洋卫星具有哪些特点?
3. 海洋卫星的发展经历了哪几个阶段?你对未来我国海洋卫星的发展有哪些建议?

第4章 遥感数字图像处理

4.1 遥感图像及特征

4.1.1 数字图像

图像作为对真实存在对象的一种具体性叙述,是通过观测客观世界获得的、并直接或间接作用在人眼的实体,是人类最主要的信息获取来源。因为图像的直观性和易理解性,因此与其他类信息相比,图像有巨大的优势和作用。科学研究和统计表明,人所获取的信息大约有75%来自视觉产生的图像信息。同时,图像也是一种对客观事物的具体表示方法,包含了被描述对象的有关信息。

根据人眼的是否可见性可以把图像分为可见图像和不可见图像两种类型,可见图像主要包括照片、图画等,以及各种光学图像。不可见图像主要包括紫外线、红外线等不可见光成像。

其中,又根据图象连续性的不同,可以将图像分为数字图像和模拟图像两种。数字图像又称为数码图像,是指根据模拟图像数字化得到的可以利用计算机直接进行操作处理或进行数字存储的图像,属于不可见图像。例如,利用数码相机拍出的图像即为数字图像,具有空间离散的特点。而模拟图像则为计算机无法直接进行处理的图像,属于可见图像。例如利用胶卷排出的图像即为模拟图像,具有空间连续性。数字图像和模拟图像可以根据需求,利用扫描仪进行相互的转化。

数字图像作为以数字组进行表示的图像,其基本单位为像素,像素是对模拟图像进行数字化处理过程中的采样点,同时也是计算机可以进行处理的最小图像单元。像素作为数字图像的基本元素,每个像素都具有自己特定的整数位置坐标和灰度值。其中,灰度值的大小主要反映了图像像素点的亮暗程度。一般情况下,像素在计算机中保存为二维整数数组的像素图像,这些图像通常通过压缩的方式进行传输和储存。

每个图像的像素一般都与二维空间中的某一个"位置"对应,并与一个或者多个相关的采样值共同组成数值。通过这些数值的不同,可以把数字图像分为二值图像、彩色图像、伪彩色图像和三维图像四种。

二值图像是指每个像素点均为黑色或白色的图像,因此二值图像的灰度等级仅有两种,图像中任何像素点的灰度值均为 0 或 255。生活中经常用到的电子文档、数字签名、黑白图像等都以二值图像的形式存在。

在人类的视觉感知中,色彩是极为重要的,色彩的存在与物体反射不同波长的电磁波的能力有关。人类之所以可以感知色彩的存在,主要基于红绿蓝三原色的组合,因此,彩色图像主要是根据红色、绿色和蓝色三种不同颜色的灰度图像组合而成的一种图像,通过红、绿、蓝三原色的组合来表示每个像素的颜色,每种颜色的分量直接决定其组合成的像素颜色,这样产生的色彩称为真色彩。与灰度图像相比,彩色图像提供更多的可视化的信息,因此应用也更加广泛。

伪彩色图像是一种灰度图像,通过将每个像素实质为一个索引值或代码,利用色彩查找表,将该代码值作为某一项的入口地址,进而查找出实际红色、绿色和蓝色的强度值。这种依靠映射进行查找产生色彩的方法称之为伪彩色,产生的图像就叫作伪彩色图像。这种处理方法也被叫作伪彩色图像处理。由于人们对彩色图像的分辨能力远远高于对灰度图像的分辨能力,因此将灰度图像转化为彩色图像进行显示,可以很大程度地提高人们对图像的分辨能力,进而达到图像增强的目的。

三维图像的出现是彩色图像代替黑白图像之后的又一个技术革命,三维图像主要是通过人两眼之间的视觉差别以及光的折射原理,使人们可以在一个平面之内看到一幅三维立体的图像。平面图像主要反映了物体上下和左右之间的二维关系,而三维图像反映了物体前后、上下和左右之间的三维关系。其中,三维图像主要通过一组二维图像构成,每一幅二维图像表示该图像的一个横截面,数字图像也经常用于表示一个三维空间分布点的数据,例如 CT 设备生成的图像等(韦玉春 等,2014)。

4.1.2 遥感数字图像

遥感影像主要是根据地面发射、吸收、以及发射的各个波长的电磁波,通过利用飞机或卫星等载体,记录到的地面物体电磁波的大小来获取的。遥感图像根据获取载体的不同可以分为航空像片和卫星相片两种。航空像片主要是在 20 km 以下,利用飞机或气球上的航空摄像机,对地面进行光学摄影所获得的相片。航空像片作为基础性的遥感图像之一,对农业、林业、水利和军事等相关问题提供了重要资料,同时,对相关的研究也有重要应用。卫星相片主要是依靠卫星上面的传感器获取相片,具有效率更高、速度快以及全天候等优点,因此,现代遥感在农业、地质、水文、海洋、环境监测、地质调查等众多方面有着广泛的应用。

遥感数字图像则是利用数字的形式来进行图像的存储和表示的遥感图像,区别于以摄影胶片存储的遥感模拟图像(光学图像)。遥感数字图像中最基本的处理单元即为像素,也叫作亮度值(或灰度值、DN 值)。其中像素具有正像素和混合像素两种类型,正像素是指像素中只包含一种地物,例如水体的亮度值代表了水体的光谱特征。而混合像素是指像素内包含两种或两种以上地物,例如发芽不久的草地,它的亮度值包含了小草和土壤的光谱特性。

像素具有空间特征和属性特征。像素的空间特征用离散的 X 值和 Y 值表示。像素的属性特征用亮度值表示,不同波段上相同地点的亮度值可能是不同的,因为地物在不同波段上辐射的电磁波特征不同。遥感数字图像与光学图像属于两类不同的图像,两者具体差异如表 4.1 所示。

表 4.1 照片与遥感图像比较

照片	遥感数字图像
模拟方式	数字方式
利用摄影系统产生	利用扫描或数码相机产生
没有像素	像素为基本的构成单位
无行列结构	具有行列结构
无扫描行	可能会观察到扫描行
0 表示无数据	0 为数值
任何点无编号	任一点有确定编号
受电磁光谱成像范围限制	不受电磁光谱限制
获取照片后,颜色即确定	颜色可以根据需求变化合成
具有红、绿、蓝三个通道	多个波段

按照灰度值的不同,遥感数字图像可以分为二维数字图像和多维数字图像两种类型,而按照工作波段的不同又可以分为单波段、彩色或多波段数字图像。单波段数字图像是指在某一波段范围内工作的传感器获得的图像。彩色数字图像是指由红绿蓝三个数字层构成的图像。多波段数字图像是指利用多波段传感器对同一地区、同一时间获得的不同波段范围的图像。

而按照被选用的电磁波范围不同,遥感图像又可以分为相干图像和不相干图像。相干图像是指微波遥感图像,其图像中的像素值是相关物体辐射的总振幅总和。物体的辐射产生不同的像素,其像素的变化主要取决于辐射传播的条件,而非组成像素物质的不同。一般情况下,因为物体表面状态相对于微波入射波长较为粗糙,因此图像往往存在较为严重的噪声,在光学上也称之为"颗粒"。

不相干图像主要包括多光谱图像、高光谱图像和高空间分辨率图像,是光学遥感所产生的图像,通过自然光源或非相干辐射源得到的,图像中的像素值是物体的辐射能量之和。其中不相干图像所应用的光学遥感属于被动遥感,相比于属于主动遥感的微波遥感,被动遥感图像受大气状况影响较大,在多云多雨的情况下,限制了被动遥感的应用,而微波遥感则可以利用主动遥感传统能力强的优势,不受天气环境的影响,全天时全天候进行工作(梅安新 等,2001)。

根据用户对数据的不同要求,将遥感数字图像经过不同的处理,可以得到不同级别的数据产品,目前,遥感数字图像的数据主要划分为以下几种类型。

0级数据:没有经过任何处理的原始遥感图像数据。

1级数据:经过辐射校正的遥感图像数据。

2级数据:经过了较为系统的几何校正,通过利用卫星的轨道参数以及地面系统中的相关参数对原始数据进行几何校正。其中,数据的几何校正精度主要依靠参数和处理模型决定。

3级数据:通过地面控制点对图像进行了校正,使图像具有更加精确的地理坐标信息,即几何精校正。

4.1.3 遥感数字图像特征

遥感数字图像主要是二进制的文件,具有多个波段,有多种存储格式,但基本的存储格式主要有三种,即 BSQ、BIL 和 BIP 格式。

BSQ 格式是根据像素的波段顺序依次进行排列的数据格式,主要根据波段顺序对像素进行依次排列分块,同一个波段的像素保存在一个块内。在每个波段块中,再根据行列顺序进行进一步排序。通俗来讲,BSQ 排列的规则为第一波段为第一块,第二波段为第二块。在每个波段块中,像素又根据行列顺序进行保存。

BIL 格式是像素先以行为单位进行具体的分块,之后在每个块中,再按波段顺序进行像素的排列。同一行中不同波段的像素数据都保存在一个数据块中。在列的方向上,像素的空间位置为连续状态。

BIP 格式则打破了其他两种格式中像素空间位置的连续性,而是把像素作为核心,将同一像素的不同波段数据保存在一起,每个数据块中为同一个像素不同波段的值。具体遥感数字图像主要有以下几个特征。

(1)便于计算机处理及分析

计算机是以二进制的方式处理各种数据的。利用数字形式表示遥感图像,便于计算机处理,因此,与光学的处理方式相比,遥感数字图像更是一种较为适合利用计算机进行图像处理的一种图像形式。

(2)图像的信息损失低

因为遥感图像是利用二进制进行表示的,因此在存储和传输的过程中,不会因为长期的存储而导致图像部分信息的缺失损坏,也不会因为传输和复制导致图像的部分失真。而模拟图像则会容易出现因为多次复制而导致图像的质量下降,出现部分失真的问题。

(3)图像抽象性强

尽管不同类别的遥感数字图像,具有不同的视觉效果,同时对应不同的物理背景,但是由于它们都采用数字的形式进行表示,因此便于建立分析模型,进行计算机解译和运用遥感图像处理系统。

(4) 图像保存方便。

4.2 遥感图像恢复及校正

4.2.1 图像显示和拉伸

数字是抽象的,图像是具体的,要进行图像处理,首先应该了解图像中的数字与显示之间的关系,建立起两者之间的联系,进而才能理解和运用数字进行图像处理。

数字图像是依靠数字进行存储的,只有通过可视化的方式表示出来,才能被人们所感知、处理。因此,对于遥感数字图像处理来说,图像的显示显得尤为重要,图像显示的过程就是将图像从一组离散的数据还原为一幅可见图像的过程。而图像处理都是通过对图像数据的运算,以数字的形式给出处理的结果,在这个过程中,人们可以根据图像的显示,观测图像的处理过程,通过对处理软件的交互控制,得到自己想要的图像结果。

4.2.1.1 图像彩色合成

图像可以根据灰度值进行单色显示,也可以利用单色图像的合成结果,进行彩色显示,彩色显示相较于单色显示,可以提供更多的图像信息。单色显示主要是利用灰阶进行显示,一般用得多为 256 灰阶。单色图像通过图像处理器中具有将颜色与图像像素之间进行映射的 8 位查找表(LUT)进行处理。

将 R、G、B 分别按照 0~255 的顺序进行排列,如果 LUT 中每个元素对应相同的 R、G、B 值,则为灰阶查找表。灰阶图像通过像素值,利用 LUT 将颜色映射到对应的图像像素值中,再通过 8 位数模转换器,最终生成一幅单色的灰阶图像。彩色合成与单色合成类似,如果查找表中每个 R、G、B 值各不相同,如 R、G、B(3、5、7),则为彩色查找表(CLUT)。

人眼只能区分二十余种不同等级的灰度,但是可以分辨出约几千种的色度和亮度,因此,将单色显示变换为彩色显示可以较为明显的提高图像的识别度。如果指定波段的波长范围与 RGB 的波长范围是相对应的,可以产生真彩色显示效果。真彩色显示效果更有利于对图像的分析对比,类似于人眼看到的自然效果。如果输入的波长与 RGB 是不对应的,产生的即为假彩色效果,即图像的颜色与实际的颜色不同。因此,彩色图像根据显示效果的差异又分为了真彩色图像和假彩色图像。因为人眼对色彩较为敏感的分辨能力,为了利用色彩在遥感图像分析中的优势,一般将单色图像进行彩色合成为彩色图像,再进行进一步的分析。

彩色合成也被叫作彩色增强,包括伪彩色合成、真彩色合成、假彩色合成以及模拟真彩色合成四种方法。其中,真彩色合成和假彩色合成为彩色合成方法,伪彩色合成是将单波段灰度图像转变为彩色图像的方法,模拟真彩色合成则是通过模拟产生近似真彩色合成的彩色合成方法。

伪彩色合成是根据特定的数字关系将单波段灰度图像的灰度级变为彩色,之后进行彩色显示的方法。主要依靠对数据的彩色表达来增强区分地物的能力,目前较为常用的伪彩色合成方法主要为密度分割方法。密度分割方法是将单波段遥感图像按照灰度进行分级,并对每个灰度级赋予不同的色彩,以此变为彩色图像。因为密度分割中色彩是人为赋予的,不是物体真实的颜色,因此称之为伪彩色。通过密度分割的图像可分辨力可以得到较为明显的提高,进而较为准确的进行地物的区分辨别。

真彩色合成是指彩色合成中选择的波长同红绿蓝的波长相同或近似,合成后的图像颜色就会与真彩色近似。真彩色合成相较于其他几种合成方法,合成后的图像颜色与自然颜色更为接近,更容易进行地物的分辨识别。

假彩色是依靠人工进行合成的颜色,不是物体原有的天然颜色,同时,假彩色合成也是最常用的一种图像合成方法,用以提高图像对特定事物的显示效果。与伪彩色只利用单波段数据不同,假彩色合成利用多个波段数据进行合成。显示器的彩色显示系统是根据红绿蓝三原色的加色法进行色彩合成,假彩色合成同样以此为原理,对于多波段的遥感图像,选择其中的三个波段,分别赋予三原色,就可以在屏幕上合成彩色图像。但是因为三个波段的原色与原波段的真实原色并不相同,因此合成的彩色图像并不是地物的真实颜色,故而称之为假彩色合成(图 4.1)。

图 4.1　红绿蓝三原色(见彩图)

模拟真彩色合成主要是由于某系传感器舍弃的蓝波段,不能得到真彩色图像,因此通过运算得到模拟的红、绿、蓝三个通道,进而合成近似的真彩色图像。

4.2.1.2 图像拉伸

图像拉伸属于最基本的图像处理方法,主要用以改善图像显示的对比度问题。对于一幅图像,如果对比度较低,就不能将地物之间的具体差异清楚地表现出来,因此,一般都会在图像显示的时候进行拉伸处理,加强图像的对比度。图像拉伸一般按照波段进行拉伸,将波段中单个像素的显示范围进行改变,以此实现增强显示的效果。对于多波段图像,则需要对每个波段都进行拉伸后再进行彩色合成显示。

(1) 灰度拉伸

灰度拉伸分为线性拉伸和非线性拉伸两种方法,通过灰度拉伸,可以增大图像对比度,使图像更加清晰,改变对比度不足、图像看起来模糊暗淡的缺点。

(2) 线性拉伸

线性拉伸是指对像素值进行线性比例的变化,包括全域线性拉伸和分段线性拉伸两种。

① 全域线性拉伸

假定图像 $f(x,y)$ 中待拉伸的图像灰度范围为 $[a,b]$,希望拉伸后图像 $g(x,y)$ 中对应灰度值范围拓展为 $[c,d]$,则线性拉伸的基本公式为

$$g(x,y)=(d-c)(f(x,y)-a)/(b-a)+c \tag{4.1}$$

上式可用图 4.2 表示。

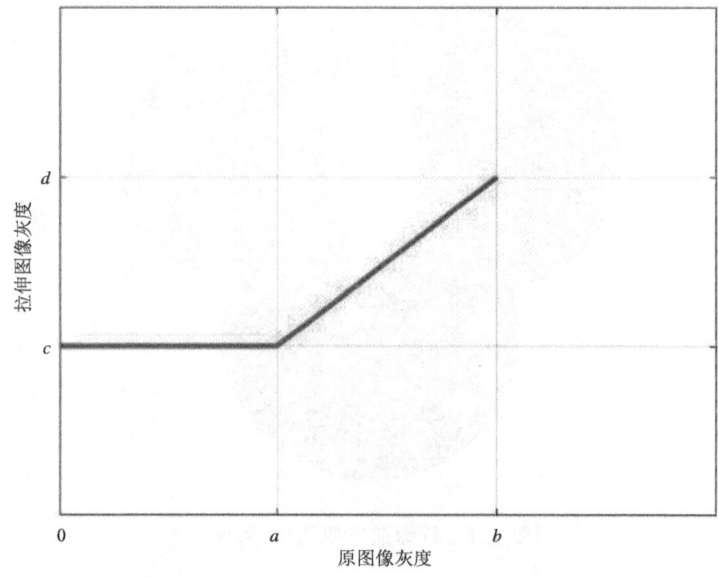

图 4.2　线性拉伸灰度变化

如果图像中大部分像素分布在$[a,b]$，小部分灰度级超出此范围，可以利用如下公式将灰度级拉伸到$[c,d]$：

$$g(x,y)=\begin{cases} c & f(x,y)<a \\ \dfrac{d-c}{b-a}(f(x,y)-a)+c & a\leqslant f(x,y)\leqslant b \\ d & f(x,y)>b \end{cases} \quad (4.2)$$

在遥感软件处理的过程中，一般采用2%的拉伸方法来增强图像的显示效果。如果图像直方图在低灰度级与高灰度级存在有较为明显的"拖尾"，利用这种方法可以显著的提高显示效果。在2%的拉伸中，累计直方图中累计频率的2%和98%所对应的灰度级为拉伸中的输入，即上式中的$[a,b]$。

在显示拉伸中，输出范围$[c,d]$默认为$[0,255]$。

图像的反色变换为线性拉伸的特殊情况，对图像反色就是将原图灰度值进行翻转，简单说就是将黑变为白，将白变为黑。例如照片与底片的关系即为图像的反色变换。

②分段线性拉伸

如果对地物的灰度值范围已知，则可以通过分段式线性拉伸的方法对地物的细节信息进行突出显示。

设输入的灰度级别阈值为$0,a,b,M_f$，对应的输出为$0,c,d,M_g$，常用的三段线性拉伸公式为

$$g(x,y)=\begin{cases} (c/a)f(x,y) & ,0\leqslant f(x,y)<a \\ [(d-c)/(b-a)][f(x,y)-a]+c & ,a\leqslant f(x,y)<b \\ \left[\dfrac{M_g-d}{M_f-b}\right][f(x,y)-b]+d & ,b\leqslant f(x,y)<M_f \end{cases} \quad (4.3)$$

通过细心调整拉伸点的位置以及控制分段直线的斜率，就可以对任意灰度区间进行扩展或压缩。

在实际的应用过程中，a,b,c,d可以取不同的数值进行组合，从而得到不同的显示效果。

(3)非线性拉伸

使用非线性拉伸函数对图像进行拉伸变化处理即为非线性拉伸。常用的非线性函数有指数函数、对数函数、平方根等。以指数变换为例，主要是对图像中的较亮部分通过指数变换来扩大灰度间隔，从而突出图像细节，而对于较暗的部分，则缩小灰度间隔来弱化细节。

指数函数的数学表达式：

$$g(x,y)=b\,\mathrm{e}^{af(x,y)}+c \quad (4.4)$$

式中，a、b、c 是为调整函数曲线位置和形态而引入的参数，通过参数调整可以实现不同的拉伸或压缩比例。

(4) 直方图均衡化

直方图均衡化是使变换后图像灰度值的概率密度为均匀分布的映射变换方法，通过直方图均衡化处理，可以使图像对比度得到进一步提高。

对比度较小的图像，图像的像素分布一般集中在某一个比较小的灰度范围之内，反映在直方图上即为直方图所占的灰度值范围较窄。通过均衡化处理之后的图像，与原图像像素分布相比，将分布在较大的范围之内。如果要显示的图像之中存在阴影之中的地物，直方图均衡化将是一个较为理想的处理工具(图 4.3)。

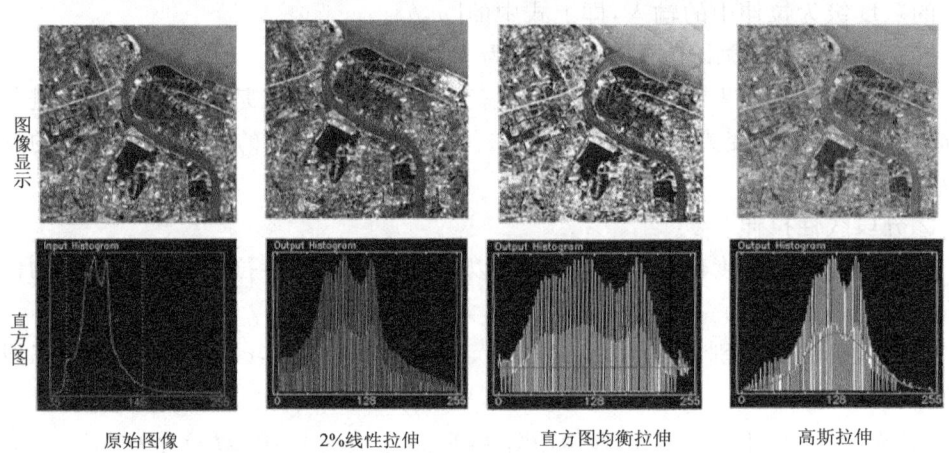

图 4.3 图像拉伸显示和直方图变化

① 均衡化基本步骤

a. 统计图像中各灰度级的频数以及频率；

b. 计算均衡化后的理论概率密度，利用图像频率进行映射，进而获得新灰度级；

c. 用新值代替原值，从而形成均衡化之后的新图像。

直方图均衡化主要改变了图像的灰度级和原有灰度级中的像素比例这两个方面。

② 直方图均衡化的特点

a. 不同灰度级中像素出现的频率基本相等。

b. 原图像上频率低的灰度级被合并，模糊了图像上的差异；相反，图像中频率高的灰度级被分解，突出了图像的具体细节。

③ 直方图均衡化的基本原理

设输入图像的像素数量为 n，频数直方图为 h，当前灰度级为 p；输出图像的频数

直方图为 o，对应的灰度级为 q。输入图像与输出图像的积累直方图存在如下关系。

$$\sum_{i=1}^{p} h_i = \sum_{j=1}^{q} o_j \tag{4.5}$$

设变换后图像的灰度级范围为 $[q1,q2]$。因为均衡化中每个灰度级的像素数量相等，即

$$o_j = \frac{n}{q2-q1} \tag{4.6}$$

因此，灰度级 q 对应的累积频数直方图为

$$\sum_{j=1}^{q} o_j = q\frac{n}{q2-q1} \tag{4.7}$$

由于变换前后频数累积直方图相等，因此

$$\sum_{i=1}^{q} h_i = q\frac{n}{q2-q1} \tag{4.8}$$

所以变换后的灰度级 q 为

$$q = \frac{q2-q1}{n}\sum_{i=1}^{p} h_i \tag{4.9}$$

(5) 显示图像的快速均衡化

设输入图像 f 与输出图像 g 的灰度级范围为 $[0,255]$，且为整数，图像像素为 n。f 的累积频数直方图为 I_i，则均衡化后的灰度级为 $Q_i = 255 \times I_i/n$，其中，$i \in [0,255]$。图像 g 的灰度级为

$$g(x,y) = Q(f(x,y)) \tag{4.10}$$

(6) 直方图规定化

直方图规定化又被称为直方图匹配，是指根据指定图像或理论的直方图作为参照，来进行图像的直方图变换。利用直方图规定化，可以增强图形显示，同时匀化图像镶嵌之后的颜色。

直方图规定化和均衡化的计算过程无异，差异为理论的灰度值与概率密度来自参照图像或理论函数。所以，只要确定了参照图像或直方图函数，就可以利用均衡化的计算过程进行图像的规定化。同样，由于图像为离散函数，存在计算误差，因此规定化变换后的图像直方图只能达到接近参考图像直方图的程度(王椿，2009)。

直方图规定化主要用于图像的对比显示、图像镶嵌以及图像的动态变化分析，使用的参照函数取决于具体的应用，在某种意义上属于"试错"的过程。只有当已知物理含义的基础上定义了参考函数之后，规定化才会具有明确的意义。但是规定化增强总是来源于实际应用，进而应用于实际工作。

4.2.2 图像校正

图像校正包括对图像像素位置的校正和图像像素值的校正两个部分。遥感图像

在成像的过程中,会因为地球自转、遥感系统、电磁波等影响产生无法避免的定位误差,其中空间位置的变形导致的误差称为几何误差,需要进行几何纠正和精纠正。

通过传感器进行目标反射或辐射能量的观测时,由于测试值中包含了传感器、太阳位置、角度条件和薄雾等大气条件,以及因为传感器性能不全等导致的失真都会使传感器得到的测量值与目标的反射光谱率或光谱亮度等物理量不一致。因此,为了准确的评估目标的反射或辐射特性,需要对像素值的失真进行消除,消除图像数据中依附在辐亮度中的各种失真过程称为辐射校正。一般购买到的遥感图像都已经经过系统辐射校正,但由于某些引起图像失真的辐射量依旧存在,所以在实际问题中,依旧需要根据具体情况进行分析处理。

进行辐射校正的目的主要是为了尽可能的消除因传感器自身条件、大气条件、太阳位置和角度条件以及噪声引起的传感器测量值与目标光谱反射率或辐亮度之间的差异,从而得到图像原本的信息,为图像的后续处理如图像分割、分类、解译等工作奠定基础。

目前,辐射校正主要包含三部分内容:传感器端的辐射校正、大气校正以及地表辐射校正。

4.2.2.1 传感器端的辐射校正

传感器端的辐射校正又被称为传感器校正,对于卫星遥感图像,又被叫做大气顶面辐射校正、辐射定标或大气上界辐射校正。在扫描反方式的传感器中,传感器接收到的电磁波信号需要经过光电转换系统变为电信号记录下来,这个信号量化后成为离散的灰度级别,只在图象中存在大小意义,没有实际的物理意义。通过辐射校正,灰度级值转换为辐射量度或者反射率之后,信号才具有实际物理意义。

传感器把每个波段探测到的辐射转化为电子信号,之后根据比例关系量化为辐射级别的离散整数值。不同的传感器或不同日期生产的同一传感器都会存在图像的偏差,需要进行进一步的定标校正之后才可以相互比较。

辐射校正利用已经建立的地物反射率与遥感图像像素值之间的关系,通过像素值计算传感器的像素反射率,这种关系一般通过辐射定标来实现。经过辐射校正之后的数据,可以为辐亮度也可以为反射率。区别在于辐亮度有量纲,而反射率是相对的百分比。因此如果后续需要进行其他校正,一般采用辐亮度数据。

(1)可见光与近红外波段的辐射定标

辐射定标是在卫星飞过实验场地上空的同时,利用多个选择好的像素来测定探测器对应波段内的地物反射率ρ_i,以及气象要素和大气光学特性等物理量。之后再根据卫星过顶时太阳几何位置、仪器视场角、探测器光谱响应函数等,利用大气辐射传输模式推算出到达传感器入瞳处各光谱通道的辐亮度L_t。

对于朗伯体:

$$L_t = \rho \times E \times \tau/\pi + L_p \tag{4.11}$$

式中，E 为太阳直射光和天空散射光在地面上的辐照度；τ 为大气透射率，在进行辐射定标时可以假定为 1（即大气为透明的）；ρ 为反射率；L_p 为大气散射中产生的程辐射。

对于非朗伯体，上述公式可以修改为

$$L_t = BRF \times E \times \tau/\pi + L_p \tag{4.12}$$

式中，BRF 为双向反射比因子，L_t 为与探测器对应的输出信号的数字量比值 C（图像灰度级）之间的定量关系，按照线性模型处理则为

$$L_t = A \times C \tag{4.13}$$

式中，A 为辐射校正系数。

(2) 红外波段的辐射校正

对于红外波段，尤其是热红外波段，卫星上传感器接收的总辐射主要由通过大气向上传输的直接地面辐射、由大气自身直接向上传输的辐射以及大气向下辐射到达地面后再经过地面反射进而通过大气向上传输的辐射这三个部分组成。

(3) 图像的灰度级和辐亮度

图像上的像素值称为灰度级，实际的电磁波辐射强度称为辐亮度。在进行图像数字化时，电磁波的辐亮度被量化为灰度级。在进行不同时间图像的对比以及遥感的定量反演时，需要进行灰度级和辐亮度的转化。灰度级仅仅在某个图像中具有实际意义，不能用于对不同图像的比较。如果进行不同图像之间或不同传感器之间的比较，则需要进行灰度级和辐亮度的转换，再进行比较。不同传感器具有不同的参数，通常利用线性方程进行传感器辐亮度与灰度值之间关系的连接，并进行转化。将灰度级转化为辐亮度，通过对灰度级的重新分配，可以达到一定的图像增强的目的。

4.2.2.2 大气校正

大气校正是指消除大气散射引起的辐射误差的处理过程，通过大气校正，可以得到更为精确的地物辐射值。不同波长光线散射率差异引起透射率变化如图 4.4。目前，大气校正主要有统计学方法、辐射传输方程计算法和暗像元法这三种方法。统计学方法是根据现场测得的没有大气影响的辐射值与卫星同步时间观测得到的结果进行回归分析，以此确定校正量；辐射传输方程计算法则是根据大气测量参数，利用公式进行大气干扰量的计算；暗像元法则是根据不受大气影响的波段来进行其他波段的校正。为了直接进行高光谱图像的光谱和参照反射光谱的比较，图像中的灰度级必须转化为反射率。一个综合的转换包含太阳源光谱、太阳高度角和地形的光照影响、大气透射率以及传感器增益这几个部分。

(1) 相对大气校正

相对大气校正主要涉及内部平均法和平场域法两种。

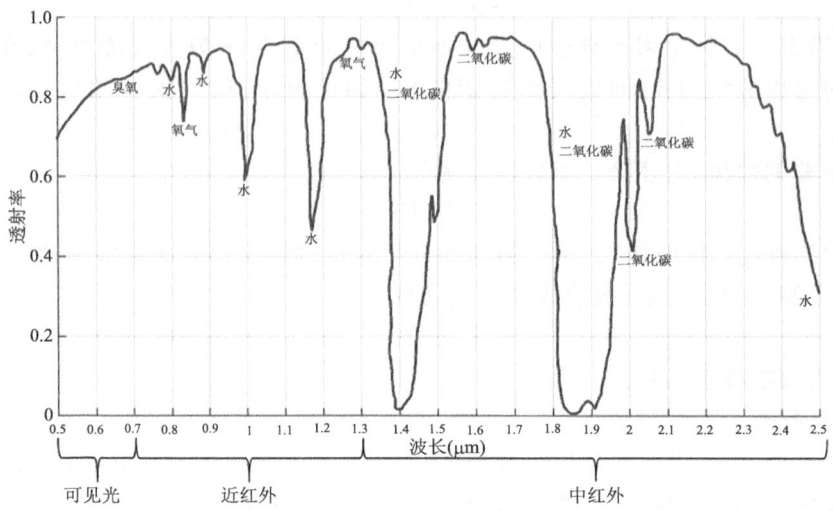

图 4.4 大气透过率曲线

内部平均法:基于图像本身的方法,校正后为相对的反射率值。主要考虑了各个因素乘性贡献。

内部平均法假定一幅图像内部的地物充分混杂,整幅图像的平均光谱基本代表了大气影响下的太阳光谱信息。因此,把图像 DN 值与整幅图像的平均辐射光谱值的比较作为相对反射率,即

$$\rho_\lambda = R_\lambda / F_\lambda \tag{4.14}$$

ρ_λ 为相对反射率,R_λ 为像素值,F_λ 为整幅图像的平均值。在假设地面变化为充分异构的情况下,光谱反射特性的空间变化会相互抵消,内部平均法可以消除地形阴影与整体亮度之间的差异,但是如果假设不成立,会导致得到结果不准确。

平场域法:平场域法要求图像中具有一个光谱反射率曲线变化较为平坦的均一地表区域,并且该区域的光谱受到太阳辐射、大气散射以及吸收系数的共同影响。使用平场域法存在两个假定条件:①区域的平均光谱不存在明显的吸收特性;②区域辐射光谱主要反映的为当时大气条件之下的太阳光谱。

作为平场的区域需要满足面积大、亮度高、光谱响应曲线变化平缓这几个条件。把每个像素值和这个区域的平均值比值作为地表反射率,以此来消除大气的影响,即为平场域校正。平场域对高光谱图像存在两个不足:对于条带长、多的高光谱数据,如果每个条带都要进行合适平场域的查找,工作量太大,因此不适合大量多条的高光谱数据的处理;其次,人工查找的方法具有一定的随意性。

由于自然中具有完全平的反射光谱的物质极少,因此在图像中选择出较为合适的"平场"并不简单。在野外,沙漠、干湖床等可以呈现出较为平的光谱,在城市中混凝土等较为明亮的人造材料也可以作为平场。平场光谱中任何较为明显的光谱吸收特征都会导致相对反射率计算结果的不准确性。如果该区域存在较为明显的海拔变化,转换的结果包括了地形阴影以及大气路径辐射差异的影响。

①基于模型的大气校正

辐射传输模型从一个模拟的太阳辐射光谱开始,然后计算太阳高度的辐射影响和大气的散射、吸收。在缺少大气条件资料的情况下,需要对散射媒介的总和、分布等一些输入参数进行大致的估计。水汽引起的吸收一般是空间变化的,但是充分混合的气体导致的吸收一般认为是均匀的。水汽吸收的影响可以根据水汽吸收波段的光谱部分进行大概的估计,并对每个像素进行校正。但是,最后的表观反射率可能仍然存在地形阴影的影响。

如果地面目标的辐射能量为E_0,它通过高度为H的大气后,传感器收集到的电磁波能量为E,则由辐射传输方程可以得出

$$E = E_0 \times e^{-T(0,H)} \tag{4.15}$$

式中,$e^{-T(0,H)}$称为大气的衰减系数。如果上式中给出了适当的近似解,就可以求出地面目标的真实辐射能量E_0。

在可见光和近红外的范围内,大气的影响主要来自气溶胶引起的散射;热红外范围内大气影响主要来源于水蒸气的吸收。因此,需要通过对可见光和近红外的气溶胶密度以及热红外区的水蒸气密度进行测定,以此来消除大气的影响,但是从图像中较难获取这些数据的准确值。专业的遥感图像处理系统大多提供了大气校正模型。例如ERDAS和Geomatica软件中的ATCOR模型,以及免费的6S模型。6S模型是目前世界上发展较为完善的大气辐射校正模型之一,适用于可见光-近红外的多角度数据。该模型考虑了地表非朗伯体情况,解决了地表与大气相互耦合的问题,通过较为精确的算法,提高了瑞利散射以及气溶胶散射的计算精度,并且显著地简化了计算。另外,该模型支持的光谱分辨率达到了2.5 nm,计算精度以及计算效率相比于其他模型有了进一步提高。

利用辐射传输方程通常只能得到近似解,在改进的方法中,在获取图像的同时,利用搭载在同一平台上的其他传感器获取气溶胶与水蒸气的浓度数据,之后利用数据进行大气校正。需要注意的是,在基于模型的大气校正中,只有在较为理想的天气条件下或具有现场实测大气参数的条件下,校正的结果才具有较高的可靠性。校正后图像的像素值为绝对值。

②绝对大气校正

绝对大气校正主要包括两种方法,基于地面数据的经验方程法以及基于图像的

暗像元法。

经验方程法:利用经验方程法校正后的数据为绝对的反射率值。利用该方法进行大气校正需要图像中存在两个以上的光谱均一、具有一定面积的目标,并将它们分别作为暗目标和亮目标的定位点。假定图像 DN 值与反射率 r 之间存在线性关系:

$$DN=kr+b \tag{4.16}$$

首先通过实测两个定标点的地面反射率,利用线性回归分析确定反射率和像素值之间的关系,计算出系数 k、r,最后利用关系式计算出像素的反射率。在该方法的使用过程中,对定标点有以下几个要求:

a. 要选择尽量各向同性且面积足够大的均一地物;

b. 在光谱上,地物要尽可能的跨越较宽的反射光谱段,且明暗目标之间要有足够大的差异;

c. 要尽量和研究区域处于同一海拔高度上。

在获取地面目标图像的同时,也可以先将反射率已知的标志预先设置在地面上,或事先进行若干个地面目标反射率的测定,并将得到的地面实况数据和传感器的输出值进行比较,以此来消除大气的影响。因为遥感为一个动态的过程,所以在地面特定的条件、区域和时间段内测定的地面目标反射率不具有普遍性,这也是这种方法仅适用于包含地面实测数据图像的原因。由于转换没有包含可能存在的地形的影响,因此这种方法的转换结果为地表平均表面的反射率。

暗像元法:暗像元法的理论依据主要为大气散射的选择性,即大气散射对短波的影响较大而对长波的影响较小。在实际应用中,为方便对图像进行处理,一般通过采用回归分析法和直方图法这两种方法来对不同波段进行对比分析,计算出大气的干扰值。

通过回归分析确定校正参数是指在不受气压影响的波段和待校正的某一个波段图像中选择图像中高山阴影、茂密的森林等最黑区域中的一些目标,将每个目标中的两个待比较的波段亮度提取出来进行回归分析计算。

通过直方图确定校正参数是指由于遥感图像的光谱包含了可见光与近红外的范围,路径辐射的影响不能被忽略的前提下,若图像内包含地形阴影,则从各个波段中减去最小亮度值进行图像校正的方法。如果遥感图像中存在亮度值为零的地物,如深海的水体、高山的背阴处等,其各个波段的亮度值都应为零,但实际只有不受大气影响的波段才为零其余波段由于大气中的水汽散射等影响导致目标亮度值不为零。

4.2.2.3 地表辐射校正

(1)太阳辐射校正

某一个区域太阳能和其他能量的入射角决定了这个区域反射能量的多少。其中入射角为入射能量的方向与地表法线之间的夹角。由于每个波长所得到的能量都随入射角的余弦而变化,所以地表所得到的能量都随太阳高度角的变化而变化,不同时间和不同季节太阳高度是不同的。因此需要将太阳光线倾斜校正时所获取的图像校正为太阳光线垂直入射时的图像,这就是进行太阳辐射校正的目的,即校正因为太阳高度角所引起的辐射误差。太阳高度角 θ 可以在图像的数据之中查找,也可以根据图像成像的时间、地理位置信息来确定。

$$\sin\theta = \sin\varphi \times \sin\delta \pm \cos\varphi \times \cos\delta \times \cos t \tag{4.17}$$

式中,φ 是图像的地理坐标,δ 为太阳赤纬,t 为时角。

太阳高度角的校正主要通过调整一幅图像内的平均灰度来实现。在计算出太阳高度角之后,可以根据下式得出高度角 θ 倾斜时的图像与直射时的图像 $f(x,y)$ 的关系。

$$f(x,y) = \frac{g(x,y)}{\sin\theta} \tag{4.18}$$

如果不考虑天空光的影响,各个波段的图像可以采用相同的角 θ 进行校正。或采用公式 $DN' = DN \times \cos i$ 进行校正,其中 i 为太阳天顶角;DN' 为校正后的亮度值;DN 为原来图像的亮度值。这种图像校正方法主要用来对不同太阳高度角的多日期图像进行比较。

为了使图像更利于衔接镶嵌,对于不同日期的相邻区域图像,可以利用其中一景图像作为参考图像来对另一景图像进行太阳高度角校正,使之与参考图像近似。如果参考图像的太阳天顶角为 i_1,要校正的图像的太阳天顶角为 i_2,其亮度值用 DN 表示,则校正之后的亮度值 DN' 为

$$DN' = DN \times \frac{\cos i_1}{\cos i_2} \tag{4.19}$$

(2)地形校正

如果地形不平坦,因为地势坡度和坡向的影响,也会使传感器得到的能量产生变化导致图像辐亮度发生变化,校正这些因素产生的辐亮度变化称为地形校正。

地表反射到传感器的太阳辐亮度和地表坡度有关,对于由地表坡度产生的辐射误差,可以根据地表法线向量与太阳入射角之间的夹角进行校正。对于多波段的图像,也可以利用波段比值来消除地表坡度影响。简单的地形辐射校正可以利用余弦法进行计算。

设太阳天顶角为 s,入射角为 i,遥感图像的辐射值为 L_T,则校正之后水平面上的辐射值 L_H 可以进行如下计算:

$$L_H = L_T \left(\frac{\cos s}{\cos i}\right)^k \tag{4.20}$$

式中,k 为各向异性指数,朗伯体表面 k 为 1,非朗伯体表面 k 小于 0。入射角的函数

值可以利用如下公式进行计算：

$$\cos i = \cos s \times \cos s1 + \sin s \times \sin s1 \times \cos(f-a) \tag{4.21}$$

式中，$s1$ 为坡度，a 为坡向，f 为太阳方位角。

这种校正方法计算较为简单，但是由于没有考虑天空漫射光和邻域的影响，只考虑了直射光，因此，如果入射角 i 过小，可能会出现过度校正的现象。

4.2.2.4 几何校正

几何校正是指图像像素坐标被映射到新的值，属于图像的空间变换。是消除或改变遥感图像几何误差的过程（图4.5）。几何校正主要有三种方法，即系统性校正、非系统性校正以及混合校正。

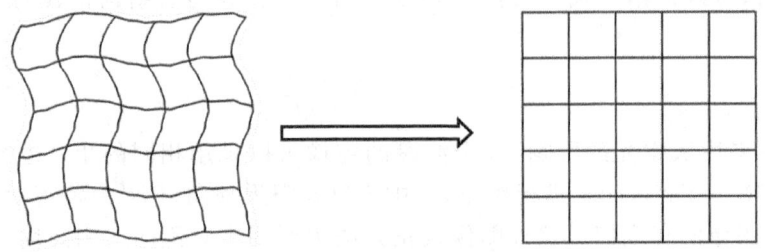

图 4.5　几何校正示意图

系统性校正是指利用消除图像几何畸变的理论校正公式，将校准数据、传感器位置以及传感器姿态等具体测量值代入公式中进行几何校正。非系统性校正则是根据带地面控制点的图像坐标和地图坐标的对应关系，来确定图像坐标系与地图坐标系之间的坐标变换公式。坐标变换公式一般采用一次、二次等角变换式，二次、三次投影变换式或多项式。变换公式的系数可以根据图像坐标值与地图坐标的最小二乘法进行计算。复合校正是指把理论校正式与根据控制点确定的校正式结合起来进行几何校正的方法。即先根据理论校正公式消除例如内部畸变等几何畸变，之后根据少数的控制点，利用低阶校正公式进行残余畸变的消除；再利用控制点对理论校正公式中所包含的遥感器参数和遥控器的位置以及姿态等参数进行推算，以此提高几何校正的精度（章毓晋，2009）。

(1) 正射校正

如果从空间中的一点对地面进行观测，随着地形的起伏，地面上的各点会在图像上产生几何学失真。在光学遥感领域中，这种现象表现为远离视点并且高程较高的地点会倒向视点的相反侧，在雷达图像上表现为透视收缩。这种校正地表起伏引起的失真，使其和地图重合的精密几何校正处理被称为正射校正。利用计算机进行正射校正需要有表示地形起伏状况的 DEM 数据。目前，正射校正主要有视线矢量与

DEM 交点、预先求出由起伏引起的图像失真、共线条件方程式这三种方法。

视觉矢量与 DEM 交点方法主要被运用于 MODIS 等图像的校正中。是指根据遥感传感器光学系统和某一时刻卫星所处的位置、姿态等信息来确定这一时刻的视觉矢量，并将该视觉矢量的延长线与地表的交点作为观测点。如果该地表平面，则为普通的几何校正，如果使用 DEM 就可以进行正射校正。

预先求出由起伏引起的图像失真主要用于 ETM+ 等图像中。是指先从传感器的视觉矢量以及 DEM 中计算出各个像素点的图像失真，在进行几何校正之后，再将得到的图像坐标进行与图像失真程度相同的校正，以此达到正射校正的目的。

共线条件方程式用于数字摄影测量等领域，主要用于高空间分辨率的图像中。是指将地面的三维坐标代入共线条件方程中，就可以得到与之对应的图像坐标。

(2) 几何精校正

几何精校正又叫作几何配准，是指将不同传感器获取的具有几何精度的图像、地图以及相同的地物元素等信息精准地彼此匹配在一起，相互叠加的图像处理过程。遥感图像的几何精纠正主要是解决遥感图像和地球投影之间的匹配问题。其重要性主要体现在只有在进行纠正之后，才可以实现对图像的信息分析，并进行具体的实际应用；在同一目标区域利用不同传感器、不同光谱范围以及图像数据进行应用处理时，一定要进行图像之间的空间配准，以此实现不同图像之间的几何一致性；对遥感图像进行测图时需要让其具有较高的地理坐标精度。

几何精纠正的基本原理为回避成像的空间几何过程，即将遥感图像通过地面控制点的数据对其几何畸变进行数学模拟，并且将遥感图像的总体畸变看作为挤压、扭曲偏移或更高层次基本变形作用的结果。因此，校正前后图像的坐标关系可以利用适当的数学模型进行表示。

几何精纠正主要利用同名坐标变换的方法，通过在基础数据和图像中寻找地面控制点的同名坐标，并建立转换关系进而实现几何精纠正。具体实现主要依靠大地坐标与地面控制点的数据来确定模拟几何畸变的数学模型，并根据数学模型来建立原始图像空间与标准空间的对应关系，进而利用对应关系将畸变图像空间中的像素转换为标准空间中的像素，从而实现遥感图像的几何精校正。

4.3 遥感图像变换

4.3.1 傅里叶变换

傅里叶变换是将图像从空间域转换到频率域，首先，把图像波段转换成一系列不同频率的二维正弦波傅里叶图像；然后，在频率域内对傅里叶图像进行滤波、掩膜等各种操作，减少或者消除部分高频或者低频成分；最后，把频率域的傅里叶图像变换为空间域图像。傅里叶变换主要是用于消除周期性噪声,还可以消除由于传感器异常引起的规律性错误。傅里叶变换分为连续傅里叶变换和离散傅里叶变换,在数字图像处理中常用的是离散傅里叶变换。设 $x(t)$ 为 $(-\infty,+\infty)$ 上连续函数,在一定条件下,有如下关系:

$$X(f) = \int_{-\infty}^{+\infty} x(t) \, \mathrm{e}^{-i2\pi ft} \mathrm{d}t \tag{4.22}$$

公式(4.22)为傅里叶变换,则傅里叶逆变换为

$$x(t) = \int_{-\infty}^{+\infty} X(f) \, \mathrm{e}^{i2\pi ft} \mathrm{d}f \tag{4.23}$$

$X(f)$ 为 $x(t)$ 的连续频谱,简称频谱。公式(4.23)中,可以由信号 $x(t)$ 求出相应的频谱 $X(f)$,这个过程称为频谱分析。在图像处理中,该过程称为傅里叶变换。

$$x(t) = s(t) + n(t) \tag{4.24}$$

通过传感器所接收到的信号 $x(t)$,一般包括两种成分:有效信号 $s(t)$ 和干扰信号 $n(t)$。信号处理的目的就是削弱干扰信号 $n(t)$,保持或增强信号 $s(t)$。在许多情况下,干扰信号 $n(t)$ 的频谱 $N(f)$ 与有效信号 $s(t)$ 的频谱 $S(t)$ 是不同的。因此,可以有针对性的设计不同的频率函数 $H(f)$,即滤波器,对信号 $x(t)$ 进行滤波,以削弱干扰增强信号。

4.3.1.1 快速傅里叶变换(FFT)

快速傅里叶变换(Fast Fourier Transform,FFT),即利用计算机计算离散傅里叶变换(DFT)的高效、快速计算方法的统称,简称FFT。采用这种算法能使计算机计算离散傅里叶变换所需要的乘法次数大为减少,特别是被变换的抽样点数 N 越多,FFT算法计算量的节省就越显著。

$$f(x) = a_0 + \sum_{n=1}^{\infty} \left(a_n \cos \frac{n\pi x}{L} + b_n \sin \frac{n\pi x}{L} \right) \tag{4.25}$$

式(4.25)为有限长序列可以通过离散傅里叶(DFT)将其频域也离散化成有限长序列。但其计算量太大,很难实时地处理问题,因此引出了快速傅里叶变换(FFT)。将DFT的运算量减少了几个数量级。从此,对快速傅里叶变换(FFT)算法的研究便不断深入,数字信号处理这门新兴学科也随FFT的出现和发展而迅速发展。

快速傅里叶变换(FFT)是遥感影像处理的基础方法,随着高光谱、高空间和高时间分辨率遥感影像获取能力的提升,如何利用快速傅里叶变换技术快速有效地处理巨幅遥感影像是当前遥感影像处理技术中的重要环节和研究热点。该算法可进行遥感影像的条带噪声去除、影像压缩和影像配准处理等多种用途。

应用傅里叶变换的第一步是把图像波段转换成一系列不同频率的二维正弦波傅里叶图像。这个过程由快速傅里叶变换(FFT)来完成。

在一个遥感图像的可用波段中进行 FFT 变换并显示(图 4.6)。从图上看，中间很亮的部分集中了图像的低频信息；外围较暗的部分集中了图像的高频信息；图中外边框两个较明显的小白条是周期性条带噪声，方向与空间域中图像垂直。

图 4.6　FFT 图像

4.3.1.2　定义 FFT 滤波器

在快速傅里叶变换得到的结果上，可以定义一些滤波器进行频率域的增强，下面对各种滤波作一个介绍。

(1) Circular Pass 和 Circular Cut

Circular Pass 为低通滤波器，Circular Cut 为高通滤波器，需要以像元为单位输入滤波半径。"Number of Border Pixels"参数用于细化滤波器(平滑滤波器的边缘)，0 值代表没有平滑。

(2) Band Pass 和 Band Cut

对于 Band Pass 或 Band Cut 滤波器，即在"Inner Radius"和"Outer Radius"文本框中，以像元为单位键入所需值，构成一个圆环，Band Pass 滤波器保留圆环以外的能量谱(FFT 图像)，Band Cut 保留圆环以内的能量谱。"Number of Border Pixels"参数用于细化滤波器(平滑滤波器的边缘)，0 值代表没有平滑。

(3) User Defined Pass 和 User Defined Cut

User Defined Pass 和 User Defined Cut 滤波器,可以将形状注记导入滤波器。在显示正向变换的 FFT 图像中,通过在 FFT 图像上绘制多边形或其他形状,勾绘出特定的噪声区域(一般来说,FFT 图像中的亮斑、行或楔形条带等代表噪声)。User Defined Pass 滤波器保留形状注记以内的能量谱,User Defined Cut 保留以外的能量谱。

4.3.1.3 反向 FFT 变换

反向 FFT 变换程序包含两步操作,先应用 FFT 滤波,然后将 FFT 图像反变换回空间域数据。即首先将空间域图像 f 通过傅里叶变换为频率域图像 F,然后选择合适的滤波器 H 对 F 的频谱成分进行滤波得到图像 G,在经过傅里叶逆变换 G 转变回空间域,得到图像 g,如图 4.7 所示。

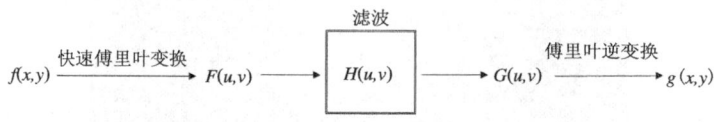

图 4.7 反向傅里叶变换的一般过程

4.3.2 K-L 变换和主成分变换

多光谱图像的各波段之间经常是高度相关的,他们的 DN 值以及显示出来的视觉效果往往很相似。主成分分析(Principal Component Analysis,PCA)和 K-L 变换(Karhunen-Loeve transform)就是一种去除波段之间多余信息、将多波段的图像信息压缩到比原波段更有效的少数几个转换波段的方法。

K-L 变换是用来处理随机过程中连续信号的去相关问题。PCA 是统计学中常用的方法,它的求解过程和 K-L 变换过程有所不同:K-L 变换是基于图像协方差矩阵计算得到的,而 PCA 不仅可以是协方差矩阵也可以是相关矩阵。K-L 变换的目的是去除图像中的噪声,进行数据压缩和信息增强。

假设图像 $\{X = X_i, i = 1, 2 \cdots, k\}$($k$ 为波段数),$E(x)$ 为 X 的数学期望。X 的协方差矩阵为 C,U 是 C 的特征向量矩阵。主成分为:

$$Y_i = U X_i \tag{4.26}$$

假设图像只有两个波段 B2 和 B3,而且两者之前存在着相关性,图像信息的分布如图 4.8 所示。通过投影,各数据可以表示为 $y1$ 轴上的一维数据点,即图中的横轴。

从二维空间中的数据变成一维空间中的数据会产生信息损失,为了使信息损失最小,必须按照使一维数据的信息量(方差)最大的原则确定 $y1$ 轴的取向,新轴 $y1$ 称作第一主成分 PC1,为了进一步汇集剩余的信息,可以求出与第一轴 $y1$ 正交、且尽

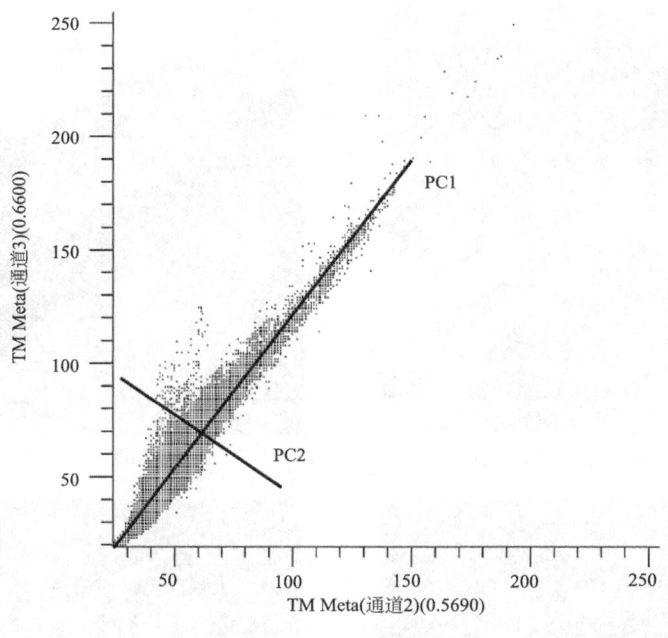

图 4.8 主成分和波段

可能多地汇集剩余信息的第二主成分 $y2$，新轴 $y2$ 称作第二主成分 PC2。在 PCA 中，第一主成分(PC1)包含所有波段中 80% 的方差信息，前三个主成分包含了所有波段中 95% 以上的信息量。由于各波段之间不相关，主成分波段可以生成更多颜色、饱和度更好的彩色合成图像。

PCA 的缺点是当 X_k 维数 k 很大的时候，协方差阵对应的特征向量的计算量较大。即使已得到变换矩阵，要实施正、逆变换计算量也很大，且没有快速算法的支持，这就限制了 PCA 的使用(孙樊华，2010)。

K-L 变换有以下几个性质。

(1) 总方差不变，即当主成分个数与原始数据的维数相等时，变换前后方差保持不变，变换只是把原有的方差在新的主成分上重新进行了分配。

(2) 正交性，变换得到的主成分之间不相关。

(3) 从主成分分量 Y_i 中删除后面的(K-P)个成分只保留前 $p(p<k)$ 个成分时所产生的误差满足平方误差最小的原则。换句话说，前面的 p 个主成分包含了总方差的大部分。主成分计算结果如图 4.9 所示。

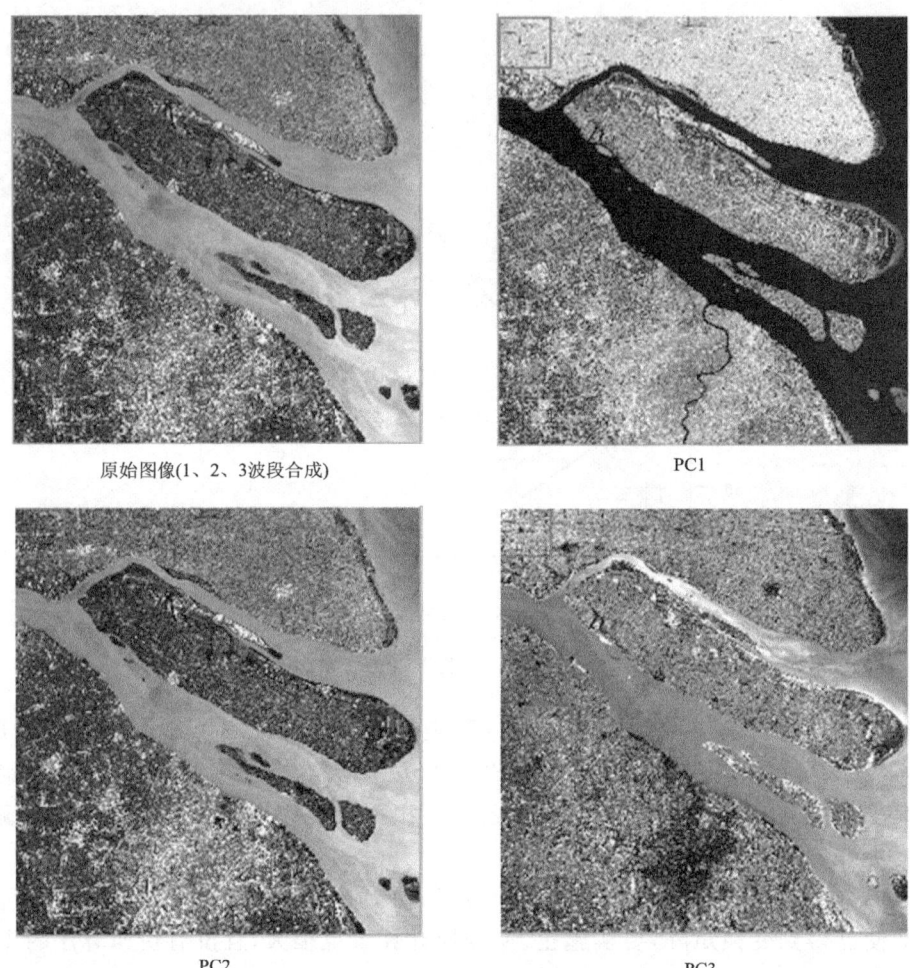

图 4.9　Landsat7 ETM+主成分分析结果

4.3.3　缨帽变换

缨帽变换(Kauth-Thomas)变换,简称 K-T 变换。缨帽变换旋转光谱的坐标空间,旋转后的坐标轴不是指到主成分的方向,而是指到另外的方向,而这些方向与地物类型和变化有着密切的关系,特别是与植物生长过程和土壤有关。缨帽变换既可以实现信息压缩,又可以帮助解译分析农作物特征,因此有很大的应用价值,属于图像变换中的经典算法。该变换的基本思想是:多波段(N 波段)图像可以看作是 N 维空间,每一个像元都是 N 维空间中的一个点,其位置取决于象元在各个波段上的数值。专家的研究表明,植被信息可以通过 3 个数据轴(亮度轴、绿度轴、湿度轴)来确定,而这 3 个轴的信息可以通过简单的线性计算和数据空间旋转获得,当然还需要定义相关的转换系数;同时,这种旋转与传感器有关,因而还需要确定传感器类型。使用 Tassled Cap 变换可以对 Landsat MSS,Landsat5 TM 或 Landsat7 ETM 数据进行变换。对于 Landsat MSS 数据,缨帽变换对原始数据进行正交变换,把它们变换到一个四维空间中,包括土壤亮度指数 SBI,"绿度"植被指数 GVI、"黄度"指数 VI,以及与大气影响密切相关的 non-such 指数 NSI(主要为噪声),对于 Landsat5 TM 数据,缨帽变换结果由三个因子组成亮度、绿度与第三分量(Third),其中,亮度和绿度相当于 MSS 缨帽中的 SBI 和 GVI,第三分量与土壤特征及湿度有关,对于 Landsat7 ETM 数据,缨帽变换生成六个输出波段,包括亮度、绿度、湿度、第四外量(噪声)、第五分量、第六分量,这种类型的变换对定标后的反射率数据的效果要比灰度值数据更好。

缨帽变换数学表达如(4.27)所示

$$U = R^\mathrm{T} X + r \tag{4.27}$$

其中 R 是缨帽变换系数,X 代表不同波段的灰度值,r 表示常数偏移量,是为避免在变换过程中出现负值。U 表示缨帽变换后不同的波段的灰度值。经过缨帽变换可以得到与波段数相同的几个分量,其中前三个分量与地面景物密切相关。第一分量为亮度指数,反映了地物总体反射率的综合效果;第二分量为绿度指数,与地面植被覆盖、叶面积指数及生物量有很大关系;第三分量为湿度指数,反映了地面水分条件,特别是土壤的湿度状态。其余分量为黄度指数及噪声。

对于 MSS 传感器,缨帽变换的系数矩阵为:

$$R = \begin{bmatrix} 0.443 & 0.632 & 0.586 & 0.264 \\ -0.290 & -0.562 & 0.600 & 0.491 \\ -0.829 & 0.522 & -0.039 & 0.194 \\ 0.223 & 0.012 & -0.543 & 0.810 \end{bmatrix} \tag{4.28}$$

变换后前三个分量有着明确的物理意义。

U1——亮度分量(土壤亮度指数,Soil brightness),主要反映土壤反射率变化的信息;

U2——绿度分量(绿度指数,Greenness),反映地面植被的绿度;

U3——黄度分量(黄度指数,Yellow Stuff),植被的枯萎程度;

U4——噪声,无实际意义。

对于 Landsat4 TM 影像的 K-T 变换公式如下。

$$R = \begin{bmatrix} 0.3037 & 0.2793 & 0.4743 & 0.5585 & 0.5082 & 0.1863 \\ -0.2848 & -0.2435 & -0.5436 & 0.7243 & 0.0840 & -0.1800 \\ 0.1509 & 0.1973 & 0.3279 & 0.3406 & -0.7112 & -0.4573 \\ -0.8242 & -0.0849 & 0.4392 & -0.0580 & 0.2012 & -0.2768 \\ -0.3280 & -0.0549 & 0.1072 & 0.1885 & -0.4357 & 0.8085 \\ 0.1084 & -0.9022 & 0.4120 & 0.0573 & -0.0251 & 0.0238 \end{bmatrix}$$
(4.29)

式中,$X = (X1, X2, X3, X4, X5, X6)^T$ 是 TM 的第 1,2,3,4,5,7 波段图像上的灰度值(DN 值)组成的光谱分量;$U = (U1, U2, U3, U4, U5, U6)^T$ 是变换后的光谱分量。前三个分量分别代表亮度、绿度和湿度,第四个分量较好地突出了图像中的霾信息,后两个分量 $U5, U6$ 还没发现与地物的明确关系。

对于 Landsat5 TM 和 Landat7 ETM+ 图像 K-T 变换系数如表 4.2、表 4.3 所示:

表 4.2 Landat5 TM 图像 K-T 变换系数

波段	1	2	3	4	5	7	常数项
亮度	0.2909	0.2493	0.4806	0.5568	0.4438	0.1706	10.3695
绿度	−0.2728	−0.2174	−0.5508	0.7221	0.0733	−0.1648	−0.7310
湿度	0.1446	0.1761	0.3322	0.3396	−0.6210	−0.4186	−3.3828
霾	0.8461	−0.0731	−0.4640	−0.0032	−0.0492	0.0119	0.7879

表 4.3 Landsat7 ETM+ 图像 K-T 变换系数

波段	1	2	3	4	5	7	常数项
亮度	0.3561	0.3972	0.3904	0.6966	0.2286	0.1596	—
绿度	−0.3344	−0.3544	−0.4556	0.6966	−0.0242	−0.2630	
湿度	0.2626	0.2141	0.0926	0.0656	−0.7629	−0.5388	
第 4 分量	0.0805	−0.0498	0.1950	−0.1327	0.5752	−0.7775	
第 5 分量	−0.7252	−0.0202	0.6683	0.0631	−0.1494	0.0274	
第 6 分量	0.400	−0.8172	0.3832	0.0602	−0.1095	0.0985	

在 Landsat5 的 TM 图像 K-T 指数计算中,输入的数据是图像的 DN 值。而 ETM+ 数据的 K-T 指数计算中,输入数据是大气顶面反射率。

对于 TM 和 ETM+ 图像,K-T 变换的前 3 个分量的实际物理意义如下:

(1)亮度:第一分量实际是 TM 的 6 个波段的加权和,反映了总体的反射值。由于中红外波段的影响,TM 的亮度值与 MSS 的亮度值完全不相等,但两者有很大的相关性。TM 的亮度不等于突然变化的主要方向,这一点与 MSS 数据不同。

(2) 绿度:第二分量。TM 的绿度和 MSS 的绿色物质分量很相近,甚至几乎相同。因为从变换矩阵 **R**2 中第二行系数看,红外波段 5 和 7 有很大抵消,剩下是近红外与可见光部分的差值,反映了绿色生物量的特征。用亮度和绿度两个分量组成的二维平面可叫作"植被"。

(3) 第三分量:对变换矩阵中第三行数据分析可知,这个分量反映了可见光和近红外(1～4 波段)与较长的红外(第 5、7 波段)的差值,定义为湿度的根据是第 5、7 两个波段对土壤湿度和植物湿度最为敏感。湿度和亮度两个分量值组成的一维平面可定义为"土壤",湿度与绿度组成的第三个面称为"过渡区"。这样的三维空间就是 TM 数据进行 K-T 变换后的新空间,可用于对植被、土壤、水体等地物作更为细致、准确的分析。

K-T 变换只能用于 MSS 数据和 Landsat4、5 的 TM 图像、Landsat7 的 ETM＋图像,这是该方法的一个限制。K-T 变换的结果如图 4.10 所示。

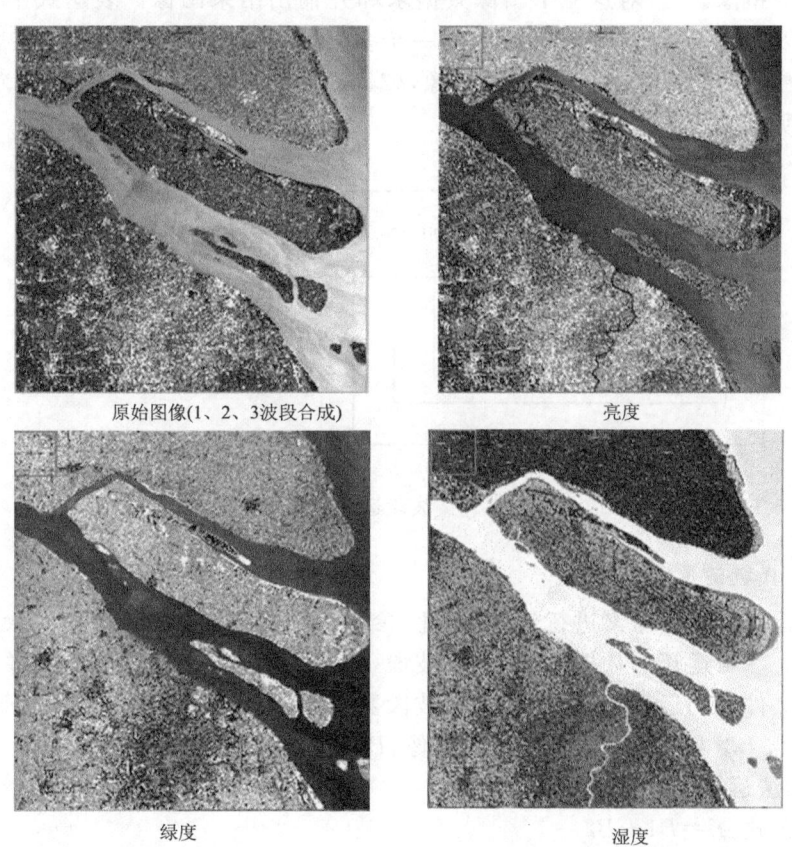

图 4.10　Landsat7 ETM＋ 缨帽变换(越亮的地方,所代表的意义越大)。

4.3.4 波段运算

对于多波段遥感图像和经过空间配准的两幅或多幅单波段遥感图像,可以通过波段运算(Band math)来突出特定的地物信息,从而达到某种增强的目的。

波段运算是根据地物本身在不同波段的灰度差异,通过不同波段之间简单的代数运算产生新的"特征",来达到突出感兴趣的地物信息,压低不感兴趣的地物信息的图像增强方法。进行波段运算后,图像的数值范围可能超过了显示设备的数据范围,因此,在显示前往往需要进行灰度拉伸。波段运算对遥感图像处理有重要的意义。遥感图像数据量大,常规的统计方法往往无法使用。因此,为了提高信息提取的效率,往往根据不同地物的光谱特征的差异,利用波段运算来构建不同的波段指数,将复杂的统计运算转变为简单的代数运算。

图 4.11 为一个简单波段运算的示意图,运算表达式是三个变量相加,每一个变量对应一个图像数据,对这三个图像数据求和并输出结果图像。表达式中的每个变量不仅可以对应于单一波段,也可以是一个多波段的栅格文件。例如,在表达式 $b1+b2+b3$ 中,如果 $b1$ 是一个多波段图像,$b2$、$b3$ 为单一波段图像,则结果为 $b1$ 所对应文件的所有波段分别与 $b2$、$b3$ 求和。

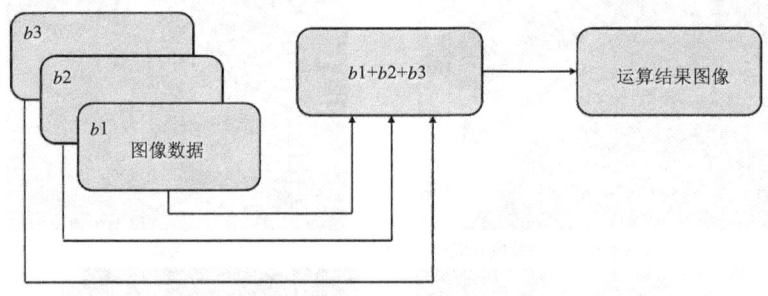

图 4.11 波段运算示意图

4.3.4.1 代数运算

波段运算对每个像素进行计算,因此,参加运算的图像其空间坐标和大小必须要完全一致。参与运算的数据,可以是单波段,多个图像波段、常数或者文件。如果是两个图像文件间的运算,图像文件中的波段数目和顺序必须相同。在以下的表达式中,设 $B1$ 与 $B2$ 为参与运算的波段或图像,B 为运算后的新图像。

(1)加法运算

基本公式:$B=B1+B2$

加法运算主要用于对同一区域的不同时段图像求平均,这样可以减少图像的加性随机噪声,或者获取特定时段的平均统计特征。进行加法运算的图像的成像日期不应相差太大。对于加法运算,可以加入一个常数如:$B=(1-a)B1+aB2$,其中 a 为 0~1 的值,这样可以产生过渡效果。适当选择系数,可以达到特定的增强的目的。

(2)差值运算

基本公式:$B=B1-B2$

差值运算提供了不同波段或者不同时相图像间的差异信息,在变化探测、动态监测、运动目标检测与跟踪、图像背景消除、不同图像处理效果的比较及目标识别等工作中应用较多。

差值运算后的图像可反映同一地物在这两个波段上的差异。地物的反射率在不同波段上的特征不同,差值运算后的图像上差异大的地物得到突出,从而容易识别出来。

(3)乘法运算

基本公式:$B=B1\times B2$

乘法运算可用来遮掉图像中的某些部分。例如,使用一个二值图像 $f1$ 乘上图像 $f2$,可以抹去图像 $f2$ 中的某些部分,这个操作被叫作掩模。

(4)比值运算

基本公式:$B=B1/B2$

比值运算是两个波段图像对应像素的灰度值相除(除数不能为 0),是遥感图像处理中常用的方法。比值运算可以降低传感器灵敏度随空间变化造成的影响,增强图像中特征的区域;降低地形导致的阴影影响,突出季节的差异。

(5)归一化指数

归一化指数是一种特殊的比值运算,基本公式为 $B=(B1-B2)/(B1+B2)$

在基本的比值运算中,如果分母的波段 $B2$ 的值比较小(尤其是 $B2<1$ 的情况),比值的结果将会被夸大,归一化指数可以避免这个问题。

4.3.4.2 逻辑运算

逻辑运算是把图像间的逻辑和、逻辑积等逻辑运算组合起来提取逻辑特征的方法。多用于把社会经济数据及地图数据等图像以外的数据组合起来进行分析。例如,在 0、1 的整数数据表示掩模和遥感图像之间,通过逻辑积的运算可以提取出作为目标所对应的图像数据。下面的公式也经常用到,其中 $C1,C2,C3$ 是用户指定的数值:

$$(B1>C1) \text{and} \quad (B2<C2) \text{or} (B3>C3)$$

逻辑运算可以和基本的运算结合起来进行有效的处理。例如,在比值运算中,为了避免背景中 0 值的影响,可以使用如下表达式(min 为函数,计算波段最小值)

$$\{B3\times(B3>0)-\min[B3\times(B3>0)]\}/\{B2\times(B2>0)-\min[B2\times(B2>0)]\}$$

4.3.4.3 波段运算与 ENVI IDL

ENVI IDL 提供了强大的波段运算功能,但是要熟练使用波段运算功能,并不需要成为一个熟悉 IDL 编程的专家。下面的知识可以帮助熟练使用波段运算功能,避免一些经常出现的问题。

(1)注意数据类型

IDL 中的数学运算与简单的使用计算器进行运算是有一定差别的,要重视输入波段的数据类型和表达式中所应用的常数。每种数据类型,尤其是非浮点型的整型数据都包含一个有限的数据范围。例如,8-bit 字节型数据表示的值仅为 0~255,如果对 16-bit 整型数据波段求和($b1+b2$)并且其值大于 255,那么得到的结果将与期望值不符。当一个值大于某个数据类型所能容纳的值的范围时,该值将会溢出(overflow)并从头开始计算。例如,对 8-bit 字节型数据 250 和 10 求和,结果为 4。

类似的情况经常会在波段运算中遇到,因为遥感图像通常会被存储为 8-bit 字节型或 16-bit 整型。要避免数据溢出,可以使用 IDL 中的一种数据类型转换功能对输入波段的数据类型进行转换。例如,在对 8-bit 字节型整型图像波段求和时(结果大于 255 时),如果使用 IDL,函数 fix() 将数据类型转换为整型:$fix(b1)+b2$ 就可以得到正确的结果。

一个数据所能表现的动态数据范围越大,它占用的磁盘空间越多。例如,字节型数据的一个像元仅占用 1 个字节;整型数据的一个像元占用 2 个字节;浮点型数据的一个像元占用 4 个字节,因而浮点型结果将比整型结果多占用磁盘空间和数据范围的详细介绍可参考表 4.4。

表 4.4 数据类型和说明

数据类型	转换函数	缩写	数据范围	字节/像素
8-bit 字节型	byte()	B	0~255	1
16-bit 整型	fix()		-32678~32767	2
16-bit 无符号整型	unit()	U	0~65535	2
32-bit 长整型	long()	L	约 -2×10^9~2×10^9	4
32-bit 无符号长整型	ulong()	UL	约 0~4×10^9	4
32-bit 浮点型	float()	·	$+/-1e38$	4
64-bit 双精度浮点型	double()	D	$+/-1e38$	8
64-bit 整型	long64()	LL	约 $+/-9e18$	8
64-bit 无符号整型	ulong64()	ULL	约 0~$2e19$	8
复数型	complex()		$+/-1e38$	8
双精度复数型	dcomplex()		$+/-1e308$	16

(2) IDL 数据类型的动态变换

一些数字可以使用几种不同的数据类型表达出来，IDL 制定了一些默认规则对这些数据进行解译。因此 IDL 的数据类型是可以进行动态变换的，也就是说，IDL 能够将表达式中的数据类型提升为它在表达式中所遇到的最高数据类型。例如，不包含小数点的整型数字，即使它在 8-bit 字节型的动态范围，也常被解译为 16-bit 整型数据。如果想为一幅 8-bit 字节型数据图像加 5，并且使用波段运算表达式：b1+5，数据 5 将被解译为 16-bit 整型数据，因此波段运算结果将被提升为 16-bit 整型数据图像（占用 8-bit 字节型图像的两倍磁盘空间），如果想保持结果为字节型图像，可以使用数据类型计算函数 byte()：b1+byte(5)，或使用 IDL 中将 16-bit 整型数据转换为 8-bit 字节型数据的缩写：b1+5B。

在数据后字母"B"表示将该数据解译为字节型数据。如果在波段运算表达式中经常使用常数，这些类似的缩写是很有用的。

(3) 充分利用 IDL 功能强大的数组运算符

IDL 的数组运算符使用方便且功能强大，它们可以对图像中的每一个像元进行单独检验和处理，而且避免了 FOR 循环的使用（不允许在波段运算中使用）。数组运算符包含关系运算符（LT,E,EQ,NE,GE,GT）、Boolean 运算符（AND,ORNOT,XOR）和最小值、最大值运算符（<、>），这些特殊的运算符对图像中的每个像元同时进行处理，并将结果返回到与输入图像具有相同维数的图像中。例如，要找出所有负值像元并用值－999 代替它们，可以使用如下的波段运算表达式：(b1lt0)×(－999)+(b1ge0)×b1 关系运算符对真值（关系成立）返回值为 1，对假值（关系不成立）返回值为 0。系统读取表达式(b1lt0)部分后将返还一个与 b1 维数相同的数组，其中 b1 值为负的区域返回值为 1；其他部分返回值为 0。因此，在乘以替换值－999 时，相当于只对那些满足条件的像元有影响。第二个关系运算符(b1ge0)是对第一个的补充——找出那些值为正或 0 的像元。乘以它们的初始值。然后再加入替换值后的数组中。类似的使用数组运算符的表达式为波段运算提供了很强的灵活性。

4.3.5 彩色变换

4.3.5.1 色彩空间变换

亮度值的变化可以改善图像的质量，但就人眼对图像的观察能力而言，正常人眼只能分辨 20 级左右的亮度级，而对彩色的分辨能力则能到达 100 多种，远远大于对黑白亮度值的分辨能力。不同的彩色变换可大大增强图像的可读性。遥感图像处理中通常会采用 HSI 模型，色调（Hue）、饱和度（saturation）、强度（intensity）被称为色彩的三要素，HSI 模型不是基于三色光混合来再现颜色的，它表述的彩色与人眼看到的更为接近。RGB 和 HIS 两种色彩模型可以相互转换，有些处理在某个彩色系统中可能更方便。RGB 系统从物理的角度出发描述颜色,HSI 系统从人眼的主观感觉出发描述颜色。RGB 系统比较简单常用,但是,当彩色合成图像的各个波段之间的相关性很高时,会使得合成图像的饱和度偏低,色调变化不大,图像的视觉效果差。彩色变换的结果如图 4.12 所示。

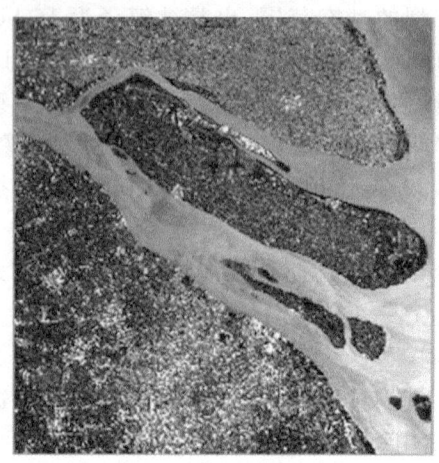 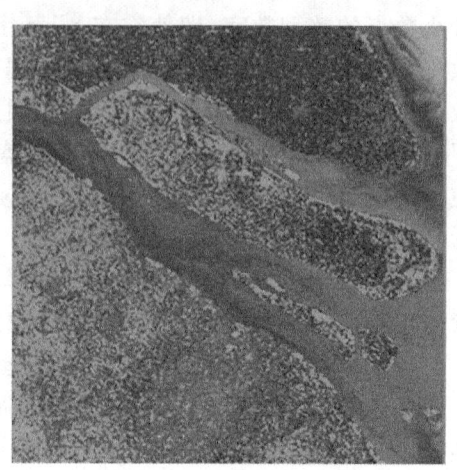

原始图像(1、2、3波段合成)   HSI图像

图 4.12 色彩空间变换(见彩图)

ENVI 支持将三波段红、绿、蓝图像变换到一个特定的彩色空间,并且能从所选彩色空间变换回 RGB,两次变换之间,通过对比度拉伸,可以生成一个色彩增强的彩色合成图像。ENVI 支持的彩色空间包括"色度、饱和度、颜色亮度值(HSI)""色度、亮度、饱和度(HLS)"和 HSV(USGS Munsell),其中,色度代表像元的颜色,取值范围为 0~360;饱和度代表颜色的纯度,取值范围为 0~1;颜色亮度值表示颜色的亮度,取值范围为 0~1;亮度表示整个图形的明亮程度,取值范围是 0~1。其中,HSV(USGS Munsell)彩色系统被土壤科学家和地质学家用于描述土壤和岩石的颜色特征。这套彩色系统已经被美国地质勘测部门做了修订,以描绘数字图像的,颜色. USGS Munsell 变换将 RGB 坐标变换成色彩坐标(色调、饱和度和颜色亮度值)。色度变化范围为 0~360 里 0 和 360 代表蓝,120 代表绿,240 代表红;饱和度变化范围为 0~208,值越高代表颜色越纯;颜色亮度值的变化范围大致为 0~512,较高的值代表较亮的颜色。

4.3.5.2 色彩拉伸

(1)去相关拉伸

去相关拉伸处理可以消除多光谱数据中各波段间的高度相关性,从而生成一幅色彩亮丽的彩色合成图像。它首先是对图像进行主成分分析,并对主成分图像进行对比度拉伸处理,然后再进行主成分逆变换,将图像恢复到 RGB 彩色空间,达到图像增强目的。

(2) Photographic 拉伸

Photographic 拉伸可以对一幅真彩色输入图像进行增强,从而生成一幅与目视效果良好吻合的 RGB 图像。其结果与现实彩色照片类似。这种拉伸方法对真彩色输入图像的波段进行非线性缩放,然后将它们叠加。

(3) 饱和度拉伸

饱和度拉伸是对输入的 3 个波段图像进行彩色增强,生成具有较高颜色饱和度的波段。输入的数据由红、绿、蓝(RGB)空间变换为色度、饱和度和颜色亮度值(HSV)空间。对饱和度波段进行了高斯拉伸,从而使数据分布到整个饱和度范围。然后逆变换回 RGB 空间,完成增强处理。图像色彩拉伸的结果如图 4.13 所示(日本遥感研究会,2011)。

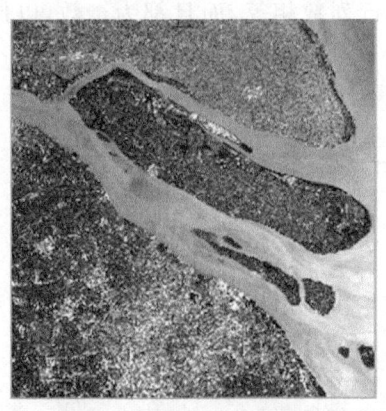
原始图像(1、2、3 波段合成)

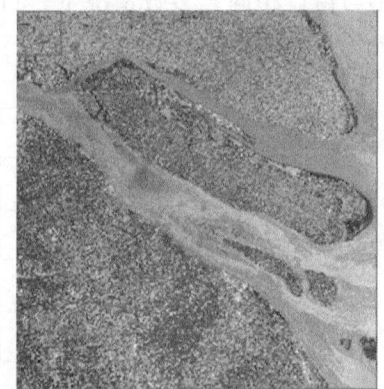
去相关拉伸

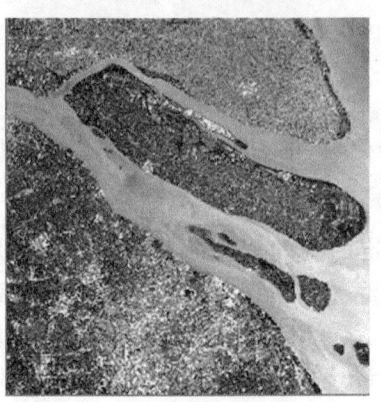
Photographic 拉伸

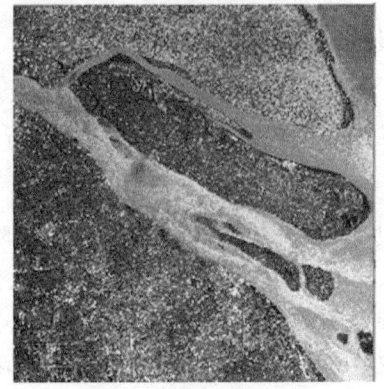
饱和度拉伸

图 4.13　图像色彩拉伸(见彩图)

4.4 遥感图像增强

4.4.1 空间域增强处理

4.4.1.1 卷积滤波

空间域滤波是在图像空间(x,y)对输入图像应用滤波函数(核,模板)来改进输出图像的处理方法,主要包括平滑和锐化处理,强调像素域周围相邻像素之间的关系,常用的方法是卷积运算。空间域滤波属于局部运算。随着采用的模板窗口的扩大,空间域滤波的运算量会越来越大。例如,采用7×7的模板对图像做平滑,每个像素需要周围49个像素值参与运算,非常繁琐,且运算速度慢。实际上,大的空间域卷积可以在频率域中通过简单的乘法计算快速实现。

对于图像$f(x,y)$的任意一个像素(x,y),设窗口大小为n列、m行,滤波模板为和,其大小与窗口相同。多数情况下,窗口的行列数相等,而且都为奇数,以保证对称性,(x,y)在窗口的中心(图4.14)。

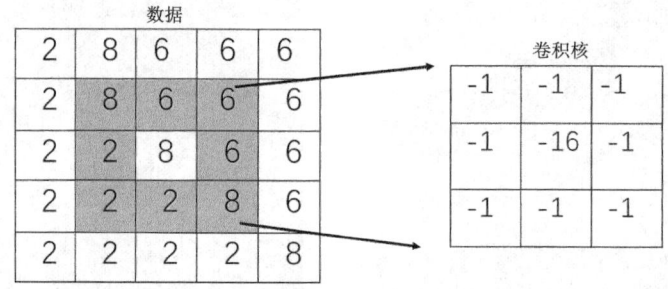

图4.14 窗口和模板

空间卷积的公式为:

$$g(x,y)=\sum_{k=-(n-1)/2}^{(n-1)/2}\sum_{l=-(m-1)/2}^{(m-1)/2}[f(x+k,y+l)\times h(k,l)] \quad (4.30)$$

如果(x,y)在窗口的左上角,或者行列为偶数,那么可以使用下面的公式。

$$g(x,y)=\sum_{k=0}^{n-1}\sum_{l=0}^{m-1}[f(x+k,y+l)\times h(k,l)] \quad (4.31)$$

卷积(Convolutions)滤波是通过消除特定的空间频率来增强图像,根据增强类型(低额、中频和高频)可分为低通滤波、带通滤波和高通滤波,此外,还有增强图像某些方向特征的方向滤波等。它们的核心部分是卷积核,包括高通滤波(High Pass)、低通滤波(Low Pass)、拉普拉斯算子(Laplacian)、方向滤波(Directional)、高斯高通滤波(Gaussian High Pass)、高斯低通滤被(Gaussian Low Pass)、中值滤波(Median)、Sobel滤波、Roberts滤波,此外还可以自定义卷积核。卷积核说明如表4.5。

表 4.5　各种滤波说明

滤波	说明
高通滤波器(High pass)	高通滤波在保持图像高频信息的同时,消除了图像中的低频成分。它可以用来增强纹理、边缘等信息,高通滤波通过运用一个具有高中心值的变换核来完成(周围通常是负值权重),一般默认的高通滤波器使用 3×3 的变换核(中心值,为"—1"),高通滤波卷积核的维数必须是奇数。
低通滤波器(Low pass)	低频滤波保存了图像中的低频成分,使图像平滑。在 ENVI 中默认的低通滤波器使用 3×3 的变换核,每个变换核中的元素包含相同的权重,使用外围值的均值来代替中心像元值。
拉普拉斯算子(Laplacian)	拉普拉斯滤波是边缘增强滤波,它的运行不用考虑边缘的方向,拉普拉斯滤液强调图像中的最大值,它通过运用一个具有高中心值的变换核来完成(一般来说,外围南北向与东西向权重均为负值、角落为"0")ENVI 中默认的拉普拉斯滤波使用一个大小为 3×3,中心值为"4",南北向和东西向均为"—1"的变换。
方向滤波器(Directional)	方向滤波是边缘增强滤波,它有选择性地增强有特定方向成分的(如梯度)图像特征,方向滤波变换核元素的总和为 0。结果在输出的图像中有相同像元值的区域为 0,不同像元值的区域呈现为较为亮的边缘。
高斯高通滤波器 (Gaussian High Pass)	高斯低通滤器波通过一个指定大小的高斯卷积函数对图像进行滤波。默认的 $x3$ 的维数必须是奇数
中值滤波器(Median)	中值滤波在保留大于卷积核的边缘的同时,平滑图像。这种方法对于消除噪声或斑点非常有效。ENVI 的中值滤波器用一个被滤波器的大小限定的邻近个中心像元值。默认的卷积核大小是 3×3。
Sobel	Sobel 滤波器非线性边缘增强滤波,它是使用 Sobel 函数的近似值的特例,也是一个预先设置变换核为 3×3 的,非线性边缘增强的算子。滤波器的大小不能更改,也无法对卷积核进行编辑。
Roberts	Roberts 滤波是一个类似于 Sobel 的非线性边缘探测滤波。它是使用 Roberts 函数预先设置的 2×2 近似值的特例,也是一个简单的二维空间差分方法,用于能更改,也无法对卷积核进行编辑。
自定义卷积核	可以通过选择和编辑一个用户卷积核,定义常用的卷积变换核(包括矩形或正方形变换核)

4.4.1.2　数学形态学滤波

数学形态学滤波包括以下类型:膨胀(Dilate)、腐蚀(Erode)、开启(Opening)、闭合(Closing),它们在增强二值图像和灰度图像中各有特点,详见表 4.6,下文主要对膨胀与腐蚀进行详细介绍。

(1)膨胀

膨胀(Dilate)是将与目标接触的所有背景点合并到该目标中的过程。结果是使目标增大了相应的数量点。对于圆的目标,其直径在每次膨胀后增大了 2 个像素。如果两个目标在某个点相隔少于 3 个像素,它们将在该点连通起来(合并成一个目标）。膨胀通常用于填补分割后目标内的空洞。

膨胀的运算符为⊕，图像集合 A 用结构元素 B 来膨胀。记作 A⊕B，其定义为：

$$A \oplus B = \{ x \mid [(\hat{B})_x \cap A] \neq \varnothing \} \tag{4.32}$$

其中 $\hat{B}$ 表示为 B 的映像，即与 B 原点对称的集合。上式表明，用 B 对 A 进行膨胀的过程是：首先对 B 做关于原点的反射产生映像，再将映像平移 x，当 A 与 B 映像的交集不为空集时，B 的原点的反射产生映像，在将映像平移 x，当 A 与 B 映像的交集不为空集的时，B 的原点就是膨胀集合的像素。也就是说，用 B 来膨胀 A 得到的集合是 $\hat{B}$ 的位移与 A 至少有一个非零元素相交时 B 的原点位置的集合。因此上式可以写成：

$$A \oplus B = \{ x \mid [(\hat{B})_x \cap A] \subseteq A \} \tag{4.33}$$

更简单的说，膨胀可以理解为集合 A 与结构元素 B 中的原点相交时，结构元素所构成的集合。从逻辑运算角看，膨胀就是使用结构元素的映像对二值图像进行 and 运算，结果都为 0，则结构元素对应的像素的值为 0，否则为 1。如果将 B 看作一个卷积模板，膨胀就是对 B 做关于原点的映像，然后再将映像连续地在 A 上移动而实现的。图 4.15 给出了膨胀运算的一个示意图，其中＋代表原点。

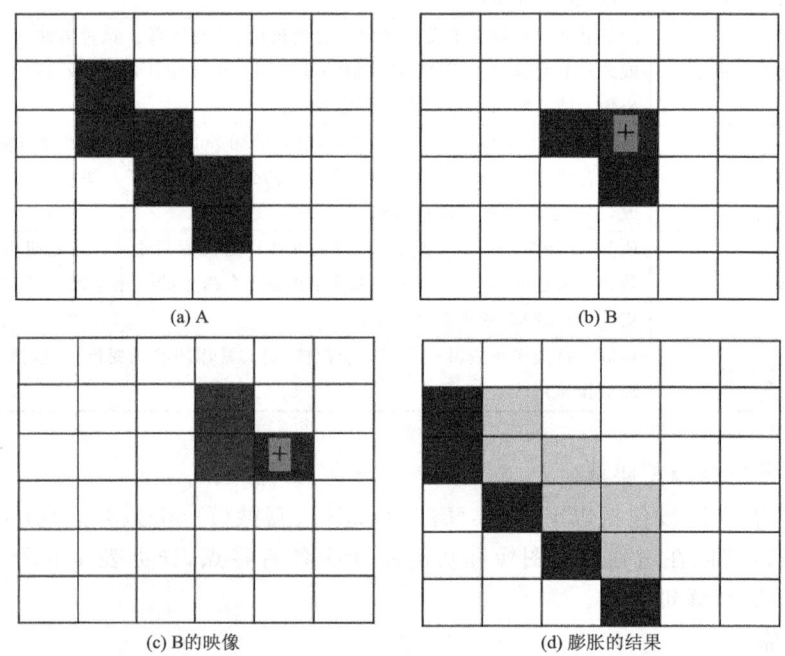

图 4.15　膨胀运算示意图

图 4.15a 中黑色部分为 A，图 4.15b 中黑色部分为 B，图 4.15c 中黑色部分为 B 的映像。图 4.15d 中灰色的部分为图像膨胀后扩张的部分。

表 4.6　数学形态滤波

滤波类型	特点
膨胀(Dilate)	被用来在二值或灰度图像中填充比结构元素(变换核)小的孔
腐蚀(Erode)	被用来在二值或灰阶图像中消除比结构元素(变换核)小的像元
开启(Opening)	开启滤波器可以用于平滑图像边缘、打破狭窄峡部(break narrow isthrmuses)、消除孤立像元、锐化图像最大、最小值信息。图像的开启滤波被定义为先对图像进行腐蚀滤波，然后再用相同的结构元素(变换核)进行膨胀滤波。先对图像进行腐蚀滤波，然后再进行膨胀滤波可以达到和开启滤波类似的效果
闭合(Closing)	闭合滤波器可以用于平滑图像边缘、融合窄缝和长而细的海湾、消除图像中的小孔、填充图像边缘的间隙。图像的封闭滤波被定义为先对图像进行填充滤波，然后再用相同的结构元素(变换核)进行侵蚀滤波。先对图像进行膨胀滤波，然后再进行腐蚀滤波可以达到和闭合滤波类似的效果

(2) 腐蚀

腐蚀(Erode)是消除目标所有边界点的一种过程，其结果是目标沿其周围比原目标小一个像素。对于圆目标，其直径在每次腐蚀后减少 2 个像素。那么该点将变为非连通的(变为两个目标)。任意方向上宽度小于 2 个像素的目标将被去除。腐蚀常用于去除图像中小且无意义的目标。腐蚀的运算符号是 ⊖，A 被 B 腐蚀记作 A⊖B，其定义为

$$A \ominus B = \{x \mid (B)_x \subseteq A\} \tag{4.34}$$

在这里，B 是结构元素图像。A 被 B 腐蚀的结果是 B 全部包含在 A 中的原点组成的集合。也就是说，B 对 A 腐蚀是：B 按照原点顺序平移到 A 中的点 (x,y)，如果 B 完全包含在 A 中，那么原点的集合就是腐蚀的结果。图 4.16 为腐蚀的示意图，图 4.16a 中的黑色阴影部分为 A，图 4.16b 的黑色阴影部分为 B，右上角为原点；图 4.16c 中的黑色部分表示腐蚀的结果 A⊖B。

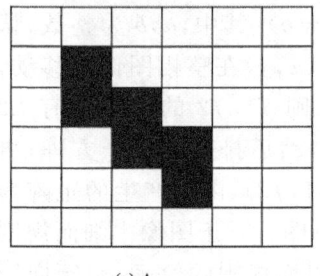
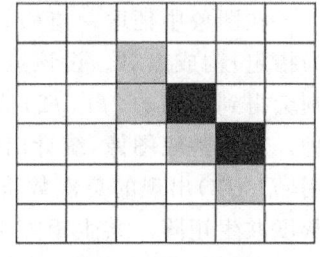

(a) A　　　　　　　　　(b) B　　　　　　　　　(c) 腐蚀结果

图 4.16　腐蚀运算示意图

4.4.1.3 纹理分析

纹理通常被定义为图像的某种局部性质,或是对局部区域中像素之间关系的一种度量。通常认为,纹理是由纹理基元按某种确定性的规律或只是按某种统计规律重复排列组成的,但学术界至今还没有一个统一的关于纹理的确切定义。

归纳起来,对纹理有两种看法,一是凭人们的直观印象,二是凭图像本身的结构。从直观印象出发包含有心理学因素,由此会产生多种不同的统计纹理特性。从这一观点出发,纹理分析应该采用统计方法,从图像结构观点出发,则认为纹理是结构,根据这一观点,纹理分析应该采用句法结构方法。

遥感图像中,像素值仅提供了强度信息,纹理则提供了强度值的局部变异信息,即结构信息。例如,如果区域是平滑的,相邻像素值的变化就比较小,与其他参数的计算相比,纹理参数的计算强度高,属于密集计算类型。

纹理可分为人工纹理和自然纹理,人工纹理是由自然背景上的符号排列组成,这些符号可以是线条、点、字母、数字等。自然纹理是具有重复排列现象的自然景物,如森林、草地之类的照片。人工纹理往往是有规则的,而自然纹理往往是不规则的。一般来说,纹理在局部区域内呈现不规则性,而在宏观上又表现出某种规律,这是一种与图像空间区域有关的特征,只有在图像的某个区域上才能反映和测量出来。这种复杂性使纹理的表述比较困难。正因为如此,对纹理的研究方法也是多种多样的。人们可用来描述纹理的性质有均值(Mean)、方差(Variance)、协同性(Homogeneity)、对比度(Contrast)、相异性(Dissmilarity)、信息熵(Entropy)、二阶矩(Second Moment)和相关性(Correlation)。

在 ENVI 中支持基于概率统计或二阶概率统计的纹理滤波。

灰度共生(co-occurrence)矩阵(GLCM,灰度联合概率矩阵法)描述了图像中的灰度为 IK 的像素从 (i,j) 沿着指定方向和距离 d 移动到 (i',j') 处的灰度为 Ie 的概率。通过统计图像中的所有像元,可以方便描述灰度的分布。应用表明,GLCM 是性能很好的方法,不但能适用于纹理识别,而且用于图像分割时的效果也很好。

在图象中任取一点 (x,y) 及偏离它的另一点 $(x+a,y+b)$(其中,a,b 为整数,认为指定)构成点对。设该点对的灰度值为 $(f1,f2)$,再令点 (x,y) 在整幅图像上移动,则会得到不同的 $(f1,f2)$ 值。设图像的最大灰度级为 L,则 $f1,f2$ 的组合共有 $L2$ 种。对于整幅图像,统计出每一种 $(f1,f2)$ 值出现的次数,然后排列成一个方阵,再用 $(f1,f2)$ 出现的总次数将它们归一化为出现的频率 $P(f1,f2)$,由此产生的矩阵为灰度共生矩阵。共生矩阵实际上是两个像素点的联合直方图。对于图像中细而规则的纹理,成对像素点的二维直方图倾向于均匀分布,对于粗而规则的纹理,则倾向于做对角分布。共生矩阵是用来描述纹理中灰度像元之间空间联系的基础,反映了纹理灰度分布的性质。基于灰度公式矩阵可以定义许多基于统计法的纹理特性。

理论和实验研究的结果表明,在纹理识别和分割中基于二阶统计量的纹理测量比其他方法优越。但它的一个主要缺点就是计算量大,需要的指标很多,而且还需要在不同的位移大小和方向下计算。在某些情况下,为了减少计算量,可假设纹理是各向同性的,这时可把固定位移大小条件下各方向的共生矩阵作平均,然后再用这个综合矩阵来计算各指标。

ENVI 支持概率统计的滤波和二阶概率统计的滤波。

(1)基于概率统计的滤波(Occurrence measures)

使用 Occurrence Measures 可以应用 5 个不同的基于概率统计的纹理滤波。概率统计滤波可以利用的是数据范围(Data Range)、平均值(Mean)、方差(Variance)、信息熵(Entropy)和偏斜(Skewness)。概率统计把处理窗口中每一个灰阶出现的次数用于纹理计算。

(2)基于二阶概率统计的滤波(Co-occurrence Meansures)

使用 Co-occurrence Measures 选项应用 8 个基于二阶矩阵的纹理滤波,这些滤波包括均值(Mean)、方差(Variance)、协同性(Homogeneity)、对比度(Contrast)、相异性(Dissmilarity)、信息熵(Entropy)、二阶矩(Second Moment)和相关性(Correlation)。

二阶概率统计用一个灰色二阶概率统计和一个灰色调空间相关性矩阵来计算纹理值,这是一个相对频率矩阵,即像元值在两个邻近的由特定距离和方向分开的处理窗口中的出现频率,该矩阵显示了一个像元和它的特定邻域之间关系的发生数。例如,图 4.17 所示的二阶概率矩阵是在一个 3×3 的窗口中由每一个像元和它的水平方向的邻域生成的(变换值 $x=1, y=0$)。一个 3×3 基本窗口中的像元和在水平方向变换了一个像元的 3×3 窗口中的像元矩阵。图像纹理分析结果如图 4.18 所示。

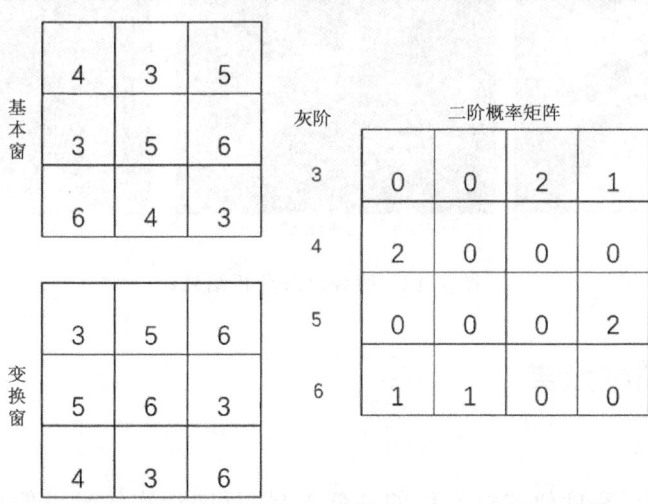

图 4.17 二阶概率统计的滤波计算示意图

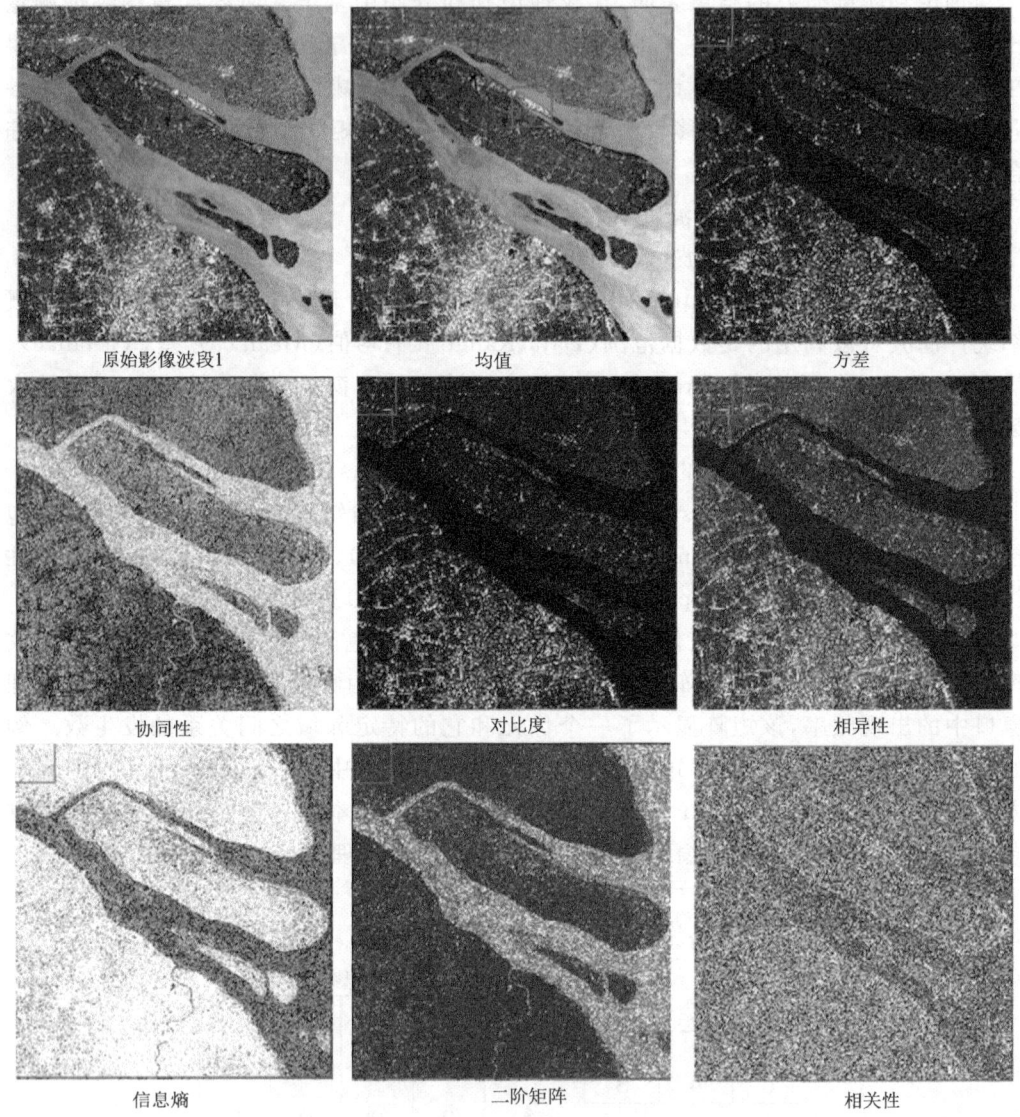

图 4.18 图像纹理分析结果

4.5 遥感图像分类

4.5.1 遥感分类

遥感图像通过亮度值或像元值的高低差异(反映地物的光谱信息)及空间变化

(反映地物的空间信息)来表示不同地物的差异。这是区分不同图像地物的物理基础。遥感图像分类就是利用计算机通过对遥感图像中各类地物的光谱信息和空间信息进行分析,选择特征,将图像中每个像元按照某种规则或算法划分为不同的类别,然后获得遥感图像中与实际地物的对应信息,从而实现遥感图像的分类。一般的分类方法可以分为两种:监督分类与非监督分类。将多源数据应用于图像分类中,发展成基于专家知识的决策树分类。

(1)监督分类(Supervised Classification)

监督分类,又称"训练分类法",用被确认类别的样本像元去识别其他未知类别像元的过程。它就是在分类之前通过目视判读和野外调查,对遥感图像上某些样区中图像地物的类别属性有了先验知识,对每一种类别选取一定数量的训练样本,计算机计算每种训练样区的统计或其他信息,同时用这些种子类别对判决函数进行训练,使其符合于对各种子类别分类的要求;随后用训练好的判决函数去对其他待分数据进行分类,使每个像元和训练样本做比较,按不同的规则将其划分到与其最相似的样本类,以此完成对整个图像的分类。

(2)非监督分类(Unsupervised Classification)

非监督分类,也称"聚类分析"或"点群分类"。在多光谱图像中搜寻、定义其自然相似光谱集群的过程。它不必对图像地物获取先验知识,仅依靠图像上不同类地物光谱(或纹理)信息进行特征提取,再统计特征的差别来达到分类的目的,最后对已分出的各个类别的实际属性进行确认。

(3)基于专家知识的决策树分类

基于专家知识的决策树分类(Decision Tree Classifier)是基于遥感图像数据及其他空间数据,通过专家经验总结、简单的数学统计和归纳方法等,获得分类规则并进行遥感分类。分类规则易于理解,分类过程也符合人的认知过程(宋晓宇 等,2002)。

4.5.2 监督分类

监督分类总体上一般可分为四个过程:定义训练样本、执行监督分类、评价分类结果和分类后处理。其中,评价分类结果和分类后处理的顺序可以根据实际情况进行调整。监督分类的基本过程是:首先根据已知的样本类别的和类别的先验知识确定判别准则,计算判别函数,然后将未知类别的样本值代入判别函数,依据判别准则对该样本所属的类别进行判定。在这个过程中,利用已知类别样本的特征值求解判别函数的过程称为学习或者训练。下面结合 Landsat5 TM 数据介绍监督分类过程。在实际应用中,可以根据需要执行其中部分操作步骤。

4.5.2.1 定义训练区

训练区用来确定图像中已知类别像素的特征。这些特征对于监督分类来说是必不可少的。数量充足的训练样本及其代表性是成功分类的先决条件。

训练区在遥感处理系统中被称为"兴趣区"。在 ENVI 系统中,该区域称为 ROI,在建立训练区之前,首先要根据工作要求,收集地区资料,包括地形图、土地利用现状图、土壤图、植被图、行政区划图等,根据这些资料,确定分类对象和分类体系。

(1)训练区的类型

RO1 有如下三种。

①点:单个像素。

②线:直线或折线,主要是线性地物,较窄的河流、道路。

③面:连续的分布区,如大面积的水体、绿地、城镇等一类地物的训练区可以是一个或多个 ROI,可以是点、线或面。

在遥感系统中确定 ROI 时,需要同时确定如下参数。

①ROI 名称。可以直接使用地物类的名称作为 ROI 名称,如"道路"。

②颜色。使用的颜色应该与分类系统的要求保持一致。具体工作时要参照本行业的分类要求来定。

③样本数目。ROI 中包括的像素数即为统计分析中使用的样本数。样本数应该足够多。

确定 ROI 后,需要进一步分析 ROI 的可分性,即计算 ROI 之间的分离指数。对于分离性较差的特征,要在分类前去除。

(2)训练区选择

根据分类系统得到要求,结合实地调查,在遥感图像上勾绘各类典型地物的分布范围,即训练区。训练区通常通过外业或者较高空间分辨率的航空相片和卫星影像获得。

选择训练区必须考虑所用遥感数据的空间分辨率、地面参照数据的获得性和研究区域景观的复杂性。必须依据已有的知识,并尽可能参考现时性强的图件和文字资料,以便能够选出最有代表性和波谱特征比较均一的地段。有条件的话,应该进行实地调查。

选择训练区时要注意以下的问题。

①训练区必须具有典型性和代表性,即所含类型应与研究地域所要区分的类别一致。训练区的样本应在面积较大的地物中心部分选择,而不应在别的边缘选取,以保证特征具有典型性,从而能进行准确的分类。

②使用的图件时间和空间上要保持一致性,以便确定数字图 EE(或土地利用图、地质图、航片等)的对应关系。即使不一致,也要尽量找时间上,同时,图件在空间上应能很好地匹配。

③训练区的选取方式有按坐标输入式和人机对话式两类。按坐标输入式是预先

把实地调查确定的各类地物分布区转绘到地图上去,量测其在选定坐标系中的位置,再把量测数据输入计算机并映射到遥感图像上,这种方式用于不带图像显示装置的计算机系统。人机对话式则用于带有图像显示装置的数字图像处理系统,它通过鼠标在图像上勾绘出地物所在的范围或转入实地调查的地图矢量数据作为训练区。训练区确定后可通过直方图来分析样本的分布规律和可分性。一般要求单个类训练区的直方图是单峰,近似于正态分布的曲线。如果是双峰,即类似两个正态分布曲线重叠,则可能是混合类别,需要重做。

④训练样本的数目。训练样本数据用来计算类均值和协方差矩阵。根据概率统计原理,协方差矩阵的导出至少需要 $K+1$ 个样本(K 是多光谱空间的维数或经过选择的特征数),这个数是理论上的最小值。实际上,为了保证参数估计结果比较合理,样本数应适当增多。在具体分类时,要根据对工作地区的了解程度和图像本身的情况来确定样本数量。

(3)训练区的调整

在监督分类中,对训练样区的调整与优化具有十分重要的作用。选取的样区不同,分类结果就会有差异,甚至差异很大,每一类别应选取一块以上分布在图像不同部位的训练区,但切勿选到过渡区或其他类别中。每个样区的样本数(像素数)视该类别分布面积大小而定。每类的样本数不能太少,至少应超过变量数,否则会降低分类的可信度。初选后应进行仔细的检验和反复的调整优化。具体方法如下。

①对初选的训练样区进行统计分析,从统计数据或波谱曲线图中观察各样区的波谱特征是否符合该地类的一般波谱变化规律,剔除那些离散性过大的样本。

②检查各类样本聚类中心分布状况,如果各类别的聚类中心较分散,而同类样本都聚集在该类中心周围,表明这些样本都比较纯,代表性高。如果情况相反,那些混入别类分布区的样本必然导致错分误判,应该剔除。剔除后如果某些类别样本不够,应该补选。

③训练样区经过初步调整优化后,进行样区分类检验,并分析分类检验报告,对某些分类精度不高的样本应做进一步的调整优化,直至检验报告中错分率明显降低为止,此时表明优化训练样区的工作基本完成,可以对研究区的整幅图像运用。因为训练样区只从像素波谱的代表性着眼,其假设是遥感图像都较严格地对应于地物属性。

还应该指出,在这种情况下获得的分类结果也不一定都是很好的,依然可能出现错分和漏分的情况。因为训练样区只从像素波谱的代表性着眼,其假设是遥感图像都较为严格地对应于地物属性。实际上,所谓同物异谱或异物同谱的现象并不鲜见,例如同一农田,灌溉与否,土坡湿度差异很大;因作物品种、栽种日期、施肥管理水平不等,作物长相、生物量会有明显差异;还有处于阴阳坡的同类地物,照度不同,图像灰度自然不一,这些都必然造成错分。对比应采取先细分后归并的对策,即依据灌溉地、非灌溉地,阴坡、阳坡,作物品种类别在同一类内分组采样训练和分类,然后再进行归并。

对于异物同谱和近谱所导致的误分,如果这些异物各有一定的地理分布规律,可以采用地理控制法来纠正。例如高层建筑的阴影与水塘、小河,高山上部的草甸、矮林与山坡中下部的草地林木,干旱区山前洪积扇形成的戈壁滩与平原碱化土等,单依靠光谱分类难免错分,按地理分区(包括高程分带)进行分类,或分类后再按地域进行后处理能显著提高分类的精度。

还可能出现一种情况,即选取的训练样区未能包括所有的地物类别,以致分类后遗留下一些无类可归的像素。对此,如果分类目的不是普查性质,有探测重点,那么可以把这些无类可归的像素组成一个新的未知类来对待,这样最简单省事,当然也可以根据最近距离原则把这些像素归到已知类别中去。现有商业化的遥感图像软件一般都具有这种消除漏分、拒分像素的功能。至于对分类精度的影响如何,需具体分析。

训练区选定后,便可以利用训练区中的样本得到相应地物类的图像特征,使用下面所述的分类器进行监督分类(朱述龙 等,2000)。

4.5.2.2 执行监督分类

(1)平行管道法

平行管道方法又称盒式分类器,有时又称等级分割分类器,或者称平行六面体分类器,但后者通常指高维的盒式分类器。平行管道方法是一种最简单的分类器。

在二维即两个波段的情况下,各类训练样本的特征向量产生各自的矩形;在三维即三个波段的情况下,各类训练样本的特征向量分别产生真正的盒子;在多维即多个波段的情况下,它们分别产生多维的盒子。

每个盒子为一类。盒子的中心是训练样本类的均值向量,盒子的边界由样本类的标准差乘以分类者确定的乘数来限定。乘数可取 1、2 或 1.73 等(1.73 即 $\sqrt{3}$,是 ILWIS 系统提供的试选值)。当乘数分别取 1、2 和 1.73 时,盒子的边长就分别等于该波段值的标准差、2 标准差或 1.73 倍标准差。

像素落到哪个盒子就属于哪类,同时落到两个或两个以上盒子内的像素,规定分类结果为最小盒子所属的类(ILWIS 系统),或者最后一个盒子所属的类(ENVI 系统),落到所有盒子之外的像素被标识为"未分类"。

各类在多维空间中形成的数据集并非都沿着每一维(每个波段)数据的数轴方向分布,因而就将平行于各维数轴的盒子(立方体)的概念,修改为多维空间中方向较自由(可不平行于数轴)的平行六面体的概念,这种平行六面体的各个面不是矩形,而是平行四边形,但其分类的原则,仍是盒式分类器的原则。平行六面体分类器比盒式分类器更适合高维遥感图像。

设N_c类遥感图像波段的均值分别为M_i(波段$i=1,\cdots,p$),标准差为S_{ij}。对于i波段的像素值X_i,进行如下的比较:

$$|X_i-M_{ij}|<T\times S_{ij} \tag{4.35}$$

式中,$j=1,\cdots\cdots,N_c$,N_c为总的分类数;T为人为规定的阈值。如果满足条件,则将当前的像素归入j类。否则,排除在外,不能归入已知类别。

这种比较相当于从概率外部出发,采用几倍的标准差作为可信的分类边界,T越大则范围越大。

这种方法的优点是分类标准简单,计算速度快。主要问题是按照各个波段的均值和标准差划分的平行多面体与实际地物类的点群形态不一致。因为遥感图像中不同波段之间的相关程度比较高,一般点群在空间直角坐标系中的分布呈不规则的椭球形,其长轴相当于平行多面体的对角线方向,因而一个多面体和一个类别的点群分布很不一致,容易造成两类互相重叠、混淆不清。一个改进的办法是把一个自然点群分割为几个较小的平行多面体使之更加逼近实际的概率密度分布,从而提高分类的准确性。

(2)最小距离法

最小距离方法是一种相对简化了的分类方法。前提是假定图像中各类地物波谱信息呈多元正态分布,每一个类在K维特征空间中形成一个椭球状的点群,依据像素距各类中心距离的远近决定其归属。

假设K维特征空间存在m个类别,某一像素点距哪类距离最小就判归哪类,用公式表示为

$$d_i=\min_j d_{xj}(j=1,2,\cdots,m) \tag{4.36}$$

式中,j为类别序号;d_{xj}是待分像素x到类j中心的距离,常用的有欧氏距离和马氏距离。

只要确定了类别数和类中心,即可按上述方法判别每个像素的归属。分类的精度取决于训练样本的准确与否。计算流程如下。

假定拟定N个类别,并分别确定各个类别的训练区。根据训练区,计算出每个类别的平均值,以此作为类别中心。

计算待判像素与每一个类别中心的距离,并分别进行比较,取距离最小的类作为该像素的分类。

依此方法逐个对每个像素判别归类。可以看出,真正影响分类结果的是各个类的均值。这是在若干先决条件下的简单分类,容易产生错误,但该方法简单,实用性强,计算速度快。

(3) 最大似然分类

最大似然分类方法是基于贝叶斯准则的分类错误概率最小的一种非线性分类，应用比较广泛、成熟。

如果各个类别训练区的特征服从正态分布，最大似然分类具有最好的分类结果。

最大似然法假设遥感图像的每个波段数据都为正态分布。其基本思想是：地物类数据在空间中构成特定的点群；每一类的每个特征均服从正态分布，多个特征就构成了一个多维正态分布；正态分布模型有其分布特征，例如，所在位置、形状、密集或分散的程度等。对于具有三个特征的正态分布来说，每一类的数据就是一个近似钟形的立方体。不同的类形成的"钟"在高低、粗细、尖阔等方面不相同；根据各类的已知数据，可以构造出对应的多维正态分布模型（实际为各类特征的概率密度函数或概率分布函数）；在此基础上。对于任何一个像素，可反过来求它属于各类的概率，取最大概率对应的类为分类结果。

设 $g_i(x)$ 为判别函数，像素 x 出现在 ω_i 类的最大概率 $p(\omega_i \mid x)$ 表示为

$$g_i(x) = p(\omega_i \mid x) \tag{4.37}$$

$p(\omega_i \mid x)$ 为后验概率，根据贝叶斯公式，有

$$g_i(x) = p(\omega_i \mid x) = p(x \mid \omega_i) p(\omega_i) / p(x) \tag{4.38}$$

$p(\omega_i \mid x)$ 为在 ω_i 观测到 x 的条件概率，$p(\omega_i)$ 为类别 ω_i 的先验概率，$p(x)$ 为 x 与类无关情况下的概率。当带分类图像存在多个类别时，需要计算并计较多个 $p(\omega_i \mid x)$，根据贝叶斯准则，取其中最大者代表的类别为待判像素的归属类别。在计算并比较多个 $p(\omega_i \mid x)$ 过程中，$p(x)$ 是若干计算中都出现的公共项，为简单起见可以省略。$p(x \mid \omega_i)$ 可以通过选择合适的训练区来计算。

由于假定地物光谱特征服从正态分布（对于非正态分布可通过数据转化为正态分布），上式可表示为：

$$g_i(x) = p(x \mid \omega_i) p(\omega_i) = \frac{p(\omega_i)}{(2\pi)^{K/2} |\sum_i|^{1/2}} \exp\left[-\frac{1}{2}(x-u_i)^T \sum_i^{-1}(x-u_i)\right] \tag{4.39}$$

取对数形式，并去掉多余项，最终判别函数为

$$g_i(x) = \ln[p(\omega_i)] - \frac{1}{2}\ln|\sum_i| - \frac{1}{2}(x-u_i)^T \sum_i^{-1}(x-u_i) \tag{4.40}$$

式中，$i=1,2,\cdots,N_c$ 为类序号，共 N_c 个类；K 为波段数（或特征数）；$\sum_i$ 为第 i 类的协方差矩阵；$|\sum_i|$ 为矩阵 $\sum_i$ 的行列式；u_i 为第 i 类的均值向量。计算时用训练样本的协方差和均值代替 $\sum_i$ 和 u_i。

训练区选择与前面最小距离方法相同。不同的是必须有足够的训练样本来计算判别函数的系数，一般训练样本应是 10 倍的特征数量，使用 100 倍特征数量的训练

样本才比较合理。

另外,如果分类用的各个特征之间的相关性很强,则方差、协方差的逆矩阵可能不存在或者不稳定。因此,要慎重选择分类使用的特征。

(4)光谱角分类

光谱角分类法(spectral angle mapper,SAM)适用于高光谱图像,它既是一种分类方法,也是一种光谱匹配技术。光谱角分类通过估计像素光谱与样本光谱或端元成分(endmember)光谱的相似性(余弦距离)来进行。端元成分是混合像元中最纯的类型,它的光谱代表纯地物类(没有混合的单一地物类)光谱,并可作为分类中的标准光谱。通过光谱分解方法,可以从训练区中提取出端元成分。光谱角分类的工作步骤与其他监督分类方法一样,首先选择训练样本,然后比较训练样本与每一像素之间的相似系数,越高表明越接近训练样本的类型。因此,分类时还要选取阈值,大于阈值的像素与训练样本属同一地物类型,反之则不属于。光谱角分类方法的原理是:把光谱作为向量投影到 N 维空间上,其维数为选取的所有波段数。N 维空间中,像素值被看作有方向和长度的向量,不同像素值之间形成的夹角称为光谱角。光谱角分类考虑的是光谱向量的方向而非光谱向量的长度,使用余弦距离作为地物类的相似性测度。

需要注意的是:任意两个像素,如果其特征空间相差一个很大的常数,光谱角分类会把它们归于一类,但最小距离分类和最大似然分类则会将这两个像素归为两类。

根据分类的复杂度、精度需求等选择一种分类器。在 ENVI 可以进行以下的监督分类,见表 4.7。

表 4.7 展示了不同监督分类的结果,分类在 ENVI 系统下进行,总的分类数为 4 种(图 4.19),分别为长江水体、内陆水体、林地、建设用地。经过对比表明平行管道法分类效果最差,多数的林地被划分为建设用地而且出现误差分类的区域。神经网络、支持向量机以及最大似然法的分类结果较为合理。

表 4.7 ENVI 中六种监督分类器说明

分类器	说明
平行六面体 (Parallelpiped)	根据训练样本的亮度值形成一个多维的平行六面体数据空间,其他像元的光谱值如果落在平行六面体任何一个训练样本所对应的区域,就被划分其对应的类别中。平行六面体的尺度是由标准差阈值确定,而该标准差阈值则是根据所选类的均值求出
最小距离 (Minimum Distance)	利用训练样本数据计算出每一类的均值向量和标准差向量,然后以均值向量作为该类在特征空间中的中心位置,计算输入图像中每个像元到各类中心的距离,到哪一类中心的距离最小,该像元就归入哪一类

续表

分类器	说明
马氏距离 (Mahalanobis Distance)	计算输入图像到各训练样本的马氏距离(一种有效的计算两个未知样本集的相似度的方法),最终统计马氏距离最小的,即为次类别
最大似然 (Likelihood Classification)	假设每一个波段的每一类统计都呈正态分布,计算给定像元属于某一训练样本的似然度,像元最终被归并到似然度做大的一类中
神经网络 (Neural Net Classification)	指用计算机模拟人脑的结构,用许多小的处理单元模拟生物的神经元,用算法实现人脑的识别、记忆、思考过程应用于图像分类
支持向量机 (Support Vector Machine Classification)	支持向量机分类(SVM)是一种建立在统计学习理论(Statistical Learning Theory,SLT)基础上的机器学习方法。SVM可以自动寻找那些对分类有较大区分能力的支持向量,由此构造出分类器,可以将类与类之间的间隔最大化,因而有较好的推广性和较高的分类准确率

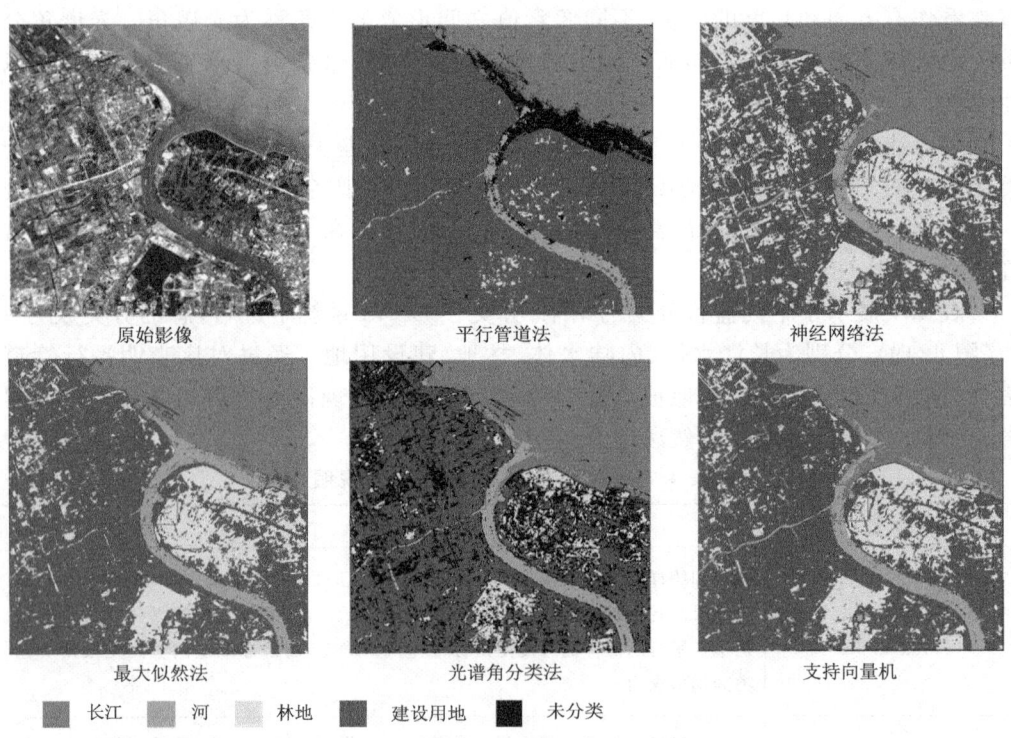

原始影像　　　　　　　平行管道法　　　　　　　神经网络法

最大似然法　　　　　　光谱角分类法　　　　　　支持向量机

■ 长江　　■ 河　　■ 林地　　■ 建设用地　　■ 未分类

图 4.19　监督分类的结果(见彩图)

4.5.2.3 执行非监督分类

非监督分类是不加入任何先验知识,利用遥感图像特征的相似性,即自然聚类的特性进行分类。分类结果区分了存在的差异,但不能确定类别的属性。类别的属性需要通过目视判读或实地调查后确定。

非监督分类有多种方法,其中,K 均值方法和 ISODATA 方法效果较好、使用最多。

非监督分类的假设:在具有相同的表面结构特征、植被覆盖、光照等条件下,遥感图像中的同类地物具有相同或相近的光谱特征,从而表现出某种内在的相似性,可归属于同一个光谱空间。不同的地物,光谱信息特征不同,归属于不同的光谱空间。

在图像分类的初始阶段,可用非监督分类方法来探索数据的本来结构及其自然点群的分布情况。

非监督分类主要采用聚类分析的方法,把像素按照相似性归成若干类别。其目的是使得属于同一类别的像素之间的差异(距离)尽可能小,而不同类别中像素间的差异尽可能大。考虑到遥感图像的数据量较大,非监督分类使用的是快速聚类方法。与统计学上的系统聚类方法不同,遥感图像在进行聚类分析时不需要保存距离矩阵。

由于没有利用地物类别的先验知识,非监督分类只能假定初始的参数,并通过预分类处理来形成类群,通过迭代使有关参数达到允许的范围为止。在特征变量确定后,非监督分类算法的关键是初始类别参数的选定(梁顺林,2009)。

非监督分类主要流程如下。
①确定初始类别参数,即确定最初类别数和类别中心(点群中心);
②计算每个像素对应的特征向量到各点群中心的距离;
③选取距离最短的类别作为这一向量的所属类别;
④计算新的类别均值向量;
⑤比较新的类别均值与初始类别均值,如果发生了改变,则以新的类别均值作为聚类中心,再从第 2 步开始进行迭代。
⑥如果点群中心不再变化,计算停止。

(1) K-均值方法

K-均值(K-Mean)算法的聚类准则是使每一分类中,像素点到该类别中心的距离的平方和最小。其基本思想是,通过迭代,逐次移动各类的中心,直到满足收敛条件为止。

收敛条件:对于图像中不相交的任意一个类,计算该类中的像素值与该类别均值差的平方和。将图像中所有类的差的平方和相加,并使相加后的值达到最小。

设图像中总类数为 m,各类的均值为 C,类内的像素为 N、像素值为 f,那么,收敛条件是使得下式到最小:

$$J_e = \sum_{i=1}^{m} \sum_{j=1}^{N_i} (f_{ij} - C_i)^2 \tag{4.41}$$

计算步骤如下。

假设图像上的地物分为 m 类，m 为已知数。

第一步：适当地选取 m 个类的初始中心 $Z_1^{(1)}, Z_2^{(1)}, \cdots, Z_m^{(1)}$。初始中心的选择对聚类结果有一定的影响，使用如下两种方法。

①根据问题的性质和经验确定类别数 m，从数据中找出直观上看来比较合适的 m 个类的初始中心。

②将全部数据随机地分为 m 个类别，计算每类的重心并作为 m 个类的初始中心。

第二步：第 k 次迭代中，对任一样本 X 按如下的方法把它调整到 m 个类别中的某一类别中去。对于所有的 $i \neq j (j=1, 2, \cdots, m)$，如果 $\| X - Z_j^{(k)} \| < \| X - Z_i^{(k)} \|$，则 $X \in S_j^{(k)}$，其中 $S_j^{(k)}$ 是以 $Z_j^{(k)}$ 为中心的类。

第三步：由第二步得到 $S_j^{(k)}$ 类新的中心 $Z_j^{(k+1)}$，$Z_j^{(k+1)} = \dfrac{1}{N_j} \sum\limits_{X \in S_j^{(k)}} X$，其中，$N_j$ 为 $S_j^{(k)}$ 类中的样本数。$Z_j^{(k+1)}$ 按照下面误差平方和 J 最小的原则确定。J 的表达式如下。

$$J = \sum_{j=1}^{m} \sum_{X \in S_j^{(k)}} \| X - Z_j^{(k+1)} \|^2 \tag{4.42}$$

第四步：对于所有的 $i = 1, 2, \cdots, m$，如果 $Z_j^{(k+1)} = Z_j^{(k)}$，则迭代结束，否则转到第二步继续进行迭代。

K-均值方法的优点是实现简单，缺点是过分依赖初值，容易收敛于局部极值。该方法产生结果受所选择聚类中心的数目、初始位置、类分布的几何性质和读入次序等因素影响较大。初始分类选择不同，最后的分类结果可能不同。通过其他的一些方法如最大的最小距离或人工分析找出初始中心，可以改善分类的效果。

(2) ISODATA 方法

ISODATA(Iterative Self-organizing Data Analysis Techniques Algorithm)法即迭代式自组织数据分析算法，简称迭代法。这是一个最常用的非监督分类算法，在大多数图像处理系统或图像处理软件中都有这一算法。ISODATA 算法与 K-均值算法有两点不同：第一，它不是每调整一个样本的类别就重新计算一次各类样本的均值，而是在把所有样本都调整完毕之后才重新计算，前者称为逐个样本修正法，后者称为成批样本修正法；第二，ISODATA 算法不仅可以通过调整样本所属类别完成样本的聚类分析，而且可以自动地进行类别"合并"和"分裂"，从而得到类数比较合理的聚类结果。最后的非监督分类结果如图 4.20 所示，可以看出由于异物同谱的问题，分类结果的错误较多，因此，在进行非监督分类之前，慎重的选择使用的特征/波段，并对分类结果进行实地调查验证是非常重要的。

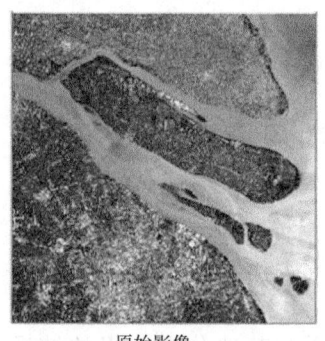 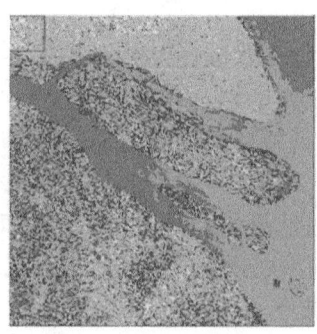 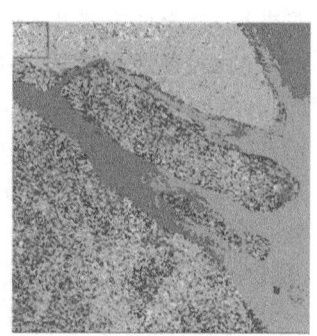

原始影像　　　　　　　　　　K-均值分类　　　　　　　　　　ISODATA分类

图 4.20　非监督分类的结果（见彩图）

4.5.3　决策树分类

决策树分类是根据遥感的图像数据和其他的空间数据，通过利用总结出来的较为简单的数学统计方法和归纳方法，得到的遥感图像分类规则。这一分类方法最大的特点是利用了多源数据，并且分类规则较为容易理解，分类过程也属于人类的认知过程。决策树分类总体上可以分为四个过程：分类规则的定义、决策树的构建、决策树的执行以及对分类结果的评估。

决策树方法主要包括两种，分别为自上而下和自下而上的方法。自上而下方法的基本思路为：将每个像素作为一个类，先进行所有类别之间距离的计算，将距离最近的两个类进行合并，产生一个新的类，接着进行新类与其他类别之间距离的计算，重复上面工作，直到所有类别合并为大类，形成整个树结构的根部。每次合并产生树结构中的一个结点，不同的结点和分支构成了分类树，其中最下面一层的结点被称为根节点，最上面一层的结点被称为终端结点，终端结点为一类。

自上而下的基本思路为：将图像作为一个大类，根据最大的差异区分出两个类别，之后继续按照最大的差异性对区分出的类别进行分类，依次进行，直至达到工作需求。

决策树的结果可以用分类树进行表示，树的分类主要分为训练和分类两个步骤，首先利用训练样本进行对分类树的训练，进行分类树结构的构造，之后利用训练好的分类树进行像素的逐级判定，最终进行类别归属的确定。

构造树分类的方法有很多，而且树结构的设计可以从根节点到终端结点来进行，也可以从终端结点到根节点来进行设计。

当分类出现类别的混淆而又难以解决时，可以利用逐级分类的方法。先进行特征明显的大类别的确定，之后对每一大类再进行进一步的划分，这时可以分类方法或分类使用的图像特征的更换,以此进一步提高这一类别的可分性。不断按照如上步骤进行,直至所有类别全部分出。

例如,地表覆盖的分类很难做到问题的一次性解决,一些植被的光谱特性较为接近,分类时需要辅助处理,形成新的特征组合才能进行进一步的区分。所以,第一层先进行云、地表水、裸土、人工设施和植被的区分;第二层对植被类进行进一步区分,分出自然植被和人工植被;在第三层将人工植被进行纤细区分,分出庄稼地和休耕地,同时将自然植被区分为森林、灌木和草地等。这样即使自然植被中的草地和人工植被中休耕地光谱较为接近,但由于休耕地在第二层已经被分为人工植被,在第三层的分类中就避免了这两者的混淆。

在工作中可以只分类易混淆的个别层,然后将分类结果和其他分类获得的结果进行叠加。也可以按照区域进行分层分类,例如,土地利用分类可以将山区与平原作为单独的两层进行单独分类,这样山区的天然植被与平原区的农田、园地等人工植被更容易进行区分。

4.5.3.1 分类规则的定义

决策树分类中,分类规则来自经验的总结或利用计算从样本中获取的规则。例如:坡度小于 20°属于缓坡,属于经验的总结;C4.5 算法、S-PLUS 算法等属于从样本中获取分类规则。

C4.5 算法的基本原理是从树的根节点出的所有训练样本开始,选择某一个属性来对样本进行大致的区分。对这个属性的每一个值产生一个分支,新生成的子节点就会获得分支属性值中相对应的样本子集,上述的算法将会层层应用到每个子节点之中,一直到节点的所有样本都进行了某一个类的分区,到达决策树的叶节点的每条路径代表了一个分类规则。这种算法采用了信息增益比例来进行属性的选择,弥补了用信息增益选择属性中偏向选择取值多的属性不足,而且可以对连续属性进行离散化的处理,即在树的构造或构造完成后进行修剪(图 4.21)。

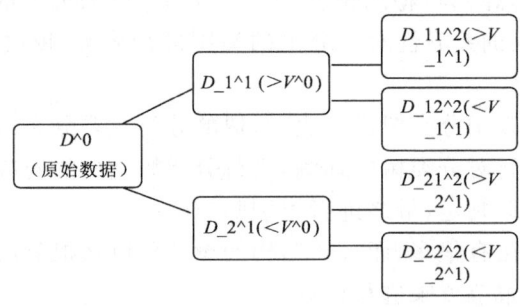

图 4.21 决策树算法示意图

算法中描述的属性也被称为变量,变量来源于多源数据之中,例如 DEM 文件可以当作变量。下面是以 Landsat TM 数据和 DEM 数据构成的多源数据分类规则。

Class1(朝北缓坡植被):NDVI>0.3,坡度小于 20°,朝北。
Class2(非朝北缓坡植被):NDVI>0.3,坡度小于 20°,非朝北。
Class3(陡坡植被):NDVI>0.3,坡度大于或等于 20°。
Class4(水体):NDVI≤0.3,波段 4 的 DN 值大于 0 且小于 20。
Class5(裸地):NDVI≤0.3,波段 4 的 DN 值大于或等于 20。
Class6(无数据区):NDVI≤0.3,波段 4 的 DN 值等于 0。

4.5.3.2 规则表达式

在 ENVI 中,用变量和运算符组成的规则表达式来描述分类规则,在进行决策树的构建之前,需要把分类规则转化为规则表达式。在 ENVI 中,描述分类规则的表达式符合 IDL 编程规范,主要由四个部分组成:操作函数、变量、数字常量以及数据格式转换函数。操作函数见表 4.8。

表 4.8 操作函数

种类	可用函数
基本运算	加(+)、减(—)乘(*)除(/)
三角函数	正弦、余弦、正切、反正切、反余弦、反正切 双曲正弦、双曲余弦、双曲正切
关系和逻辑运算符	小于(LT)、小于等于(LE)、等于(EQ)、不等于(NE)、大于等于(GE)、大于(GT) 并(AND)、或(OR)、NOT、XOR 最小值运算符(<)、最大值运算符(>)
其他数学函数	指数(^)、自然指数 $\exp(x)$ 自然对数 $\mathrm{alog}(x)$ 以 10 为底的对数 $\mathrm{alog10}(x)$ 整型取整 $\mathrm{round}(x)$,$\mathrm{ceil}(x)$ 平方根 $\mathrm{sqrt}(x)$ 绝对值 $\mathrm{abs}(x)$

变量是指一个波段的数据或作用于一个波段的特定的某个函数。变量一定要包含在大括号中,即{变量名},如果变量为一个波段数据,则可以直接进行变量的命名,例如:bx,其中 x 为小于等于 5 位数的整数。如果变量被赋值为多波段文件,变量名则必须用一个写在方括号中的标签来表示波段数。例如被赋值给变量 pc 的文件的第三个波段,就要用{pc[3]}来表示。特定变量如表 4.9 所示。

表 4.9 特定变量

变量	作用
Slop	计算坡度
Aspect	计算坡向
NDVI()	计算归一化植被指数
Tascap[n]	缨帽变换,n 表示获取的是那一部分分量
pc[n]	主成分分析,n 表示获取的是哪一分量
lpc[n]	局部主成分分析,n 表示获取的是哪一分量
mnf[n]	最小噪声变换,n 表示获取的是哪一分量
lmnf[n]	局部最小噪声变换,n 表示获取的是哪一分量
Stdev[n]	波段 n 的标准差
lStdev[m]	波段 m 的局部标准差
Mean[m]	波段 m 的平均值
Min[m]、max[m]	波段 m 的最大、最小值
lMin[m]、lMax[m]	波段 m 的局部最大、最小值

IDL 中的数据类型转换函数在表达式中一样适用,在具体的实际应用之中,主要是将整数型转换为浮点型数据。例如与浮点型常数进行比较,表达式:b4/b3 gt0.35,b3 和 b4 都属于字节型,因此 b4/b3 所得到的结果也属于字节型,最终会影响最后的结果。因此,上述表达式应该写为:float(b4)/b3(表 4.10)。

表 4.10 数据类型转换

数据类型	计算函数	数据范围
8-bit 字节型(Byte)	Byte()	0~255
16-bit 整型(Interger)	fix()	−32768~32767
16-bit 无符号整型(Unsigned Int)	unit()	0~65535
32-bit 长整型(Long Integer)	long()	约 +/−20 亿
32-bit 无符号长整型(Unsigned Long)	ulong()	约 0~40 亿
32-bit 浮点型(Floating Point)	float()	+/−1e38
64-bit 双精度浮点型(Double Precision)	double()	+/−1e308
64-bit 整型(64-bit Integer)	long64()	约 +/−9e18
无符号 64-bit 整型(Unsigned 64-bit)	Ulong64()	约 0~2e19
复数型(Complex)	complex()	+/−1e38
双精度复数型(Double Complex)	dcomplex()	+/−1e308

例如:b1gt({mean[2]}+2×{stdev[2]})就可以表示为"波段 1 大于波段 2 平均值,加上 2 倍的波段 2 的标准差"

把定义好的分类规则转化为规则表达式为

Class1(朝北缓坡植被):{NDVI}gt0.3,{slope}lt20,({aspect}lt90)or({aspect}gt270)。

Class2(非朝北缓坡植被):{NDVI}gt0.3,{slope}lt20,({aspect}gt90)and({aspect}lt270)。

Class3(陡坡植被):{NDVI}gt0.3,{slope}gt20。

Class4(水体):{NDVI}le0.3,(b4gt0)and(b4lt20)。

Class5(裸地):{NDVI}le0.3,b4ge20。

Class6(无数据区):{NDVI}le0.3,b4eq0。

除了 ENVI 提供的特定变量之外,也可以利用 IDL 进行函数构造变量的编写。其中,函数的定义与使用和波段运算方法一致,区别是返回的结果必须是 0 或 1,也可以为二进制数组。

4.5.4 分类后处理

非监督分类获得的各类为光谱类;监督分类尽管通过选拔训练确定了地物类,分类结果得到的应该是地物类,但是由于同谱异物和同物异谱的问题,分类结果依旧带有光谱类的性质,而不是真正的地物类。为了解决光谱类和地物类的关系以及其他的一些专业的制图问题,分类后还需要进行各种处理,这个过程又称为分类后处理。

分类后处理的内容并没有严格的限定,其中一些是必须做的,有一些是可以选择做的,根据专业的需要,分类者的熟练程度等因素确定。

4.5.4.1 碎斑处理

这是一个非常重要的后处理工作,几乎所有的图像处理系统或软件系统都提供了这个功能。

计算机分类无论是否提供了训练区和训练样本作为参照,都是严格按照一定的数学算法对图像数据本身进行计算和分类的。因此图像上任意一点(像素)计算出的结果不会产生变化。结果就会出现某一类较为均匀的图斑上散落分布一个或两个或多个孤立的其他类的像素,整图如"满天星"一般,看起来较为混乱。

人们对图像的要求不只需要科学的一面,还需要存在艺术的一面。如果整张图看起来较乱,那么就失去了可读性,这就需要将图变得美一些或者艺术一些。人们手工绘图时经常很自然地忽略大图斑的一些星星点点图斑,并将这些点都看作为和大图斑相同的内容。这就是制图学中所谓综合。

分类结果出现"满天星"现象需要进行滤波处理。这种处理实际上就是利用计算机代替手工进行制图综合工作的制作。它去掉分类图中过于孤立的一些类的像素或将它们归并到包围相邻的较为连续的一些类中。

这种处理方法在不同的软件中具有不同的名称,例如,在 ENVI 中叫作多数/少数分析，聚块和筛除，在 ERDAS 中叫作聚块、筛除和合并。其基本思路大体上是给每个类规定一个应该保留的最小连片像素数，之后将小于此数的孤立像素合并到和它相邻的或者包围它的较大的连片像素类中。

调整一般按照"少数"服从"多数"的原则。例如，在分类图像中可以对每个图像进行以下处理：若某像素的 8 个邻接像素中至少有 6 个像素同属于一类 C，那么该像素的类别也调整为 C；否则，保持这个像素已分的类别属性不变。这个过程需要多次的迭代才可以达到效果。

除此之外，对于分类图像中经常出现的"分类噪声"，还可以利用地物类别分布的空间关系，通过滤波处理消除或减少"分类噪声"的干扰。

类别合并：非监督分类前不知道实际存在多少地物类，在策略上经常先分出较多的类，之后根据实际情况或已有的知识，确定最后需要的类别，所以需要将一些光谱上不同的类合并为一个地物类。监督分类虽然知道实际存在哪些地物类，但是同物异谱现象的存在也会产生错误的分类结果。

分类后处理中的类合并处理，在 ENVI 中是对类进行合并的一部分，在 ERDAS 中叫作重编码。其基本思想为把需要合并的两个及以上的编码和颜色改为相同的编码和颜色（谷口庆治，2002）。

4.5.4.2 分类结果统计

分类结果统计是图像分类报告中一定要包含的内容，包括每个类在各个阶段的平均值、标准差、最低值、最高值、协方差矩阵、特征值以及各类的像素数等。

分类统计是非常重要的信息，它提供的各类面积百分比是分类的要求，各类的各项统计值，特别是它们在各个波段中的平均值和标准差，属于确定各类地物光谱特征的重要依据。根据这些统计参数可以绘制各类的光谱曲线，计算相应的植被指数等，有助于进一步确定分类结果的可靠性。

4.5.4.3 类间可分离性分析

类间可分离性可以利用各类之间的距离矩阵进行表示。由于距离属于类间相似性的一个重要量度。所以通过该矩阵可以确定最为相似的类。如果某类的地物性质较为模糊，可以借助与它最为相似的已知地物类进行进一步明确。

遥感图像的非监督分类结果中，各类之间属于平行关系，不存在统计学中系统聚类结果那样的层次性。监督分类结果中各类同样属于平行关系。通过距离矩阵系统聚类，可以帮助确定各类之间的关系，以此建立分类体系。

此外，距离矩阵也可以作为手段进行监督分类训练样本的筛选。

4.5.5 图像分类的精度评估

遥感图像分类精度分析通常将分类图和标准数据进行比较，然后利用正确分类的百分比进行分类精度的表示。在实际的工作中，一般利用抽样的方式选取部分像素或类别来代替整幅图像进行精度的分析。

遥感图像分类精度包括位置精度和非位置精度。非位置精度利用一个简单的数值（像素数目、面积）来表示分类精度，由于没有考虑位置因素，因此类别之间的错分结果彼此平衡，一定程度上抵消了分类结果之间的误差，可以进一步提高分类的精度。

位置精度分析将分类的类别和所在的空间位置进行了统一检查。现在一般利用混淆矩阵的方式，并以 Kappa 系数作为整个分类图精度的评估条件，以条件 Kappa 系数评价单一类别的精度。

精度评估主要包括三大部分的内容：抽样设计、响应设计和估计与分析程序。选择适当的抽样策略属于其中的关键步骤。抽样策略的主要组成部分包括抽样单元、抽样设计和样本量。可能的抽样设计包括随机抽样、分层随机抽样、系统抽样、双重抽样和分组抽样等。

4.5.5.1 混淆矩阵

混淆矩阵是由 n 行 n 列组成的矩阵，用来表示分类结果的精度。其中，n 代表类别数。有时，这个矩阵也被叫为误差矩阵。

要生成正确的误差矩阵，需要考虑参考数据的收集、分类方案、采样方案、空间的自相关检验以及样本量和样本单元这几个因素。

在混淆矩阵中，检验用的实际类别主要来自三种，分别为：分类前选择的训练区和训练样本时确定的各个类别以及空间分布图；类别已知的局部地段的专业类型图；实地调查的结果。

需要注意的是，混淆矩阵方法只适用于"硬"分类，即假设图像中各个类别之间相互具有完全性和排他性，每一个位置只属于某一种类型；这种假设可能和实际情况的差异较大，特别是在低空间分辨率图像中。对于"软"分类结果的评价，常用于参数化、互信息的广义 Morisita 指数等来进行描述。

混淆矩阵的列方向依次排列实际类别的第 1 类、第 2 类、第 3 类，…的代码或名称；矩阵的行方向依次排列着分类结果各类别的第 1 类、第 2 类，…的代码或名称。矩阵中的元素是分属各类的像元素或占总像素数的百分比。显然，矩阵主对角线上的数字就是分类正确的像素数或其百分比。主对角线上的像素数越大或百分比越高，分类精度就越高。主对角线以外的数字就是错分的像素数或百分比。这些数字或百分比越小，错分率就越小，精度就越高。主对角线上像素数的和除以参与计算混淆矩阵的像素总数，就是分类精度的初步估计。

混淆矩阵有时是为了选择训练区和确定训练样本而计算的。对于初选的训练区进行一次试分类，用来确定训练样本各类的混淆程度。通常要求不混淆的像素数达到 80% 以上的类才可以作为训练样本类。表 4.11 为混淆矩阵的计算实例。

表 4.11　混淆矩阵计算实例

分类结果	1	2	3	4	5	6	7	8	类样本数	类正确率
1	165		3		10		2		180	91.7%
2		216		7		5	12		240	90%
3	9		150		14				173	86.7%
4		7		183		10		5	205	89.3%
5		9			374		19	10	412	90.8%
6			17		11	205			233	88%
7		20					194		214	90.7%
8				16		8		281	305	92.1%
总样本	1962			正确分类样本	1768		总正确率		90.1%	

对于第 1 类来说，一共检查了 180 个样本，正确分到第 1 类的有 165 个，有 10 个错分到第 5 类，有 2 个错分到第 7 类，3 个错分到第 3 类，因此该类的正确率为 165÷180＝0.917，以此类推。

4.5.5.2　Kappa 系数

Kappa 系数是测定两幅图之间吻合度或精度的指标。Kappa 统计可以表示为

$$K = \frac{N\sum_{i=1}^{m} x_{ii} - \sum_{i=1}^{m}(x_{i+} x_{+i})}{N^2 - \sum_{i=1}^{m}(x_{i+} x_{+i})} \tag{4.43}$$

式中，m 为总的类别数；x_{ii} 为混淆矩阵中第 i 行和第 i 列上的像素数目；x_{i+} 和 x_{+i} 分别为第 i 行和第 i 列的总像素数目；N 为用于进行精度评估的总像素数目。

分类总体精度与 Kappa 的区别在于总体精度只用到了对角线上的像素数量，Kappa 则在考虑了对角线上被正确分类的像素的同时，还兼顾考虑了不在对角线上的各种漏分和错分(贾永红，2001)。

在统计学中，一般将 Kappa 系数作为非参数统计的方法，以此来衡量两个人对同一物体评价结论的一致性。其中 1 表示具有很好的一致性，0 表示一致性基本不存在。大于 0.75 代表评价人之间具有很好的一致性，小于 0.4 则表示一致性较差。

4.5.5.3　制约分类精度的因素

通过实践，可以发现由于遥感图像自身特点和单一分类方法的限制，仅仅依靠单一的分类方法较难达到使用要求的实用精度。

(1)遥感图像的制约

遥感图像反映的主要为地球表层系统的二维空间，其中高程变化对地理环境的

影响并未得到充分的反映,在地表以下的深层构造相互作用机理也不能得到反映,导致分类信息的不完整。遥感信息传递过程中的局限性和遥感信息之间的复杂性决定了遥感信息的不确定性和多解性,这也成为制约遥感图像分类精度的主要原因。

在遥感信息的传输过程中,存在许多的信息衰减和增益的过程,因此,对遥感信息的处理和对分析模型的研究需要经历从物理实验到自然界的过程。由于现在并未完全掌握这两者之间的规律,因此并不能建立一个可以精确反演地球表层系统区域分化和时相变化规律的物理模型,也因此影响到了分类结果的准确性。

另外,遥感图像的空间分辨率的变化在一定程度上也给分类造成了一定程度上的麻烦,空分辨率较低的情况下,遥感图像像素所包含的经常为混合型的地物信息,并不单纯为地物信息。空间分辨率高的情况下,复杂程度较大的同类地物差异往往被夸大,"同物异谱"问题更为严重,造成了分类的复杂性。

(2) 分类方法的制约

目前的分类方法大多为基于像素的方法,即确定好分类模型后按照像素计算其所属的类别。分类的依据主要为光谱信息,但是遥感图像的空间信息、结构信息不能得到充分的应用。例如,目视分析所能发现的地质结构上的隐蔽构造和环形构造很难通过分类方法进行提取。分类所依靠的光谱信息随环境、时相千变万化,大量的"同物异谱"和"同谱异物"现象影响计算机分类的精度。

没有一种分类算法是完美的,建立在通常统计方法之上的分类方法一般存在以下几个缺点。

初始条件存在一定的随机性;

难以确定全局最优分类特征、中心向量和最佳类别个数;

分类过程中难以融合地学专家知识、监督分类的结果一般取决于训练样本的选择,不容易找到统一和量化的标准,且分类工作具有不可重复性。

思考题

1. 简述监督分类和非监督分类的区别
2. 波段运算的目的是什么?主要应用有哪些。
3. 图像中常用的彩色模型有哪些?
4. 利用遥感软件对图像进行不同方法的监督分类,并比较各种不同方法之间的差异。
5. 提高图像分类精度的措施有哪些?
6. 利用遥感软件,分别以 RGB 和 HIS 方法显示图像。

第5章 海洋遥感应用

5.1 海洋生态环境与灾害监测

生命起源于海洋,并且于海洋内富含各种资源,现如今大众关于海洋资源的利用与开发越来越普遍,由此导致海洋环境日益恶化并出现各种严重后果。过度的开发造成很多诸如重金属、污水、石油等垃圾污染了海水,尤其体现在国内部分沿海地区的海域、河口以及海湾等区域。由于海洋环境的日益恶化导致海洋资源的质量受到严重影响,并对海洋周边地区居民的身体造成不良后果,甚至产生经济损失。遥感监测技术主要借助航空以及卫星等所发射的电磁波展开关于海洋环境的监测技术,属于环境信息采集的高科技手段之一,由于在采集相关数据及信息方面具有快速且全面的优势,因此当前于海洋环境监测方面受到一致认可。

现如今 NASA 的 OceanColor 逐步构建了相对健全的用于远程监测海洋生态环境的相应机制及产品,具体有:远程数据采集、产品生产、评估,包括全世界监测信息的共享以及先进的信息处理工具;产品具体包括诸多环境因素,典型代表包括水体光场分布以及水体物质组成等;在产品具体空间分辨率方面主要包括两种类型,分别是 4 km 以及 9 km,时间分辨率包括三种,依次是 1 d、8 d 和 30 d。现如今与多源遥感信息有机结合从而开发出能够对生态环境因素进行最大时空范围的监测产品是当前的大势所趋。

当前国内关于海洋生态环境的遥感监测技术正日趋成熟。其中关于海洋立体监测最关键的组分当属 HY-1 卫星,该卫星已成功应用于多个领域,包括海洋环境监测、海洋灾害监测、海洋资源监管、全世界气候情况、海洋科学研究以及全球之间的各项协作等方面(蒋兴伟 等,2018)。1997 年 9 月,自然资源部第二海洋研究所卫星地面站的主要功能在于可以将美国 SeaWiFS 海洋水色卫星所发出的信息第一时间进行采集、分析及发送,给国内海洋遥感技术的发展与应用奠定了良好的信息与数据基础。蒋兴伟等借助意大利 COSMO-SkyMed 卫星对孔径雷达(SAR)的图像予以合成,从而展开关于浒苔(绿潮)有效成分的提取并进行深入研究,同时在国家卫星海洋应用中心的协助下实现了浒苔灾害卫星遥感应急监测系统的开发;邹亚荣等对海上溢油情况展开远程监测等方面的研究,现如今国家卫星海洋应用中心以及自然资源部北海局等相关单位均已实现海上溢油的业务化监测应用。

5.1.1 赤潮监测

赤潮的定义为海洋部分浮游植物、原生动物以及细菌等处于某种环境中所引起的快速增殖以及聚集现象,最终导致海水颜色出现异常的情况。发生赤潮情况下,由于生物的突发及异常增殖或死亡往往导致海水质量出现急剧恶化甚至对整个海洋生态环境产生严重影响。出现赤潮情况下,海水中藻类异常增殖,水生生物尸体的降解必须耗费诸多氧气,导致海洋生物因为海水中溶氧不足窒息而亡,对水产养殖以及旅游业的发展均产生严重抑制作用,并且也严重污染了海洋生态环境。赤潮发生时,海水中的毒素生物可以经食物链将毒性进行转移或不断累积,最终导致海洋水产养殖生物质量下降,严重情况下甚至造成人类的中毒和死亡(马金峰 等,2008)。赤潮频发正在成为我国沿海经济可持续发展的一个重要制约因素。据自然资源部2019年中国海洋灾害公报,2010—2019 年我国海域赤潮发现次数和累计面积如表 5.1 所示。

表 5.1 2010—2019 年我国海域赤潮发现次数和累计面积

年份	赤潮发现次数	赤潮累计面积(km^2)
2010	69	10892
2011	55	6076
2012	73	7971
2013	46	4047
2014	56	7290
2015	35	2809
2016	68	7484
2017	68	3679
2018	36	1406
2019	38	1991

遥感技术主要借助电磁波辐射从而间接对检测对象实现探测的技术,实际应用中主要通过赤潮海水在光以及温度的特性,借助可见光以及热红外遥感技术从而直接对赤潮海水范围及发展情况予以监测,典型优势在于速度较快、能够实时展开赤潮区域的大范围监测等,在当前海洋赤潮的监测方面属于效果最好且应用最为频繁的方式。现如今关于赤潮遥感监测方式包括两种,一种是航空遥感,另一种是卫星遥感,其中卫星遥感监测主要为大范围海域监视;航空遥感监测针对局部海域的应急大面积观测。对比航空遥感来说,卫星遥感的优势更加明显,比如监测面积广、便于采

集数据、易于分析和处理图像等,所以深受大众好评(马金峰 等,2008)。从20世纪80年代至今,由于卫星监测技术和手段的快速发展,卫星遥感于赤潮监测方面的应用也日益增多,基于各种遥感平台,配备多种传感器并借助多种反演算法的基础上,给赤潮监测的研究奠定了坚实的数据及理论基础(伍玉梅 等,2019)。

5.1.1.1 赤潮的光谱特性分析

叶绿素的存在决定了浮游植物的吸收光谱特性,进行赤潮遥感监测方面主要依据赤潮水体的光谱特性来实现。出现赤潮情况下,浮游植物异常增殖将造成水体光学光谱出现变化。吸收范围处于440~450 nm和670 nm附近,叶绿素a最大吸收峰在420 nm和660 nm附近,叶绿素b最大吸收峰在450 nm和640 nm附近,叶绿素c最大吸收峰在440 nm和620 nm附近。

因为出现赤潮的情况下所在海水中叶绿素a含量相比于没有赤潮的海域要更高一些,因此展开关于叶绿素a含量的检测即能够预测出赤潮的具体位置。赤潮水体的吸收峰处于450~660 nm波长范围内,于700 nm将出现较小的反射峰,叶绿素a含量越高,则反射峰越沿着长波的趋势移动(Ruddick et al.,2001),非赤潮水体于450 nm、660 nm以及700 nm周边不存在显著吸收峰或反射峰。赤潮藻类的不同,其产生的光谱反射峰也存在很大差异性,由此给遥感赤潮的监测提供数据。通过上述可知,光多波段遥感技术对于赤潮的监测机制主要借助赤潮水体与非赤潮水体于光谱方面的不同从而实现的(蒋卫国 等,2015)。除此之外,赤潮的出现与各种因素相关,包括温度、盐度以及光照等,风力、风向、气温、气压、降雨以及淡水注入等水文气象变化对于赤潮的出现及发展也存在很大影响。上述因素均能够为赤潮的监测提供借鉴。

5.1.1.2 赤潮遥感技术及其发展

现如今关于赤潮遥感的监测通常依据卫星遥感所绘制的海水水色图、叶绿素含量图以及海水温度图,然而以上图像关于赤潮情况的监测难免会出现很多缺陷。一方面,赤潮产生的生物类型较多,现如今已知的超过300多种,某些赤潮将造成水体颜色的异常,然而部分赤潮则没有上述情况。所以,借助海水水色图展开关于赤潮的监测往往把第二种情况即水体颜色没有任何改变的赤潮遗漏。另一方面,赤潮产生的主要因为如果是藻类的情况下,此时的典型表现是水体中叶绿素含量的明显增加,然而如果主要因素是原生动物的情况下,此时将没有上述变化出现,即借助叶绿素含量图展开关于赤潮的监测是不包括动物赤潮情况的。除上述两方面外,赤潮在出现时往往导致海洋表面温度升高,然而上述现象的出现还可以是洋流等因素,因此,海洋表面温度在监测赤潮时准确性和可靠性并不大。但是,由于出现赤潮时,该海域相比于其他海域于光谱图方面存在很大不同,借助中、高光谱分辨率遥感卫星、光谱识别技术和波谱角分类技术的联合应用绘制特有图,可以基于理论层面分析多种形式的赤潮问题,并对其予以识别和监测,从而降低并误差和漏测出现的几率。

20世纪80年代我国首次展开关于卫星遥感赤潮监测技术的研究。至今卫星遥感赤潮监测系统的发展已初具规模。卫星遥感赤潮监测系统由四个部分组成:卫星数据采集、数据获取、数据处理以及结果输出四个部分,具体过程如图5.1所示。

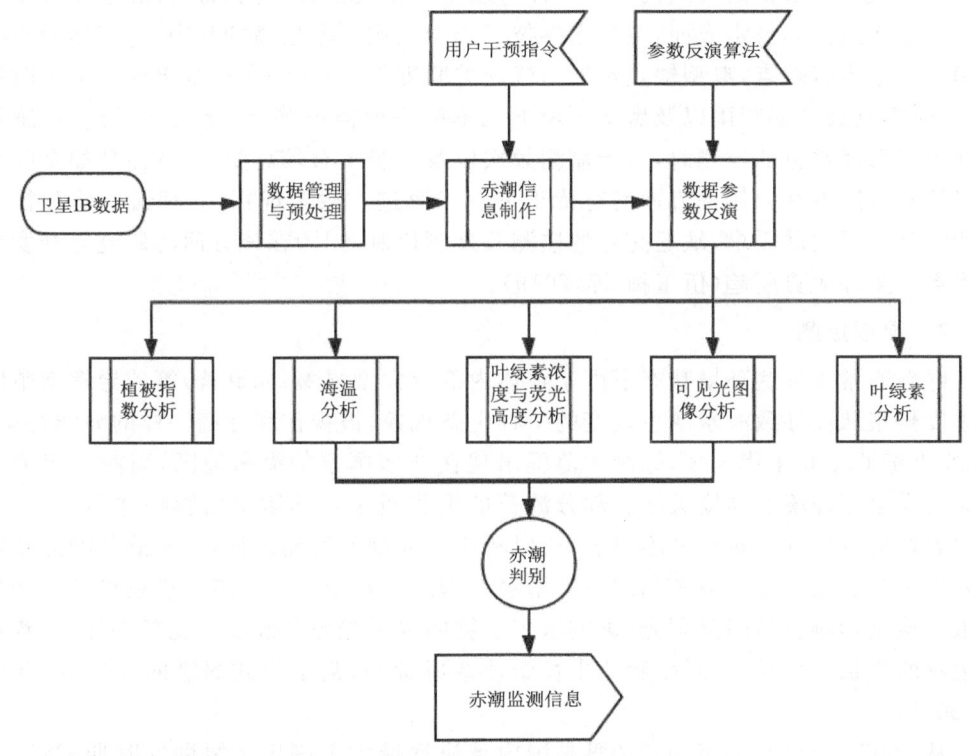

图 5.1 赤潮卫星遥感监测系统框架

赤潮遥感监测技术的进展与传感器的发展进展密不可分(赵冬至,2003)。赤潮遥感卫星关于赤潮的监测原理主要借助卫星遥感数据对叶绿素含量、颜色以及温度等展开反演而实现,因为传感器的不同,其波长及波段宽度也存在很大差异性,因此,传感器的应用对于赤潮的监测算法有很大影响。现如今,关于赤潮遥感监测的传感器类型有很多种,然而应用频率最高的当属以下几种:海岸带水色扫描仪(Coastal Zone Color Scanner,CZCS)、高分辨率辐射计(Advanced Very High Resolution Radiometer,AVHRR)、海视宽视场传感器(Sea-viewing Wide Field-of-View Sensor,SeaWiFS)、中分辨率成像光谱仪(Moderate Resolution Imaging Spectrometer,MO-

DIS)、中等分辨率成像光谱仪（Medium Resolution Imaging Spectrometer，MERIS)等。

我国科学家利用 HY-1A 卫星水色和海温遥感数据产品，2003 年监测到 4 月 25 日发生在秦皇岛附近海域的赤潮、7 月 1 日发生在天津大沽锚地附近的赤潮、8 月 11 日发生在渤海曹妃甸附近的赤潮和 9 月 18 日发生在长江口东北海区附近的赤潮，并及时以卫星赤潮通报的形式向当地海洋行政管理部门通报情况（蒋卫国 等，2015）。

关于赤潮监测技术方面，卫星遥感技术属于应用频率最高的其中一种，然而实际应用过程中也有缺点，典型缺点包括与气候关联度较大，无法实现全天候和全天时操作，同时不良天气如阴雨以及黑暗环境下也不能完成监测等；除此之外，借助传感器展开关于海洋水色的监测时，对于监测频次以及分辨率有较高要求，然而现如今的水色卫星和传感器在分辨率方面尚有待于进一步改进。截至现在，赤潮遥感监测技术仍然满足不了发展需求，缺乏完善的监测及预测机制，因为在该方面的研究与开发成为当务之急和大势所趋（伍玉梅 等，2019）。

5.1.2 绿潮监测

绿潮通常于某些环境状态下由于水体内部分大型绿藻（如浒苔）等的异常增殖以及过度聚集从而导致海水颜色改变的一种生态现象，被视作和赤潮一样的海洋污染。自 20 世纪 60、70 年代至今，绿潮大范围出现在众多国家的沿海地区，当前引起关于全球海洋生态环境的高度关注。部分浒苔的聚集对于水体质量的影响并不大，在海洋生态环境方面的影响也并不显著，所以相比于赤潮的监测来说，关于浒苔的遥感监测要少一些。然而如果浒苔出现过度增殖的情况下对于海洋生态环境也将产生严重后果。典型影响包括阻隔阳光，影响水生生物的水下光照和改变生化条件等，导致水生生物的生长产生异常，对生物的生长繁殖造成抑制，甚至导致绿潮的发生等（叶娜 等，2013）。

从 2007 年至今，每年 5 到 7 月是国内黄海海域大范围出现绿潮的时期，该绿潮的产生主要来源于浒苔，对黄海海域周边环境及海水水体产生严重影响，严重情况下对周边其他行业包括旅游业以及养殖业均造成严重影响，最终导致严重经济损失及不良社会后果的出现。黄海浒苔绿潮是截至现在全球范围内面积最大的绿潮，相比于其他绿潮来说，黄海绿潮存在与众不同的地方：全球类似的绿潮往往出现及消亡在同一海域范围内，并且该海域一般均呈现出富营养化状态；但是黄海浒苔关于绿潮发生原因以及消亡并非同一区域，属于跨区域的生态环境恶化现象，进行长距离的迁移时往往需面对多种复杂的海洋环境。绿潮已经成为黄海最严重的生态灾害（王宗灵 等，2018）。

当前关于浒苔灾害的监测技术中最常用的当属遥感技术，可以更精准的完成关于浒苔灾害的监测，从而实现第一时间对浒苔发生情况及动态进行预测。据自然资源部 2019 年海洋灾害公报,2010—2019 年我国黄海海域浒苔绿潮发生情况如表 5.2。

表 5.2 2010—2019 年我国黄海海域浒苔绿潮发生情况

年份	最早发现时间	消亡时间	最大分布面积(km²)	最大覆盖面积(km²)
2010	4 月下旬	8 月中旬	29800	530
2011	5 月下旬	8 月下旬	26400	560
2012	3 月下旬	8 月下旬	19610	267
2013	3 月中下旬	8 月中旬	29733	790
2014	5 月中旬	8 月中旬	50000	540
2015	4 月下旬	8 月上旬	52700	594
2016	5 月上旬	8 月上旬	57500	554
2017	5 月下旬	7 月中下旬	29522	281
2018	4 月下旬	8 月中旬	38046	193
2019	4 月下旬	9 月上旬	55699	508

5.1.2.1 绿潮的光谱特性分析

因为浒苔具有特殊的结构,导致该植物在近红外通道中水体反射率较高,造成与非浒苔海域水体的典型差异,所以,根据上述光谱特性借助卫星多通道信息用于对浒苔信息完成采集。按照国家海洋局关于海域中浒苔厚度、陆地植被以及非浒苔海域水体展开光谱图的测定(图 5.2):海域内存在浒苔的海域其可见光通道的反射率相比于其他水体要明显低一些,约为 30%。而近红外通道反射率则要显著增加,浒苔厚度 3 cm 的海域其近红外通道反射率约为 80%。关于短波红外通道方面,其反射率要稍小一些。浒苔海域中,浒苔厚度和密度越大,则其近红外－短波红外通道反射率也要更大一些,该特性同陆地植被的反射率高度吻合。非浒苔覆盖水体于可见光短波红外通道反射率均不高,其随着波长的逐渐增加,其反射率随之下降,最终可接近 0。所以,基于光谱实测数据可知,实际展开关于浒苔的监测模型方面可以借助浒苔海域于近红外波段以及可见光波段的光谱图来完成,以此完成关于浒苔相关数据的采集和厚度的计算(李三妹 等,2010)。

浒苔在遥感监测方面的机制同多个因素相关,包括浒苔于水体内的状态(漂浮或悬浮)和遥感信息类型(光学遥感或微波遥感)等。海域浒苔的光学遥感监测主要借助非浒苔覆盖水体与浒苔覆盖水体于光谱图的不同来实现的。浒苔内叶绿素浓度很高,在浒苔浮于海域情况下,因为叶绿素会将光照进行反射、吸收以及散射,导致浒苔覆盖水体相比于正常水体其光谱出现明显不同,造成海水光谱曲线于可见光蓝光以及红光波段出现吸收谷,而于近红外波段产生与植被光谱曲线高度吻合的高反射峰。并且浒苔厚度越大,其近红外波段的高反射就更大。张娟等(2009)通过实时监测浒

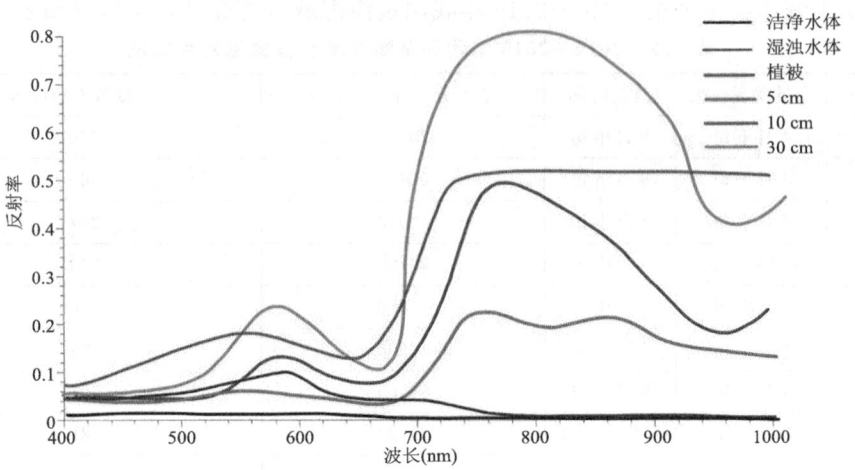

图 5.2　植被、正常海水和浒苔(厚度分别为 5,10,20 cm 和 30 cm)
水体的实测光谱反射率(见彩图)

苔厚度与光谱特性,结果显示:浒苔于蓝光及红光波段的吸收谷均产生于波长 400~500 nm 以及 670 nm 左右,于近红外波段,其反射峰产生于波长 675~800 nm 波长处。但是非浒苔覆盖的水体可见光波段反射率较低,甚至接近于 0。所以借助浒苔覆盖水体与非浒苔覆盖水体于可见光及近红外波段的光谱不同用于展开关于浒苔遥感监测模型的构建工作,给光学遥感关于海域内浒苔数据的采集做好了铺垫。相对于光学遥感来说,微波遥感的典型优势在于可以实现全天时和全天候的完成检测,现如今已是光学遥感用于海域浒苔厚度的辅助技术,同时重点是主动雷达遥感数据的使用。于雷达图像可清晰显示浒苔、水体、船只以及陆地回波信号等物质的灰度值以及后向散射系数等数据,根据上述数据,按照浒苔灰度值以及后向散射系数的前提下,借助图像阈值分割法能够完成关于海域浒苔信息的采集。该技术的研究与应用尚处于起步阶段,所以现如今在技术方面并不复杂。对于其他浒苔监测技术来说,在采集海域中悬浮浒苔的信息方面会存在很多影响因素,比如海域内的悬浮泥沙以及黄色物质等,所以海域浒苔监测方面当前应用较多的当属物理基础较强的辐射传输模型。即借助浒苔、叶绿素、海水、悬浮泥沙以及黄色物质于吸收峰以及弹性散射系数、荧光、拉曼散射等方面从而设定辐射传输方程,对卫星所采集的海洋辐亮度等信息予以仿真。参数主要有以下几方面:纯海水吸收和散射光谱、悬浮泥沙吸收和散射光谱、浒苔吸收和散射光谱等。浒苔在厚度、深度、悬浮泥沙以及黄色物质含量存在区别的情况下,上述参数值存在很大差异性。根据监测数据以及相关经验的前提下,借助辐射传输模型反演,不仅能够对浒苔及相关生物予以区分,还能够借助反演叶绿素含量实现关于浒苔的实时监测。

5.1.2.2 绿潮遥感技术及其发展

浒苔监控系统通过采用多光谱数据采集/多传感器布置以及多平台提供数据资源，主要涉及了卫星光学遥感、卫星微波遥感、航空光学遥感，并且结合船舶检测系统构建形成了一套整体的立体监测系统(李颖 等，2011)。

目前浒苔遥感信息提取的方法主要为单波段阈值法、多波段比值法和辐射传输模型法等(刘振宇，2008)。

(1) 单波段阈值法

在自然界中存在的任何物体都具有一定的光谱反射特性，通过这种特性差异对相关信息进行提取，这是当前遥感技术常用的方式。基于浒苔覆盖海水表面之后的红外线与可见光频率的特性，通过单波段阈值分割法对发射光线的波谷位置能量进行吸收，根据其对红外线部分吸收能量和正常海水不同的特性，将此作为选定波段阈值的最优波段，通过该原理可以实现对浒苔的监测。通过光学遥感技术对海面浒苔进行检测是根据卫星影像数据信息，根据波谱反射差确定其具体波段值，分析原理也是海水和浒苔的反射值不同，通过设置不同的提取阈值分析浒苔的信息数据，从而最终确定浒苔的信息阈值。张娟等(2009)通过该方法对青岛奥帆基地的海平面进行浒苔检测，并且提出了在由于海水的影响造成错误检测的问题，在信号的单波段处理过程中该问题无法避免，所以导致监测误差比较大，当前采用这种方法的检测比较少(王宗灵 等，2018)。

(2) 多波段比值法

通过这种方法能够在很大程度上提升浒苔吸收波峰与反射波峰之间的差异，从而可以对信号进行增强并消除外部干扰噪音的作用，另外这种监测方法比较简单，而且方便操作，所在浒苔检测过程中经常被应用。按照工作原理的不同可以将其分为双波段比值法、归一化植被指数法(Normalized Differential Vegetation Index，NDVI)、浮游藻类指数法(Floating Algae Index，FAI)和归一化藻类指数法(Normalized Difference Algae Index，NDAI)。

其中双波段对比分析法是根据两个不同波段的对比分析实现的，通过对浒苔特殊性的信号检测，获取浒苔的识别信息，通过该方法提取浒苔的关键信息从而选择对应的信号波段，来估算叶绿素的浓度，而波段的选取会按照监测者的所处的监测位置的光谱特征以及反射波峰的位置而确定的。

归一化植被指数法是在监控领域内，应用最为广泛的多波段比值法，与双波段监控方法相似，都是通过对浒苔的叶绿素浓度进行反演获取信息的。NDVI 方法能够更好地减少大气和云的影响。其表达式为：

$$\mathrm{NDVI}=(R_{\mathrm{NIR}}-R_{\mathrm{RED}})/(R_{\mathrm{NIR}}+R_{\mathrm{RED}}) \tag{5.1}$$

式中，R_{NIR} 和 R_{RED} 分别为近红外波段的反射率和红光波段的反射率。李三妹等

(2010)通过该方法对黄海海域的浒苔情况进行了监测,并分析了其运动方向和影响范围。当前在我国国家浒苔灾害卫星监测的过程中,都选择了遥感监测作为应急业务方式。

Hu 等(2008)基于 MODIS 数据,采用 NDVI 方法对青岛浒苔爆发过程进行监测,对其发生的原因和范围进行分析,并且提出了在海藻类生物的检测过程中,由于外部环境的影响带来了一系列的不确定性。为了克服这种不确定性,他提出了一种新的海洋浮游藻类指数 FAI,公式为:

$$\text{FAI} = R_{\text{rc, NIR}} - R'_{\text{rc, NIR}} \tag{5.2}$$

$$R_{\text{rc}} = \frac{\prod L_t^*}{F_0 \cos \theta_0} - R_r \tag{5.3}$$

$$R'_{\text{rc, NIR}} = R_{\text{rc, NIR}} + (R_{\text{rc, SWIR}} - R_{\text{rc, RED}}) \times (\lambda_{\text{NIR}} - \lambda_{\text{RED}})/(\lambda_{\text{SWIR}} - \lambda_{\text{RED}}) \tag{5.4}$$

在上述公式中,R_{rc} 为瑞利散射校正后的反射率,L_t^* 是传感器的辐射定标值,F_0 是太阳辐照度,θ_0 为太阳天顶角,R_r 是经过 6S 模型估算后的瑞利反射率,$R_{\text{rc, NIR}}$,$R_{\text{rc, RED}}$,$R_{\text{rc, SWIR}}$ 分别是经过瑞利散射校正过的近红外波段、红光波段及短波红外波段的海洋表面的反射率,λ_{NIR},λ_{RED},λ_{SWIR} 指的是近红外波段、红光波段及短波红外波段的波长。通过该模型,他对青岛海域浒苔的出现原因进行了深入的分析和研究,并与 NDVI 法所监测结果进行对比,发现其提取浒苔信息精度更高,效果更好。

除此之外,根据遥感藻类技术还提出了一些归一化的藻类指数 NDAI,该类特征的具体计算公式如下:

$$\text{NDAI} = [(R_{(t,\text{NIR})} - R_{(r,\text{NIR})}) - (R_{(t,\text{RED})} - R_{(r,\text{RED})})]/[(R_{(t,\text{NIR})} - R_{(r,\text{NIR})}) + (R_{(t,\text{RED})} - R_{(r,\text{RED})})] \tag{5.5}$$

式中,$R_{(t,\text{NIR})}$,$R_{(t,\text{RED})}$ 分别是近红外波段和红光波段的天顶反射辐射;$R_{(r,\text{NIR})}$,$R_{(r,\text{RED})}$ 分别是近红外波段和红光波段的瑞利散射反射辐射。与 NDVI 法相比,这种方法可以对大气环境的影响进行解释,可以对浒苔的光谱变化进行充分的研究,从红光到近红外波动的所有频谱光进行分析。单波阈值法与多波比值法都是实现对浒苔的监测。

辐射传输模型法主要是应用在对浒苔的监测过程,其工作原理是根据目标监测物与光谱特性之间的相关关系建立系统模型,基于该模型实现信息的提取,这个模型可以对多种影响因素和物质进行分析,比如叶绿素、悬浮物以及黄色物质等,从而对浒苔的光谱反射值进行计算,通过这种模型对海水浒苔的检测误差相对较小。经常用到的检测信息对象是对叶绿素浓度进行监测获取数据。目前对于叶绿素浓度的定量遥感方法较多,但是直接对浒苔进行监测的案例比较少。另外,在海洋中由于所有的浮游类植物都具有叶绿素,通过简单的通过叶绿素的信息监测浒苔的这种方法存在一定的片面性,所以这种方法面临严峻的挑战。当前通过对叶绿素信息进行提取获取浒苔信息的研究方法的相关文献还是比较少的(叶娜 等,2013)。

5.1.3 溢油监测

海上溢油是一种常见的水体污染,指在石油的勘探、开发和炼制过程中,因为一些意外情况的发生,造成油的外泄,由于油质成分的不同,形成薄厚不等的一片油膜的现象。在海洋污染中,溢油是一种重要的因素。当前,在各种海洋污染中,石油污染是经常发生的也是分布最为广泛的,所以其危害性也是最大的。特别是随着当前海上油田的发掘以及海洋运输业的发展,出现溢油事故的概率逐渐变大,造成海域的大范围污染,给海洋、空气、海岸线的环境带去极大的危害,而且还会造成大量海洋生物的死亡以及经济损失,另外还会间接的影响到人类的身体健康。除此之外,由于溢油事故还有可能会导致火灾的发生,危及海岸线以及海上船只的安全(李四海 等,2004)。

当前世界各国都已经对溢油造成的海域污染引起了很高的重视。尤其是一些发达国家,都针对该问题投入了大量的人力物力,开发海洋溢油监测系统,特别是对自己国家的近海地区加强监测和管理。一旦检测到出现溢油,对发生的具体位置和泄流量进行把控,防止扩散。当前已经利用的监控系统中,通过卫星以及航空获取信息的方式是最为有效的。通过遥感监测不但具有成本低、监测范围广以及响应速度快的优点,还可以实现长期监测,另外还能监测其源头以及扩散状态,对大面积范围里发生的扩散过程容易通览全貌,在溢油发现和响应中发挥着越来越重要的作用(徐金鸿 等,2007)。

5.1.3.1 溢油的光谱特性分析

海上溢油与海水在光谱特性上存在很大的差距,比如表面的发射率、平滑性以及表面紧密性等溢油都会高于海水,但是其发射率相对海水较低。遥感技术正是基于上述的不同点对其进行监测的。在近红外线以及可见光的作用下,在形成的图像上表现为浅色调,当热红外线时表现为深色调,并且表现为不规则的形状。各种油膜在可见光波段内,最大反射率出现在 500~580 nm 波谱段内,且油膜的反射率与海水的反射率曲线具有可分辨性;近红外波段内吸收占主要部分,反射辐射均减小。通过遥感调查的方式不断可以准确地判断溢油污染发生的位置,还可以对溢油严重性进行分析,并且对溢油的来源和去向进行预测。当前已经有很多的研究需求者针对该领域进行了研究。何执兼等(1999)基于 SeaWiFS 开展了水体分析,并且建立了分析模型,基于该模型可以实现对油质量和浓度信息的提取,在 1998 年通过该模型建立的检测系统成功的获取到了发生在珠江口和大亚湾附近发生的油分布情况。张永宁等(1999)对上海溢油频谱特性进行了分析,并提出了原油、润滑油、轻柴油、重柴油的不同频谱特征,并基于遥感监测原油和煤油的最佳波段采集范围。赵冬至等(2000)

分析了不同油品与海水光谱特征的差异，相比于海水的反射率，柴油要高得多。对于蓝绿波段的反射光谱，润滑油比海水要高得多。但是对于近红外波段以及红光，其反射率比海水要低。对于可见光波段的光谱，原油的反射率相比于海水的反射率要高得多。上述的三种不同的油品在不同的波段对海水的差异也是不同的。其中，与海水相比，柴油的最大差值要更大，柴油和海水分别发生在 399 nm 和 426 nm 处，次峰值发生在 930 mm 处。对于润滑油来讲，沿着红光方向，其差值不断减低，反差最大值出现在 407 nm 和 429 nm 处；原油与上述的两种油品与海水的反差不同，其最大值出现在红外方向。溢油的油波谱特征还与油膜厚度有密切的关系。张永宁等(2000)的研究发现，对于煤油和润滑油，反射率首先随油膜厚度的增大而变大，当达到最大值之后随油膜厚度开始降低，相比于海水其反射率要更大，因此可以通过其反射特性去辨别海水和油膜；对于原油以及柴油来讲，油膜的厚度越小，反射率越大，而且随着厚度的增大，表现出来的辐射度变大，发射率降低，所以可以根据反射温度的差异辨别海水以及油膜。

5.1.3.2 溢油遥感技术及其发展

海上溢油监测手段主要有光学遥感技术、微波遥感技术和激光荧光遥感技术等。

(1) 光学遥感技术

光学技术是最常用的遥感技术之一，光学传感器包括可见光传感器、红外传感器、紫外线传感器。当前通过可见光传感器进行海面溢油检测过程主要是对溢油区域通过高空间分辨率进行可见影像识别。比如，在当前很多的卫星监测系统中都设置了这种具有高分辨率的可见光传感器，比如 SPOT 系列、WordView、IKONOS、QuickBird 等。在利用这种传感器的过程中，是基于油层可以吸收太阳辐射，并且可以将吸收的能量通过热能的方式输出的原理实现的。在获取的红外图像中，油层较厚表现为温度高，油层较薄表现为温度低，但是对于较薄的油层很难进行探测。也正是由于这种功能上的局限，使得这种传感器类型在海面溢油监测过程中很难大范围的使用。在图像处理过程中，通过红外图像与紫外图像的总体分析，可以实现更好的单一频段探测。通过高光谱成像光谱仪(HRS)可以获取到连续的信息，通过对"图、谱"的综合分析在溢油探测过程中发挥了重要的重用，所以具有很大的应用前景，特别是从遥感机理出发对油膜成分的识别。当前，在海面溢油信息的监测过程中已经用到的方法有混合调制匹配滤波(MTMF)、纯净像元指数(PPI)等。

(2) 微波遥感技术

基于机载或星载的雷达设备进行海洋监测是当前在溢油监测过程中最为常见的方式。两者相比，机载的雷达设备应用的更加多。当前在溢油监测过程中，已经具有成熟的机载 SAR 设备的国家有美国、英国、中国以及德国等国家。基于视频微波传感器以及 X 波段的雷达信号进行系统传感器的设计。当前在海洋溢油监测中，雷达传感器是一种应用最为广泛的检测传感器。很多以监测为主的雷达、海基以及船只已经得到了的广泛的应用,特别是在环境保护、交通海事以及油气探测领域中,应用更为广泛。

在全天候检测系统中,有一种比较有发展潜力的探测器是微波辐射计,但是对于该方面的研究却是比较少的。当前瑞士的国家空间发展局已经开发了单波段以及双波段的辐射传感器,但是根据相关研究发现,这种传感器的检测信号强弱与油膜的厚度的相关性比较弱,而且周围的其他信号也会对传感器监测信号产生干扰。当前很多的研究学者正在研究极化方向上的对比强度分析,从而对油层的厚度信号进行采集分析(孙乐成 等,2019)。

(3)激光荧光遥感技术

因为在不同的油膜中,内部的荧光基的种类是不同而且比例也是不同的,所以即便是在相同的激励条件下,获取的荧光谱也会产生不同的形状和强度,所以就可以通过这种差异进行溢油类型进行判断。当前,我国对于该方面的溢油监测的研究是非常多的,Fantasia 从 20 世纪 70 年代就已经开始了对荧光激励的方法进行了研究,通过这种方法对海洋污染进行了监测,可以对其溢油范围以及种类和数量进行监测分析,他提出,荧光峰波长以及光效率都可以作为对原油种类进行识别的信号量。国内对于该领域的研究是从 20 世纪 80 年代开始的,徐基蘅最早提出了通过荧光法对三种石油材料进行了鉴别研究分析,同时对其碎灭、风蚀以及周围的其他溶剂对荧光光谱的影响进行了分析。

作为一种新型的机载传感器,激光诱导荧光探测器(LIF)在溢油监测过程中表现出来了很多的优势。这种类型的探测系统是当前唯一能够识别油污染和海藻污染的遥感监测设备。中国海洋大学教授赵朝方等(2011)对激光诱导荧光海洋溢油探测系统的硬件设备和软件程序进行了搭建;大连海事安居白、李颖团队(2011)分析研究了该类探测系统能够识别的溢油种类,并通过机载探测设备对溢油信息的提取和分析进行了推导分析。

5.1.4 海洋漂浮垃圾

随着人类人口规模的扩大、沿海城市带的加速扩张以及海洋活动的迅速增长,海洋环境中的漂浮垃圾逐渐增多,对环境和生物资源造成一定程度的损害。一部分的海洋垃圾残留在海滩边和沙滩上、另一部分主要是停留在海平面上和沉积于海底中。因为海洋上分布的垃圾具有跨界移动的规模较大的特点,导致海洋垃圾队海洋环境造成难以逆转的污染,不只影响到环境美观,同时也对海洋生态造成了巨大威胁,还会影响到航行的安全。

数据统计显示,全世界平均那年都产生 640 万吨左右的垃圾排进海洋。排入海洋的垃圾有接近 70% 会沉积在海底,15% 的海洋垃圾会停留在海表面,15% 的垃圾会残留在海滩和沙滩边。仅仅是太平洋区域的海洋垃圾就已经超过 300 万 km²,这比印度的国土面积还要庞大。在太平洋洋流带,许多大小不一的"垃圾岛"正快速形成。如果不采取积极措施,人类的生存环境将遭到难以挽回的破坏。为此加强对海洋垃圾的监测和评价,成为新形势下海洋环境保护工作的重要任务(许林之,2008)。

目前,海洋漂浮垃圾的监测方法除了船上监测、拖网监测外,无人机遥感也逐渐开始被用来监测海洋漂浮垃圾的分布。海漂垃圾具有分布零散、面积不一的特点,要求在设计上做到高清晰,同时数据能满足长期监测、可量测比对的要求。无人机在监测过程中,能够发挥其操作使用便捷、监测范围较广、工作效率较高等优势。另外通过搭载专业设备,利用人工智能算法,无人机还能对海洋垃圾的具体信息进行分析,实现数据精确化、规范化。

2017 年,福州市海岸线海漂垃圾无人机遥感监测项目利用无人机遥感监测技术应用于岸线开展了海漂垃圾治理工作,监测范围涵盖了 54 处福州市沿海重点岸段。据承担此次无人机遥感监测任务的一院航天泰坦总监张文政介绍,相较于传统的无人机监测,此次监测要求分辨率高,影像数据分辨率达到 2 cm,即矿泉水瓶、塑料袋等小面积垃圾均可被准确采集。利用无人机遥感技术不仅可以快速获取现场数据,做到无死角,还可以从定性定量两个层次准确把握环境治理情况。从目前的效果看,完全能满足海洋环保监测的需求。

5.2 海洋动力环境与灾害预报

我国位于太平洋西侧,是世界上遭受海洋灾害最严重的国家之一,随着国家海洋经济的迅速发展,海洋灾害的风险也随之加大,国家海洋防灾减灾形势严峻,对海洋动力灾害预警报提出了更高、更迫切的需求。

5.2.1 海洋动力环境监测

5.2.1.1 海面风场

海面风场是海洋学中重要的物理参数,在海洋表面的调制中起到了重要作用。它是驱动区域和全球海洋环流的主要动力,也是海面波浪形成的最大动力源;它调制海洋—大气之间的热通量、水汽通量以及气溶胶粒子通量,影响区域和全球气候;对海上航行、海洋工程和海上作业等都有着直接的影响。因此,海面风场的监测对于理解海洋—大气之间的相互作用以及开展海洋、大气领域的相关研究、进行海上活动保障等至关重要。

海面风场的常规观测资料主要通过船舶、浮标以及沿岸台站等获取。这些海面风场资料对于覆盖全球约 70% 的海洋来说相对匮乏,且时空分布不均,难以满足科研、经济、渔业等各方面的需求。卫星遥感则提供了一种崭新的观测全球海面风场的有效技术。

(1) 微波散射计海面风场信息提取

目前用于海面风场观测的主要遥感手段是微波散射计,是一种主动非成像雷达传感器,一般工作在 C 波段(4.0~8.0 GHz)或 KU 波段(12~18 GHz),分为扇形波束散射计和笔形波束散射计。微波散射计主要利用不同风速下海面粗糙度对雷达后向散射系数的响应以及多角度观测间接地反演海面风场信息,可提供全球、高精度、全天候、高分辨率和短周期的海面风场数据,被认为是迅速获取大面积海面风场的最理想仪器(张毅 等,2009),也是获取大范围海面风场最直接、可靠的遥感观测手段之一。

快速准确地获取海面风矢量信息是散射计面临的首要任务,海面风场分布决定着大洋环流的分布模式,进而影响全球的气候变化。诸多海洋、大气的科学研究需要海面风场数据,其中,气象分析和天气预报是散射计数据最基本的应用(Figa-Saldana et al., 2002)。不管是将散射计观测风场数据同化到数值天气预报(NWP)模型,如欧洲中期天气预报模型(European Centre for Medium-Range Weather Forecasts,ECMWF),还是直接用散射计数据进行的气象预报都取得了良好的效果。风场数据可以作为海洋环流模式(Ocean General Circulation Model,OGCM)的同化因子,提高模型的精度,从而在季风、厄尔尼诺现象的研究中发挥作用。

自 1966 年散射计测量海表面风场数据概念被提出以来,微波散射计的发展已有 50 多年的历史,先后成功发射了 Seasat-A SASS、ERS-1/2 AMI、ADEOS-1 NSCAT、QuikSCAT/ADEOS-2 SeaWinds、Metop-A/B ASCAT 和 Oceansat-2 OSCAT 等多个星载微波散射计,其功能和精度不断改善(冯倩,2004)。另外,中国还成功发射了神舟 4 号(SZ-4)散射计(CN/SCAT)和海洋卫星二号 A(HY-2A)散射计。

针对微波散射计构建的传统的地球物理模式函数,在中低风速(2~24 m/s)和无降雨的条件下能够很好地描述散射计测量的海面后向散射系数和海表面风矢量的关系,从而在海面风速和风向探测方面具有较高的精度。高海况条件往往伴随着降水和波浪破碎的过程,对微波散射计的回波信号将会产生显著的衰减作用和明显的影响,从而导致传统的地球物理模式函数在高海况条件下不准确,甚至是无法使用。针对这一问题,将以我国自主研发海洋动力环境卫星 HY-2A 卫星微波散射计资料为基本数据源,分析降雨过程和波浪破碎过程对微波散射计风速反演的影响特征。

例如,基于 HY-2A 卫星微波散射计后向散射数据和 Wind Sat 微波辐射计降雨数据分析不同降水条件下的微波散射计对微波后向散射的影响,并以此为基础建立降雨条件下的微波后向散射系数的修正模型。通过该模型获取修正后的微波后向散射系数,在此基础上构建降雨条件下的微波散射计风场提取方法,可以提高降雨条件下微波散射计风场反演精度。

不同降雨条件下,雨水对微波散射计风场观测的影响不同。随着降雨量的增大,

HY-2A 卫星微波散射计反演的海面风速与 NCEP 再分析海面风速之间的误差增大。在无降雨的情况下，HY-2A 卫星微波散射计的后向散射系数对风速存在明显的依赖关系，即后向散射系数随风速的增大而增大。降水会导致微波散射计接收到的后向散射能量增大。特别是在低风速条件下，降水对后向散射系数有非常明显的增强作用，并且降水率越大，增强的效果越明显。

在高风速情况下，特别是风暴潮，海表面会产生波浪破碎。波浪破碎导致海面的白冠覆盖及飞沫，改变了海表面原有的散射特性，而海表面散射特性决定了雷达回波信号的强度，因而对标准化雷达后向散射截面（Normalized Radar back-scattering Cross Section，NRCS）或后向散射系数产生很大的影响。在波浪破碎时，如果后向散射模型没能考虑波浪破碎的影响，那么得到的结论与实际测量值相差较大。后向散射模型无法准确反映水平和垂直极化状态下观测到的方位角对后向散射系数的影响。这一缺点通常解释为非布拉格散射（Non-Bragg scattering）的作用。非布拉格散射部分的主要调节参数就是由波浪破碎造成的海表面粗糙度增加而产生的后向散射系数。水平极化比垂直极化更容易受到波浪破碎的影响，不管是 HH 还是 VV 极化，波段的频率越高，波浪破碎的贡献越大；不同入射角和极化方式下，波浪破碎对微波散射计系数的贡献随风速增大而增大（图 5.3）。

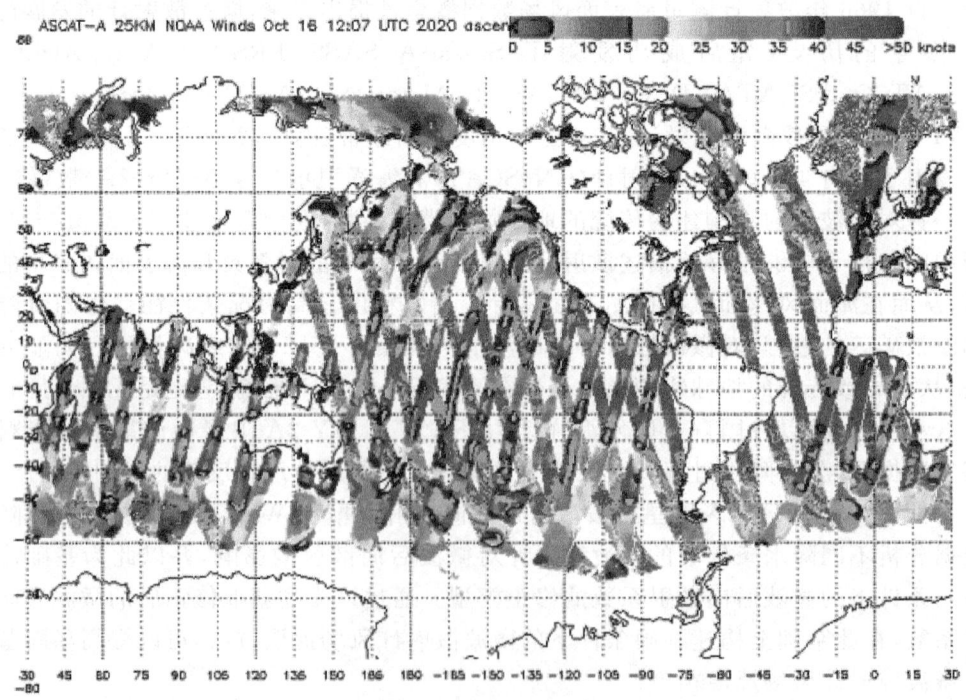

图 5.3　Metop-A 卫星 ASCAT 微波散射计反演的风场

(2) 海面风场 SAR 遥感

虽然微波散射计可以在全天候条件下获取全球海面风场,但其空间分辨率仅为 25~50 km。该分辨率难以满足部分海洋应用需求,尤其是沿海、近岸海域,微波散射计数据容易受到陆地污染而导致数据无效。合成孔径雷达(SAR)的出现正好弥补了这一缺陷,SAR 具有高空间分辨率、全天候、全天时的观测能力,其可应用于海面风场、海浪、海冰、内波等方面的遥感探测。SAR 的空间分辨率一般高达百米,部分甚至可达米级,且在近岸海域仍能有效应用。

总而言之,微波散射计和 SAR 作为大范围海面风场观测的两种主要遥感手段,在全球海面风场的观测中相互补充,二者结合不仅可以实现全球海面风场的观测,还能在特定的区域通过 SAR 获取海面风场的基本情况,才能便于对海面风场分布以及变化进行分析(图 5.4)。

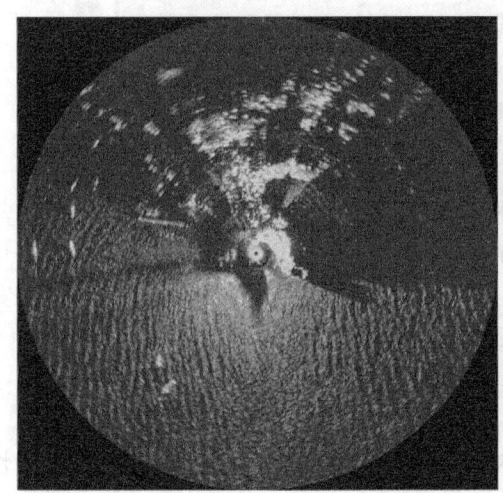
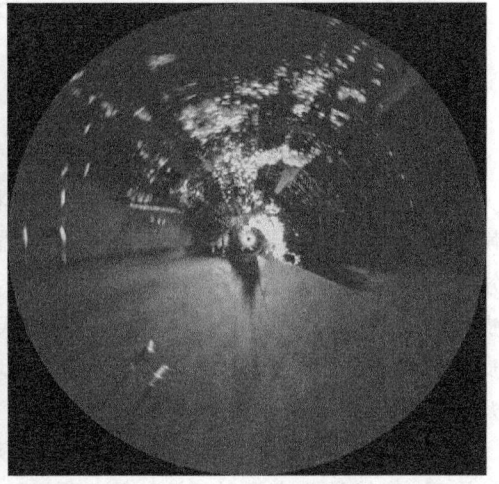

图 5.4　海面风场的雷达图像(本图在更新中)

(3) 微波辐射计海面风场反演

微波辐射计测量的亮度温度数据受到海面微波辐射亮度温度的影响,当存在海面风场时,风场增大了海面的粗糙度从而改变了星载微波辐射计观测到的亮度温度数据。因此微波辐射计通过测量海面粗糙度来提取海面风数据。

星载微波辐射计不同频段的亮度温度对各海气参量的敏感度不同,因此各工作频段的主要用途也存在差异。就海面风速而言,在电磁波谱范围内,微波辐射对海面风速的敏感性随着频率的上升而上升。利用 36 GHz 等高频波段反演的风速空间分辨率高,但是由于采用的波段波长较短,亮温信号容易受到降雨等大气效应的影响,无法反演降雨条件下的风速,若利用 6~10 GHz 的低频波段反演的风速空间分辨率低,但受大气效应影响小,容易实现近全天候的风速反演(图 5.5、图 5.6)。

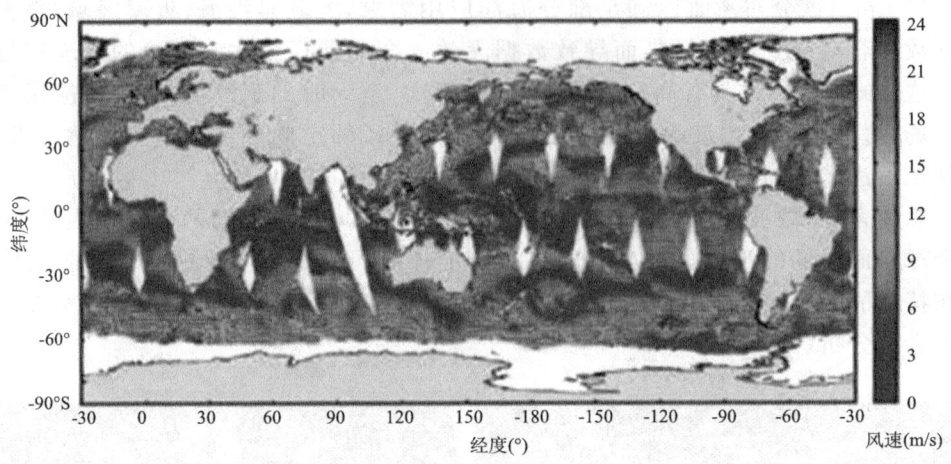

图 5.5　利用 HY-2A 微波散射计数据计算的海面风场图(摘自国家卫星海洋应用中心,http://www.nsoas.org.cn/news/content/2020-10/12/23_3187.html)(本图在更新中)

根据风场反演使用的传感器不同,可将风场反演技术分为扫描微波辐射计和星载盐度计两类。前者通常采用多通道扫描微波辐射计进行风场反演,其反演算法可分为单波段反演算法和多波段反演算法。多波段反演算法工作的 L 波段电磁波其波长比较长,而大气的透明度较高,因此天气条件的变化不会引起很大影响;同时 L 波段的亮度温度对风速的敏感性可达 0.3 K/ms^{-1},因此,L 波段微波辐射更适用于极端天气和高海况条件下的风速反演。

微波辐射计反演的海面风场,可用于对海面台风的监测。台风是典型的灾害性天气系统,伴随着高风速、高海况与强降雨。当降雨时,雨滴改变大气的吸收特性,降低大气对微波辐射的透过率;同时雨滴还能改变海面的粗糙度与后向散射特性,因此常规的 C 波段以上的微波辐射计、散射计在飓风条件下提取海面风速信息存在困难。此外,极端天气和海况下现场观测的手段也难以对海面参量进行测量。盐度遥感卫星的工作频率为 1.4 GHz,远低于 C 波段辐射计和散射计,其大气透射率更高,受大气条件的影响更小,为飓风监测提供了一种新的技术手段。

法国海洋开发研究院开发的海面风速测量算法在 2013 年成功地应用于 SMOS(Soil Moisture and Ocean Salinity)卫星对"Phailin""Nari"和"Wipha"三个不同的台风进行监测和研究,发现观测风速最高的有 140 km/h。通过使用 SMOS 卫星有效的监测了台风的风速,尽管台风可能导致大浪或者白帽的出现改变海平面的微波辐射致使不容易进行盐度反演,不过通过观测辐射亮温同样可以监测到海面风速的相关数据。SMOS卫星监测到台风的风速数据可以为相关的研究员以及气象部门进行跟踪台风路径的工作来预报台风的强度。

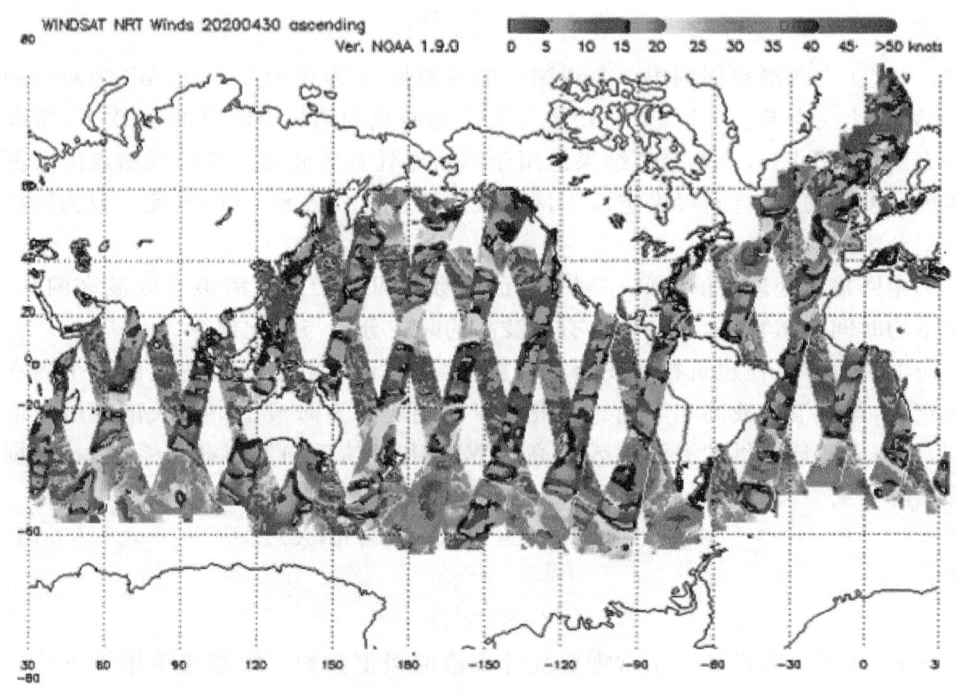

图 5.6 Windsat 卫星微波辐射计监测的海面风场（本图在更新中）

5.2.1.2 海浪遥感

（1）高度计数据海浪应用

卫星高度计可获取卫星轨迹星下观测点处的海浪有效波高数据。有效波高数据可用于海浪时空分布与特征分析、谱峰周期分布以及多年一遇极限浪高预测等。

由于卫星高度计观测数据是沿着轨道分布的，且观测时间不同步，利用高度计有效波高开展海浪应用研究时通常需要将时空分布不规则的有效波高数据处理成空间规则分布的网格数据，不过，对于特定区域或特定点的海浪应用研究也可以直接采用沿轨有效波高数据（图 5.7）。

一般采用反距离加权法进行卫星高度计有效波高数据网格化处理。反距离加权法是目前较为常用的空间插值方法，该方法中观测点离网格点中心越近，其对差值的贡献越大；距离越远，贡献越小。计算公式如下：

$$Z_{ij} = \frac{\sum_{s=1}^{n} Z(x_s) W_s}{\sum_{s=1}^{n} W_s} \tag{5.6}$$

式中,$Z(x_s)$ 为网格点周围第 s 个观测点的观测值;n 为观测点个数;W_s 为对应的权重,计算表达式为 $W_s = 1/d_s^m$,d_s^m 是第 s 个观测点到网格点距离的 m 次方,常取 $m=2$;Z_{ij} 为网格点 (i,j) 处差值结果。用于网格点处有效波高计算的观测点由数据时空匹配尺度来确定,空间尺度选取为网格数据的空间分辨率,时间尺度选取为网格数据时间分辨率的一半。

利用网格化处理后的时间序列有效波高数据可用于研究海浪有效波高的月、季和年平均时间分布特征,总结海浪有效波高的时空分布与变化规律。

海浪对海洋工程建筑物的安全具有重要影响,该影响主要由海浪的两个内在特征决定的,即海浪的波高和周期。海浪谱峰周期定义为海浪谱中最大谱值所对应的周期,依据高度计提供的海浪有效波高(SWH)和雷达后向散射截面系数(σ)数据可推算谱峰周期。波浪谱峰周期 T_p 简单的经验关系式为:

$$\lg(T_p) = 0.154 + 1.797 \times \lg(X) \tag{5.7}$$

其中,

$$X = (\sigma \times \text{SWH}^2)^{0.25}$$

此外,海洋工程设计中常常需要统计海浪的极值参数。海浪极值推算方法一般需要借助极值分布理论以及适线法,通过分析出海浪在一定时间的分布计算和总结其规律,并选择出一条有效的理论频率曲线,计算出相应的极值。三参数 Weibull 分布法时常用的海浪多年一遇波高极值推算方法之一。

三参数 Weibull 分布法利用所选的观测序列 $\{x_i\}\{y_i\}$ 来确定三个参数 a、b、c,并由其确定 Weibull 分布。对所选海浪有效波高给定概率 y,用以预报 x,即分析"多年一遇"问题。Weibull 分布的函数形式为:

$$F(x;a,b,c) = 1 - \exp\left[-\left(\frac{x-c}{b}\right)^a\right] (x > c) \tag{5.8}$$

其中,a、b、c 分别为形状参数、尺度参数和位置参数。

令 $P(X > x) = y = 1 - F(x;a,b,c) = G(x;a,b,c)$,则

$$y = \exp\left[-\left(\frac{x-c}{b}\right)^a\right] (x > c) \tag{5.9}$$

设极值重现周期为 T,则

$$T = \frac{1}{y} = \exp\left(\frac{x-c}{b}\right)^{\frac{1}{a}} \tag{5.10}$$

变换形式得到:

$$x = b \left(\ln \frac{1}{y}\right)^{\frac{1}{a}} + c \tag{5.11}$$

这样就得到了波高极值 x 与重现周期 $T = \frac{1}{y}$ 的函数关系式,然后根据高度计有效波高观测数据来确定三个参数 a、b、c 的值,进而可推算出多年一遇的波高极值。

以 2002 年至 2005 年共 144 个周期的 Jason-1 高度计有效波高观测数据为例,将所有的有效波高数据从大到小排序,选择前 n 个有效波高值,记为 $x_1, x_2, \cdots\cdots, x_n$。这些值对应的 y 值分别为 $y_1 = 1/(n+1)$,$y_2 = 2/(n+1)$,$\cdots\cdots$,$y_n = n/(n+1)$,然后利用最小二乘法确定参数 a、b、c,进而可以得到函数来计算多年一遇波高极值(图 5.7)。

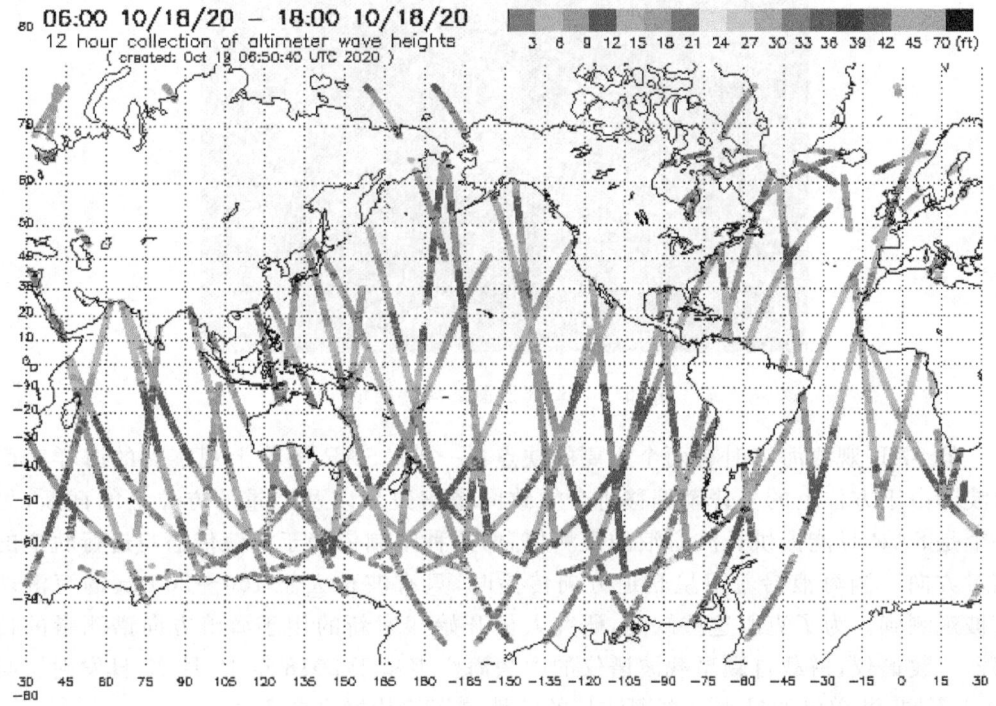

图 5.7 高度计监测到的有效波高

(摘自 NOAA 官网,https://manati.star.nesdis.noaa.gov/datasets/SGWHData.php)

(2)SAR 海浪遥感

海洋表面会出现一定程度的波动,而海浪是一种主要的海洋波动。海浪一般表示为由于风力作用导致海平面出现相应的风浪再经过传播最终才形成涌浪的一种波动形式。对海浪的生成机理、动力结构以及表面特征等进行科学研究,能够提供给国防、造船、航运、港口以及海上石油探井平台的打造重要的数据作为参考。因此,世界各个国开始重视对海浪的相关研究。获取海浪方向谱可以有效地对海浪的波束能量分布进行相关描述,而海浪的一定时间和一定的环境下具有的特征,基本上都可以通过海浪方向谱来进行分析。通过 SAR 能够监测到海面不间断的范围较大的情况,最终可以提取到相应的海浪方向谱,为港口、航运、国防提供重要的海浪信息(图 5.8)。

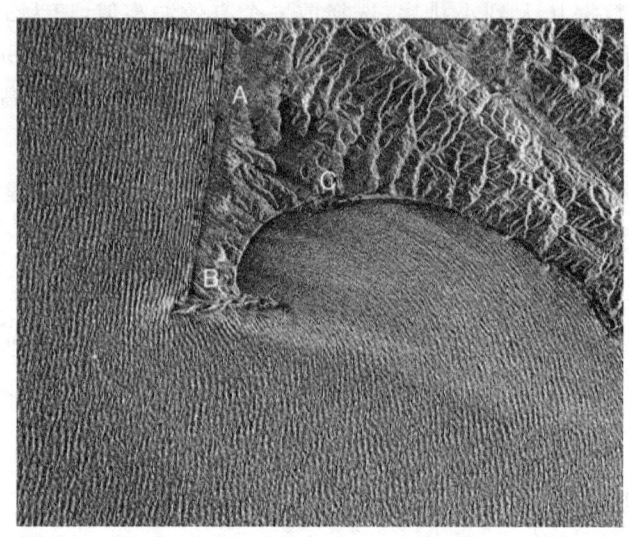

图 5.8　SAR 监测的海洋涌浪

但 SAR 观测海浪时有两个主要的缺点:一个是 SAR 图像上观察到的海洋表面的波动由于方位上的多普勒偏移将会导致图像谱失真以及严重的方位上的截断;另一个是 SAR 只能提供长波海浪的观测信息,这种限制依赖于海浪传播与运行轨道的相对方向。当海浪沿着卫星轨道方向传播时,只有波长大于 150~200 m 的海浪才能被观测到。为了克服这些缺陷,研究人员开始探索新的用于海浪方向谱测量的传感器——波谱仪,搭载首颗星载波谱仪的中法海洋卫星于 2018 年 10 月 29 日发射。与 SAR 不同,波谱仪的最小可探测波长的特性与海浪传播方向无关。

由于波谱仪目前尚未成熟,目前 SAR 仍然是主流的获取大范围海浪 2D 方向谱信息的星载传感器。SAR 海浪遥感基础是海浪改变了海面粗糙度,进而影响了后向散射信号的强弱(赵巍,2013)。描述海面后向散射一般采用双尺度模型,即将海面的波动根据其长短的不同进行分解成两个不同的部分,通过长波的部分对短波部分进行调制,实现短波部分与长波部分产生相应的关联(孙建,2005)。假设海面是由众多含有粗糙小波的散射面元组成,每一个散射面元的回波都是由这个散射面元内的与电磁波波长大小约为同一量级的布拉格波通过布拉格散射机制产生的。SAR后向散射回波可表示为在SAR的不同位置所接收的来自某个海面散射面元的散射回波的叠加(孙建,2005)。布拉格波又依次在方向、能量和运动上受到的更大尺度波的调制,从而是海浪在SAR图像上成像。经过较长的海浪通过对海面微尺度波的调制作用而成像,这些调制作用包括倾斜调制、水动力调制和速度聚束调制。倾斜调制是当常涌浪的发生相应的变化时导致雷达对布拉格共振的响应方式,是纯粹的几何效应,属线性调制。

水动力调制是指海面布拉格波的振幅受长波相位调制的流体动力过程。倾斜调制和水动力调制都是线性关系,只改变返回电磁波信号强度不会改变电磁波本来的频率,这两种调制作用不会造成海面目标点在SAR图像上位置的变化。速度聚束是由长波的轨道速度引起的。

5.2.1.3 海表温度

海表温度(SST)是重要的海洋物理参量,在大气与海洋间的热量、动力及水汽交换中扮演重要的角色,是决定海—气相互作用及全球气候变化的重要因素。因此,大范围长期观测SST是开展海洋环境、全球气候变化以及防灾减灾等研究的重要前提。微波辐射计是一种被动遥感器,其接收来自地物目标的微波辐射,大气和海面参量(SST等)影响了这些微波辐射,因此,可通过辐射计所接收的微波辐射反演这些参量。由于微波能够穿透薄云雾,微波辐射计可以实现全天时、全天候的海表温度观测(图5.9)。

微波辐射计能够反演海表温度的机理在于海表温度通过菲涅尔方程影响海面反射率和发射率,进而改变海表辐射亮温,并通过微波辐射传输方程影响卫星观测亮温。因此,可通过建立相应的反演算法,从微波辐射计亮温数据中提取海表面温度信息。

微波辐射计观测亮温主要受到海洋和大气辐射亮温的影响,可由微波辐射传输方程RTE(Radiative Transfer Equation)进行描述:

$$TB = TB_U + \tau((TB_{flat} + TB_{rough}) + TB_D \times (1-\varepsilon) + \tau \times T_{cos}) \quad (5.12)$$

式中,TB_U为大气上行辐射亮温,TB_D为大气下行辐射亮温,τ为大气透射率,以上三项可利用大气剖面数据结合大气辐射模型计算;T_{cos}为宇宙背景与天体辐射;TB_{flat}为平静海面亮温,可由海水介电常数模型计算;TB_{rough}为粗糙海面辐射亮温,其与受到辐射计观测角、极化状态、风速、相对风向、风浪谱、泡沫覆盖率等多种参量的共同影响。

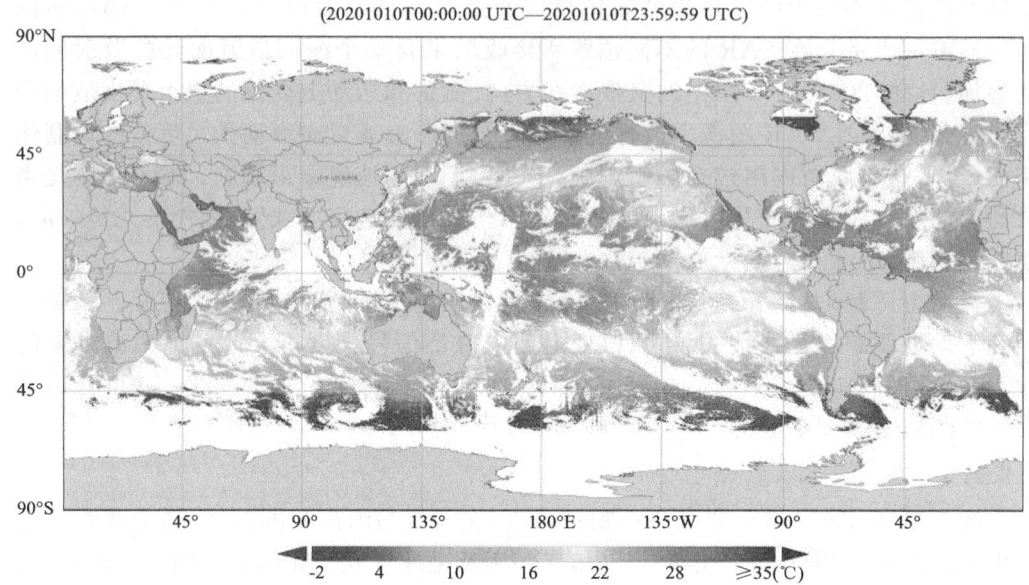

图 5.9 基于 HY-1C 卫星数据的全球海表温度图(摘自国家卫星海洋应用中心,http://www.nsoas.org.cn/news/content/2020-10/12/23_3187.html)

5.2.2 海洋遥感要素的应用与灾害预报

5.2.2.1 环流应用

海洋环流是海水大规模相对稳定的流动,对海洋中多种物理过程、生物过程、化学过程和地质过程以及海洋上空的气候和天气的形成及变化都有重要作用。对海洋环流准确的观测能够提高人们对于海洋物质与能量输送、海洋扩散等规律的认识,这对海上运输和海洋渔业等海洋经济活动具有重要意义。大洋环流还是引起海洋垂向混合的重要因素之一,于海洋生态系统以及海洋动力系统发挥着重要的作用。因为过去的观测方式无法准确得到大范围的相关海流数据,为了满足相关的发展需求,利用卫星遥感观测技术来流场进行分析和计算开始得到人们的重视和广泛应用。

利用卫星高度计测高数据,基于平均动力地形(MDT)、网格化海面高度异常(SLA)以及绝对动力地形(ADT)之间的关系,得到相应的 MDT 数据以及 SLA 网格数据就能计算出 ADT,而计算的公式如下:

$$ADT = SLA + MDT \tag{5.13}$$

大洋环流是高度计数据的重要应用对象之一。高度计数据计算得到的地转流场数据主要应用于湾流、黑潮等强西边界流和南极绕极流等海洋环流特征研究。此外,也可以根据热成风关系结合其他数据估计三维环流结构。

5.2.2.2 海冰的 SAR 探测

海冰是全球气候系统的重要组成部分,其直接决定着海洋－大气能量交换速率,对全球气候变化有着非常显著的影响,是全球气候变化研究的重要参数。另外,海冰能够阻塞航道,封锁港口,破坏海上石油平台,对海上生产活动造成巨大的威胁(黄婉茹 等,2021)。海冰逐渐变成了一种影响海上相关作业的很多的考虑因素。所以,在进行气候变化以及海上生产作业的安全措施的相关研究,对海冰进行相应的数据观测以及制定预防措施都显得十分必要。

过去对海冰进行监测和预防基本上是建立相应的观测站、准备破冰船以及海上浮标监测等方式,尽管过去这种监测方法可以得到的数据准确性较强,不过只能观测到比较小的海域而并且需要耗费的成本较高。随着卫星遥感技术的产生,对于海冰的观测可以实现范围大,获取速度快的有效监测,越来越多人开始使用这种技术方式进行相关的监测,为预报海冰的出现以及破冰的措施有效作出重要的贡献(王志勇 等,2021)。

海冰遥感监测开始出现时,是利用光学遥感以及红外遥感等方式获取相关的数据,不过这两种遥感技术可能会因为气候的变化收到不同程度的影响,比如在冬天由于海上出现云雾较多导致日照强度较低的,导致这种技术的传感器无法运行最终难以实现准确的海上监测。而微波波段的 SAR 这种新传感器技术的出现,解决了在日照强度低、云雾较多等不利天气难以监测等问题,可以更全面有效且连续不间断地进行海冰监测。

在海冰覆盖地区,海浪的运动能够改变海冰的形态和位置分布,运动的海浪能够将连续的冰盖打碎,持续的海浪运动可以生成一个海冰与海洋之间变化的浮冰地区。我们可以依靠 SAR 监测海浪在海冰缓冲区的传播来了解两个问题:一是了解海浪在浮冰区的传播;二是了解 SAR 在浮冰区的成像机理。在浮冰区,浮冰就像是一个低通滤波器,基本消除高频海浪,使得 SAR 不再依赖布拉格散射,方位向截止程度也降低。这使得 SAR 图像上速度聚束更明显。相比进入浮冰海域之前的海浪 SAR 图像,浮冰地区的海浪 SAR 图像成像更清晰,因此通过 SAR 图像对海浪进行反演能够有效地监测到海面浮冰信息(图 5.10)。

SAR 传感器的诞生起就开始替代过去的传感器技术,逐渐变成进行海冰监测的最重要的遥感数据源。如今,一些发达国家在进行海冰监测时基本上时使用 SAR 来进行观测或者加上光学传感器进行辅助监测。比如美国的海冰中心、加拿大的海冰管理中心等单位。我国采用 SAR 对海冰监测起步比较晚,但随着经济社会的快速发展,为了满足我国的全方面发展需求,这方面的研究也开始成为研究的热点,但是很多研究难以真正落在实践应用上,因此加强我国在海冰 SAR 探测技术对研究是非常必要的。

图 5.10　Sentinel-1 卫星观测的海冰

5.2.2.3　台风的观测与预报

热带气旋一般伴随着强风暴雨,严重威胁人们的生命财产,对于民生、农业、经济等造成极大的冲击,是一种破坏性较大、危害严重的自然灾害。SAR 能够有效地监测到台风产生的风浪,预测海浪的变化,监测海浪能量传播

热带气旋表示为在热带或者副热带海面产生的暖心结构的中尺度涡旋低压系统。人们按照习惯对不同海域生成的热带气旋命名不同,大西洋和东北太平洋热带气旋通常被称为飓风(hurricane),而印度洋热带气旋就叫作热带风暴(tropical storm),西北太平洋以及东南亚海域产生的热带气旋叫作台风(typhoon)。热带气旋能够有效地调节海洋环境、海洋生态系统以及全球气候调节,而热带气旋导致的暴风、降雨以及风暴天气,可能会对人类的生产造成大规模的损失。

对台风进行观测的过程中,常常因缺乏长期的历史观测数据使其在实际应用和研究中存在很多缺点。卫星遥感技术的发展在一定程度上弥补了观测数据的不足,并为台风监测和研究提供了新思路。自人类进入卫星时代以来,气象卫星为台风路径追踪和预报、台风强度估计和预测、台风结构研究等提供了非常重要的信息。但是传统的红外和可见光遥感手段因为易受云雨和其他复杂的天气现象的影响使其在台风低层结构等观测和研究中存在困难。

卫星微波散射计是目前全球海面风场观测最重要的手段之一。卫星微波散射计能够在大范围内进行观测并且收到的限制的相对而言较少,比如这种传感器技术能够天气比较恶劣的条件下进行观测,这是其他传感器技术无法实现的。大量的实践证明通过卫星微波散射计获取资料能够有效用于热带低压早期预警及热带气旋早期探测。

使用在 QuikSCAT 卫星的 SeaWinds 传感器在 1999 到 2009 年将搜集到的相关数据用于在台风出现的时候海表面风场情况的科学分析和预测。在 2012 年,国家海洋卫星应用中心发布了 HY-2A/SCAT 数据,这个数据库能够在自动识别台风、中心定位以及自动追踪等相关研究中得到了巨大的成功。不过由于 HY-2A/SCAT 监测出的海表面风场数据在准确度上和 OSCAT、ASCAT、以及 QuikSCAT 数据几乎差不多(Wang et al.,2015),导致在许多地区进行台风观测时较少的应用这种技术并且这方面的深入研究相对比较少。

目前台风观测的手段以气象卫星为主,气象卫星通过利用可见光或红外的方式观测台风,但这两种观测得到的信息为台风云顶信息。靠近海面的台风风速更大,对人们的影响更大,因此更被人们所关心。SAR 工作于微波频段,其不受云雾和黑夜的影响,可全天候观测,且其观测信息为海面风信息。从 SAR 和红外的部分台风图像可分别利用台风风场结构和台风云系结构估算海面附近和台风云顶的风眼中心位置。

(1)微波散射计观测台风中心定位

基于 Helmholtz-Hodge 风场分解理论,每一个风矢量场均能够分解成四个独立的矢量场或者四个分矢量场。Helmholtz-Hodge 风场分解理论数学表达如下式:

$$\begin{cases} u = u_0 + \frac{1}{2}F \times x + \frac{1}{2}D \times x - \frac{1}{2}\zeta \times y \\ v = v_0 - \frac{1}{2}F \times y + \frac{1}{2}D \times y - \frac{1}{2}\zeta \times x \end{cases} \quad (5.14)$$

式中,u 和 v 是经向以及纬向风矢量分量;x 和 y 是经向以及纬向;u_0 和 v_0 是经向以及纬向调和场分量,当调和场于台风风场时是背景风场;F 为变形场(deformation)分量,$F = \partial u/\partial x - \partial v/\partial y$;$D$、$\zeta$ 是为散度场以及涡度场 $D = \partial u/\partial x + \partial v/\partial y$,$\zeta = \partial v/\partial x - \partial v/\partial y$。显然,台风风场分解的重点是计算数值微分,蔡其发等(2008)根据 Tikhonov 正则化认为可以采用等间距划分的一维一阶数值微分的方法进行解决,这个方法适用各种样本数据。

利用散射计的后向散射系数信息和二级海面风场产品得到台风中心的具体位置。这种方法可以通过三种方式进行:第一、根据风向可以判断台风中心的具体位置;第二、根据风速的分布可以判断出台风中心的具体位置;第三、根据后向散射系数的信息能够得到台风中心的具体位置。

(2)微波散射计台风路径确定

利用不同时间的台风中心可确定和预测台风路径。林明森等(2014)利用 HY-

2A确定了"苏拉""海葵""布拉万"3次台风的路径,并与实况数据做了比较。图5.11为根据卫星观测数据绘制的台风中心位置路径图,表明HY-2A散射计观测到的台风中心位置与实测行进过程台风中心基本吻合。

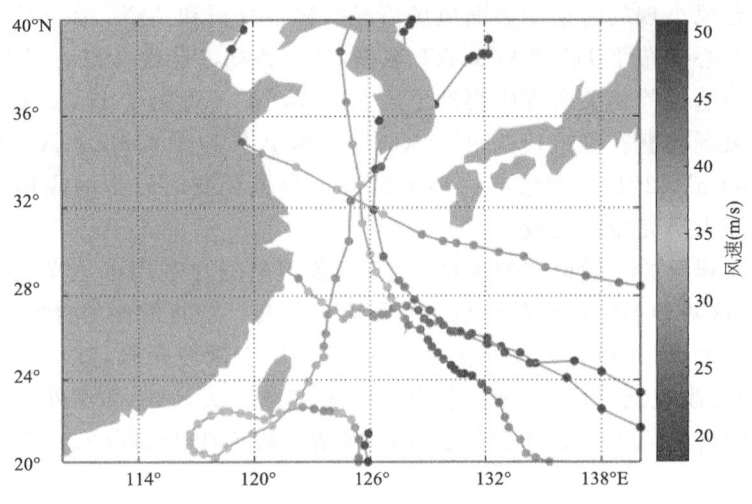

图5.11 台风中心位置及路径图

(3)台风强度估计与分析

一般通过对海表面的最大持续风速最低气压(这里指最大持续风速)进行监测来衡量台风强度,这是衡量台风破坏力的关键参数。如今,能够在大范围使用并且能够进行不间断的观测的对地静止气象卫星能够完全满足在西北太平洋热带气旋强度进行观测。尽管散射计在高风速海况下的观测结果因微波的饱和特性而存在问题,但是已被用于相对较弱台风系统的强度估计和分析研究当中。考虑到台风结构的不对称性,观测到的海表面风场估计台风强度时需要考虑最大风速在不同地理象限的分布情况。

研究表明台风区域的扇形波浪是由旋风引起的。遥感手段通过反演海浪能对飓风进行预测,警报通常在其可能到来的前24 h发布,对提前进行防风准备,海上航行船只避风或躲开飓风即将经过的路线具有重要意义。

5.2.2.4 波群监测中的应用

在实际的海洋中,经常可以观测到这样一种现象,其主要特征是在不变的区域,可能会发生振幅相对强的波动情况,或者会发生振幅相对低的波动情况,这两种情况会交替出现。显然大浪是成群出现的,所以这种现象叫作波群。当许多周期和波长不同但很相近的简单波动沿着同一方向传播时,就会形成波群。这是一种与海浪同时发生的自然现象。研究表明,波群破坏力相对于单个波要强很多,是影响进行海洋工程的关键因素,到那时防波堤出现问题并不完全是单个波导致的,而是由一个波群导致的。以前人们不太关注波群导致的这种问题。在1974年葡萄牙国家的锡尼斯港深水防波堤出现问题时,人们才有意识地开始进行这方面的研究。以前对波群进行测量基本上是采取固定的浮标进行测量,它受到空间限制,因此不能对波群进行有效的监测。目前,SAR卫星能够提供单个波浪或者波群的信息,过去的20年间ERSEnvisat-1/2卫星持续的观测了海面波浪的信息,这些数据可以用来对全球范围内的波群进行研究。利用一个基于小波的边缘检测方法和包含边缘自由区域的区域增长算法,能够估计波群的大小和波数。小波系数可以测量与波高和波陡有关的边缘强度,因此,比周围海域高或者陡的波群能够被检测并分离出来。过去几十年间,在船舶航行过程中,很多船舶在波浪高的危险水域发生航行事故,通过卫星遥感手段,将全球的高波浪危险区域检测出来,能够有效地避免船舶经过这些危险地带。

准确性较高的海浪数据有利于进行海浪数值预报、预防海洋灾害以及研究全球的气候变化等相关工作。欧洲的中期天气预报中心(ECMWF)就开始将SAR波模式等数据加进海浪数值进行预报等工作。

欧空局卫星计划中设置的SAR波模式属于一种低数据率的工作模式,每隔100 km左右对5 km×10 km小区域成像,可以获取全球范围的海浪观测数据。通过波模式SAR获取的海表二维图像,能够经过反演后形成一个二维海浪方向谱,最终实现得到海浪频谱、波高、平均波周期等相关数据的目的。

SAR波模式数据为海浪全球观测提供了丰富的数据来源,从2002年的Envisat阶段起,通过SAR波模式得到相关数据可以获取相应的图像交叉谱,在通过准线性的反演算法可以获取到的海浪谱。目前,有将近20年SAR波模式数据可以提供给每个用户,并且这个数据还在继续积累和增加,正是这个数据集的数量巨大才能实现从量变到质变的数据性质变化,使得这个数据的变得越来越重要性。通过SAR波模式数据和高度计以及散射计数据能够有利于对全球的风候以及波候进行分析。

5.3 海岸带区域监测与开发

沿海地区是中国经济发达较高的、消耗资源最多的区域。中国的人口主要集中在沿海发达地区,而沿海地区的海岸带生态情况直接影响到中国的经济可持续发展。随经济快速发展的过程中,尤其是工业化程度的加强导致了中国的沿海地区的海岸带在空间结构出现了一些问题,严重影响了海岸带的相应功能(李鹏,2021;陈军 等,2013)。

随着经济的发展和人类活动加剧,海岸带生态环境逐渐恶化,资源也因为不合理的开发和利用也受到了严重的破坏和浪费。为了实现海岸带资源的可持续发展和利用、防御自然灾害、保护生物多样性、控制污染、保护海岸带生态等海岸带综合管理目标,调查当前海岸带环境与资源的背景资料非常必要。由于是海陆相互交接的作用区,沿海地区的海岸带的情况比较复杂,过去的对海岸带进行观测的相关手段比较有限,无法完全满足可持续的经济发展要求。逐步发展的海洋遥感技术能满足人们对海岸带资源和生态的不同尺度、不同层次、连续的动态的观测需求。

遥感这种新型技术能够实现大范围的、实时的对海岸带的情况进行有效观测,并且适用于多种相关的研究以及实际的一系列需求,有利于我国进行经济可持续发展做更有保障的支撑作用。通过遥感技术,相关的研究人员能够在全球范围内的各种类型的地区做更加全面和准确的观测工作,并且通过获取的这数据可以有效地为相关的其他学科研究提供有价值的参考。海岸带遥感观测资料可以在各种人类的经济发展以及环境保护等工作提供有利的信息保障。并且遥感资料还可以提供长时间序列的海岸带环境监测数据,具有常规调查方法不可替代的优势。

5.3.1 海岸带概述与国内外研究现状

海岸带主要表示为海陆之间发生作用的区域。海岸带连接陆地系统和海洋系统,是一个敏感的过渡带,也是海洋与陆地不同地貌的连接地带。海岸带区域资源多样、生态环境复杂同时也很脆弱。

(1)海岸带概述

海岸带表示为海岸线扩展到陆海两边的带状领域,主要分为陆域以及近岸海域,但是难以准确的对其进行界定。联合国在 2001 年发布了《千年生态系统评估项目》以确定海岸带的概念是"海洋与陆地的界面,向海洋延伸至大陆架的中间,在大陆方向包括所有受海洋因素影响的区域;具体边界为位于平均海深 50 m 与潮流线以上 50 m 之间的区域,或者自海岸向大陆延伸 100 km 范围内的低地,包括珊瑚礁、高潮线与低潮线之间的区域、河口、滨海水产作业区,以及水草群落"。具体的操作中,海岸带的范围可以研究者的研究目的进行相应的规定。中国的海岸带具体范围基本上是遵循《全国海岸带和海涂资源综合调查简明规程》标准:海岸带的内边界通常是在海岸线的陆侧 10 km 左右,外边界在向海延伸至 10~15 m 等深线附近。

现代海岸带一般由海岸、海滩以及水下岸坡三个方面组成(图 5.12)。高潮线之上的狭窄的地带的海滩,基本上都处在海面之上暴露在外,一般我们可以叫作潮上带。高低潮之间的地带的海滩,有时会暴露在外,有时淹没在水中,一般我们可以叫作潮间带。低潮线之下的地带的海滩基本上都处在水中,一般我们可以叫作潮下带。海岸带受气候、地质构造、河流作用、水动力和人类活动等影响,处于动态变化之中。

对海岸线进行合理分类有利于科学管理、合理开发海岸线,根据不同的标准可以把海岸带分成不同的类型。根据海岸动态的不同可以分为侵蚀岩以及堆积岩两种类型;根据物质结构的不同可以分为平原岸、生物岸以及基岩岸三种类型;以外力成因与形态特征划分为磨蚀-堆积原岩岸、堆积岸和生物岸;以海岸地貌类型划分为山地

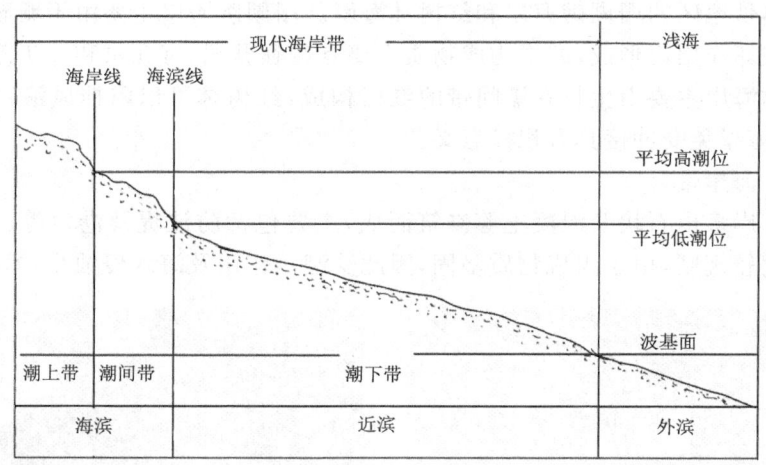

图 5.12 海岸带示意图

港湾岸、台地岸和平原岸。

基于海岸带开发和经济可持续发展的视野出发,结合相关的实际经验,对海岸的形态、成因、物质结构以及相关演化进行分析,能够将我国的海岸带分为以下 5 个类型。

① 淤泥质海岸带

淤泥质海岸带主要有粉砂、黏土及植物腐殖质等堆积而成,多呈青灰色或青黑色,水动力条件较弱,坡度平缓,一般有潮沟。按照其开发情况,淤泥质海岸可以分为两类:已开发淤泥质海岸和自然淤泥质海岸。已开发海岸通常用于盐田或海水养殖池,通常近海一侧修建防浪堤坝,因此岸线位置较稳定。自然淤泥质海岸一般岸滩面积较大,靠陆地一侧通常生长耐盐植物(图 5.13a)。

② 砂质海岸带

砂质海岸带海岸由粒径大于 0.2 mm 的砂组成,属于堆积海岸。砂质海岸一般沿岸海水很浅,坡度极小。砂质海滩通常连续分布很长距离,并与岸线平行。根据形态特征,砂质海岸可分为一般砂质海岸、具有陡崖的砂质海岸和沙坝—泻湖海岸 3 种。

③ 基岩海岸带

基岩海岸带海岸是一种侵蚀海岸,是海边岩石受海水长期侵蚀形成,组成上以坚硬岩石为主。基岩海岸在形态上多属于山地丘陵,有明显的海岬角和直立陡崖。由于坡度较大,组成物质坚硬,因此基岩海岸带受潮汐等自然因素影响较小,比较稳定。

④ 生物海岸带

生物海岸带是由于某种生物对海岸起着重要作用的海岸带地区,比较典型的是热带和亚热带地区的珊瑚礁海岸和红树林海岸。珊瑚礁海岸主要由于珊瑚生长速度超过海浪破坏作用而形成，海岸构成物质主要有造礁珊瑚、有孔虫和石灰藻等生物残骸。红树林海岸主要由生长在潮间带的红树构成，红树林可以阻挡风浪对海岸的冲刷作用，对海岸免受冲侵具有积极意义。

⑤人工海岸带

人工海岸多由石块及混凝土等修筑而成，主要包括防波堤及港口等。人工海岸在形态上比较规则，由于组成物质坚固，因此受潮汐作用及海水侵蚀小，海岸稳定。

图 5.13　四种海岸带实例

(2) 国际海岸带环境遥感研究现状

国际上涉及海岸带环境状况的大型研究计划主要包括国际地圈生物圈计划（International Geosphere-Biosphere Programme，IGBP）和全球变化人文计划（International Human Dimensions Programme，IHDP）等，而且可以建立一个全面完善的研究系统。基于 IGBP 以及 IHDP 的关键内容——海岸带海陆相互作用（Land-Ocean Interactions in the Coastal Zone，LOICZ）科学研究计划，分析海岸带子系统在全球系统中发挥的作用与重要性并且在未来会可能的情况，主要关注海—陆相互作用影响全球生态系统的因素，它的关键内容包含海岸带区域海洋—陆地—大气间物质能量交换和影响机制以及环境效应；海岸带系统对全球变化的作用以及对人类栖身和海岸带条件利用的影响等。美国、欧洲主动跟进、设计与其符合的规划,纵深发展有关的研究工作。全球变化造成的海岸带脆弱性评估,引起政府间气候变化专门委员会(IPCC)以及众多学者的重视,进行的工作重点关注海平面上升与海洋生态环境变化以及人类活动所带来的影响,强调对可能性事件或未来的发展趋势所带来的损害进行评价估量。

由于遥感数据具有覆盖面积广、空间尺度多样性、时间尺度连续、光谱信息丰富、观测灵活便捷等优势,成为上述国际大计划的重要数据源,使得海岸带环境遥感在应对全球气候变化中占有一席之地。遥感技术在海岸带环境研究中的应用最早可以追溯到1972年Landsat卫星的成功发射。该卫星在水质参数定量、陆地资源调查、环境监测和生物多样性等方面的应用研究中的成功,为海岸带环境遥感研究奠定了理论和经验基础。

此后,各国先后组织了大量的人力、物力和财力,投入到环境卫星的研究中。按照卫星发射时间的先后顺序,传感器分为NASA的CZCS、SeaWiFS和MODIS,法国的SPOT、美国的QuickBird、印度的AWiFS和LISS传感器、欧空局的MERIS和HYPERION高光谱。渐渐地构成了空间分辨率和时间分辨率互补的局面,大体上实现了的海岸带环境研究的要求。

(3)我国海岸带环境遥感研究水平

中国遥感技术于20世纪70年代开始出现。40多年来,国家十分关注遥感技术的成长,4个五年计划都把发展遥感技术列为国家重点科技攻关项目,国民经济建设35项关键技术中包含遥感技术。在海岸带环境的范畴中,遥感技术为近岸水体环境监测、岸线变迁机理、海岸带环境监测、海岸带生态环境脆弱性、海岸带自然灾害监测与评估等方面的相关研究得到了关键的数据源。

我国是一个海洋大国,遥感技术在海岸带监测中展现的特点包括光谱信息丰富、时间尺度连续、覆盖面极广、观测灵活便捷、空间尺度多样性,而且在海冰、海岸蚀退和淤进、海洋初级生产力与鱼情预报、海洋工程、海况、海洋污染以及悬浮泥沙扩散等方面,显现出更加强势的应用潜力。海岸带问题作为政府关注的热点之一,根据《中国中长期科学和技术发展规划纲要(2006—2020)》提出,开展"全球变化与区域响应"、"人类活动对地球系统的影响机制"等有关面向国家重大战略需求的研究。在《国务院关于印发中国应对气候变化国家方案的通知》(国发[2007]17号)印发的《中国应对气候变化国家方案》中,提出将海岸带地区列为适应气候变化的四大重点领域之一,而且要加强分析的力度。

我国起初加入了有关种类的国际科研,并且相继推行了一连串的关键科学研究方案。最近几年科技部启动而且完成的"973"项目包括:"我国重大气候和天气灾害形成机理和预测理论的研究"(2003—2004)、"中国典型河口-近海陆海相互作用及其环境效应"(2003—2007)、"中国陆地生态系统碳循环及其驱动机制研究"(2003—2007)、"中国东部陆架边缘海海洋物理环境演变及其环境效应"(2006—2010)、"亚印太交互区海气相互作用及其对我国短期气候的影响"(2006—2010)等。"973"提及的项目包含"北太平洋副热带环流变异及其对我国近海动力环境的影响"(2007—2011)、"中国近海碳收支、调控机理及生态效应研究"(2009—2013)、"我国陆架海生态环境演变过程、机制及未来变化趋势预测"(2010—2014)、"中国陆地生态系统碳—氮—水通量的相互作用关系及其对环境变化的响应和适应机制"(2010—2014)、"我国东部沿海城市带的气候效应及对策研究"(2010—2014)等。前面提及项目的启动和收集许多的历史资料以及现场观测资料,为海岸带环境的深入研究提供了基础。

我国遥感技术工作一直以国民经济建设服务为指导方针,顺着不断进取、不断改革、不断创新的道路,取得一系列关键性收获。在20世纪90年代初,各国以SeaWiFS为代表的第二代水色遥感器的研究得到了普遍推广,中国为SeaWiFS创建了地面的接收站,以及开始了与之联系的应用探索。随着而来的是庞大的研究人员队伍加入了EOS-MODIS以及中国载人航天飞船"神舟3号"民用遥感器中分辨率成像光谱仪前期应用的探索工作,在大气校正以及水色反演模型方面都有所建树,为中国海洋遥感的发展奠定了良好的基础。于2002年5月15日,中国第一颗海洋卫星"海洋一号A"(HY-1A)顺利上天,代表着中国海洋遥感技术的开启新篇章。此外陆续发射的中巴资源卫星、环境小卫星、海洋二号(HY-2A)等进一步丰富了海岸带环境研究的遥感数据源,将海岸带环境遥感研究推向了一个新的高潮。

5.3.2 海岸带环境遥感系统

海岸带属于海洋系统和陆地系统连接处交叉复合的地理单元,其不仅是地球表面最为生气的自然范围,而且其资源与环境条件是最为丰饶的,是海岸动力和沿岸陆地相互作用的结果,兼备海陆过渡特点的环境条件系统,和人类的生存和发展有着密不可分的关系。伴随人口的扩充以及城市化进程的不断加快,海岸带承受污染加重、区域生态环境破坏、海平面上升、全球气候变化、渔业资源退化、生物多样性减少等巨大压力,有碍于海岸带的可持续发展。

导致海岸带陆地大面积缩小的原因是海平面上升与海岸侵蚀的共同作用,已经严重影响了滨海居民的生存空间;有的海岸段由于海水的介入,导致地下的淡水资源可利用程度降低,由于沙尘暴所掺杂的物质沉入海底,影响了近海生态系统;极端天气气候与海洋灾害发生的频率及幅度的变化差异,导致海岸带生态环境发生损害;大批量的城市群让海岸带陆地的下垫面发生了变化,很大程度妨碍了陆地和大气水汽、热量之间的传递,对气候范围有所干扰;滨海湿地的面积在不断缩小,其固碳、减轻污染等服务功能不断变弱;大批量的围填海、核电项目等土地开发、海域行使,导致天然岸线资源变少、海湾属性差、海洋污染日渐严重。21世纪以来,高分辨率、多时相、多波段的空间遥感系统展现了海岸带范围分异和动态特性的历程。充分利用高新技术,对海岸带地域系统实施综合协调的管理办法。应用 3S(遥感、地理信息系统、全球定位系统)高新技术,创设海岸带地理信息体系,完成对海岸带动态和发展趋势的认识,有利于合理开发利用海岸带资源与环境保护提供敏捷、无误、灵验的信息研究以及决策帮助。

海洋卫星遥感器使用的波段从可见光、红外到微波,微波波段又分为主动和被动遥感器。各波段针对不同的海洋要素、光谱特征,又采用了多光谱组合。海洋卫星共分为三类:第一类是综合海洋观测卫星,这类卫星采用尽可能多的可见光、红外、微波(主、被动)遥感器,可以给大部分海洋用户提供大量的多学科观测资料。第二类是专题性海洋研究和应用卫星,这类卫星针对专题研究或应用项目,利用高精度或高分辨率的专门遥感器,为较小范围内的海洋用户提供更精确的遥感数据。第三类是综合性卫星,以合成孔径雷达为主,与光学、微波遥感器配合构成多功能综合性的观测卫星,可以实现对海洋、陆地、气象等各方面的观测目标。

(1)海岸带环境遥感

海岸带环境的科学问题笼统地概括为海岸线的动态变迁、区域海岸带海洋的特征、海岸带地形特征以及海—陆关联性机制等几个部分。海岸带环境遥感的特点是由海岸带环境研究所包含的研究问题确定。所以,在分析归纳后能够获取海岸带环境遥感的基本状况。

①空间尺度多样性:相异的研究对象和研究内容,需要相应的空间尺度的遥感数据。港口、湖泊等局部水域的水质参数监测、沿海湿地生态群落调查、大比例尺海岸带专题制图、大比例尺海岸带景观格局分析制图等,则需要空间分辨率较高的遥感影像;与之相反,小比例尺专题制图、大区域海岸带区域海域水质参数调查、大区域海岸带环境参数监测等,则需要低分辨率的遥感影像,以便体现出研究对象的宏观格局特征。值得一提的是,影像像元是像元覆盖范围内地物综合的结果,而像元内部的地物分布往往存在异质性,进而导致不同分辨率遥感影像观测得到结果存在尺度误差,需要进行尺度校正。

②时间连续性强:海岸线变迁、海岸带生态环境动态变化、海—陆相互作用机制与过程以及自然灾害等现象具有时间上的连续性与反复性。这就要求我们的观测手段具备可持续性,进而有利于从复杂的自然现象中,统计与总结出自然规律与特点来,以便全面了解与掌握海岸带生态现象的动力机制、演化过程和可能造成的影响,进而为人类改造环境和适应环境、海岸带环境保护和经验建设等方面服务。

③丰富的光谱分辨率:地物的物理结构和几何形状,导致光谱特性的不同,而光谱特性则主要有光谱的形态特征体现,如波峰、波谷、斜率、导数、吸收宽带、吸收深度、荧光峰高度等。对于不同的研究对象,其光谱形态所对应的光谱分辨率不同,如

水体反射峰的光谱和植被的分辨率可能只有 10 nm。在这种情况下，用 Landsat TM、SPOT 以及 QuickBird 等宽波段传感器，显然无法合理地体现水体的光谱特征，而 MODIS、SeaWiFS 等在波段传感器则具有较好的优势。

④数据精度要求高：数据的科学价值取决于数据的精度。对于海洋遥感，在蓝光波段，总信号的 80% 以上来自于大气辐射的贡献，绿光波段则更少。当大气校正的误差为 5% 时，则可能引起 35% 的叶绿素 a 浓度反演误差。因此，为了实现 NASA 关于全球 35% 的叶绿素 a 浓度反演精度目标，大气校正精度必须控制在 5% 以内。

⑤多源数据的综合性强：海岸带环境科学研究所需的数据可以包括遥感数据、走航采样数据、实验室分析数据、计算机模拟数据和历史数据等。即使是单一的某一数据源，也将存在很大的不同。例如，同样是遥感数据，则可能是某个传感器、某分辨率以及某些时期的相关数据。因此，必须要对多源数据进行有效地整理与综合，充分挖掘数据的价值，为海岸带环境科学研究服务。

遥感图像中海岸线的解译主要有目视解译以及自动解译这两种方法。过去的目视解译需要相关技术人员进行透图作业，导致容易出现误差。而自动解译可以以岸线为边缘进行监测，目前可以应用的海岸线提取方法主要是采取图像的边缘检测器等技术。而边缘检测的手段比较多，并且由于信息化技术的更新和进步，使得自动解译技术能力得到进一步提升，更有效的算法开始被人们开发出来，这种结合成为了解译技术在未来发展的方向。

遥感影像标示为在某一地理空间的某一事物可以和某种波段的电磁波发生关系得到的结果，地物的波谱特性可以影响它在影像空间的具体特征。波谱提取地物信息有两个必要前提：首先地面的景观需要有明显的差别；其次遥感仪器需要能够有效地获取相应的差别信息。所以，我们在识别相关特征的时候必须选取特征和背景差别比较的遥感影像波段，再经相应的数字图像处理技术进行识别。如今对于海岸线特征的提取工作主要是基于影像空间海岸线附近的色调以及纹理这两个特征以对水陆的分界线情况进行识别和提取。

通常，海岸带的地形变化比较小，而且坡度不急，但是在进行监测时潮差较小的变化都可能使测量的水边线和实际差别较大。所以，我们在利用相关的卫星数据对海岸线进行识别的时候，需要重点关注潮位的变化影响，做好水边线潮位的校正工作。潮位校正工作通常是基于卫星成像时观测到的潮位高度以及海岸坡度等相关信息来对出水边线到高潮线之间的距离进行有效计算，最终得到海岸线的准确位置。

在遥感影像上进行海岸线检测之后，选择全面而适宜的海岸线相关因子，根据不同时相的遥感数据就可以建立海岸线变化预测模型。用户可以根据实际应用输入预测原点和预测精度，得到若干预测点，继而得到海岸线变化的模拟轮廓。

(2)遥感图像分割方法

遥感图像目标识别过程分为特征提取过程和目标识别过程，对于高分辨率影像，各类地物大都表现为块状地物，因此在特征提取过程中，首先进行遥感图像分割的过程，将不同目标地物进行分离，在此基础上对相应的特征进行提取和表达。

图像分割的主要作用是将遥感图像中可能的目标地物进行提取分离，并去掉大量的背景信息，对可能的目标地物的轮廓进行初步界定，以减少近一步目标识别工作的计算量，并为后续的目标识别过程提供相应的特征信息，这些特征信息包括：光谱（量度）信息、大小（面积）信息、形状信息、纹理信息等。

图像分割方法种类众多，到目前为止至少发展了超过1000种的分割方法。通常我们在进行遥感图像分割的时候，将可以进行分割的图像大体分为灰度图像以及纹理图像，而分割方法大体分为灰度图像分割法以及纹理图像分割法（杨晓梅 等，2005）。灰度图像采用的分割方法粗略分为根据图像灰度一致性来分割以及根据图像空间域信息来分割两种不同方法。随着新的技术的不断成熟和应用，通过借鉴和结合以上方法目前出现了许多被广泛应用的图像分割方法，如根据神经网络的图像分割方法。而纹理图像相对于灰度图像更为复杂，是一种基于纹理特性而来的图像。纹理图像在某一些区域内可能出现不规则的情况，但是将这些带有不规则的图像放在一起时会发现存在一定的规律性。过去对纹理图像进行分割的方法通常有统计方法、信号处理法、模型法、结构法等四种主要方法。统计法是最常用的而且稳定性较强的方法，这种方法的原理是通过图像的统计特性进行相关计算得到相应的特征值；信号处理法主要是通过将Gabor滤波或者小波等信号进行转变的一种方法，可以实现在时间与频率之间做局域分析的工作。模型法是通过模型来描述相应的纹理特征的一种方式，需要注意的是，这种方法的机制要有一个前提即某个像素要和相邻的像素发生相应的作用产生某种关系。结构法是基于结构的一种方法，当纹理的构成是一些纹理基元存在某种规律进行排列的，这种纹理基元是能够从中分开的，结构法就需要检测到这些纹理基元，并且基于基元特征以及排列规律的相关特征对纹理进行分割工作，这种方法通常上是用在规则性要求相对更强的人工纹理。

对如今应用比较普通的遥感图像分割方法分类的总结如图5.14。

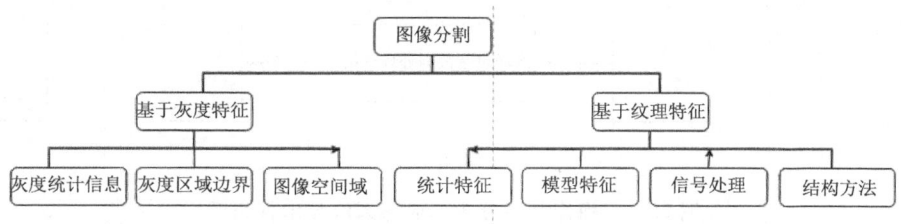

图 5.14　遥感图像分割方法图示

(3)海岸带多分辨率遥感系统技术框架

海岸带综合管理应用建设是一项复杂的系统工程,是集专业信息系统、软件开发、分析应用系统于一身的综合应用系统,相互关联、技术构成都极其复杂,具有以下特点:

①多源、多类型数据:包括多分辨率、多成像机理的卫星遥感数据,全要素基础地理数据,多时期、多维海洋监测调查数据,以及海岸线多源专题数据;

②多层次集成:包括多源数据的集成,数据库和数据软件的集成,数据库、通用软件与专业模型应用示范的集成、多尺度应用系统的集成等;

③空间尺度问题:包括面向全国大尺度宏观研究、面向省级的中尺度研究以及面向自然单元等地区小尺度问题的研究;

④通用性和目标性:是解决和形成通用技术基础,还是针对应用目标开发,将对数据库建设与技术系统方案有很大的影响。

如图 5.15 所示,在与高分辨率的遥感数据为基础的多源数据管理以及相应的通用技术系统,能够达到提供相关的硬件服务给相关的政府部门。

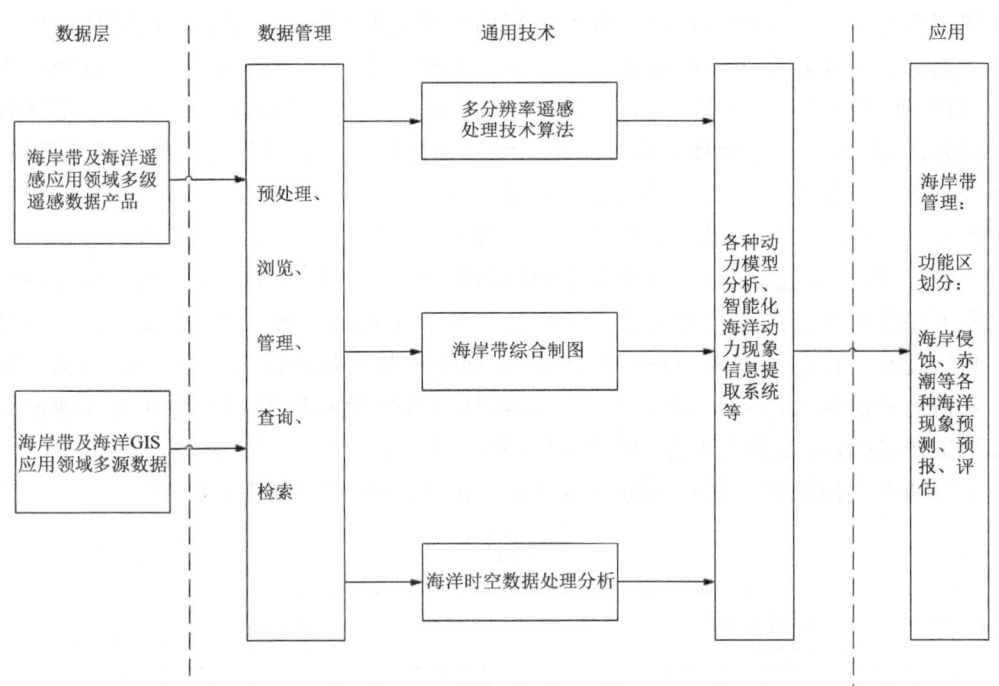

图 5.15 海岸带多分辨率遥感系统技术框架图

(4)海岸带遥感综合制图系统

一般海岸带遥感综合制图的构架体系有以下三个部分：第一、建构海岸带的基础地理信息框架；第二、根据海岸带和近海的数据信息以及分层组织，使海岸带的地貌、底质、地质等数据要素形成统一再描述出来，主要是根据不同预期目标来完成不同的类型数据组织和输出。第三、遥感综合制图一体化技术，通过加大对卫星遥感、信息系统等技术的先进方式发展，高分辨率卫星数据为主的多源遥感信息将成为海岸带可持续发展提供技术支持和保障。

5.3.3 基于高分辨率海岸带遥感资源调查

基于这种多分辨率遥感数据应用的分析算法，可以开发和规范海岸带高分辨率遥感的调查以及发展海岸带遥感综合制图方法，通过图5.16所示的技术基础支撑可以完成基于高分辨率遥感影像的海岸带资源多方面调查。

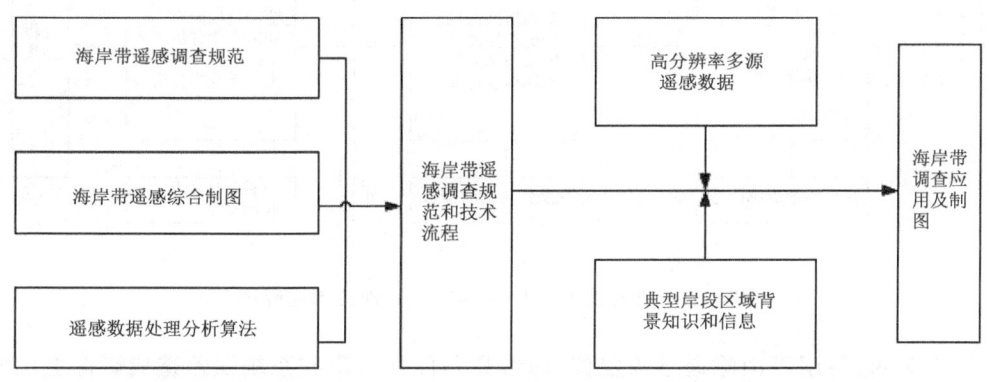

图5.16 海岸带资源综合调查(本图在更新中)

(1)高分辨率遥感海岸带滩涂

高分辨率遥感海岸带滩涂条件限定如下。

①保障遥感时相上的要求与潮位的确定。通常需要低潮位的遥感影像与滩涂分带信息。

②把握滩涂遥感影像特征及其划分。充分利用滩涂上所形成的不同沉积带、生物带、微地貌，以及人为地物特征等清晰性及其分带标志，如地物区位、色调、反射光谱、空间纹理特征、实地调查资料、平均高潮位线、平均中潮位线、瞬时低潮位线等信息。

③精度控制。通常遥感调查海岸带滩涂精度控制，至少需要三期遥感影像的精纠正与人机互动解译精度。首先用遥感图像处理专用软件，对多时相遥感影像按1:100000或更大比例尺的精度，进行地理校正与增强处理，采用人机互助解译方式。

有必要时局部地段辅以大比例尺、多波段遥感影像确定滩涂分带标志;以各分类带解译形成矢量图层文件,经格式转换后,利用图形软件进行编辑。最后算出各类滩涂面积数据误差保证为2%左右的高精度。

④滩涂淤蚀量化要求。为掌握滩涂全岸段淤蚀规律,对不同岸段瘀蚀特点量化数据不仅要有瘀蚀量、周期性与年均值,也要有分段性与时段性。

(2)滩涂高分辨率遥感影像处理技术流程图与技术要点

①滩涂高分辨率遥感影像处理技术流程图如图5.17所示。

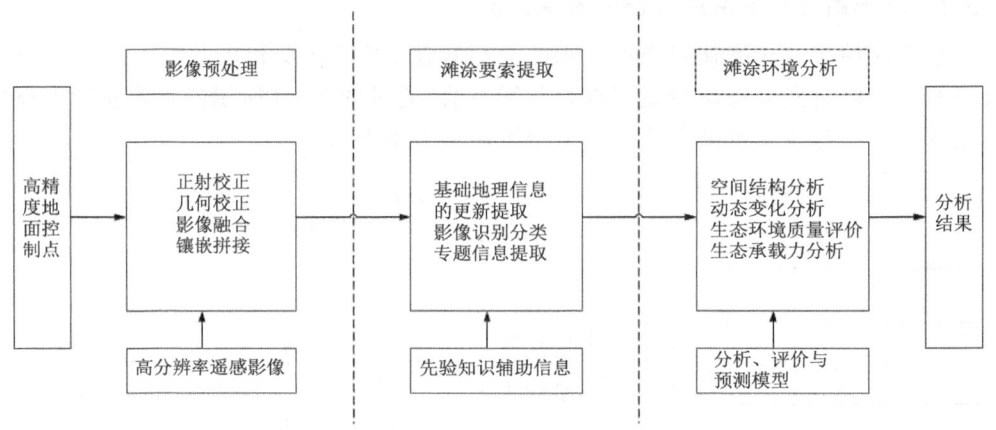

图5.17　滩涂高分辨率遥感影像处理技术流程图

正射纠正:用以消除遥感器定位、地形高差位移与影响系统误差造成影像上比例尺变化;需要专用的如RPC软件模块或利用数字地形数据(DEM)进行正射校正。

影像融合:用以保证图像的清晰度;将不同分辨率的影像纠正到小于0.5像元的精度。

镶嵌拼接:实现无缝拼接。

几何校正:用以保证地面几何校正准度,包括取准度高的地面操作点、大比例尺的地形图、比例尺大的海图等。

②高分辨率遥感影像滩涂信息提供关键技术

A.依据:当高分辨率遥感影像大波段不足时,波谱信息量就会减少,对地物进行区分或者识别就不能依靠地物波谱特征,只能依靠空间特征或者纹理特征。就此,应综合利用光谱信息、空间特征、地学知识、GIS支持下的遥感影像信息提取模型。

在可能条件下,建议采取较为有效的以下方法:a.不同缩放程度下的高分辨率影像分类:目的在于当分辨率出现变低时,影像可以通过进行抽样计算来让相同的地物形成类似于纯净像元的像素组合,最终使面状分布的连续目标地物同样可以相同的方式进行并且能够将细碎地物形成混合像元,实现对分辨率不同的像素进行有效的技术区分。b.根据空间特征以及纹理结构的信息获取,于分辨率较高的遥感影像中对相关的地物特征进行有效获取;纹理分析方法可采用:统计方法,结构方法等。

B.不同缩放程度下的影像滩涂分类关键技术,采取将地方边界和遥感影像做一个空间的有效叠加的方式来对其他范围的影像进行清除,才能便于进行聚类分析手段;之后可以采取使分辨率降低的方式来对影像实现缩小目标对象的目的,可大大减少分类结果中同一地物的细碎斑块。如将高分辨率遥感影像的分辨率降低 14~16 倍,进行非监督分类的结果,则与其原分辨率较低,相差 15 倍左右的其他卫星遥感影像的分类结果大致一样。

C.基于色调与空间纹理特征对滩涂植被量化技术:在高分辨率遥感影像上,滩涂植被往往彼此之间色调与空间纹理特征能清晰表征出,如红树林色调较暗,纹理相对也粗,而大米草相对色调较亮,纹理均匀,但也间有较暗的色调和较粗的纹理。就此,采用光谱信息监督分类,并辅以空间特征的人机交互修正和印证,继之进行积分计算滩涂上各植被的面积分布。

D.基于空间纹理特征对水产养殖量化技术:在高分辨率遥感影像中,网箱养殖的纹理呈现网格状,而吊养的纹理会表现为比较小的斑状。所以,选 Erdas Imagine 软件可以进行方差算法来有效研究纹理的形状,在软件的活动窗口中将大小标定为 7×7,就可以得到相应的分析结果,进而对非监督进行有效区别,就可以得到养殖专题图。图中深色斑块时网箱养殖的相关情况,而浅色调斑块则是吊养的相关情况,经过对这两种情况进行有效的积分计算,能够得到相应的养殖面积以及养殖密度等数据。

(3)海岸带高分辨率影像特征提取技术

这种技术是基于海岸带海陆的交互特性以及图像空间结构认知理论以及手段,通过智能的计算模型,对对象单元的特征进行有效的获取和识别的一种技术方法。

①海陆交互的信息增强技术。由于海陆之间的光谱特性差别比较悬殊,所以对分割后进行有效增强操作可以利于对不同层次的信息进行提取。

②智能计算的海岸带目标特征获取技术。主要应用在海岸带上比较特别的相关地物对象,通过采取支撑向量机、神经网络等手段能够更好地计算模型,是一种更好有效的获取对象的形状、纹理特征、结构特征的技术。

③以海岸带地学背景知识的语义推测目标识别技术。根据很多自然地带都不太相同,而且海岸带各种岸段形状的地物分布情况差异比较大,加上根据海岸带的矢量背景数据从中提取出相关的空间关系等知识,再经语义推理研究的目标来对相关信息进行有效识别的方法。

(4)高分辨率海岸带遥感调查指标体系建立

基于陆地会影响近海水域的特征,对一些规范标准进行了解,特别是获取多源遥感数据对海岸带地物对影像显示的情况进行合理分析,再通过分析各种有用的相关信息,来建立一个海岸带遥感调查指标体系。

重点参考国家土地覆盖/土地利用标准和适时相应的海岸带调查规范标准的同时,例如着重海岸带滨海湿地分类系统的划分,尤其对二级、三级分类标准的划分。

(5)海岸带变化监测

海岸带变化监测应用主要分为海岸线动态变化监测和海岸带土地利用变化监测。

常规的海岸线变化研究利用地面调查、剖面监测、海洋动力条件研究和模拟实验等方法解决,海岸线遥感动态变化监测利用多景、不同时相卫星影像,采用计算机自动检测与人工解译相结合的方式,分析海岸线动态变化及其驱动力(吴海源 等,2007;王娟 等,2010)。总体上,填海造地、沿海基础设施建设、农业结构调整等人工活动已成为海岸带变化的最根本因素,造成人工海岸线向海一侧移动;沿岸流侵蚀及海水入侵等自然因素造成海岸线向陆一边改变,但是因为现今关于海岸线的变化分析基本上是利用 Landsat 数据而其分辨率不高,导致在海岸线的进行时其精准度不高。

海岸带土地通过变化影响海平面变化、全球气候变化及海岸带生物多样性等,利用多波段、多时相、多时空分辨率的卫星遥感影像,能够快速、准确探测海岸带土地覆盖等地表景观变化信息,分析土地利用变化规律。研究表明,海岸带土地利用变化除了受气候、地形、地貌等自然因素影响外,更重要的是人为因素影响。城市建设、人口涌入、经济增长、政府政策等将产生海岸带景观格局变化及区域差异(马万栋 等,2008),使土地转换类型复杂,增大海岸带土地利用变化比例与速度,并会产生土壤盐渍化及水资源短缺等不利影响。

(6)海岸带水体研究

海岸带水体研究内容主要包括叶绿素、有色可溶性有机物和悬浮泥沙。

叶绿素浓度是海洋浮游植物生物量和营养化程度的基本指标,是评价海洋水质、有机污染程度和探测渔场信息的重要参数,对碳循环研究及海洋初级生产力研究具有重要意义。海洋叶绿素浓度反演是根据叶绿素在波长 685 nm 附近有明显的光谱特征(Joint et al.,2000),通过卫星遥感等方式提取海洋水体信息,再根据离水辐射亮度与叶绿素浓度之间的关系,估算出叶绿素的浓度。

悬浮泥沙主要来源于陆地江河和岸滩侵蚀,通过分析悬浮泥沙的来源、含量及其分布,可以掌握沿海河口形态、演变及其动力特征。如采取 SeaWiFS 数据来形成一个地区的悬浮泥沙遥感数据来对近海岸的上层水体悬浮泥沙进行模型研究。

有色可溶性有机物(CDOM)是溶解性有机物的重要组成部分,通过研究 CDOM

能够揭示海岸带河流的相互作用,是海岸带环境动态监测的主要方法。CDOM研究可分为两个方面:①CDOM时空分布探测,如利用SeaWiFS资料反演CDOM空间分布;②消除CDOM浮游植物生物量的水色遥感。

(7)海岸带生态环境研究

由于海洋污染、围海造田、围海造地和滩涂养殖等原因,海岸带生态环境持续恶化,滩涂湿地和红树林面积急剧减小,珊瑚礁遭到破坏,入海河口近岸沉积物污染严重。

遥感技术能够有效监测海岸带生态环境变化。黎夏等(2006)学者通过多时相Landsat TM遥感影像来研究珠江的红树林湿地在时空上产生的变化,可以得到珠江口的红树林的变化情况以及分布情况等信息。Jayatissa等(2002)通过遥感数据与实地调研相结合的方法,发现斯里兰卡北部Kalametiya湖沿岸红树林在内的植被种类在减少。Palandro等(2003)用多时相IKONOS影像对佛罗里达Carysfort Reef的珊瑚礁变化进行研究,以不同底栖物质光谱发射率为基础,将珊瑚礁与其他物质相区分,发现珊瑚礁数量明显减少。

除了研究人员外,众多研究机构同样对海岸带生态环境十分关注,如美国NOAA的C-CAP计划利用遥感影像监测美国海岸湿地及相邻陆地的变化;欧洲LACOAST计划通过海岸带土地覆盖变化为海岸带综合管理提供环境指标信息;而澳大利亚等国家通过建立相关的数据库利于大堡礁海洋公园在科学研究和技术管理等方面更好发展。

5.3.4 滨海湿地与红树林遥感调查

滨海湿地,也叫海岸带湿地,是指陆地和海洋之间的过渡地带,是海陆之间发生剧烈交互作用的地带,有着大量丰富的生物资源,同时,也受到大量的人类活动干扰,因此异常脆弱。随着当代遥感技术的快速发展,特别是无人机技术的飞速发展,遥感技术在辅助滨海湿地和海岸带管理并推动其可持续发展等方面,发挥着越来越重要的作用。红树林湿地是热带与亚热带地区最典型的滨海湿地。本节以红树林湿地为例,阐述遥感技术在红树林湿地调查中的应用。

红树林是热带与亚热带地区生长于海岸带的一类木本植物。全球红树林共有70余种,我国东南沿海红树林有30余种,广泛分布于浙江、福建、广东、广西、海南、澳门、香港和台湾。红树林具有防风护堤、抵御海啸、保持土壤、固碳、为多种动物提供栖息地等生态服务功能,是热带与亚热带地区重要的自然资源。但是,由于近几十年来剧烈的人类活动,例如城市化、养殖业、旅游业等的影响,全球红树林面积继续减少约35%(Wang et al.,2019)。因此,保护和修复红树林生态湿地刻不容缓。遥感技术可以在红树林生态湿地的保护和修复过程中对其进行大尺度的动态监测,包括对其树种、面积、树高、生物量、生长状态等参数进行大尺度多时相的连续监测。

总体上,目前应用于红树林监测的遥感平台包括卫星遥感、航空遥感(包括无人机遥感)和地面遥感,涉及的遥感技术包括光学遥感(包括多光谱和高光谱遥感)、合成孔径雷达(SAR)和激光雷达遥感(LiDAR)。光学遥感通过不同波长的光谱反射率的差异区分红树林与非红树林以及红树林的不同物种,因而广泛应用于不同尺度的红树林面积变化调查与监测、不同树种的红树林的空间与时间变化监测、红树林的叶面积指数以及红树林生物量估算等领域(图 5.18)。但是,光学遥感由于波长较短,穿透性差,容易受云层覆盖的影响,而热带与亚热带地区则是多云多雨地区。因此,光学遥感在红树林的长时间变化监测方面存在较大的局限。SAR 具有穿透云层的全天候工作能力,因而被广泛应用于红树林监测。技术上,SAR 可以在一定程度上穿过红树林冠层,从而可以使用不同波段的 SAR 对红树林的冠层以及冠层以下的

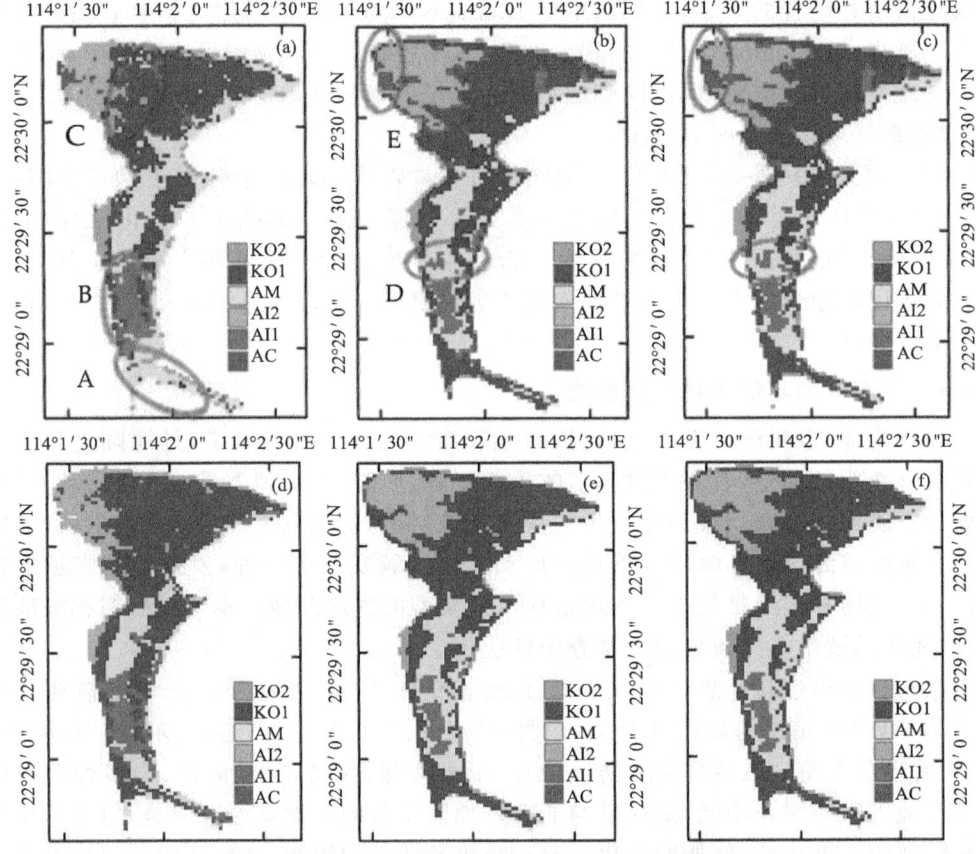

图 5.18 基于遥感的红树林种间分类,应用随机森林分别采用:
(a) Landsat8 影像,(b) 模拟 Hyperion 影像,(c) 高分五号影像,应用支持向量机分别采用:
(d) Landsat8 影像,(e) 模拟 Hyperion 影像,(f) 高分五号影像(Wan et al.,2020)

植物形态对红树林的不同参数进行监测,包括对红树林树种、面积、树高、生物量等参数进行反演。特别的,SAR 具有多极化能力以及不同时相对干涉 SAR 技术,从而在红树林的树种分类、树高提取和生物量估算等应用上具有重要的优势。此外,LiDAR 技术近年来也逐渐被应用于红树林监测中。LiDAR 的主要优势是可以提取高精度的红树林树高信息,从而被应用于不同树种的红树的树高估算和生物量估算,进而分析红树林的碳储量。这对于红树林蓝碳储量的估算、红树林固碳能力及其在全球碳循环和全球变化中的角色的探索具有重要的意义。然而,由于技术上的限制,目前 LiDAR 卫星还很有限,大部分的应用只局限于各种有人机和无人机平台,因而要推广到大尺度的红树林监测上还存在一定的技术难点。

5.3.5 海岸带城市环境遥感监测

海岸带城市环境主要包括城市的大气环境和水环境。其中大气环境包括大气污染和城市热岛等,大气污染又包括多种不同的大气污染物,如二氧化氮、不同颗粒大小的气溶胶以及温室气体等。水环境则包括水量和水质,涉及多种自然灾害,如洪水、干旱、赤潮、溢油等。海岸带城市环境遥感技术监测的对象则包括以上大气环境和水环境所涉及的相关物理化学参数(例如各种染物的浓度)的反演、自然灾害强度及其破坏程度的估算。同时,城市遥感技术也需要针对这些大气环境和水环境变化所产生的机理和影响进行监测与分析。因此,城市遥感技术还需要包括对城市地表基本属性及其动态变化的监测和反演,例如城市土地覆盖和利用的变化,城市扩张过程中所发生的人类活动(如农业、工业、商业)、不同城市功能区等区域的变化。

由于海岸带城市环境遥感所要监测的内容涉及城市地区的方方面面,需要使用到的遥感技术也多种多样,几乎涵盖了当今所有的卫星遥感技术、航空遥感技术和地面遥感调查技术。本节将以几种典型的海岸带城市大气环境和水环境问题为例,阐述遥感技术的应用原理与相关的难点。

城市大气污染物和温室气体浓度反演,包括二氧化碳、甲烷、一氧化氮、二氧化氮、二氧化硫、PM_{10}、$PM_{2.5}$ 等。目前大部分研究采用光学遥感进行相关气体浓度的监测,主要利用不同气体对不同波段的电磁波吸收情况的不同所导致的相关波段的反射率的差异。因此,通过对地面观测站点实测气体浓度与光学遥感反射率建立相关的辐射传输模型或者统计模型,可以从光学遥感反射率中反演或估算出不同气体的浓度。一般的光学遥感卫星(例如:Landsat 系列卫星,SPOT 系列卫星,以及大部分的高分辨率多光谱卫星)都工作在可见光和近红外光谱段,而一些大气污染物则与其他波长的电磁波的相互作用更大,例如二氧化氮与紫外光作用更加强烈。因此,对于这些特殊污染物,一般的光学遥感卫星所得到的监测结果达不到理想的效果,因而需要特殊的卫星对其进行监测。例如 Sentinel-5P 卫星则工作在紫外波段,并专门用于监测二氧化氮等污染。此外,一般遥感卫星直接监测的是柱浓度(或密度),这与我们常用的近地面污染物浓度有一定的差异,两者之间需要通过建立数学关系模型才能进行转化,而这一转化过程也可能随着不同的区域、不同的污染物、不同的时间而不一样。因此应用遥感技术反演污染物和近地面温室气体浓度,需要考虑不同的因素,并进行复杂的处理过程。

城市水环境的遥感监测包括水量和水质的监测。水量的监测不仅包括城市不同水体面积和体积的动态监测与估算,还包括对城市洪水的实时监测与预测;水质的监测则包括城市内部不同水体和滨海城市海岸带地区的水质参数的反演和估算,从而评估水体污染情况的动态变化。因此,用于城市水环境监测的遥感技术包括多种不同的遥感平台,也包括不同的遥感技术类型,例如包括航天、航空和地面的遥感平台,在众多可以选择的遥感平台中微波遥感以及激光雷达遥感最为适合对水量进行观测。城市水量的监测与评估是城市水文研究的重要部分,对城市水循环、城市气候等具有重要的研究意义。随着卫星空间分辨率的提高,传统的光学遥感技术可以较为精确地估算城市不同水体,如:湖泊、河流、近海区域等的水体的变化,结合水下地形数据,则可以估算水体的体积,从而估算水流量,进而结合气候模型对城市气候进行模拟与分析。微波遥感,特别是合成孔径雷达(SAR)遥感在城市水量监测中具有重要的作用。由于水体表面光滑平坦,与卫星微波信号形成近似镜面反射,从而使得微波遥感可以较好地识别城市水体。其次,由于微波具有穿透云的优势,微波遥感可以在恶劣天气(如台风天气和暴雨天气)中进行城市水体的监测。在恶劣天气条件下对城市水体进行监测极其重要,这是因为这些恶劣天气常常导致城市洪水的发生,而多云多雨的恶劣天气却使光学遥感无法正常获取地面信息。因此,微波遥感在城市水量监测发挥着独特的作用。城市水质的监测在本章 5.1 节已有详细的介绍,本节就不再赘述。城市内部水体与海岸带水体水质参数的监测所涉及的遥感技术和原理基本都是相通的,而涉及具体的特殊情况,如复杂的二类水体水质参数监测、特殊水体污染物的监测等,则需要针对具体的研究区和水体进行具体分析。需要指出的是,目前城市水质监测仍然是以光学遥感的应用为主,因此当今的水质遥感研究也被称为"水色遥感",而微波遥感则在水质的监测中应用较少,其机理也尚不清楚。但正如前所述,微波遥感具有全天候的工作优势,在特殊地理条件下,微波遥感对水体的监测可以发挥重要的作用。因此,研究微波遥感在水质参数监测与估算中的应用也是一个值得重视的课题。

最后,作为海岸带城市环境的重要因素,城市土地覆盖和土地利用变化是海岸带城市环境研究中不可或缺的重要组成部分。遥感技术可以监测和估算城市大气污染物和水体污染物的浓度和时间空间变化特征,然而想要治理和减少大气污染和水体污染,则需要对这些污染产生的过程进行建模和分析,从而找出其中的因果关系并采取相应的措施。而城市土地覆盖和土地利用的变化是城市人类活动的集中反映,直接或间接地影响了城市大气环境和水环境的变化,因此,研究城市大气和水体环境问题必然要对城市土地覆盖和土地利用的变化进行监测与分析。遥感技术应用于城市土地覆盖和土地利用的监测方面有着悠久的历史和技术体系。光学遥感、合成孔径雷达、激光雷达等遥感技术都在城市土地变化的监测有着广泛的应用。光学遥感方面,主要是用不同空间分辨率的多光谱影像对不同尺度的城市区域进行土地覆盖和利用信息提取,提取的信息包括城市不透水面、城市植被、城市水体、城市裸土等,采用的方法包括亚像元分解(光谱分解)方法、基于像素的图像分类方法以及面向对象的分割和分类方法(图 5.19)。合成孔径雷达也是针对同样的地表对象进行特征提取,而采用的方法则包括基于双极化和全极化的极化分解方法、基于时间序列数据的雷达干涉技术(InSAR)以及两者集成的极化干涉雷达技术(PolInSAR)。激光雷达技术则主要是在城市尺度上,采用航空摄影方式获取数据,主要用于提取城市地表地物的三维信息,例如建筑高度,植被冠层高度信息等。所有的这些遥感技术都共同为城市环境要素提供更准确和更详细土地覆盖和土地利用信息,为城市环境的深入研究提供重要的数据支撑。

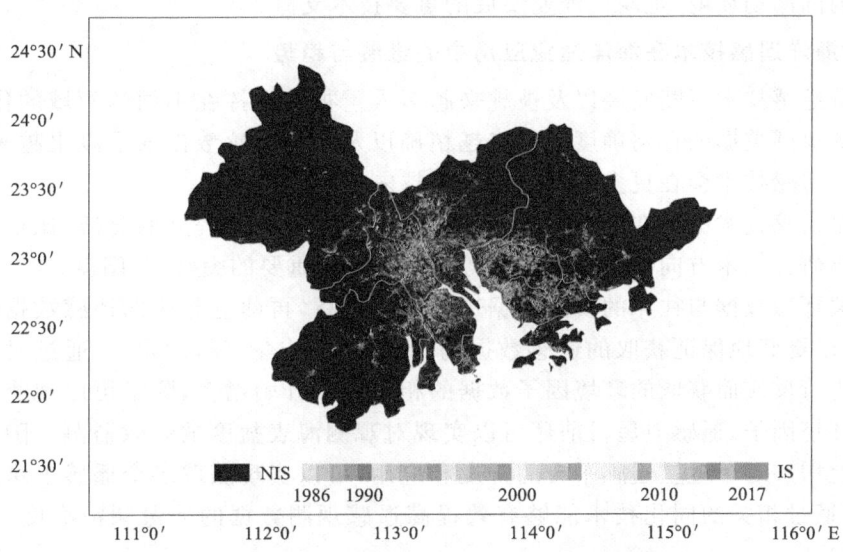

图 5.19　应用时间序列 Landsat 影像进行粤港澳大湾区城市不透水面提取并分析其年际变化特征

5.4　海洋渔业资源开发与保护

海洋是鱼类生存的重要区域,而海洋环境的变化可能会导致海洋鱼类的生存环境遭到破坏。遥感可以实现对海洋生态系统的相关数据进行搜集和分析。所以我们在获取遥感数据后,能够分析和计算海洋鱼类分布的情况、海洋鱼类的行为、影响海洋渔业资源的因素,再通过用相关模型对数据进行整理,最终实现更好研究海洋生态系统和相关的机制的目的。而且遥感还可以为社会经济发展提供相关资讯,比如港口、渔船的数量以及分布情况等,获取的经济数据以及海洋环境的相关数据可以更好地指导海洋渔业产业的发展和具体的有效管理。因此,遥感技术对于海洋渔业的生产、具体管理、相关研究发挥着越来越重要的作用。

随着遥感技术不断发展以及被越来越多人重视其发挥的作用,使得获取的遥感数据的在精确度上越来越精确以及获取遥感数据的手段也越来越多,并且使得遥感技术会在更多领域上发挥着越来越重要的作用。

在过去,获取海洋渔业的相关数据更多的是依靠相关人员在海上进行直观监测,而这种落后的检测手段,不但需要耗费大量的人力物力以及检测范围受限,并且无法对海洋渔业进行同步采样检测。因此,过去的检测手段已经无法满足日益增长的海洋渔业产业的发展需求。随着渔业环境和渔业资源的破坏日益严重,仅仅依靠传统的海洋渔业资源研究方法已经不能满足要求,卫星遥感能及时准确地掌握包括海表温度在内的渔场环境,是现代渔业发展的重要技术支撑。

5.4.1 海洋遥感技术在海洋渔业应用中的进展与趋势

随着遥感技术不断发展以及被越来越多人重视其发挥在不同的领域的作用,使得获取的遥感数据的在精确度上越来越精确以及获取遥感数据的手段也越来越多,并且使得遥感技术会在更多领域上发挥着越来越重要的作用。

卫星遥感技术已经在多个应用研究的方向都实现不同程度的突破,比如在遥感定量分析研究技术方向的偏振光遥感等技术也有了重要的突破(田国良,2006),把搜集的相关环境数据与往年的实际数据进行对比分析,再建立相应的遥感数据的变化模型,可以更好地保证获取的遥感数据的精确度(毛志华 等,2003)。通过对卫星遥感数据进行反演而获取的环境因子数据的相关产品开始增多,除了可以观测到基本的海洋环境因子,遥感卫星目前还可以实现对观测海表盐度的有效监测。随着国内和国际上增加对于卫星遥感平台的开发和应用,可以实现获取多个遥感卫星的分析数据,再通过相关的同化技术能够有效提高遥感观测数据的数量和精准度(潘德炉 等,2004)。

随着遥感技术不断发展,对相关的信息数据的处理能力也有本质的变化,除了可以观测到基本的海洋环境因子,还可以分析遥感数据特征以获取出比如海洋中尺度涡、海洋锋、上升流强度、流体扩散对流强度以及地转流的周期变化等特征数据,最终实现更好的研究分析海洋生态环境的空间分布情况,正是通过这些改进和努力,可以更好地推广海洋渔业科学的大规模实践(杜云艳 等,2005;Montgomery,2010)。当物理海洋模式的出现改变和结合遥感数据的有效发展,能够极大推动海洋环境因子进行反演最终实现更好的预测渔场状况,遥感技术的也会逐渐向更加直观有效的三维数字化的方向发展,使得遥感技术会在更多领域上发挥着越来越重要的作用。

随着多应用技术的结合发展趋势,渔业遥感技术会不断与地理信息系统技术(GIS)以及全球定位系统技术(GPS)相结合,势必极大地推动海洋渔业的深度发展。

GIS可以实现对海洋的空间进行有效监测和数字化管理,因为 GIS 可以提供大量的观测数据来对海洋的空间分布、变化以及空间之间的关系进行有效的研究。结合遥感数据以及相关的渔业数据参与进 GIS 技术内,可以充分地发挥获取的数据的价值并且可以分析总结出相关的规律,最终实现渔业资源的更好观测和制定更好科学的保护政策。

海洋渔业捕捞数据、遥感影像数据以及海洋环境地质数据等等会不断丰富和完善的海洋渔业的空间地理信息数据库,GPS 具有可以实现存储和应用相关的空间地理信息数据的功能,通过 GPS 的技术功能的应用,能够有效地对地物的空间分布情况、时空变化情况等等方面进行观测和分析。结合遥感数据以及相关的渔业数据参与海洋地理信息系统内,同样可以充分地发挥获取的数据的价值并且可以分析总结出相关的规律,最终实现渔业资源的更好观测和制定更好科学的保护政策(Herron,1989)。随着交叉学科的发展,海洋渔业科学技术领域一定会结合多个其他学科进行相互借鉴和研究,比如目前兴起的遥感科学、渔业生物学、海洋科学、全球定位系统技术和地理信息系统技术等等学科都可以进行相关借鉴和研究。

(1)世界海洋渔业的发展及趋势

远洋渔业捕捞是近代兴起的一种渔业捕捞方式,其兴起与人类社会生产力的发展有着直接关系,社会生产力的提高和造船业的蓬勃发展,加快推动了远洋渔业捕捞业的发展,逐渐成为一种基础生产方式。在世界工业革命以前,社会生产力低下,工业制造水平与造船业水平低,严重制约了捕捞业的发展。工业革命后,社会生产力极大发展,工业制造水平与造船业水平也得到了长足的发展,渔业捕捞经过快速增长和发展瓶颈之后逐渐转向了增养殖和加工的方向。虽然渔业捕捞方式几经变化但在海洋渔业中一直占据鳌头。世界渔业捕捞根据方式、年产量和特点的不同主要可分为比较明显的四个阶段(樊伟,2004)。

第一阶段:1939 年以前,世界渔业产业发展缓慢,主要为近海捕捞作业。随着拖网渔船的逐步投入生产加快了发展脚步,人类开始探索远洋捕捞。这个时期渔业产量增长速率缓慢,全球总产量小于 2000 万吨。1940 年二战在全球范围内爆发,世界很多国家都陷入战乱,包括渔业生产在内的很多产业的发展都陷入了停滞。

第二阶段:1945—1970 年。第二次世界大战于 1945 年结束,随着战后世界秩序的稳定,包括渔业在内的各个产业也逐渐恢复了发展。同时工业和造船业的发展也刺激或者带动着人类继续探索远洋,尝试远洋捕捞。随着日益增大的海洋鱼产品的需求,投入其中的人员和设备也迅速增加,科技和工业发展也使得捕捞能力加速增加。与此同时远洋捕捞也蓬勃发展,渔业生产产量从1800多万吨迅速增长到5600万吨,年平均增长率达到6%左右,产量迅速增长,从1950—1969年20年的时间,世界海洋渔业的总产量增长了近2倍。

第三阶段:1971—1990年,世界渔业持续发展,总产量稳步提高,但是根据统计数据显示,渔业生产的递增速度明显放缓,渔业发展进入瓶颈期。每年渔业产量增幅低于3%。分析原因可以发现在渔业总产量超过6500万t时,产量增幅甚至低于2%,由此推断过度捕捞是导致这个时期渔业发展缓慢的罪魁祸首,捕捞数量超过鱼类自然生长数量,近海及远洋鱼类资源减少,致使捕捞效率降低。世界各国在渔业增速放缓的这段时间内意识到了此问题,并采取了积极措施,如限制捕捞作业、设置休渔期等等,在一定程度上保护了海洋资源,但也导致渔业总产量开始逐渐下滑。随着科学技术的发展,世界各国尤其是沿海国家也开始积极探索可持续发展的道路,海水养殖作为可以应对渔业资源、实现可持续发展的手段崭露头角,很多新技术应用其中,加快了渔业尤其是信息化的进度。

第四阶段:1991年至今,除我国渔业发展和渔业产量在稳步提高外,最近三十年世界渔业发展基本处于停滞状态,渔业总产量增长极为缓慢,在剔除我国渔业增长的前提下,世界渔业总产量基本没有增长,甚至出现了阶段性的减产。通过产量成分的分析可以看出,海洋养殖等新兴渔业产业比重增加,海洋水产品增养殖业增速极为稳定而且速度很快,基本增速大于10%。由于海洋资源在之前由于过度捕捞有了很深的伤害,经济型鱼类资源枯竭,而且海洋资源的特殊性导致其恢复速度缓慢,世界海洋渔业在很长一段时间内还会处于衰退期。

(2)我国海洋渔业的发展概述

作为全球四大文明古国之中海岸线最长、水资源丰富的国家,我国在上古时期就开始淡水捕捞还近海捕捞。全国很多古文化遗址中均出土了骨制鱼钩、鱼叉,时间在距今5000年以前的新时期时代,之后渔业捕捞也是得到了长足的发展,到2200年前的秦汉时期我国渔业逐渐形成了产业化、规模化。但受制于科学发展速度的制约,之后我国渔业开发的速度一直很缓慢,没有突破性的发展。直至近代驳轮的应用,才是的我国渔业发展进入快车道。

在我国近海,主要以追捕洄游过程中的主要经济鱼类为主,如带鱼、小黄鱼等,以及从外海深水区游向近岸浅水区产卵的生殖群体、处于越冬洄游或索饵洄游的鱼群。渔情的准确预报为渔业的生产带来的新的变化,通过准确的渔汛资料有针对性的开展捕捞作业,使得渔业相关部门的工作更具计划性,效率大大提高。新中国成立以后,我国逐渐加大了近海渔业资源的开发和利用,我国各水产研究单位对近海主要传统经济鱼类中开展了渔情预报工作,并取得了一定成绩和积累了丰富的经验,为渔场学的研究和发展做出来一定的贡献(图 5.20)。

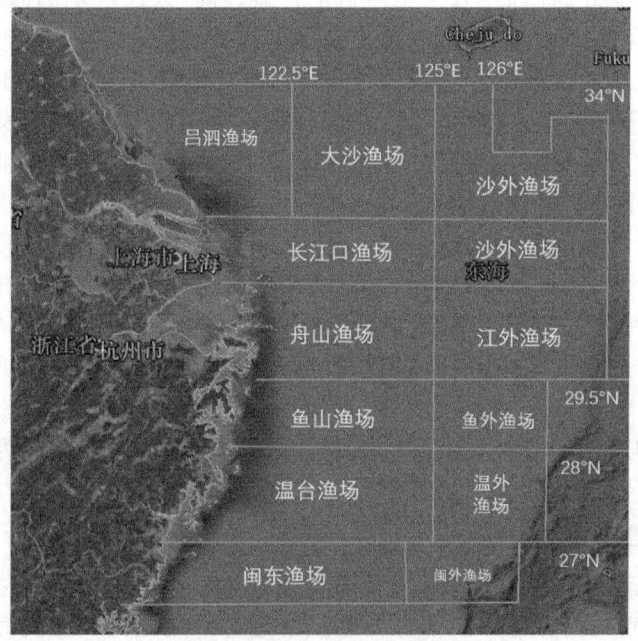

图 5.20　中国东海及其附近海域渔场渔区图

　　近海渔业资源有限,随着开发强度的增加,我国近渔业资源已经出现了枯竭和衰退的苗头,为了达到可持续发展的目的,我国的学者和专家提前布局开展了针对远洋的鱼情、渔汛的统计、研究,如柔鱼类、金枪鱼类等。我国台湾也在 20 世纪 70 年代以后利用卫星遥感所获取的海况资料,对重要目标对象的渔情进行预报,并专门成立渔情预报研究机构。随着信息技术(地理信息系统)和空间技术(海洋遥感)的发展和应用,渔情预报的手段和工具不断得到深化和发展,渔情预报的准确性也得到了提高,并将进步得到完善和调整。

　　技术革命推动产业发展,近现代我国渔业发展迅速,资料显示 1930 年,我国渔业总产量达到 150 万吨,其中 90% 为捕捞业贡献。产业规模庞大,从事渔业生产的人数占当时全国总人口的 10% 左右,是新中国成立前我国渔业发展的天花板。之后抗日战争的爆发,我国老百姓流离失所,社会秩序和产业发展都陷入了黑暗时期,渔业发展也遭受了毁灭性的打击。

　　1949 年,中华人民共和国成立。作为可以快速解决人民温饱的渔业生产尤其是海洋渔业生产受到了政府的高度重视,渔业生产尤其是海洋渔业生产有了突飞猛进的发展,行业面貌日新月异。在我国第二个五年计划期间,海洋渔业产量实现了

100%的增长,增长态势喜人,但其中也存在隐患,经济型鱼类减少、个体体型变小,捕捞难度增加。改革开放以后,人民生活水平日益提高,人民群众的海产品需求日益增长,极大推动了海洋渔业的发展,甚至推动了远洋捕捞业的发展。20 世纪 80 年代我国海洋渔业尤其是捕捞业的年增幅超过 1/5。同时小型鱼类的数量也呈增长态势。

自 1992 年邓小平南方谈话以来,我国政策制度越加开放,经济发展进一步提速。我国海洋渔业发展获得前所未有的发展机遇。1998 年我国海洋渔业产量达到 2356 万 t,相较于 20 年前产量增长约 6.5 倍,排名世界第一。指数级的增长在带来经济效益的同时必然伴随着问题的出现。过度捕捞、需求大于产能,海洋的循环能力遭到破坏,适宜捕捞的经济鱼种减少,都是对海洋资源的破坏。这些都为我国海洋渔业发展埋下了隐患。2000 年以后,我国近海渔业资源减少、质量下降,甚至出现了滨海及浅海范围无鱼可捕的程度。牺牲环境换取发展速度的提升,在一段时间内充斥在各个行业、产业间,海洋渔业产业也不例外。近海渔业资源需要休养生息,保证人民对海洋产品的需求加速产业升级,也促使我国将海洋渔业瞄向了资源更为丰富的深海,远洋渔业在这种情况下开启了新的征程。

5.4.2 海洋渔业和渔情分析

渔情预报也称渔况预报,它是海洋渔场学理论和技术在海洋捕捞业中的具体应用,作为渔业产业的指挥棒。鱼情鱼况预报通过对一定范围和时间海洋信息的汇总,加以综合研判和分析,获得鱼群信息用以指导生产和捕捞。

渔情、鱼况的预报研究及其日常发布工作一般都由专门的研究机构或研究中心来负责。在该中心,拥有渔况和海况两个方面的数据来源及其网络信息系统,其数据来源是多方面的。如在海况方面,主要来源于海洋遥感渔业、调查船、渔业生产船、运输船、浮标等。在渔况方面,主要来源于渔业生产船、渔业调查船、码头、生产指挥部门、水产品市场等。

渔情预报机构根据实际调查研究的结果,迅速将获得海况与渔况等资料进行处理、预报和通报,不失时机地为渔业生产服务。情报数据输入电子计算机,根据计算结果绘制水温等参数的分布图、图上注明渔况解说,然后再由传真图方式,通过电子邮件、网络、无线电台或通信、广播机构发送。一般来说,渔况速报当天应该将收集的水温等综合情报做成水温等各种分布图进行发布。

渔业情报服务中心在发布各种渔况、海况分析资料的同时,要举办渔民短期培训班,使渔民熟悉有关的基础知识,以便充分运用所发布的各种资料,有效地从事渔业生产,在海况分析预报工作中,通常都建立完整的渔业情报网,进行资料收集、处理、解析、预报、发布等工作。其预报处理的流程示意图见图 5.21。

5.4.3 海洋环境因子及影响分析

海洋渔场的形成由很多因素决定,其中海洋环境的适宜性十分重要,通过建立先

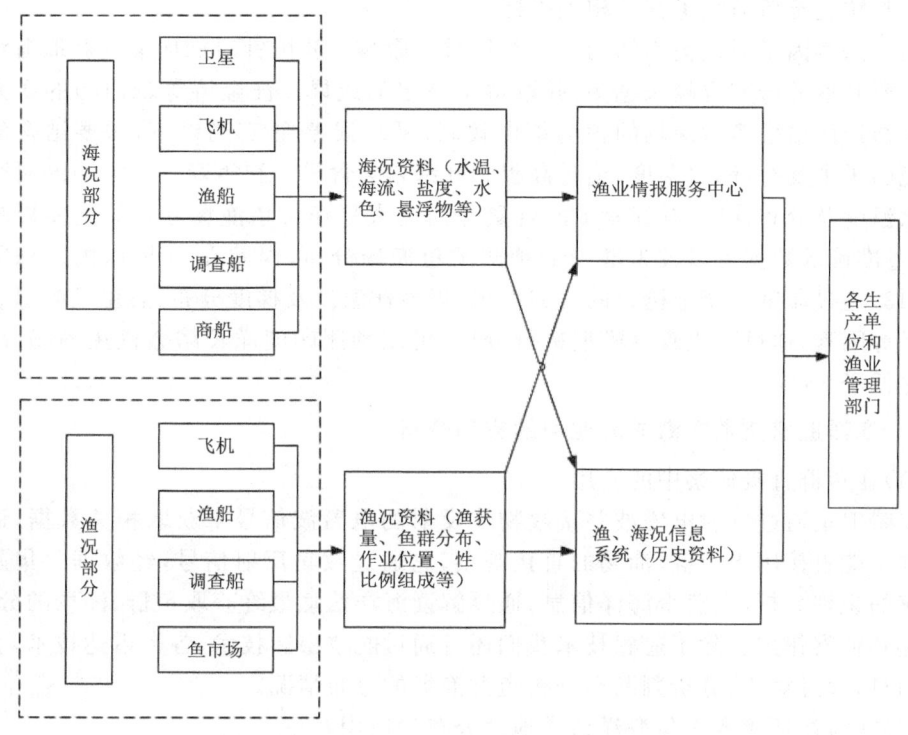

图 5.21 渔情预报处理的流程示意图

验模型可以进行相应的分析,模型的建立设计很多海洋数据,我们统称为因子数据,其中海洋环境因子又是其中的重要组成部门。海洋环境因子包括其表层温度、风力和海浪情况、矿物质含量、叶绿素含量、洋流等等,这些因子综合形成一定海域的整体环境情况。随着科技的发展,遥感技术的更新迭代,通过遥感技术获取材料进一步推断海洋因子的手段愈加丰富,对海洋环境因子的分析也越来越准确。这对一定海域的海洋环境预测准确性有很大帮助,从而更好地计划捕捞工作。

遥感技术应用于海洋环境分析对海洋渔业帮助很大,这也激发了新技术的应用和开发。深度挖掘海洋环境因子对海洋渔业的影响,尤其针对鱼种的研究也广泛开展。唐浩等(2013)针对中西太平洋鲤鱼渔场进行研究主要分析了渔场分布与海洋表面温度、海水中叶绿素的浓度及海水绝对标高之间的关系及相互影响作用情况。研究成果显示不同的因子对渔场的分布影响权重不同,海域位置为重要的影响因子;海洋表面温度和海平面绝对标高及海水中叶绿素浓度次之,时间对渔场分布的影响微乎其微。闫敏等(2015)针对南太平洋长鳍金枪鱼进行了深入研究,研究表明长鳍金枪鱼渔场分布于海水温度、海水中叶绿素 a 含量及海面绝对标高存在关联,研究同时量化了长鳍金枪鱼适宜生存的相关指标。

由于海洋因子对鱼类渔场的形成有很重的影响。我国针对如何准确获取海洋环境因子所开展的研究也越来越多,并取得了一定的成果。汪金涛等(2015)的研究表明人工神经网络模型对渔场的预测精度较高,平均误差在15%以下,需要结合的海洋环境因子主要有:海水温度、绝对高程和叶绿素a含量。崔雪森等(2015)的研究表明海水温度及分布梯度、叶绿素a的含量是西北太平洋柔鱼渔场分布的主要影响因子,通过准确的数据可以较为准确的预测柔鱼渔场分布,误差在30%以内。陈雪忠等(2013)通过印度长鳍金枪鱼的研究发现,以海洋温度及梯度分布、表温及叶绿素含量距平等因素,通过随机森林模型进行分析,可以预测印度洋长鳍金枪鱼渔场分布,其误差低于26%。

5.4.4 海洋遥感技术在海洋渔业中的应用分析

(1)在鱼群直接侦察中的应用

遥感卫星通过发射电磁波并接收物体反射的电磁波信号来获取相关数据,遥感卫星并不能直接用于鱼群、渔场的直接观察,它通过收集反射信号,经数据收集及分析系统的识别分析,来获得海洋信息,通过解读海洋信息最终获取鱼群、渔场的分布,从而起到侦察作用。除了遥感技术我们还可通过航空摄影技术、各类雷达技术,获得海洋信息,通过对比、分析判断和分析鱼群渔场的分布情况。

(2)在海洋环境要素与海洋鱼类地理分布的应用

作为海洋鱼类生活的家园,海洋生态环境对鱼类的生存至关重要,任何一项海洋环境因子的变化都会引起海洋鱼类生存环境变化,进而影响海洋鱼类甚至海洋生物的种群分布、种群数量和习性。两者之间互相影响,互相作用。海洋鱼类不断变化的分布情况使得遥感技术更为重要,通过遥感技术获得更为准确的海洋环境因子数据,通过特定的数据模型进行分析,准确的预报海洋鱼类渔场信息,进而指导渔业捕捞,有计划的开采海洋资源。

通过遥感技术获得海洋环境因子数据,进行针对性的渔场分布研究,主要包含以下几点:

①鱼情与海洋环境遥感数据间的特征关系

崔雪森等(2015)的研究表明海水温度及分布梯度、叶绿素a的含量是西北太平洋柔鱼渔场分布的主要影响因子,通过准确的数据可以较为准确的预测柔鱼渔场分布。陈雪忠等(2013)发现了长鳍金枪鱼与海水温度和叶绿素含量的关系。Kemmerer(1978)发现MSS第5波段光谱灰度值与大鳞油鲱渔场分布的关系。樊伟发现了海水温度、叶绿素含量对柔鱼的影响。上述研究成果均基于遥感数据分析所得。

②渔场形成与海洋环境空间结构之间的关系

王文宇等(2003)的研究成果表明巴特柔鱼渔场形成与海水温度、叶绿素含量间的相互关系(图5.22)。Polovina 等(2001)发现了北大西洋的渔场分布于海面绝对高程之间的关系。以上研究同样基于海洋环境遥感数据进行,研究成果对海洋环境遥感数据依赖程度高。

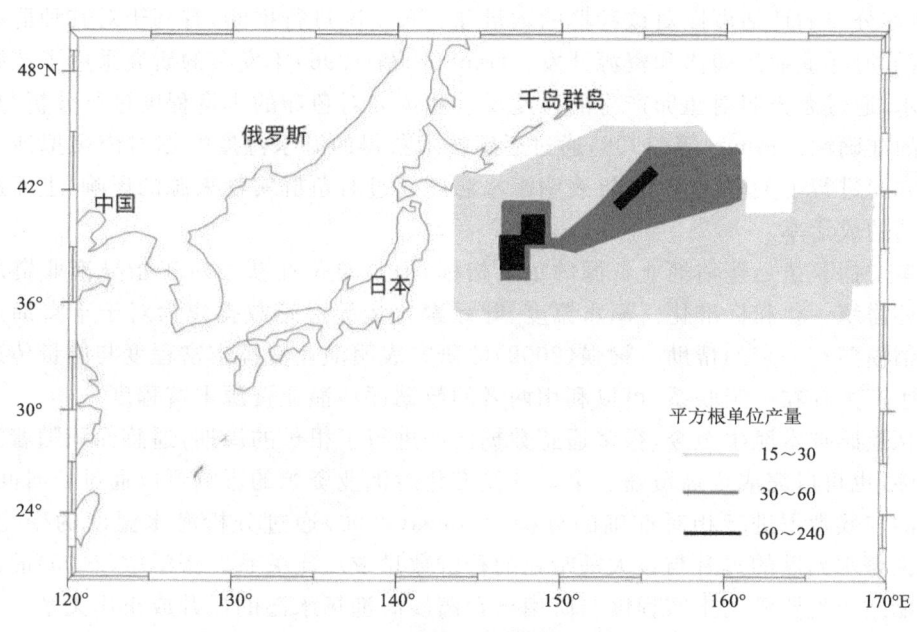

图 5.22　柔鱼平均方根产量 F 空间分布图

③基于海洋环境遥感数据进行海洋动力分析

Yatsu 等(2005)研究成果表明竹荚鱼的分布特征与东海流场的空间特征关系密切,成果获得主要是通过模型对红外光谱遥感数据的分析。研究者在南印度洋区域 Albacore 渔场,利用 AMSR-E SST 数据和渔场捕捞量数据对高捕捞量(CPUE)区域进行了规律性分析,结果表明:冬季高捕捞量区域存在于北副热带锋面附近,并且 95% 的高 CPUE 区域的 SST 在 16~18.5℃(Hosoda,2012)。

④基于遥感数据分析渔场分布

2006 年杨晓明发布研究成果,通过遥感数据分析海洋溶解氧分布,对印度洋莺乌贼渔场的演化进行了分析,推断了其演化的原因和影响因素。Polovina(1999)通过建立模型分析了夏威夷群岛范围的龙虾分布。Kemmerer(1978)对大鳞油鲱分布规律的研究也是基于遥感卫星收集的 MSS 数据。

⑤基于遥感数据分析渔场分布特点

Ichii 等(2004)发布的研究成果就是通过遥感数据对海水温度和叶绿素含量的

统计特征得出了引起北太平洋柔鱼种群间形体不同的原因。

(3)在渔场评估和预报中的应用

①遥感技术在渔业资源变动及评估中的应用

遥感技术通过监测对鱼卵丰富程度进行评估，通过对海洋鱼类的产卵数量、成活率、鱼卵分布的评估可以对该种群的数量和分布情况进行推断，有利于对其种群的监视，指导海洋渔业的捕捞和资源开发。Gauldie 等(1996)年发布的研究采用了蓝绿激光技术，通过激光照射鱼卵产生的拉曼反射和荧光对鱼卵的丰富程度进行分析，具有一定的准确性。James 等(1999)通过遥感技术获得的海水温度数据对南美拟沙丁鱼和南非鲲进行了关联研究，成果表明海水温度通过对鱼群实物来源的影响，进而影响其幼苗的成活率。

单位捕获量是评估渔业资源的重要指标，但是单位捕获量对于指导渔业资源的指标还需统一化和标准化。海水温度、叶绿素含量等遥感数据作为对于丰富渔业资源评估模型有一定的帮助。梁强(2002)的研究表明渔业资源丰富程度与能量传递和初级生产力存在一定联系，可以利用两者的数据评估渔业资源丰富程度。

从遥感技术诞生至今，很多遥感数据已经进行了很长的周期，遥感面积随着卫星的增多，也可以完成全球覆盖。全球气候变化对渔业资源的影响可以通过长时间、大范围的气候数据进行相对准确的分析。James(2000)通过分析海水温度的变化，得出结论海水温度的提升与银大马哈鱼的种群数量成反比关系。张学敏(2005)的研究表明贻鳍鱼类资源的丰富程度与闽南—台湾浅海渔场水温的提升成正比关系。

②鱼类栖息地适宜性指数模型

每种海洋生物都有其特定的生活习惯，特定的时间会选择特定的地点完成其相应的使命。对于海洋生物出现并形成相当规模时候的海洋环境就是这种海洋生物的适宜生存环境，通过对其特定时间栖息地环境的分析可以有效地预测鱼群、渔场的形成时间，对于渔业捕捞和渔业开发有很强的指导性。

栖息地广义上的定义为适宜生物种群生存及繁衍的区域，栖息的环境因子适宜该种群的生存、繁衍和发展。对于海洋鱼类而言栖息地就是适宜鱼类种群生存、繁衍的海域，海域内的各种环境因子宜于该鱼类的生存。栖息地作为新的理论逐渐在渔业生产相关研究中使用，通过与鱼类生活习性的综合研究，分析鱼类对栖息地环境因子的要求，进而预测鱼群、渔场等资源的分布，指导渔业生产。受限于海洋环境的复杂性和技术发展的制约，海洋鱼类栖息地研究发展缓慢。遥感技术的应用突破了数据获得的难度限制，结合地理信息系统的模型分析，对海洋鱼类栖息地研究提供了很大帮助。张俊等(2011)完成了针对金枪鱼、海洋表层鲤鱼的栖息地指数模型，结合遥感数据分析指出了金枪鱼栖息地的分布与海水温度和食物来源的相互关系，明确了鲤鱼繁衍场地适宜的最低温度为 25℃。

③中心渔场预测预报

中心渔场作为可以提供稳定、连续的捕捞环境是海洋渔业资源的重要组成,是海洋渔业遥感的核心工作。中心渔场的确定与很多因素有关,除环境因子外中心渔场的形成还和洄游、种群类别、栖息地变化等众多因素关联。由于边界条件实时存在变化,所以利用既定模型对中心渔场的预测还存在很多缺陷,精度较低。在经验缺乏、理论不完善的情况下,通过遥感数据进行模型优化,使之更加贴近实际,是目前世界研究的重点。经验和半经验模型的综合利用,也在一定程度上推动了预测的精度。目前学者们还采取了模糊数学、神经元模型开展预测工作,精度也有一定的提高。2007年于海园基于遥感数据,利用广义线性和相加模型对于南非鲲鱼和南美洲的沙丁鱼的渔场形成与海水温度、锋面强度进行了关联,讨论了相互关系。

(4)在渔业管理与安全中的应用

为了保证海洋资源的可持续利用管理和控制开发强度,制定捕捞计划是必须的。遥感技术可以获得实时进行的捕捞作业相关参数,包括渔船级别、捕捞强度、所在渔场的环境和气候数据,对指定计划和控制开发强度有很强的指导意义。

遥感技术作为气象观测的主要手段,还可以实时监测海洋气候以及预测极端天气的形成和发展趋势,通过发布这些信息可以使出海作业船只,时刻关注天气变化,及时规避极端天气带来的影响,保证安全,降低损失。遥感技术还可以通过海洋环境因子数据的获取进行海洋污染等情况的预测和趋势发展的判定,这对于海洋保护也十分重要。

图 5.23 遥感观测到的近海养殖区

5.4.5 遥感数据在海洋渔业中应用存在的问题

卫星遥感技术是通过卫星上装载的探测传感器对地球进行探测,能够获得各方面的数据信息,在海洋渔业领域也有这方面的应用,对分析海洋鱼类的生长发育以及分布规律,迁徙都提供了重要的研究依据。通过卫星遥感技术监测海水温度,盐度等各项渔场环境的相关信息,对海洋环境及其变化情况,分析,判断为渔业生产提供服务(图 5.24)。遥感技术能获取的 SST,温度距平,温度与海水叶绿素和海面高度信息进行的海洋渔场环境分析或预报得到了广泛的应用,尽管如此,这些应用也存在着一些问题。

(1)卫星遥感技术监测到的海洋环境及其变化的数据在一定程度上有待提高,如有关海洋生产力方面的数据,一些特殊的海洋环境变化过程及海洋环境污染的问题(例如对赤潮的数据分析),同时,极大部分的卫星遥感数据资料只能反映海洋表面或者局部的信息,光靠这些信息进行推测研究还是具有不确定性。

(2)可见光,红外遥感技术应用中必须有日照条件和没有云雾遮挡,这在一定程度上对于海洋渔业系统进行实时数据资料分析,造成了影响。与它相比,微波遥感技术具有全天候昼夜工作能力,能够穿透云层,不易受气象条件和日照水平的影响,获取的微波图像有明显的立体感。但是由于微波的波长比可见光,红外线要长几百至几百万倍,所以空间分辨率较低,这两项技术都有待进一步的提高。

(3)渔业遥感应用分析算法、模型、软件工具发展还相对较弱(苏奋振,2005),渔业信息分析数据采集自动化,精密程度需要进一步提升。渔场的预报模型的建立是渔业系统有待提高的问题之一。

最后对于遥感数据的规范化处理和时空尺度整合,要根据在研究渔业资源时研究对象和研究的目的不同而有所区别。比如在研究蓝鳍金枪鱼时,由于其游速之快,能够适应海洋温度等跨度变化,所以对于它的遥感数据尺寸就应更加精细化。

思考题

1. 海洋遥感在生态环境与监测方面主要有哪些应用?并简述目前的发展状况。
2. 谈谈你知道的卫星遥感有哪些?尝试了解一下遥感在其他领域的应用。
3. 总结本章节提到的海洋遥感技术在实际海洋研究中的应用,谈谈你对此的理解和看法。
4. 针对本章提到的遥感在实际应用中存在的问题和不足,谈谈你的看法或可能解决思路。

第6章 海洋遥感上机练习

6.1 ENVI 遥感图像处理软件介绍

6.1.1 ENVI 简介

ENVI(The Environment for Visualizing Images)和交互式数据语言 IDL(Interactive Data Language)是美国 Exelis VIS 公司的旗舰产品。ENVI 是由遥感领域的科学家采用 IDL 开发的一套功能强大的遥感图像处理软件。IDL 是进行二维或多维数据可视化、分析和应用开发的理想软件工具。

创建于 1977 年的 RSI 公司(现为 Exelis VIS 公司)已经成功地为其用户提供了超过 30 年的科学可视化软件服务,提供的综合软件解决方案帮助科学家、工程师、研究人员和医学专业人员把复杂的数据转化为有用的信息。目前,Exelis VIS 的用户数超过 20 万,遍布 80 个国家与地区。2004 年,RSI 公司并入上市公司 TTT 公司,并于 2011 年 11 月正式成立 Exelis VIS 公司,属 IT 三大子公司之一,使 ENVI 和 IDL 的发展更加有利于快速将更多的新功能与算法加入新版本中。

目前,众多的图像分析师和科学家选择 ENVI 来获取遥感图像中的信息,其应用领域包括环境保护、气象、石油矿产勘探、农业、林业、医学、国防和安全、地球科学、公用设施管理、遥感工程、水利、海洋、测绘勘察以及城市与区域规划等。

ENVI 是一个完整的遥感图像处理平台,其软件处理技术覆盖了图像数据的输入/输出、定标、几何校正、正射校正、图像融合、图像镶嵌、图像裁剪、图像增强、图像解译、图像分类、基于知识的决策树分类、面向对象图像分类、动态监测、矢量处理、DEM 提取及地形分析、雷达数据处理、制图、与 GIS 的整合,并提供了专业可靠的波谱分析工具和高光谱分析工具。ENVI 可以快速、便捷、准确地从遥感图像中获得所需的信息;它提供先进的、人性化的实用工具来方便用户读取、探测、准备、分析和共享图像中的信息;还可以利用 IDL 为 ENVI 编写扩展功能。ENVI 是以模块化的方式组成的,可扩展模块如下。

大气校正模块(Atmospheric Correction)——校正了由大气气溶胶等引起的散射和由于漫反射引起的邻域效应,消除大气和光照等因素对地物反射的影响,获得地物反射率和辐射率、地表温度等真实物理模型参数,同时可以进行卷云和不透明云层的分类。

面向对象空间特征提取模块(Feature Extraction,FX)——根据图像空间和光谱特征,即采用面向对象方法,从高分辨率全色或者多光谱数据中提取特征信息。

立体像对高程提取模块(DEM Extraction)——可以从卫星图像或航空图像的立体像对中快速获得 DEM 数据,同时还可以交互量测特征地物的高度或者收集 3D 特征并导出为 3D Shapefile 格式文件。

正射校正扩展模块(Othorectification)——提供基于传感器物理模型的图像正射校正功能,可以一次性完成大区域、若干景图像和多传感器的正射校正,并能以镶嵌结果的方式输出,提供接边线、颜色平衡等工具,采用流程化向导式操作方式。

LiDAR 数据处理和分析模块(ENVI LiDAR)——提供高级的 LiDAR 数据浏览、处理和分析工具,能读取原始的 LAS 数据、NTTF LAS 数据和 ASCII 文件,浏览现实场景。能自动对 LiDAR 数据进行分类,提取包括地形(DSM,DEM)、等高线、树木、建筑物、电力线、电线杆、正射图等二、三维信息,提取的信息可直接通过菜单传递到 ArcGIS 中进行使用和分析。

NTF 图像处理扩展模块(Certifed NTTF)——读写、转化、显示标准 NTF 格式文件。ENVI 具有以下几个特点。

①操作简单、易学。ENVI 的一个显著特点是具有灵活、友好的界面,使其简单易学、便于操作和使用。

②先进、可靠的图像分析工具。全套图像信息智能化提取工具,全面提升图像的价值。

③专业的光谱分析。高光谱分析一直处于世界领先地位。

④随心所欲扩展新功能。底层的 IDL 语言可以帮助用户轻松地添加、扩展 ENVI 的功能,甚至开发定制自己的专业遥感平台。

⑤流程化向导式的图像处理工具。ENVI 将众多主流的图像处理过程集成到流程化(Workflow)图像处理工具中,进一步提高了图像处理的效率。

⑥与 ArcGIS 的整合。从 2007 年开始与 Esri 公司全面合作,为遥感和 GIS 的一体化集成提供了一个典型的解决方案。

6.1.2 图像显示

6.1.2.1 ENVI 显示窗口

ENVI 的显示窗口将图层管理、图像显示、鼠标信息、工具箱、工具栏等集中在一个窗体中。在显示窗口中可进行数据浏览、数据处理和人机交互。显示窗口由 7 个部分组成。

菜单项：包括文件操作、显示操作、视窗操作的一些菜单功能，有些常用功能放置在工具栏中，可直接单击使用。

工具栏：常用的图像显示和操作的工具，下节将详细介绍。

Layer Manager(图层管理)：管理视窗和数据图层，包含各类图层操作的功能。

Toolbox(工具箱)：ENVI 的数据处理和分析工具。

视窗：图像显示窗口。打开一个文件时，一般会自动加载到视窗中显示。数据的显示、缩放、平移、旋转等操作都在视窗中完成。默认是一个视窗，最多可以打开 16 个视窗。

状态栏：显示鼠标在视窗中所在的像元信息，包括图层坐标系、像元坐标、像素值等以及数据处理的进度条。进度管理栏：显示正在进行的数据处理的进度。

ENVI 打开图像有两种方式。

(1)打开 ENVI，在菜单栏 File—open。

(2)打开 ENVI，在菜单栏 File—open as—选择不同的传感器。以 Landat5 TM 为例，File—open as—Landsat—GeoTIFF with Metadata。如图 6.1 所示。

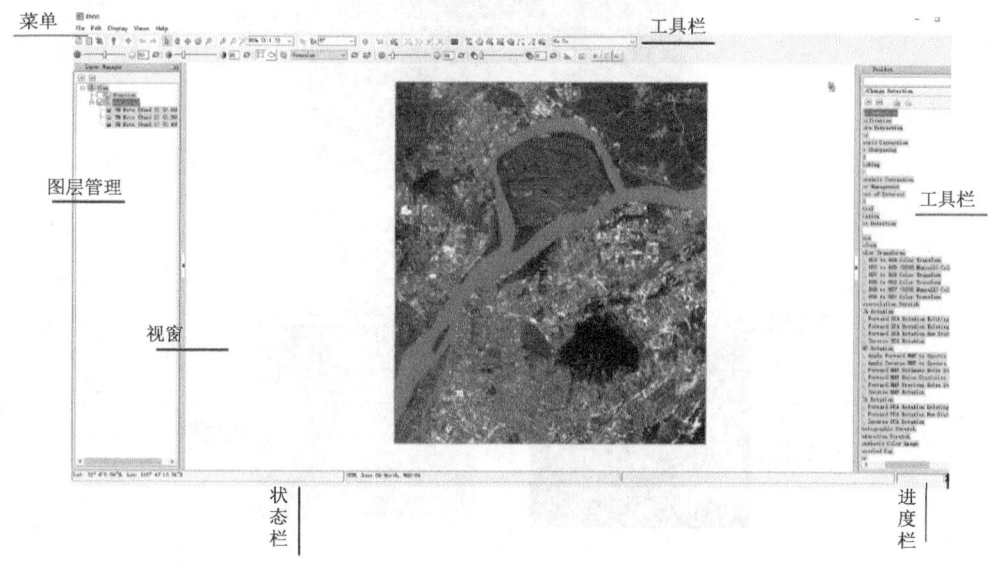

图 6.1　ENVI 显示窗口

6.1.2.2　ENVI Classic 显示窗口

由于一些操作依然需要在 ENVI Classic 的三视窗口进行，如图像的几何校正等，因此这里介绍在 ENVI Classic 下的窗口显示。

ENVI Classic 版本的显示主要由三部分组成。

(1)主图像窗口(Image):主图像窗口按图像文件实际分辨率显示图像的一部分。显示分为 Scroll 窗口的红色框覆盖的区域。

(2)滚动窗口(Scroll):滚动窗口的图像以重采样的分辨率显示整个图像内容。

(3)放大窗口(Zoom):放大窗口是一个小的图像显示窗口,它以用户自定义的放大系数来显示图像的一部分,可以无级别放大到像元大小。

ENVI Classic 打开图像与 ENVI 类似。

(1)打开 ENVI Classic,在菜单栏 File—open。

(2)打开 ENVI Classic,在菜单栏 File—open as—选择不同的传感器。以 Landat5 TM 为例,File—open as—Landsat—GeoTIFF with Metadata。如图 6.2 所示。

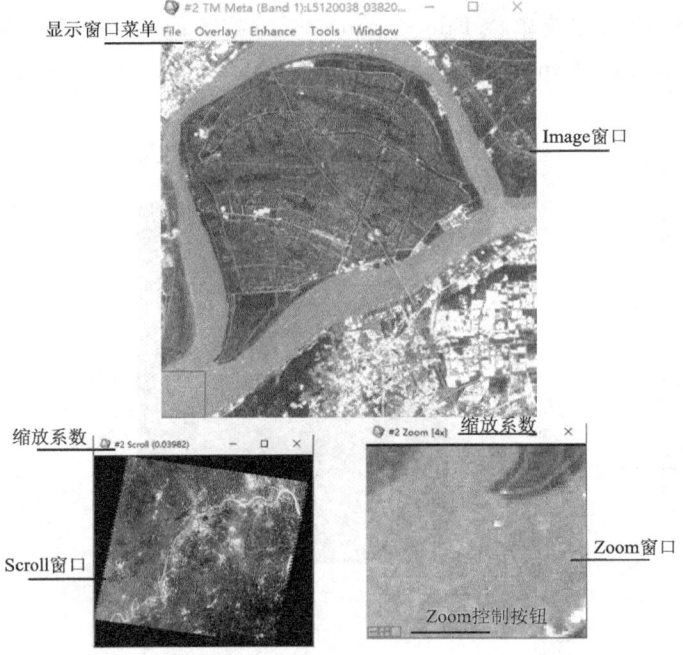

图 6.2 ENVI Classic 显示窗口

6.1.3 图像拉伸

6.1.3.1 交互式直方图拉伸

ENVI 提供包括线性和非线性在内的一系列拉伸方法,从而增强图像的对比度(这些增强操作没有改变原始的 DN 值),如果数据的头文件中包含了默认的拉伸方法,在打开数据时会自动应用;如果头文件中没有包含默认的拉伸方法,打开数据时会根据数据类型应用不同拉伸方法:①对 8 位的数据,不进行任何拉伸;②对 16 位无符号整形数据,进行最优化的线性拉伸;③其他所有数据类型,都进行 2% 的线性拉伸(可以在系统设置里面设置默认的拉伸类型)。

在 ENVI 工具栏 `No stretch` 下拉或者在 ENVI Classic Image 窗口中提供了不同种类的拉伸方法,如表 6.1 所示。

表 6.1 拉伸方法

拉伸方法	作用
No stretch	不拉伸
Linear,Linear1%,Linear2%,Linear5%	预设拉伸百分比
Equalization	直方图拉伸
Gaussian	高斯拉伸,默认的标准差是 0.3
Square Root	平方根拉伸,把图像先转到平方根的灰度范围,再进行拉伸
Logarithmic	对数拉伸
Optimized Linear	最优线性拉伸
Guston	用户自定义拉伸

实验步骤:

(1)本次实验的数据是 Landat5 TM 影像

(2)打开数据,在菜单栏 File——Open 选择 cut_nj,并将 1,2,3 波段影像以红,绿,蓝显示。

(3)在工具栏选择 `No stretch` 图标并下拉选择不同的拉伸种类拉伸结果如图 6.3 所示。

6.1.3.2　色彩拉伸

色彩(Photographic)拉伸(图 6.4)可以对一幅真彩色输入图像进行增强,从而生成一幅与目视效果良好吻合的 RGB 图像。其结果与现实彩色照片类似。这种拉伸方法对真彩色输入图像的波段进行非线性缩放,然后将它们叠加。

(1)数据:使用 Landsat5 TM 数据 Cut_nj。

(2)操作步骤:

①在 ENVI Classic 菜单栏 File—open,选择 Cut_nj。

②工具栏点击 Transform—Photographic Stretch 在可用波段中选择前三个波段(图 6.4)。

③单击 OK—选择目标文件夹(拉伸前后对比如图 6.5)。

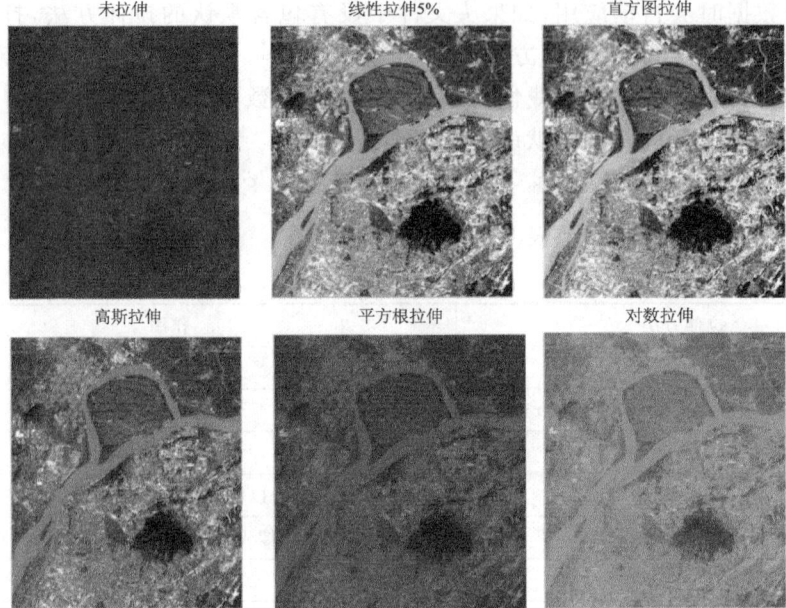

图 6.3 拉伸结果(见彩图)

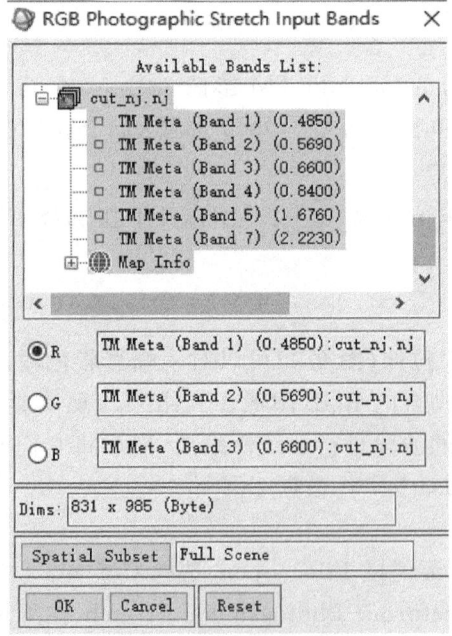

图 6.4 Photographic 拉伸

拉伸前　　　　　　　　　　　　　　　　拉伸后

图 6.5　拉伸前后对比(见彩图)

去相关拉伸(图 6.6)处理可以消除多光谱数据中各波段间的高度相关性,从而生成一幅色彩亮丽的彩色合成图像。它首先是对图像做主成分分析,并对主成分图像进行对比度拉伸处理,然后再进行主成分逆变换,将图像恢复到 RGB 彩色空间,达到图像增强目的。

(1)数据:使用 Landsat5 TM 数据 Cut_nj。

(2)操作步骤:

①在 ENVI Classic 菜单栏 File—open,选择 Cut_nj。

②工具栏点击 Transform—Decorrelation Stretch 在可用波段中选择前三个波段(图 6.6)。

③单击 OK—选择目标文件夹(拉伸前后对比如图 6.7)。

饱和度拉伸(图 6.8)是对输入的 3 波段图像进行彩色增强,生成具有较高颜色饱和度的波段。输入的数据由红、绿、蓝(RGB)空间变换为色度、饱和度和颜色亮度值(HSV)空间。对饱和度波段进行高斯拉伸,从而使数据分布到整个饱和度范围,然后逆变换回 RGB 空间,完成增强处理。

(1)数据:使用 Landsat5 TM 数据 Cut_nj。

(2)操作步骤:

①在 ENVI Classic 菜单栏 File—open,选择 Cut_nj。

②工具栏点击 Transform—Saturation Stretch Input Bands 在可用波段中选择前三个波段(图 6.8)。

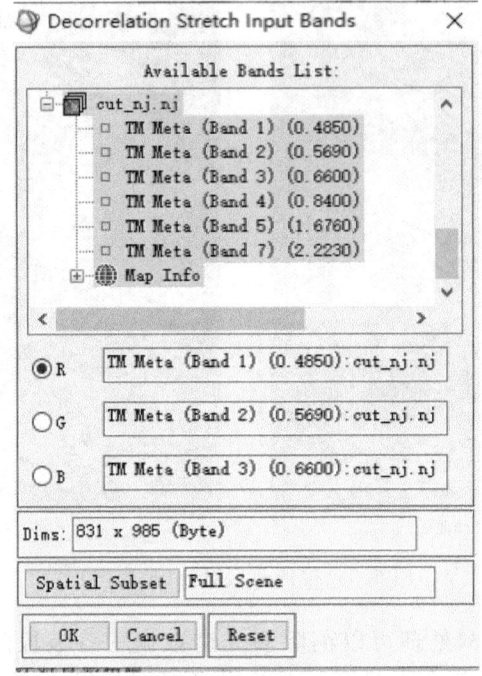

图 6.6 去相关拉伸

拉伸前

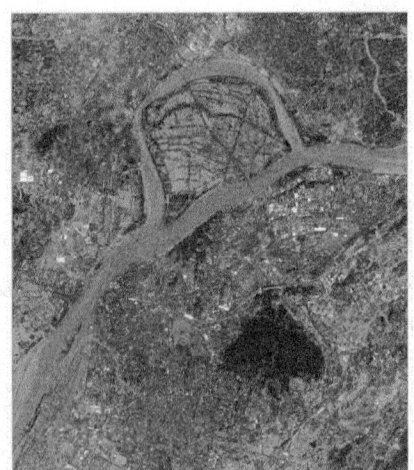
拉伸后

图 6.7 去相关拉伸结果（见彩图）

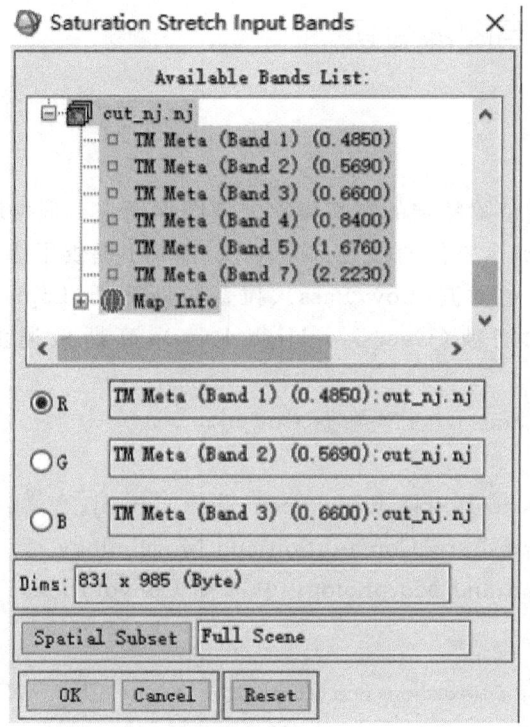

图 6.8 饱和度拉伸

③单击 OK—选择目标文件夹(拉伸前后对比如图 6.9)。

拉伸前

拉伸后

图 6.9 饱和度拉伸结果(见彩图)

6.2 图像滤波与图像变换

6.2.1 图像滤波

6.2.1.1 卷积滤波

卷积滤波是通过消除特定的空间频率来使图像增强。根据增强类型不同可分为低通、带通和高通滤波。它们的核心都是卷积,ENVI提供了多种卷积核,包括高通滤波(High Pass)、低通滤波(Low Pass)、拉普拉斯算子(Laplacian)、方向滤波(Directional)、高斯高通滤波(Gaussian High Pass)、高斯低通滤波(Gaussian Low Pass)。

(1)数据:使用 Landsat5 TM 数据 Cut_nj。

(2)操作步骤

①在 ENVI Classic 菜单栏 File—open,选择 Cut_nj。

②在菜单栏点击 Filter—Convolution and Morphology。

③在 Convolution and Morphology 中选择 Convolutions—选择不同的滤波器(图 6.10)。

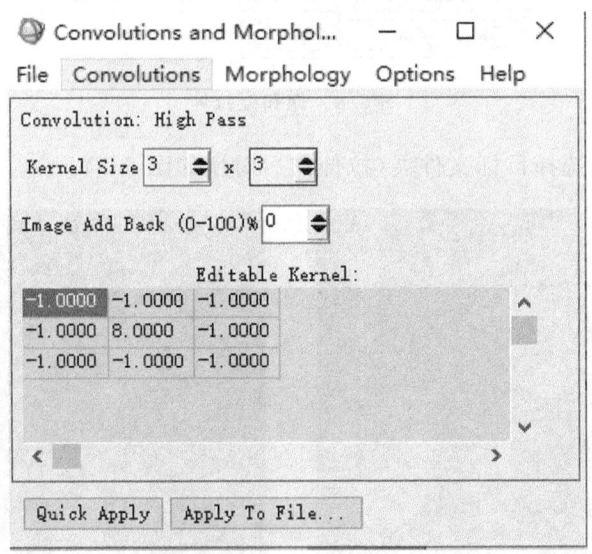

图 6.10 卷积滤波

④不同的滤波类型对应不同的参数,Kernel Size(卷积核的大小),一般用奇数表示如 3×3,5×5。但是 Sobel 和 Roberts 不能改变核的大小。Image Add Back,输入

一个加回值,将原始图像的一部分"加回"到卷积滤波结果图像数,有助于保持图像的空间连续性。Editable Kernel,可以设置卷积核中各项的值,在 File—Save Kernel 中,可以把卷积核保存为文件。

⑤选择 Covolutions—High Pass 使用高通滤波其他使用默认值,然后点击 Apply To File(图 6.11)

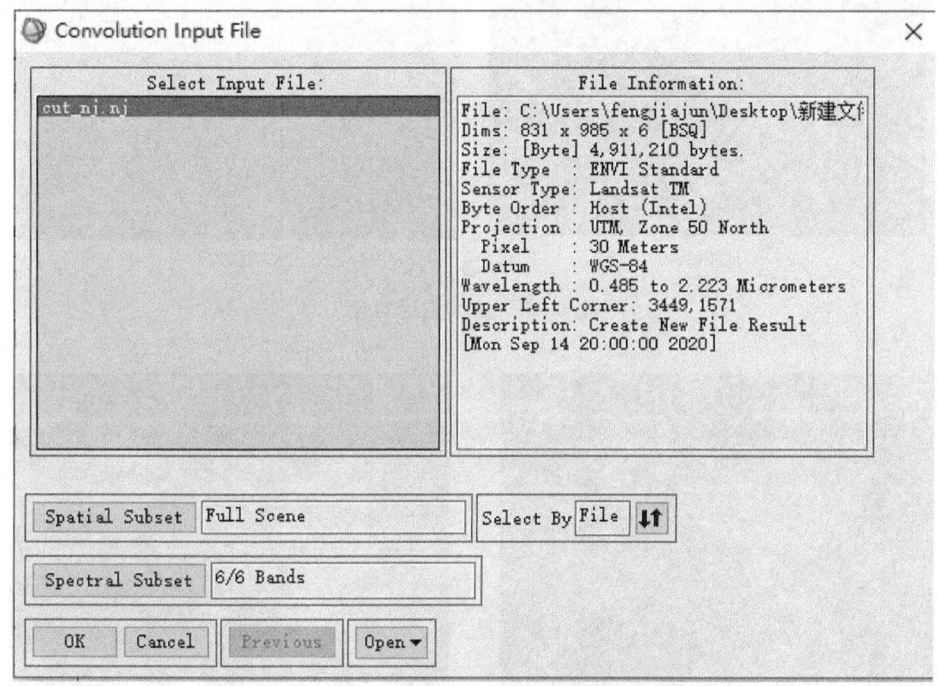

图 6.11　Convolution Input File 对话框

⑥选择输出的文件夹,最后的输出结果如图 6.12 所示

6.2.1.2　数学形态滤波

在 ENVI 中数学滤波包括:膨胀(Dilate)、腐蚀(Erode)、开运算(Opening)和闭运算(Closing)。

(1)数据:使用 Landsat5 TM 数据 Cut_nj。

(2)操作步骤

①在 ENVI Classic 菜单栏 File—open,选择 Cut_nj。

②在菜单栏点击 Filter—Convolution and Morphology。

③在 Convolution and Morphology 中选择 Morphology—选择不同的滤波器—点击 Apply to File,最后结果如图 6.13 所示。

 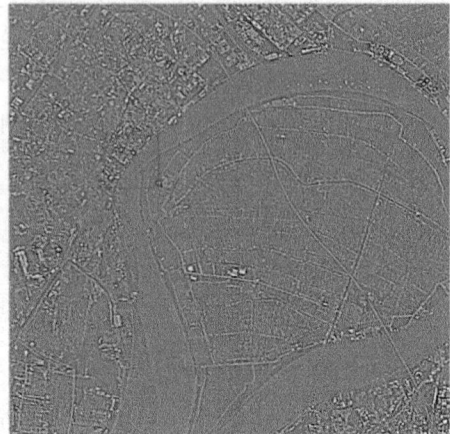

滤波前　　　　　　　　　　　　　高通滤波后

图 6.12　滤波前后对比

原始影像(第一波段)　　　　　　　　腐蚀滤波(第一波段)

图 6.13　数学形态滤波

6.2.2　图像变换

6.2.2.1　傅里叶变换

傅里叶变换是将图像从空间域转换到频率域,频率域内对傅里叶图像进行滤波、掩膜等,最后,把频率域的傅里叶图像变换为空间域图像。傅里叶变换主要用于消除周期性噪声。

(1)数据:使用 Landsat5 TM 数据 Cut_nj。

(2)操作步骤

①在 ENVI Classic 菜单栏 File—open,选择 Cut_nj。

②在菜单栏点击 Filter—FFT Filtering—FFT Forward—Forward FFT Input File 对话框中选择输入文件—在 Forward FFT Paramters 中选择输出路径和文件名 (FFT 的结果如图 6.14 所示),可以看到中间部分集中了图像的低频信息,外围较暗的部分集中了图像的高频信息,切时间域和方向域垂直。

图 6.14 FFT 结果

在我们快速傅里叶的基础上。可以定义一些滤波器进行频率域的增强处理。

(1)在 Filter—FFT Filtering—FFT Definition—在 FFT Definition 中(图 6.15)的 Samples 和 Lines 文本框中选择滤波器的尺寸大小。在 Filter_Type 中选择滤波类型,"Circular Psss"低通滤波器;"Circular Cut"高通滤波器;"Band Pass"带通滤波器;"Band Cut"带阻滤波器。选择 Apply 应用滤波器。

(2)Filter—FFT Filtering—Inverse FFT—选择之前的 FFT 图像,单击 OK。

(3)在 Inverse FFT Filter File 对话框中,选择应用的滤波图像,单击 OK。

(4)在 Inverse FFT Parameters 窗口中,选择输出的文件路径及文件名。在适当的时候下拉菜单中选择输出数据的类型,单击 OK。

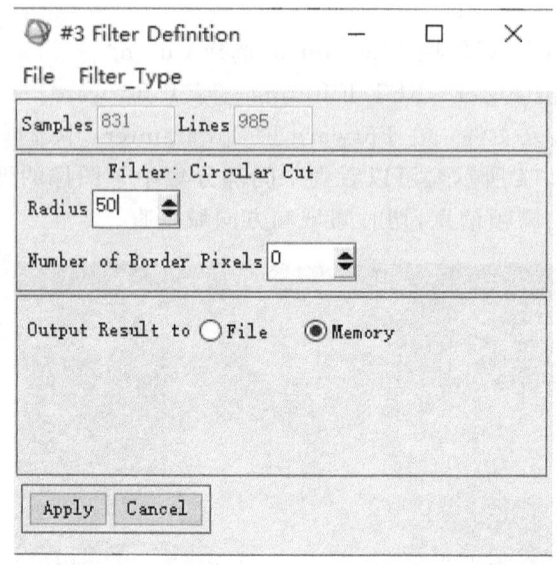

图 6.15 FFT Definition

6.2.2.2 主成分分析

多光谱图像的各个波段之间往往是高度相关的,它们显示出来的视觉效果往往很相似。主成分分析(Principal Component Analysis,PCA)是一种去除波段之间的多余信息,将多波段图像的信息压缩到比原来波段更有效的少数几个旋转波段的方法。

(1)数据:使用 Landsat5 TM 数据 Cut_nj。

(2)操作步骤

①打开一个 Landsat5 TM 影像——Cut_nj。

②主菜单中点击 Transform—PCA Rotation—Forward PCA Rotation —Compute new Statistics and Rotate 选择 Cut_nj—在 Forward PC parameters 中在 Stats X/Y Resize Factor 文本框中间如小于或等于 1 的调整系数。在 Calculate using 中,选择根据 Covariance Matrix(协方差矩阵)或根据 Correlation Matrix(相关系数矩阵)计算主成分波段。一般来说,计算主成分时选择使用协方差矩阵。当波段之间数据范围差异较大时,选择相关系数矩阵(图 6.16)。

③选择输入路径以文件名,输出数据类型为 Floating Point。

④单击 Select Subset from Eigenvalues 标签右侧的箭头切换按钮,选择"YES"。统计信息将被计算,并出现 Select Output PC Bands 对话框,列出每个波段及其相应的特征值;同时,也列出每个主成分波段中包含的数据方差的累积百分比。如果选择"No",则系统会计算特征值并显示供选择输出波段数。

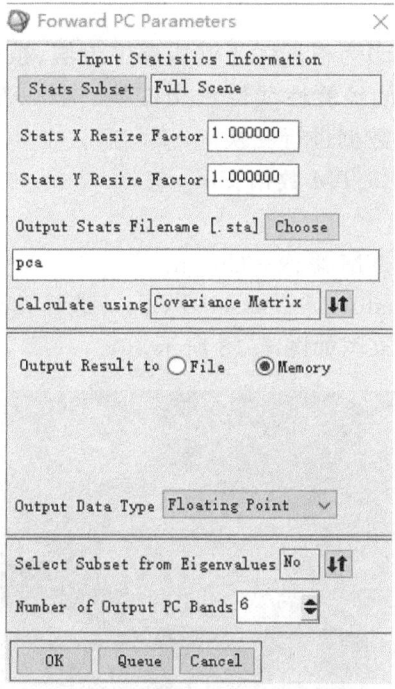

图 6.16 Forward PC Parameters

⑤输出波段数(Number of Output PC Bands)选择默认值(输入文件的波段数)。
⑥单击 OK 按钮,结果如图 6.17 所示。

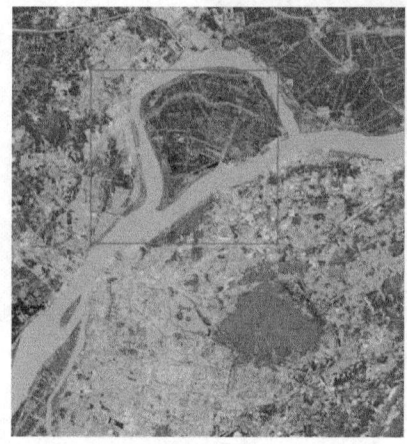
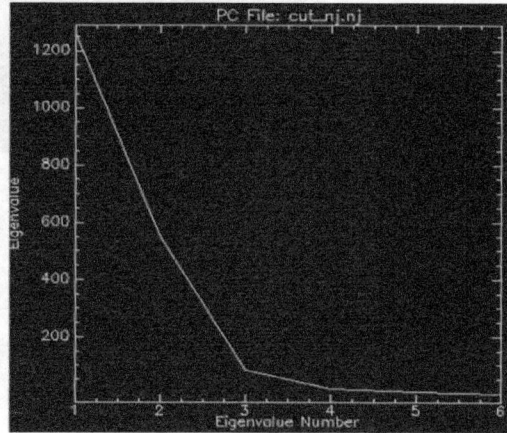

1,2,3波段合成　　　　　　　　　　　主成分分析特征值

图 6.17　主成分分析结果

6.2.2.3 缨帽变换

缨帽变化(Tassled Cap)为根据多光谱遥感中土壤、植被等信息在多维光谱空间中信息分布结构对图像做的经验性线性正交变换。可以对 Landsat MSS、Landsat5 TM 或者 Landsat 7 ETM 数据进行变换。

(1)数据:使用 Landsat5 TM 数据 Cut_nj。

(2)操作步骤

①打开一个 Landsat5 TM 影像——Cut_nj。

②主菜单中点击 Transform——Tasseled Cap——选择 Cut_nj——在 Input File Type 中选择 Landsat5 TM。结果图如图 6.18 所示。

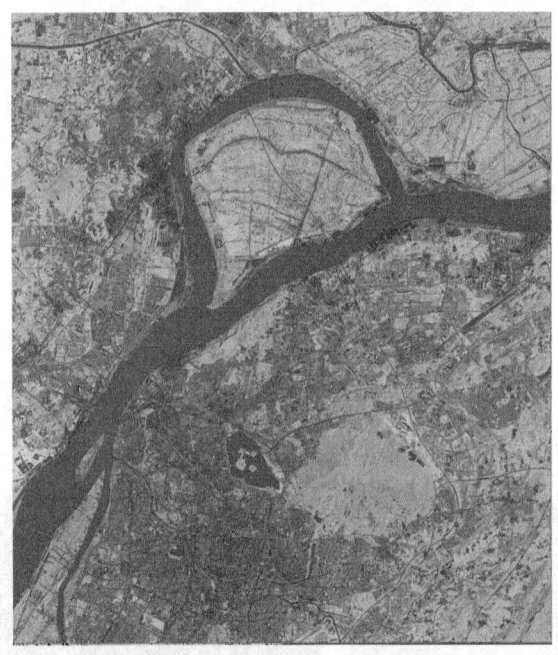

图 6.18 缨帽变换结果

6.2.3.4 NDVI

归一化植被指数可以将多光谱数据变为一个单独的图像波段,可以显示植被的分布,较高的 NDVI 值预示着包含较多的绿色植被。

(1)数据:使用 Landsat5 TM 数据 Cut_nj。

(2)操作步骤

①在 ENVI Classic 菜单栏 File——open,选择 Cut_nj。

②工具栏点击 Transform——NDVI 在可用波段中选择 Cut_nj(图 6.19)。

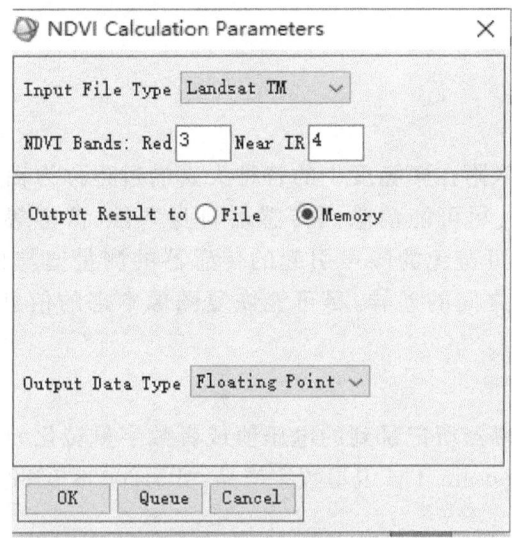

图 6.19　NDVI Calcution Parameters

③在 NDVI Calcution Parameters—Input File Type—选择 Landsat TM(图 6.20)。
④点击 OK 输出图像,结果图如 6.20 所示,白色区域为高植被区域。

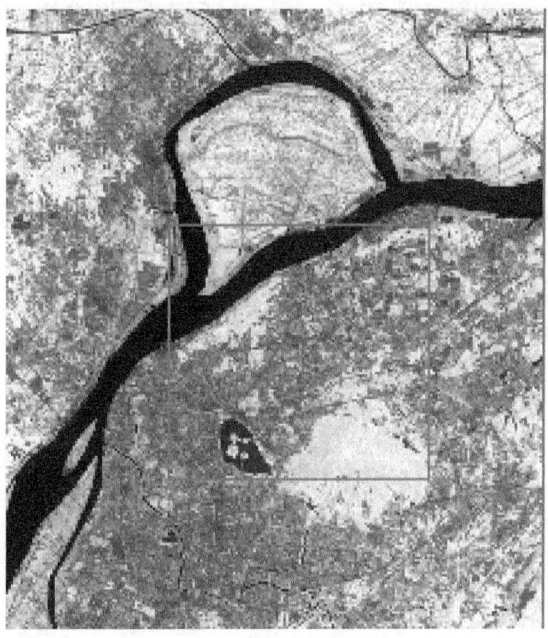

图 6.20　NDVI 结果

6.3 图像校正

6.3.1 辐射校正

消除图像数据中依附在辐亮度中的各种失真的过程称为辐射校正。

辐射校正的目的:尽可能消除因传感器自身条件、薄雾等大气条件、太阳位置和角度条件及某些不可避免的噪声引起的传感器的测量值与目标的光谱反射率或光谱辐亮度等物理量之间的差异,尽可能恢复图像本来的信息,为后续处理工作做基础。

6.3.1.1 辐射定标

辐射定标是将传感器所记录到的电压值或者数字量转化为辐射率的过程。

(1)数据:使用 Landsat5 TM 卫星数字产品,"L5120038_03820100819_MTL.txt"

(2)操作步骤

注:该实验所使用的软件为 ENVI 5.1,其余实验所使用软件如未作特殊说明即为 ENVI Classic。

①打开数据,在菜单栏 File—Open 选择 L5120038_03820100819_MTL.txt

②进行定标,在右侧 Toolbox 工具箱中点击 Radiometric Correction—Radiometric Calibration,在弹出的 File Selection 对话框中,将多光谱数据_MTL_MultiSpectral 作为 Input File,点击 OK,打开 Radiometric Calibration 对话框,按照图 6.21 所示进行设置(具体参数含义见后面注)。

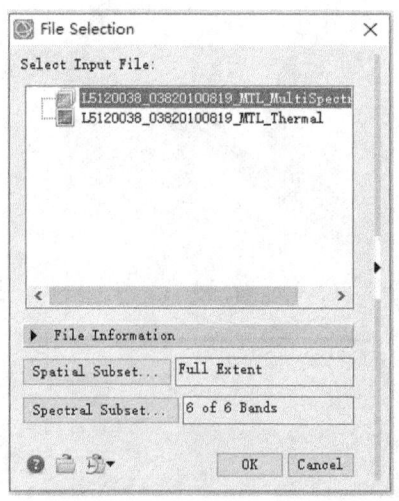

图 6.21 File Selection 对话框

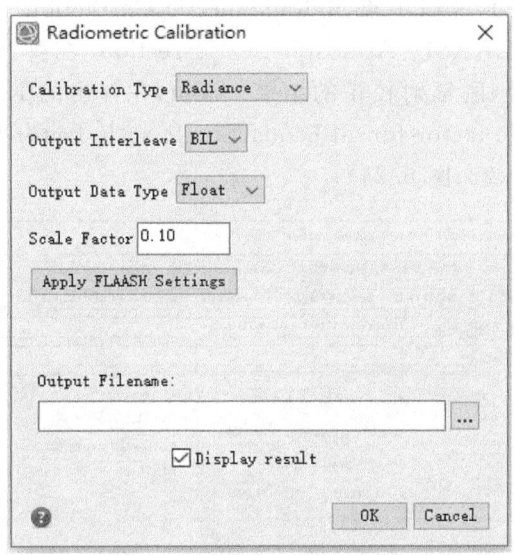

图 6.22　Radiometric Calibration 对话框

注：Radiometric Calibration 对话框参数说明(图 6.22)。

a. Calibration Type

• Radiance：辐射亮度值，当数据所有波段包含 Gain 以及 Offest 参数时，利用以下公式定标：L＝Gain×DN＋Offest，Gain 和 Offest 参数定标单位为 W/(m² · sr · μm)，最终辐射亮度单位为 W/(m² · sr · μm)。

• Reflectance：范围 0～1，当数据包含 Gain、Offest、Solar irradiance、Sun elevation 和成像时间时，利用以下参数定标：

$$\rho_\lambda = \frac{\pi L_\lambda d^2}{\mathrm{ESUN}_\lambda \sin\theta} \tag{6.1}$$

其中 L_λ 为辐射亮度，d 为日地距离，ESUN_λ 为太阳辐照度，θ 为太阳高度角。

b. Output Interleave

• BSQ：按波段顺序存储。

• BIL：按行顺序存储。

• BIP：按像元顺序存储。

c. Scale Factor：缩放系数，目的使输出结果单位不是 W/(m² · sr · μm)。

d. Apply FLAASH Settings 可以使得定标后的辐射亮度符合 FLAASH 大气校正工具的数据要求，包括 BIL 存储顺序，浮点数据，以及缩放系数 0.1。

6.3.1.2　大气校正

基于以上辐射定标结果，进行 Landsat5 大气校正。

在右侧 Toolbox 工具箱中点击 Radiometric Correction——Atmospheric Correction Module——FLAASH Atmospheric Correction，在弹出的对话框中，Input Radiance Image 选择刚刚辐射校正的结果 *.dat，在弹出的 Radiance Scale Factors 对话框选择 Use single factor for all bands，Single scale factor 设置为 1；选择输出文件路径及文件名（图 6.23、图 6.24）；

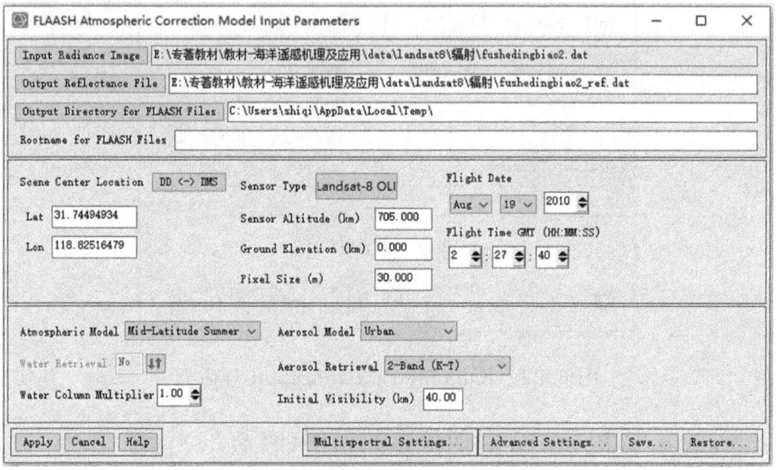

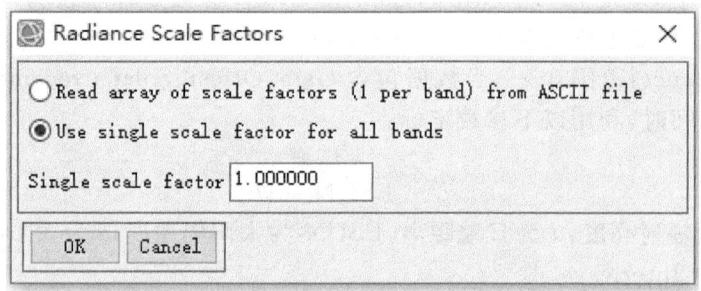

图 6.23　FLAASH Atmospheric Correction Model Input Parameters 对话框

图 6.24　Radiance Scale Factors 对话框

Lat，Lon 信息自动获取；Sensor Type 选择 Landsat8 OLI；Ground Elevation 从相应区域的 DEM 获得均值；Flight Date 以及 Flight Time 可以从软件左侧 Layer Manager，右击数据点击 View Metadata，在 time 里面可以查看；Atmospheric Model 选择 Mid-Latitude Summer，这个根据图像坐标及时间可以判断；Aerosol Model 选择 Urban；Aerosol Retrieval 选择 2-Band-(K-T)；Initial Visibility：40；Multispectral Settings 在弹出窗口点击 Defaults，选择 Over-Land Retrieval Standard（660：2100），

其余默认；Advanced Settings：Tile Size 设置为 200，其余默认；点击 Apply 开始进行校正。

6.3.2 几何校正

6.3.2.1 基于自带定位信息的几何校正

对于重返周期短、空间分辨率较低的卫星数据，如 AVHRR、MODIS、SeaWiFS 等，地面控制点的选择有很大难度。我们可以利用卫星传感器自带的地理定位文件进行几何校正，校正精度主要受地理定位文件的影响。

(1)数据：使用 MODIS L1B 数据，MOD02HKM.A2019359.0350.061.2019359130948.hdf。

(2)操作步骤：

①打开数据，在菜单栏选择 File—Open External File—EOS—MODIS，选择"MOD02HKM.A2019359.0350.061.2019359130948.hdf"文件。打开数据后会弹出 Available Bands List 对话框（图 6.25、图 6.26）。

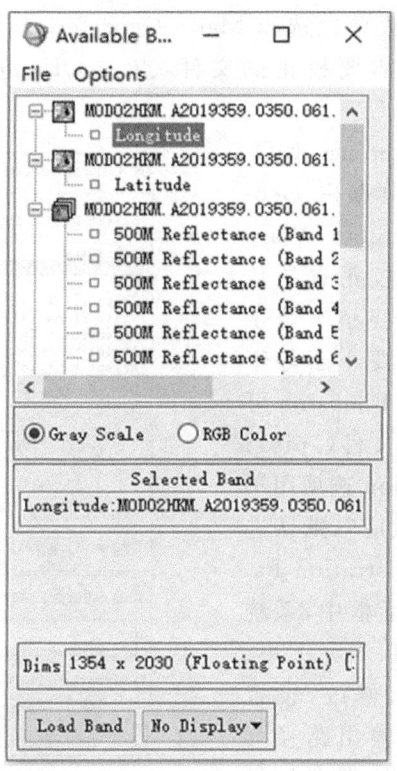

图 6.25　Available Bands List 对话框

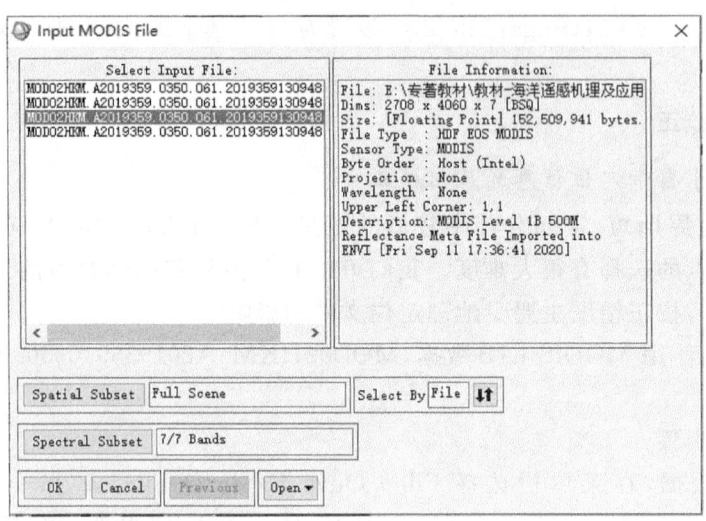

图 6.26　Input MODIS File 对话框

②选择校正模型,在菜单栏选择 Map—Georeference MODIS,在弹出的 Input MODIS File 对话框选择需要校正的文件,点击 OK,进入 Georeference MODIS Parameters 对话框。

进行校正,在 Georeference MO-DIS Parameters 对话框中点击 Geographic Lat/Lon;在 Number Warp Points 设置 X 与 Y 方向校正点的数量,X 方向校正点的数量要小于等于 51,Y 方向校正点的数量要小于等于 X;在 Enter Output GCP Filename 可以将校正点导出成控制点文件(.pts);Perform Bow Tie Correction 选项用于消除 MODIS 数据"蝴蝶效应",默认选 Yes。点击 OK,进入 Registration Parameters 对话框,在该对话框中,系统自动计算起始点的坐标值、像元大小、图像行列数据,可按需求修改,设置 Background 值为 0,选择输出路径与文件名,点击 OK,完成操作,软件进行校正(图 6.27、图 6.28、图 6.29)。

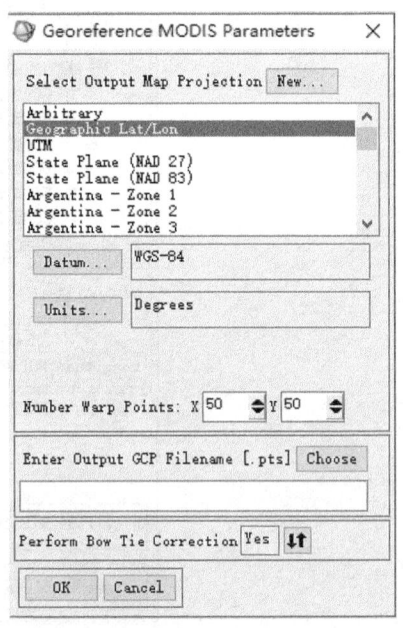

图 6.27　Georeference MODIS Parameters 对话框

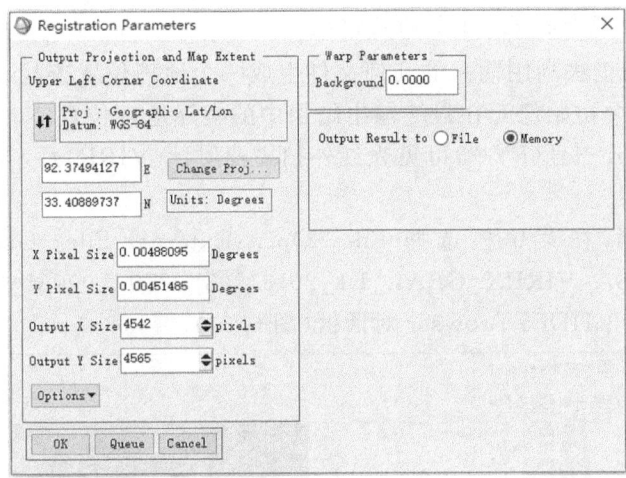

图 6.28　Registration Parameters 对话框

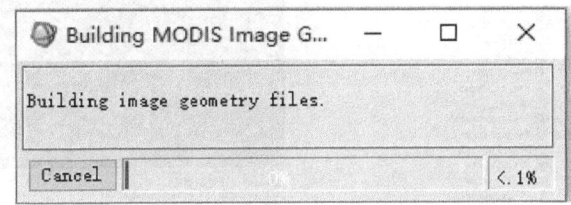

图 6.29　Building MODIS Image Geometry 对话框

(3) 结果对比

如图 6.30 所示,左边为原始图像,右边为几何校正过的图像。

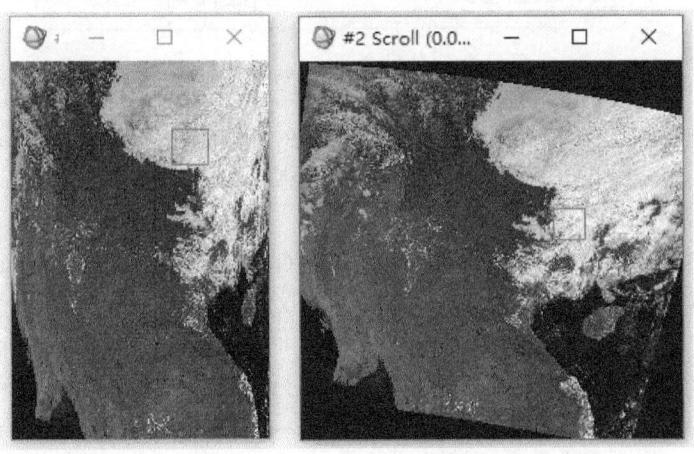

图 6.30　基于自带定位信息的几何校正结果

6.3.2.2 基于地理查找表 GLT 的几何校正

GLT 几何校正法利用输入的几何文件生成一个地理位置查找表文件,从该文件中可以了解到某个初始像元在最终输出结果中的实际地理位置。

(1) 数据:风云三号(FY-3)可见光红外扫描辐射计(VIRR)月产品

(2) 操作步骤

① 打开数据,在菜单栏选择 File—Open External File—Generic Foramts—HDF5,选择"FY3A_VIRRX_GBAL_L1_20131203_0250_1000M_MS.HDF"文件。打开数据后会弹出 HDF5 Browser 对话框(图 6.31)。

图 6.31 HDF5 Browser 对话框

在对话框左侧选中 EV-RefSB 数据,然后在右侧点击 Import to ENVI 将数据导入,并将 Latitude、Longitude 导入,导入完成会弹出 Available Bands List 对话框(图 6.32)。

② 生成 GLT 文件,在菜单栏选择 Map—Georeference from Input Geometry—Build GLT,在弹出的 Input X Geometry Band 对话框,将 Longitude 选作 X Band,将 Latitude 选作 Y Band(图 6.33);

在弹出的 Geometry Projection Information 对话框中 Output Projection for Georeferencing 选择栏选中 Geographic Lat/Lon,并点击 OK(图 6.34);

在弹出的 Build Geometry Lookup File 对话框中,将 Output Rotation 设置为 0,

第 6 章 海洋遥感上机练习

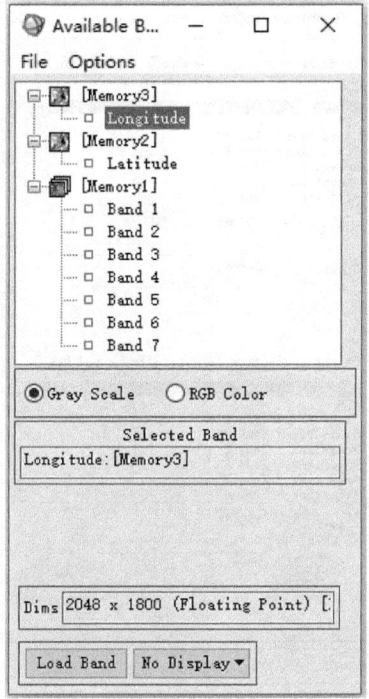

图 6.32 Available Bands List 对话框

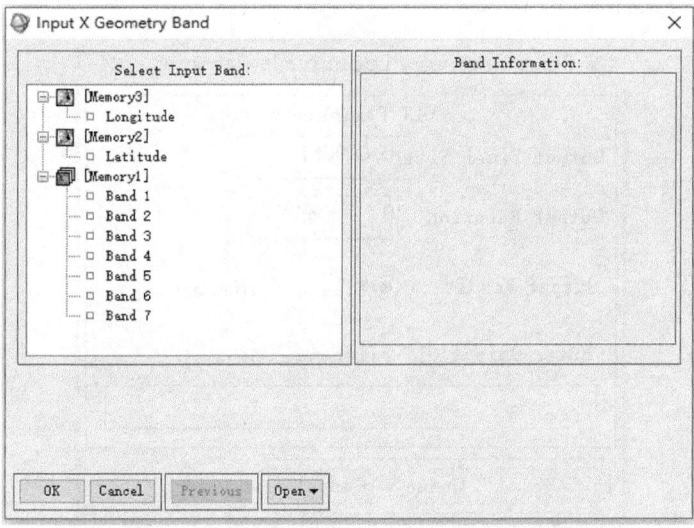

图 6.33 Input X Geometry Band 对话框

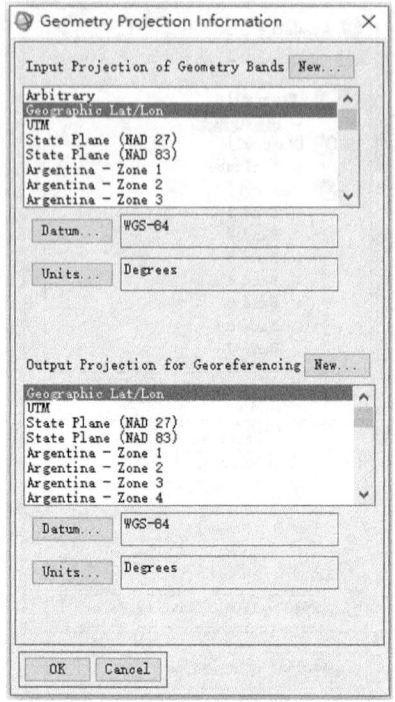

图 6.34 Geometry Projection Information 对话框

选择输出目录与文件名(图 6.35)。

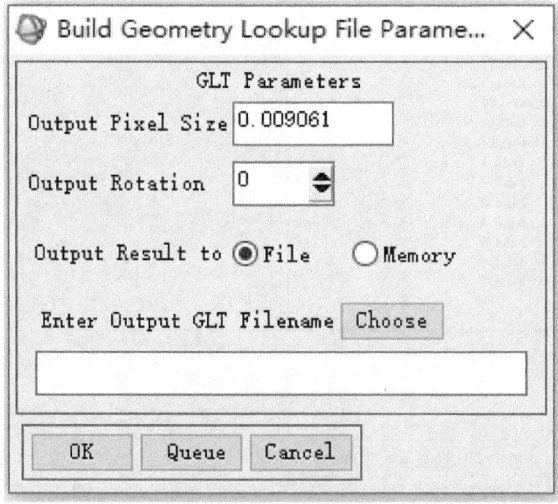

图 6.35 Build Geometry Lookup File 对话框

③进行校正，Map—Georeference from Input Geometry—Georeference from GLT，在弹出的 Input Geometry Lookup File 对话框选择刚刚生成的 GLT 文件点击 OK；在弹出的 Input Data File 对话框选择待校正的数据并点击 OK；在弹出的对话框选择输出路径及文件名（图 6.36）。

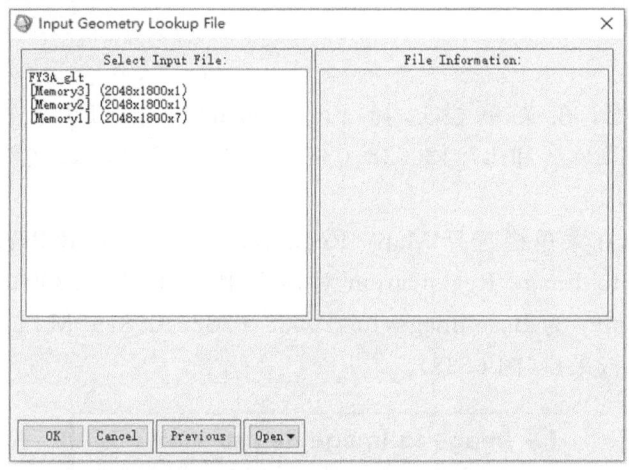

图 6.36　Input Geometry Lookup File 对话框

(3)结果对比，在 display 菜单栏选择 Tools—SPEAR—Google Earth—Import Imags，选择输出路径及文件名。打开输出文件，可以看到经过校正后的图像与 Google Earth 基本重合（图 6.37）。

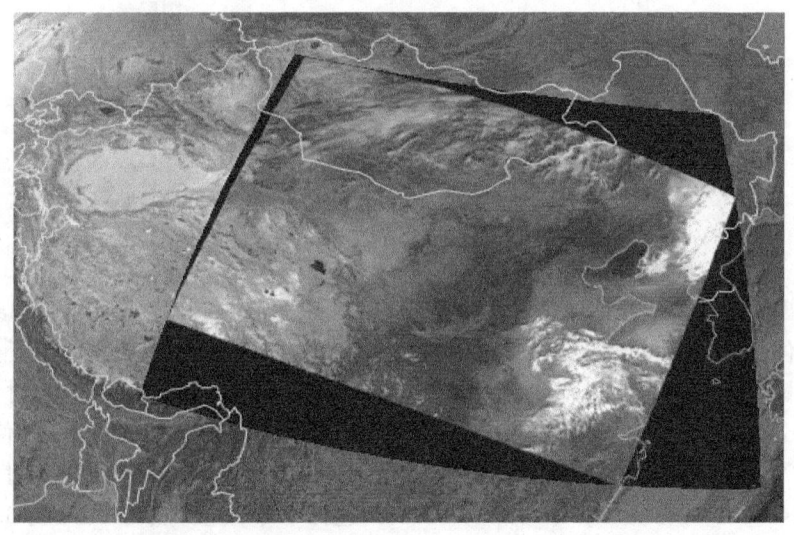

图 6.37　基于地理查找表 GLT 的几何校正结果

6.3.2.3 Image to Image 的几何校正

以一幅没有经过几何校正的栅格文件或者已经经过几何校正的栅格文件作为基准图,通过从两幅图像上选择同名点(控制点)来校准另外一幅栅格文件,使相同地物出现在校正后的图像相同位置。这是大多数几何校正所采用的方法。

(1)数据:

(2)操作步骤

①打开数据,在菜单栏选择 File—Open Image File,选择 L5120038_03820100819_MTL.txt 和 L71120038_03820020330_MTL.txt 文件,将两幅影像加载到 Display 窗口。

②进行采点,在菜单栏选择 Map—Registration—Select GCPs:image to image,在弹出的 Image to Image Registration 对话框中,选择 L71120038_03820020330_MTL 文件的 Display 为 Base imags,L5120038_03820100819_MTL 为 Warp image,点击 OK,开始进行采点(图 6.38)。

图 6.38　Image to Image Registration 对话框

在弹出 Ground Control Points Selection 对话框后,可以在两个 Display 窗口中移动方框位置,找到一样的特征点作为输入 GCP;在 Zoom 窗口打开左下角第三个的十字光标,将十字光标移到相同位置;然后在 Ground Control Points 对话框中点击 Add Point,按照上面方法找到三个点之后,对话框中 Predict 按钮可以使用,单击 Predict 按钮,软件自动开始预测点;在 Ground Control Points Selection 对话框中点击 Options—Automatically Generate Points,选择一个波段,点击 OK(图 6.39)。

在弹出的 Automatic Tie Points Parameters 对话框中。将 Number of Tie Points 修改为 60,其余默认,点击 OK;可以看到 Display 窗口上有了许多新的控制

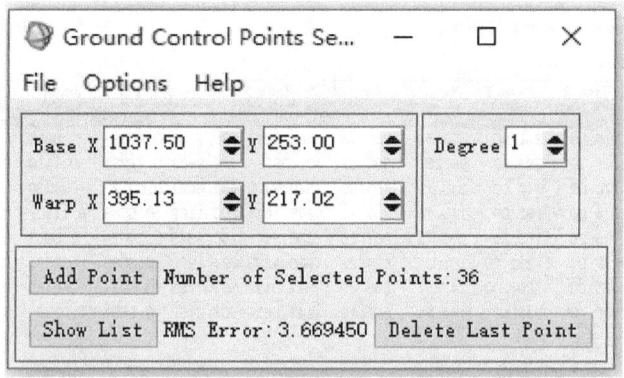

图 6.39　Ground Control Points Selection 对话框

点,同时在 Ground Control Points Selection 对话框中可以点击 Show List 看到所有已经选择的点(图 6.40)。

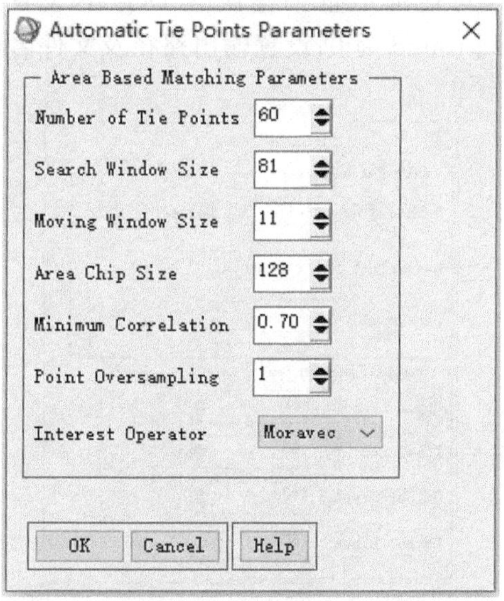

图 6.40　Automatic Tie Points Parameters 对话框

在弹出的 Image to Image GCP List 对话框中点击 Options—Order Points by Error,将控制点的误差由高到低排序,并删除 RMS 高的点(>1);在 Ground Control Points Selection 对话框中选择 File—Save GCPs to ASCII,保存控制点(图 6.41)。

③进行校正,有两种方式,第一种(校正结果的尺寸大小、像元大小都与基准图像一样):在 Ground Control Points Selection 对话框中选择 Options—Warp file 然后

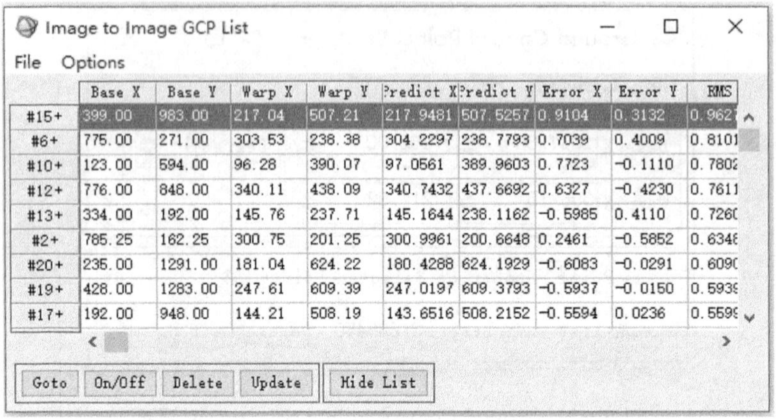

图 6.41 Image to Image GCP List 对话框

在 Input warp image 对话框中选择待校正文件 L5120038_03820100819_MTL，在 Registration Parameters 对话框中重采样次数 Degree 设置为 2，Resampling 选为 Cubic Convolution，Background 为 0；设置输出路径及文件名，点击 OK（图 6.42）。

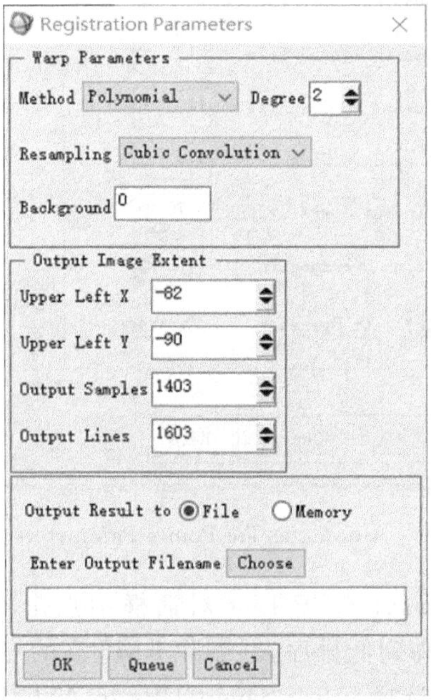

图 6.42 Registration Parameters 对话框

第二种(校正结果的尺寸大小、像元大小与原始图像一样):在 Ground Control Points Selection 对话框中选择 Options—Warp file(as image to map),在弹出的 Input warp image 对话框中选择待校正文件 L5120038_03820100819_MTL,在 registration parameters 对话框中 x 和 y 的像元大小设置为 30,重采样次数 Degree 设置为 2,Resampling 选为 Cubic Convolution,Background 为 0;设置输出路径及文件名,点击 OK。

(3)结果对比

打开校正后的图像以及原始图像,在校正后的图像上右击选择 Geographic Link,在弹出的对话框中将两个窗口选择 On,之后可以点击图像位置,查看校正效果。

6.4 图像分类

遥感图像通过亮度值或像元值的高低差异及空间变换表征不同地物之间的差异。通常分类方法有非监督分类和监督分类,此后又发展出基于多源数据的决策树分类。

6.4.1 非监督分类

又称"聚类分析",无须先验信息,仅靠图像上不同类地物光谱信息进行特征提取并进行分类。

(1)数据:使用 Landsat5 TM 卫星数字产品,"L5120038_03820100819_MTL.txt",图像分类之前先将图像剪裁到合适大小。

(2)操作步骤

①打开数据,在菜单栏 File—Open Image File 选择 L5120038_03820100819_MTL.txt,将数据加载到 Display 窗口

②进行分类,有两种非监督分类方法分别是 ISODATA 和 K-Means。

a. ISODATA

菜单栏选择 Classification—Unsupervised—IsoData,在 Classification Input File 对话框选择需要进行分类的数据,点击 OK,在弹出的 ISODATA Parameters 对话框中,类别数量范围一般选 5~15,最大迭代次数选择 15,其余按照默认,选择输出路径及文件名,点击 OK 进行分类(图 6.43)。

b. K-Means

菜单栏选择 Classification—Unsupervised—K-Means,在 Classification Input File 对话框选择需要进行分类的数据,点击 OK,在弹出的 K-Means Parameters 对话框中,类别数量设置为 15,其余按照默认,选择输出路径及文件名,点击 OK 进行分

类(图 6.44)。

(3)分类结果(图 6.45)

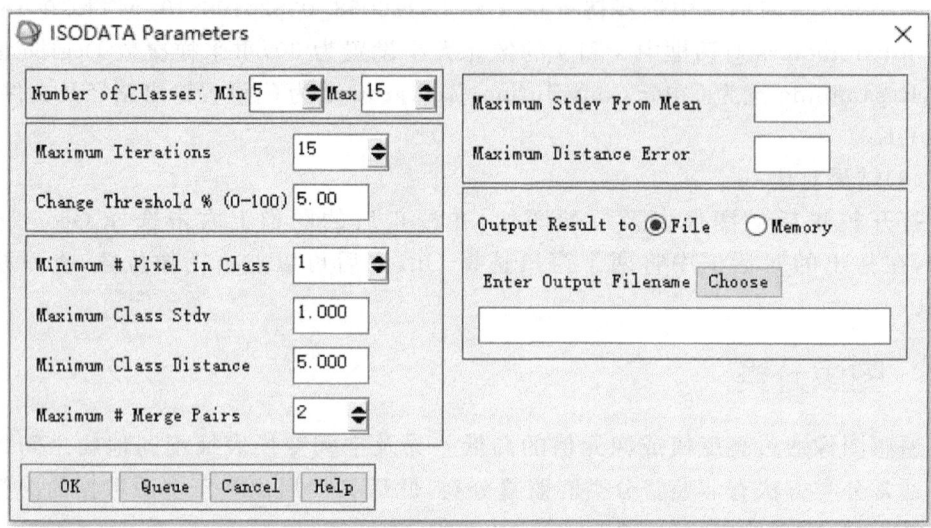

图 6.43　ISODATA Parameters 对话框

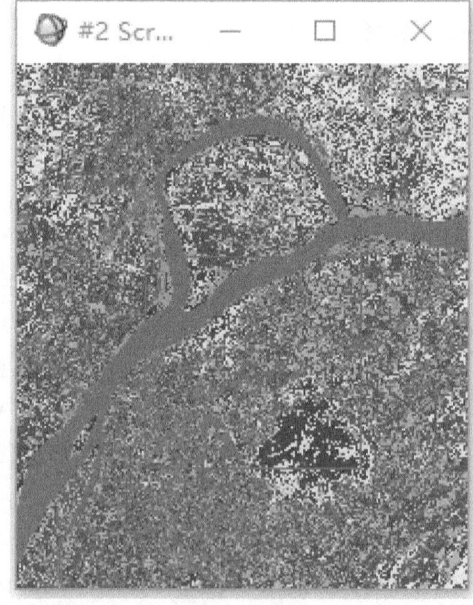

图 6.44　K-Means Parameters 对话框　　图 6.45　ISODATA 分类结果(见彩图)

6.4.2 监督分类

利用已知地物信息对未知地物进行分类。

(1)数据：使用 Landsat5 TM 卫星数字产品，"L5120038_03820100819_MTL.txt"，图像分类之前先将图像剪裁到合适大小。

(2)操作步骤

①打开数据，在菜单栏 File—Open Image File 选择 L5120038_03820100819_MTL.txt，将波段 5、4、3 合成 RGB 加载到 Display 窗口。

②定义训练样本，可以目视找出 6 类地物样本，分别是河流、湖泊、林地、耕地、建筑用地、道路。

创建感兴趣区域，右击图像点击 ROI Tool，在弹出的 ROI Tool 对话框设置 ROI Name，点击 ROI Tool 对话框菜单栏的 ROI_Type 可以选择绘制图形，选好绘制图形后可以在 Display 窗口进行选取相应的目标物，右击选取好的目标物框表示确定，同一目标物尽量多选(图 6.46、图 6.47)。

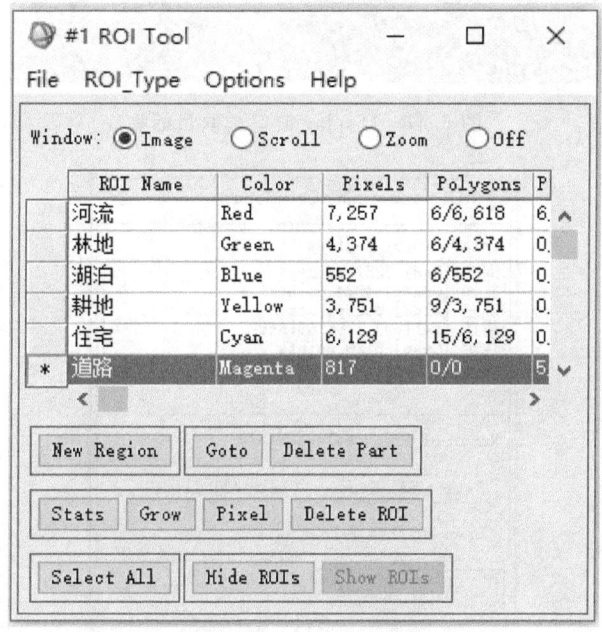

图 6.46 ROI Tool

评价训练样本，在 ROI Tool 对话框中点击 Options—Compute ROI Separability，选择输入的图像，点击 OK，在弹出的 ROI Separability Calculation 对话框中点击 Select All Items，选择所有 ROI 用于分离性计算，点击 OK 查看分离结果，分离数位于 0~2，大于 1.9 表明分离结果好，小于 1.8 需要重新选择样本(图 6.48)。

图 6.47 Display 窗口选取目标物

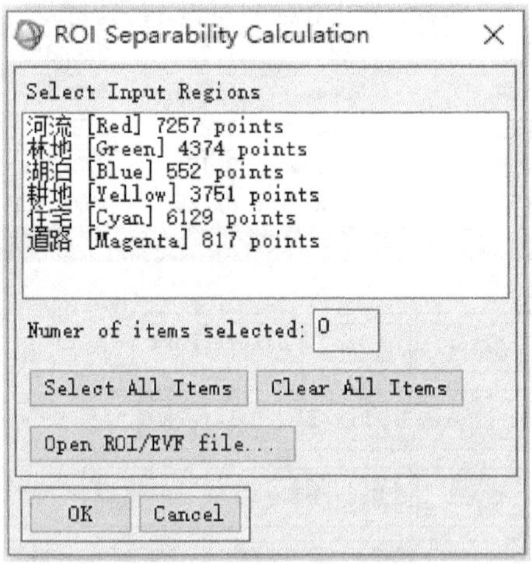

图 6.48 ROI Separability Calculation 对话框

在 ROI Tool 对话框中点击 File—Save ROIs,选择所有并选择保存路径及文件名。

③进行监督分类。监督分类分为:Parallelepiped、Minimum Distance Classification、Mahalanobis Distance Classification、Maximum Likelihood Classification、Neural Net Classification、Support Vector Machine Classification。

a. Parallelepiped：菜单栏选择 Classification—Supervised—Parallelepiped，在文件输入对话框选择需要分类的数据，点击 OK，在弹出的 Parallelepiped Parameters 对话框中点击 Select all Items，选择输出文件路径及文件名，以及规则图像的输出文件路径及文件名，点击 OK，进行分类（图 6.49、图 6.50）。

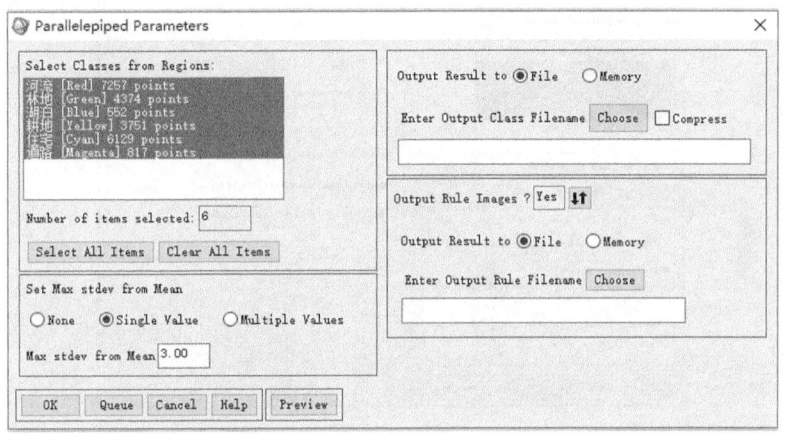

图 6.49　Parallelepiped Parameters 对话框

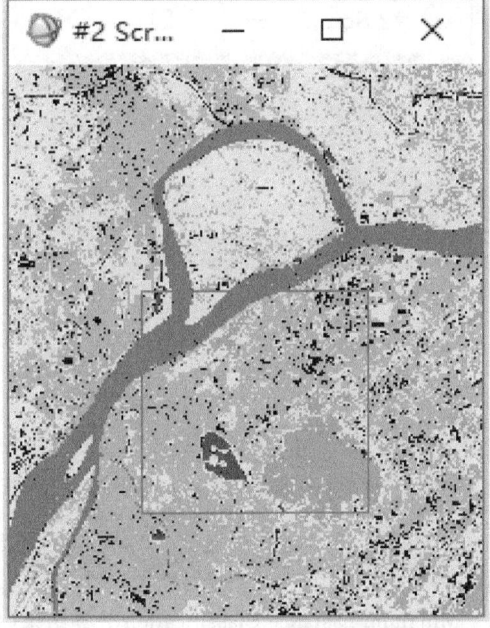

图 6.50　Parallelepiped 分类结果（见彩图）

b. Minimum Distance Classification：Classification—Supervised—Minimum Distance，在文件输入对话框选择需要分类的数据，点击 OK，在弹出的 Minimum Distance Parameters 对话框中点击 Select All Items，选择 Single Value，Max stdev from Mean 设置为 4，Set Max Distance Error 选择 None，选择输出文件路径及文件名，以及规则图像的输出文件路径及文件名，点击 OK，进行分类（图 6.51、图 6.52）。

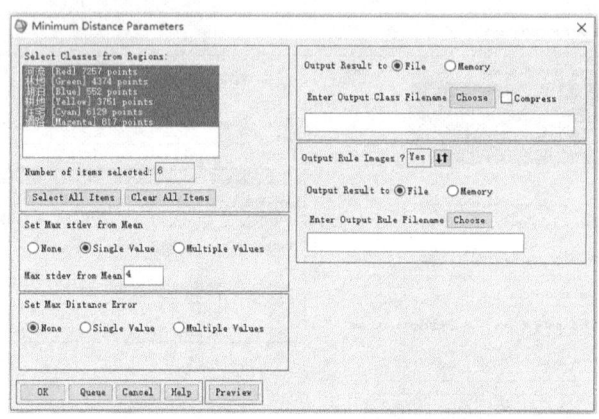

图 6.51　Minimum Distance Parameters 对话框

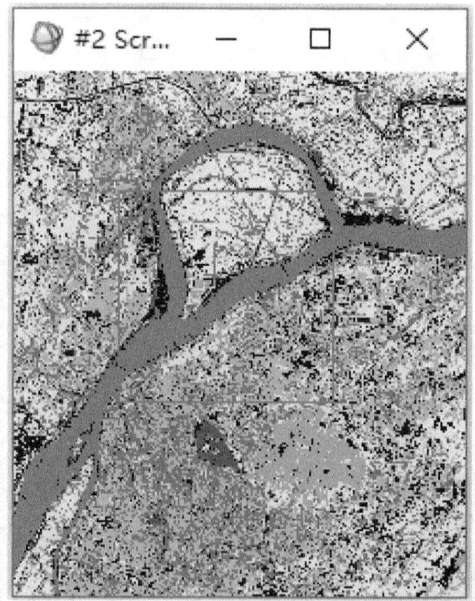

图 6.52　Minimum Distance Classification 分类结果（见彩图）

c. Mahalanobis Distance Classification：Classification—Supervised—Mahalanobis Distance，在文件输入对话框选择需要分类的数据，点击 OK，在弹出的 Mahalanobis Distance Parameters 对话框中点击 Select All Items，Set Max Distance 选择 None，选择输出文件路径及文件名，以及规则图像的输出文件路径及文件名，点击 OK，进行分类（图 6.53、图 6.54）。

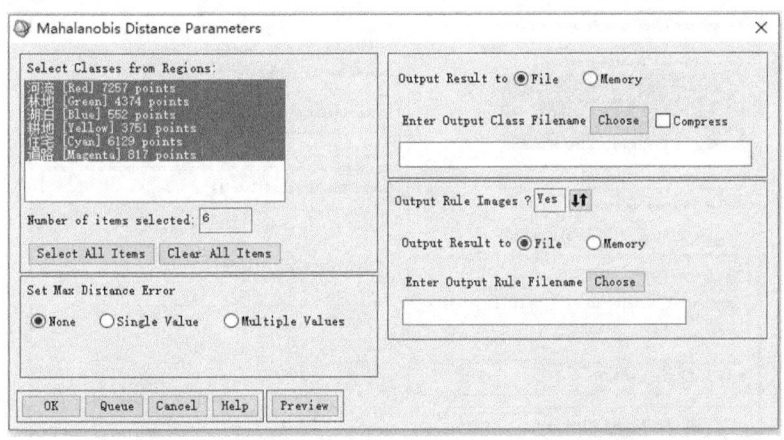

图 6.53　Mahalanobis Distance Parameters 对话框

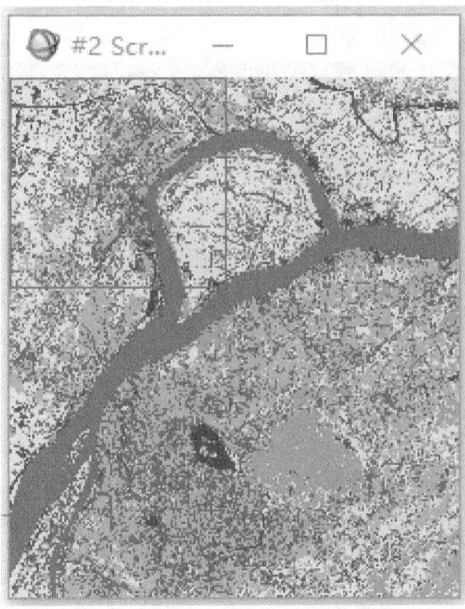

图 6.54　Mahalanobis Distance Classification 分类结果（见彩图）

d. Maximum Likelihood Classification：Classification—Supervised—Maximum Likelihood，在文件输入对话框选择需要分类的数据，点击 OK，在弹出的 Maximum Likelihood Parameters 对话框中点击 Select All Items，Set Probability Threshold 选择 None，选择输出文件路径及文件名，以及规则图像的输出文件路径及文件名，点击 OK，进行分类（图 6.55、图 6.56）。

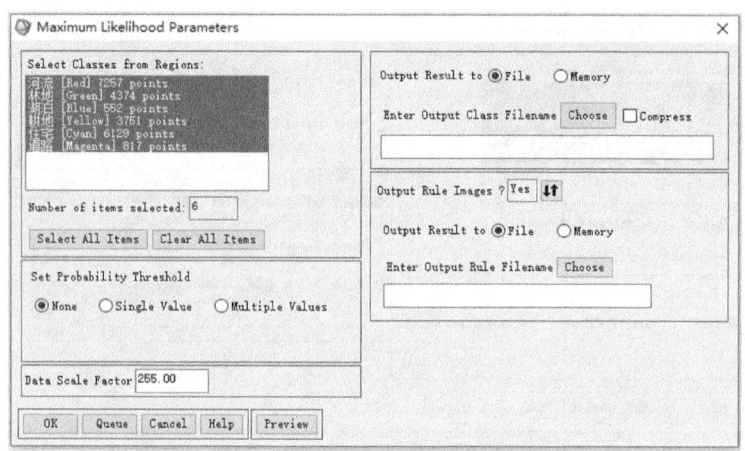

图 6.55　Maximum Likelihood Parameters 对话框

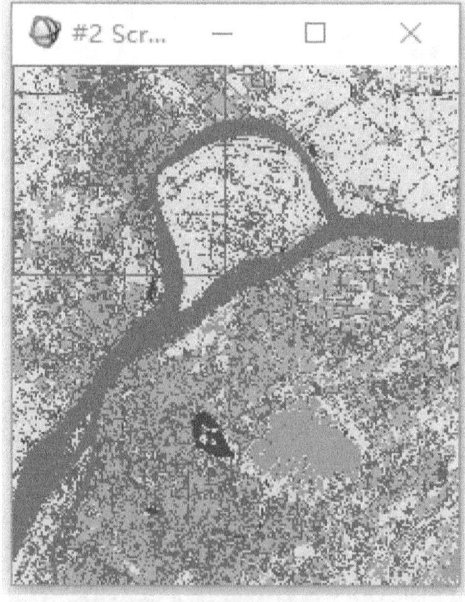

图 6.56　Maximum Likelihood Classification 分类结果（见彩图）

e. Neural Net Classification：Classification—Supervised—Neural Net，在文件输入对话框选择需要分类的数据，点击 OK，在弹出的 Neural Net Parameters 对话框中点击 Select All Items，Set Probability Threshold 选择 None，选择输出文件路径及文件名，以及规则图像的输出文件路径及文件名，点击 OK，进行分类（图 6.57、图 6.58、图 6.59）。

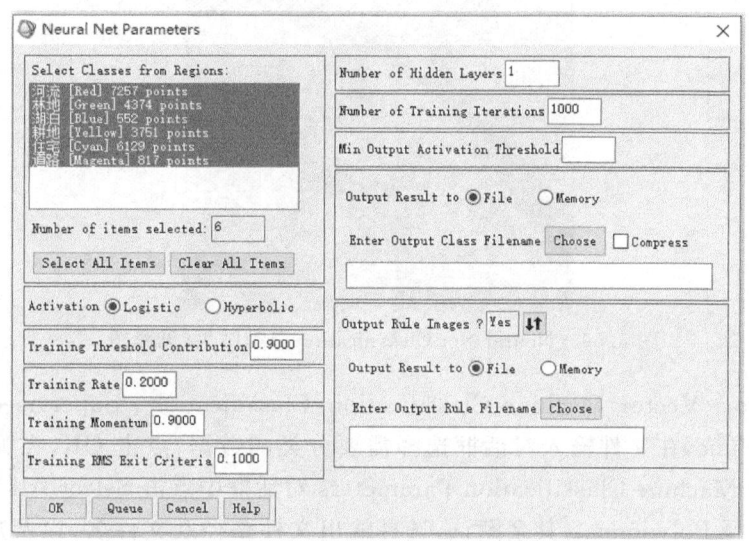

图 6.57　Neural Net Parameters 对话框

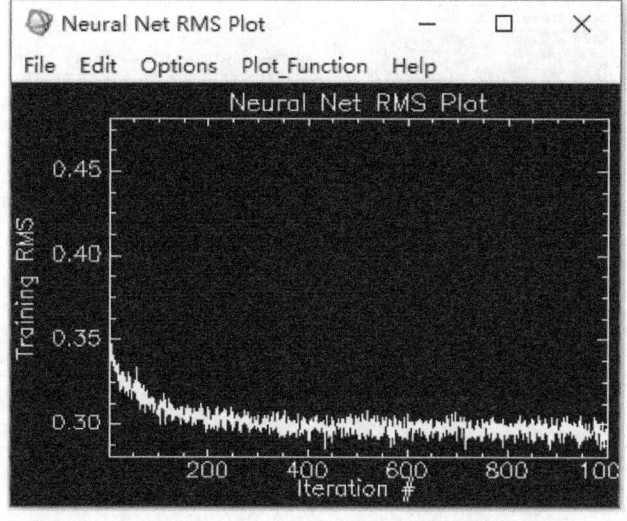

图 6.58　Neural Net RMS Plot 对话框

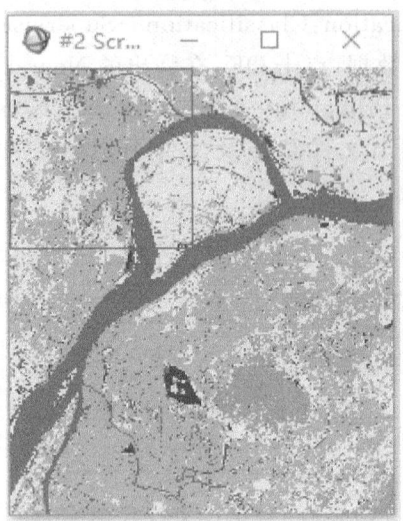

图 6.59　Neural Net Classification 分类结果（见彩图）

f. Support Vector Machine Classification：Classification—Supervised—Support Vector Machine，在文件输入对话框选择需要分类的数据，点击 OK，在弹出的 Support Vector Machine Classification Parameters 对话框中点击 Select All Items，Kernel Type 选择 Polynomial，其余默认，选择输出文件路径及文件名，以及规则图像的输出文件路径及文件名，点击 OK，进行分类（图 6.60、图 6.61）。

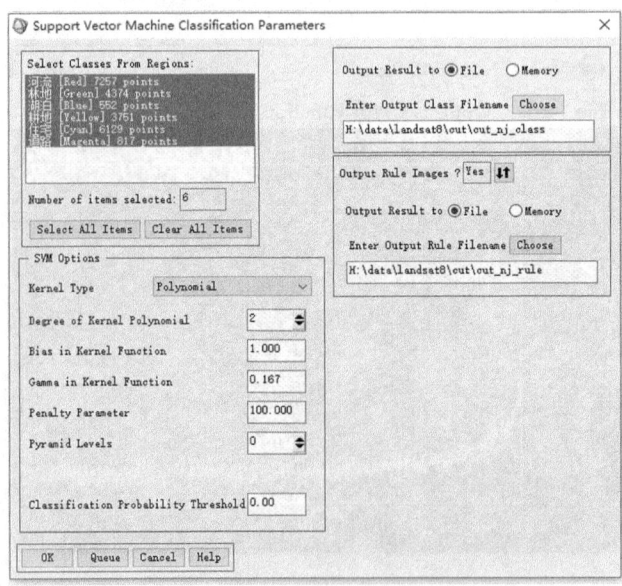

图 6.60　Support Vector Machine Classification Parameters 对话框

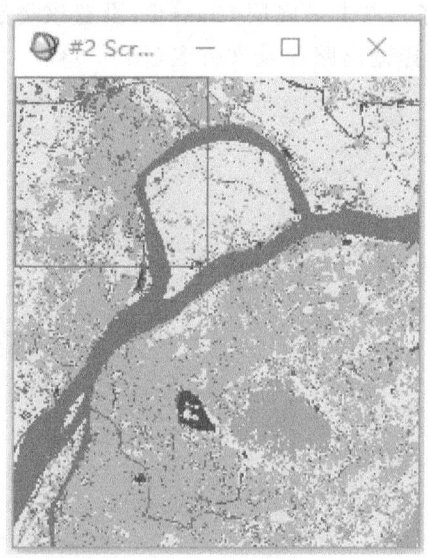

图 6.61 Support Vector Machine Classification 分类结果(见彩图)

6.4.3 决策树分类

基于遥感图像和其他空间数据,通过总结、统计和归纳等方法,提取分类规则进行分类。

(1)数据:使用 Landsat5 TM 卫星数字产品,"L5120038_03820100819_MTL.txt",图像分类之前先将图像剪裁到合适大小。

(2)操作步骤

①打开数据,在菜单栏 File—Open Image File 选择 L5120038_03820100819_MTL.txt

②创建决策树,菜单栏 Classicfication—Decision Tree—Build New Decision Tree,弹出 ENVI Decision Tree 对话框(图 6.62);点击 Node 1 图标,打开 Edit Decision Properties 对话框,填写节点名称 Name 为 NDVI>0.3,填写节点表达式 Expression 为{ndvi} gt 0.3,点击 OK,打开 Variable/File Pairings 对话框,点击列表左边变量{ndvi},在弹出的对话框中选择待分类的文件,如果表达式中包含波段要求,ENVI 将会让你选择需要进行处理的波段号。点击 OK,第一层节点表达式设置完毕(分为植被覆盖区和无植被区)。

右击 Class0,选择 Add Children,进一步将 ndvi 低的又分为两类,点击空白的节点,填写节点名称 Name 以及节点表达式 Expression,点击 OK,打开 Variable/File Pairings 对话框,点击列表左边变量,在弹出的对话框中选择文件;重复上述步骤,根据需求将剩余节点设置好。点击最底层 Class♯，设置该类别名称及颜色，点击 OK；选择 File—Save Tree，选择输出路径及文件名(图 6.63)。

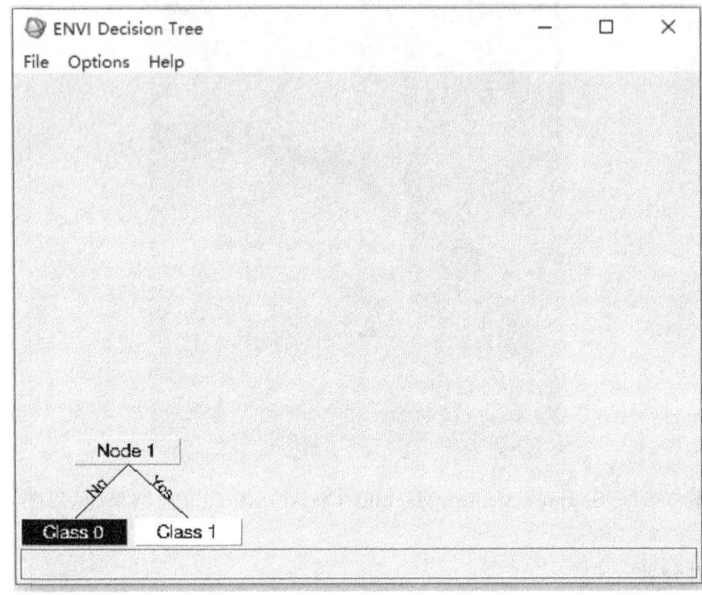

图 6.62　ENVI Decision Tree 对话框

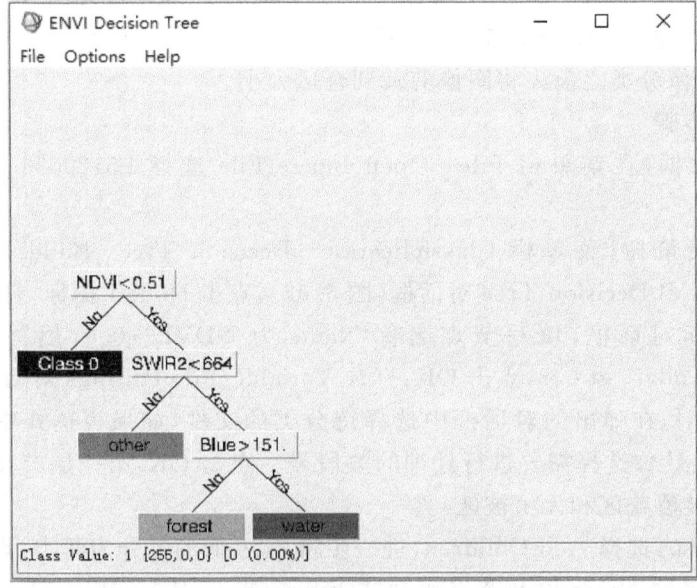

图 6.63　ENVI Decision Tree 对话框

③执行决策树分类,首先打开决策树:在 Edit Decision Properties 对话框中选择 Options—Execute(图 6.64)。

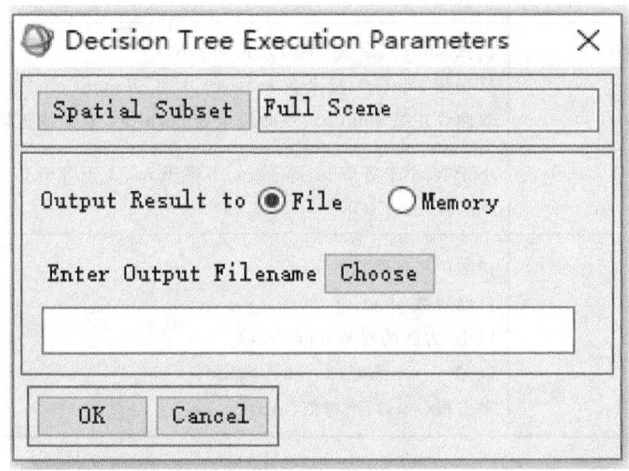

图 6.64 Decision Tree Execution Parameters 对话框

上述用到的变量及表达式含义见表 6.2 和表 6.3。

表 6.2 表达式变量含义

变量	含义
slope	坡度
aspect	坡向
ndvi	归一化植被指数
tascap[n]	穗帽变换,n 表示获取的是某一分量。
pc[n]	主成分分析,n 表示获取的是某一分量。
lpc[n]	局部主成分分析,n 表示获取的是某一分量。
mnf[n]	最小噪声变换,n 表示获取的是某一分量。
lmnf[n]	局部最小噪声变换,n 表示获取的是某一分量。
stdev[n]	波段 n 的标准差
lstdev[n]	波段 n 的局部标准差
mean[n]	波段 n 的平均值
lmean[n]	波段 n 的局部平均值
min[n]、max[n]	波段 n 的最大、最小值
lmin[n]、lmax[n]	波段 n 的局部最大、最小值

表 6.3　表达式函数符号

表达式	部分可用函数
基本运算符	+、−、*、/
三角函数	正弦 sin(x)、余弦 cos(x)、正切 tan(x) 反正弦 asin(x)、反余弦 acos(x)、反正切 atan(x) 双曲线正弦 sinh(x)、双曲线余弦 cosh(x)、双曲线正切 tanh(x)
关系/逻辑	小于 lt、小于等于 le、等于 eq、不等于 ne、大于等于 ge、大于 gt and、or、not、XOR
其他符号	指数(^)、自然指数 exp 自然对数 alog(x) 以 10 为底的对数 alog10(x) 取整——round(x)、ceil(x)、fix(x) 平方根(sqrt)、绝对值(abs)

6.5　图像信息提取

6.5.1　水体信息提取

使用 ENVI 中的监督分类方法(以支持向量机 SVM 为例)将影像中不同的地物进行分类,其中水体作为本教程的重点,将分为海水、河水、池塘水三类,其特点为:海水为咸水,较深;河流入口处为咸水,较浅;池塘水为淡水,较浅。本节的学习有以下几个目标。

(1)学习使用支持向量机进行遥感影像的监督分类;

(2)评定分类精度;

(3)输出分类结果;

本节所用的图像信息如表 6.4 所示,方法使用的是支持向量机(Support Vector Mechine,SVM),该方法属于机器学习,是一种用于分类或回归的监督式学习模型。其本质是一种以间隔最大化作为学习策略的针对线性数据的二类分类模型,需要输入一组训练数据以寻找可以将数据有效分类的超平面。对于非线性数据,则使用隐式映射将数据映射至高维空间。该方法与最大似然法、最小距离法分类相比,在精度上优势明显,但运算时间较长。

下面是具体的操作步骤。

(1)数据读取

①运行 ENVI Classic。

表 6.4　图像信息

Data_WaterBody.tif
空间分辨率:2.4 m×2.4 m
地理参考系:UTM
波段信息: Band 1—蓝(0.45~0.52)   Band 2—绿(0.52~0.60)   Band 3—红(0.63~0.69)   Band 4—近红外(0.76~0.90)

②在 ENVI 的主菜单栏点选 File—Open Image File(图 6.65),在出现的文件选择界面中选择本教程使用的样例数据 Data_WaterBody.tif,相应影像的波段信息将呈现在可用波段列表(Available Bands List)界面中(图 6.66)。

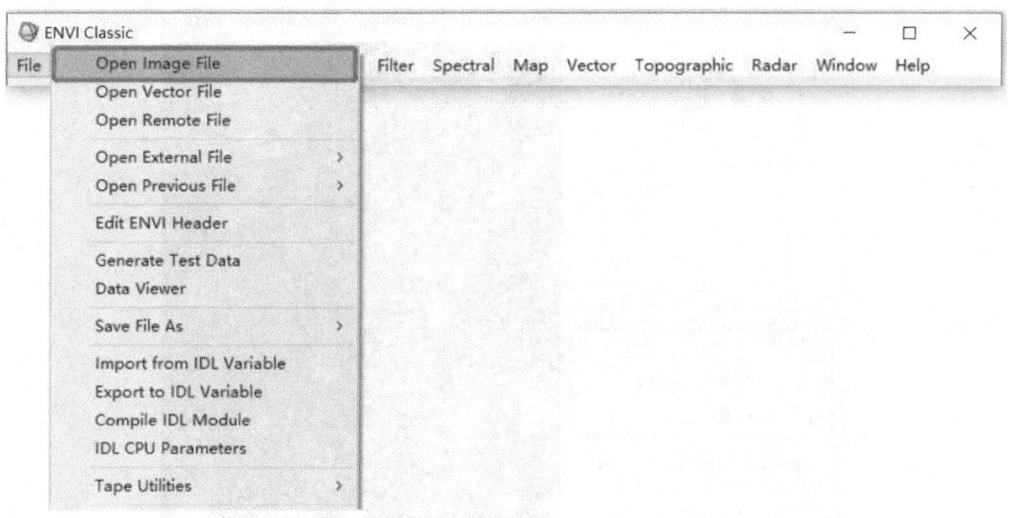

图 6.65　在 ENVI 主菜单打开影像

(2)在可用波段列表中使用真彩色读取影像(图 6.67)。

①首先点选 RGB Color,以选择 RGB 模式显示影像。

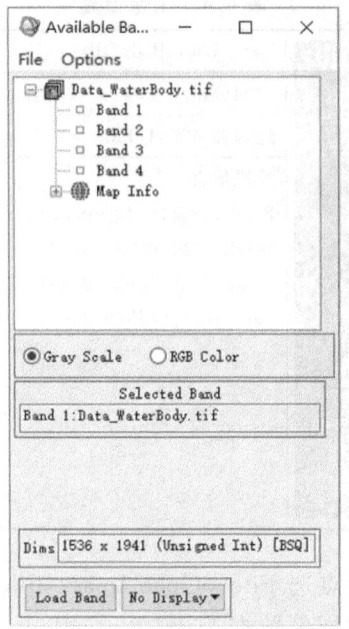

图 6.66 可用波段列表(Available Bands List)界面

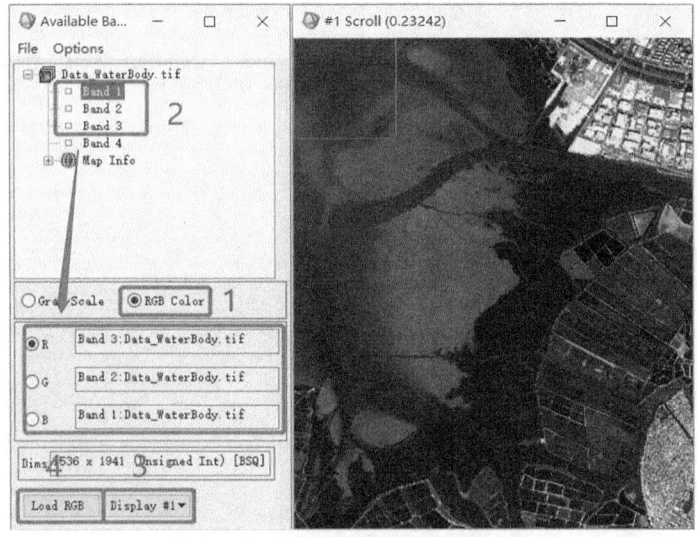

图 6.67 真彩色图像显示

②然后按顺序分别点选 Band 3,Band 2,Band 1,使 Band 3,Band 2,Band 1 分别位于 R、G、B 三栏内。

③然后点选 No Display—New Display 以打开新图像显示窗口。

④最后点击 Load RGB 以展示真彩色图像。

(3)用于训练分类模型的感兴趣区域(ROI)的选取和保存。

①在 ENVI 主菜单点选 Basic Tools—Region Of Interest—ROI Tool,感兴趣区域工具(ROI Tool)界面出现(图 6.68)。

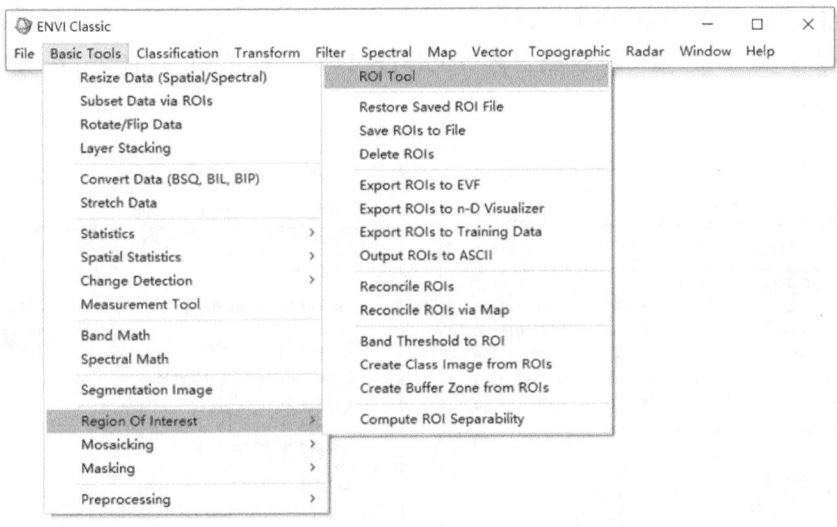

图 6.68　在 ENVI 主菜单打开感兴趣区域工具(ROI Tool)

②在感兴趣区域工具(ROI Tool)界面的菜单栏中,点选 ROI_Type—Rectangle,选择以长方形方式绘制 ROI,其他方式也可根据需求选择使用(图 6.69、图 6.70)。

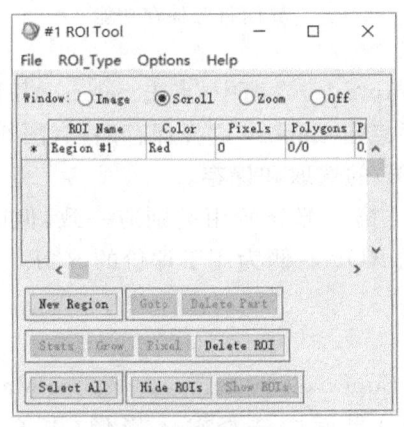
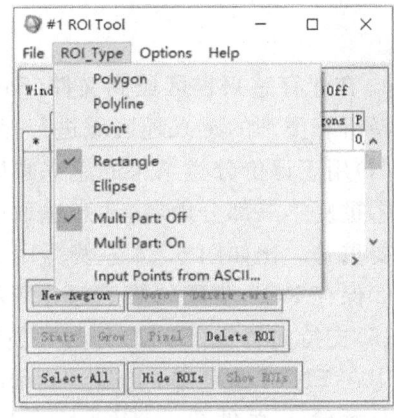

图 6.69　感兴趣区域工具(ROI Tool)界面　　图 6.70　选择绘制感兴趣区域的工具

③分类类别的增减、分类类别的更名、各类别 ROI 的绘制。在本示例中分为海水(seawater)、河水(riverwater)、池塘水(pondwater)、城市(urban)、淤泥(mud)、植被(vegetation)六大类。

  a. 分类类别的增减；

  b. 分类类别的更名；

  c. 各类别 ROI 绘制(图 6.71)；

  d. 保存 ROI,在感兴趣区域工具(ROI Tool)界面菜单中,点选 File—Save ROIs(图 6.72);

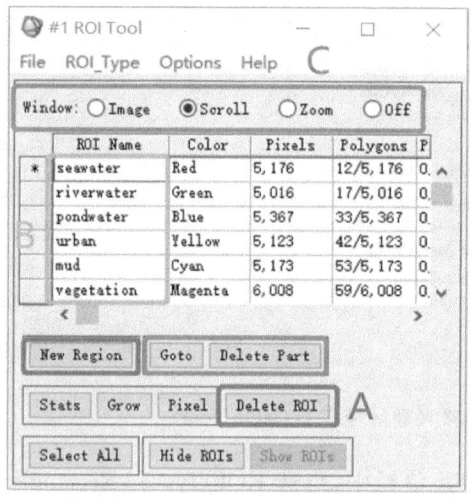
图 6.71 不同类别感兴趣区域的编辑

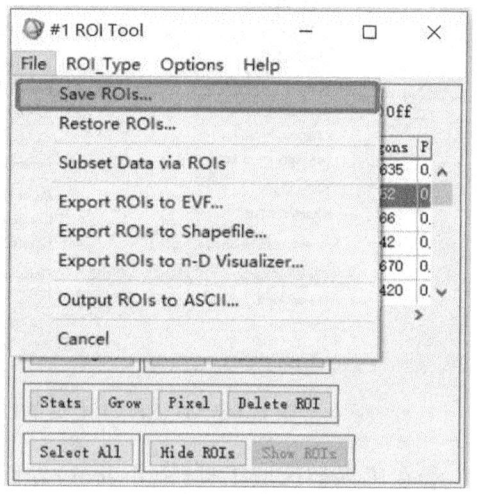
图 6.72 在感兴趣区域工具(ROI Tool)界面打开保存功能

  e. 在保存感兴趣区域到文件(Save ROIs to File)界面中,点击 Select All Items,以选择所有类别的感兴趣区域进行保存;然后点击 Choose 选择保存路径(图 6.73)。

(4)用于评价分类结果的感兴趣区域(ROI)的选取和保存。

①重复第三部分内容,注意选取的 ROI 与第三部分所用类别应一致,但区域尽量不要重叠。比如图 6.74 左侧为用于分类的 ROI,右侧为用于评价的 ROI。

②保存 ROI,步骤如第三部分所示。

(5)支持向量机(SVM)分类的使用。

①在 ENVI 主菜单,点选 Classification—Supervised—Support Vector Machine,并在分类输入文件(Classification Input File)界面中选择输入影像(图 6.75、图 6.76)。

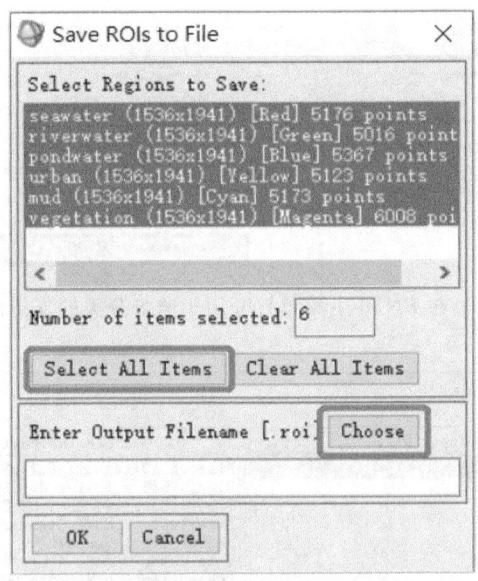

图 6.73 感兴趣区域的保存

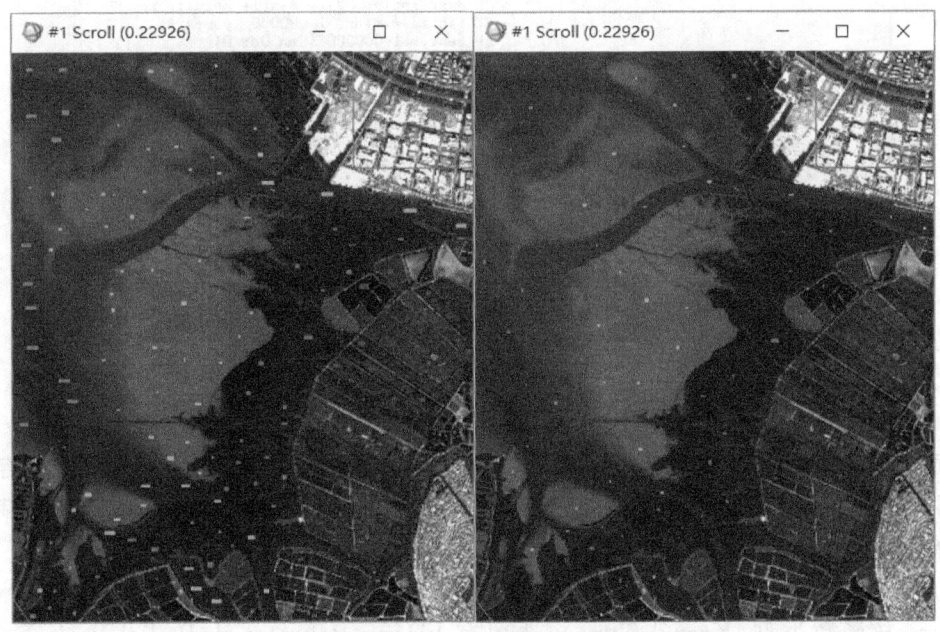

图 6.74 用于训练和检验结果的感兴趣区域分布的对比

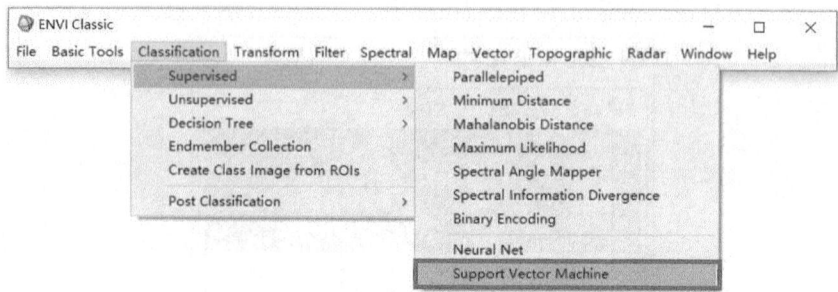

图 6.75　在 ENVI 主菜单打开用于监督分类的支持向量机

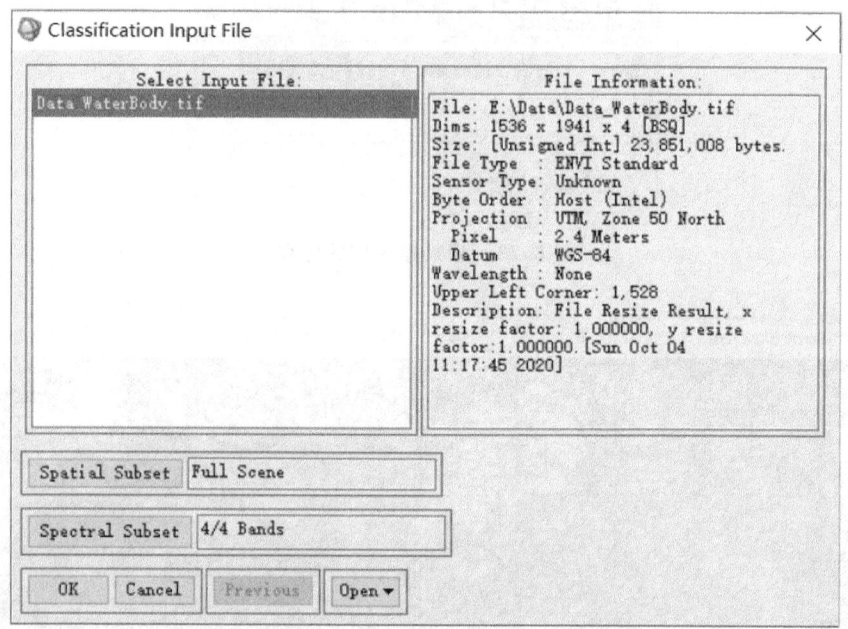

图 6.76　选择用于分类的影像

②在支持向量机分类参数（Support Vector Machine Classification Parameters）界面如图 6.77 所示配置参数，并选择输出方式。若选择 File 则将分类结果保存至文件；若选择 Memory 则仅保存在内存中，在 ENVI 关闭后结果会被删除，此处我们选择 Memory。

在支持向量机分类参数面板中，参数意义如下（图 6.77）。

a. 核函数类型（Kernel Type），选项有 Linear，Polynomial，Radial Basis Function，以及 Sigmoid，根据选择不同将出现额外的参数选择。

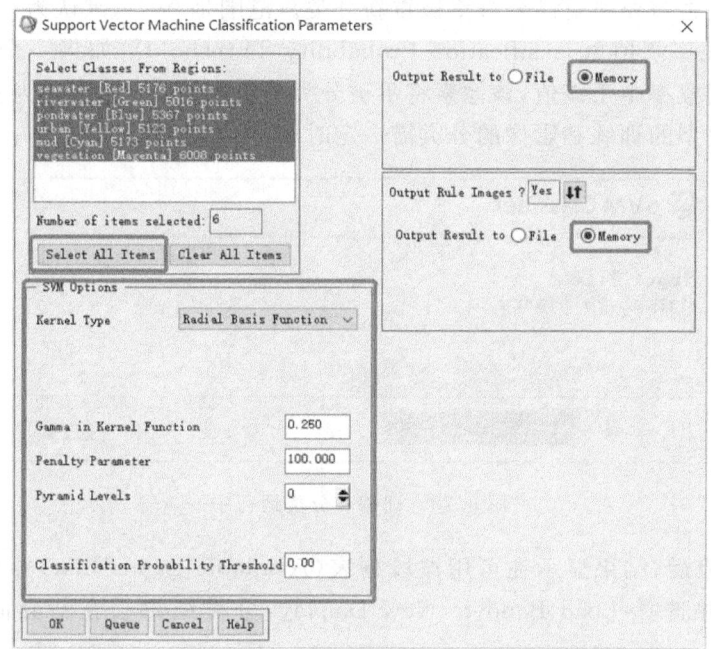

图 6.77　支持向量机的参数设置

如果选择 Polynomial,则需额外设置核心多项式的次数(Degree of Kernel Polynomial),范围是 1~6,默认值为 2。

如果选择 Polynomial 或者 Sigmoid,则需设置核函数方法偏差(Bias in Kernel Function),默认值为 1。

如果选择是 Polynomial、Radial Basis Function、Sigmoid,则要设置 Gamma in Kernel Function。大于 0.01 的浮点数,默认值为输入图像波段数的倒数。

b. 惩罚参数(Penalty Parameter):大于 0.01 的浮点数。控制了样本训练错误与刚性分类之间的平衡,该值的增加会使分类错误降低,但同时会使模型适用性降低,默认值是 100。

c. 分级处理层级数(Pyramid Levels):训练和分类过程中应用到的分级处理层级的数量。为 0 时,将以原始分辨率处理;最大值随着图像的大小而改变,取决于图像分辨率与 64×64 的 2 的幂的乘积的关系。

$$64 \times 2^{(\text{分级处理层级数})} < \text{图像分辨率} < 64 \times 2^{(\text{分级处理层级数}+1)}$$

比如分辨率为 24000×24000 的图像,最大值为 8,因为 $64 \times 2^8 < 24000 < 64 \times 2^9$。

d. 分级处理重分类阈值(Pyramid Reclassification Threshold):当分级处理层级数(Pyramid Levels)值大于 0 时需要设置,以制定概率阈值判断在较低分辨率被分类过的像素是否需要在更高分辨率被重新分类。范围是 0~1,默认为 0.9。

　　e. 分类概率阈值(Classification Probability Threshold):如果一个像素计算得到所有的规则概率小于该值,该像素将不被分类。范围是 0~1,默认为 0。

　　③分类模型的训练和影像的分类需一定时间(图 6.78)。

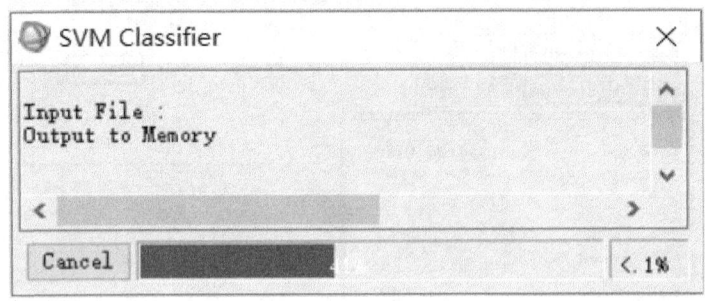

图 6.78　训练和分类运行中

　　分类结束后,结果显示在可用波段列表(Available Bands List)界面中,鼠标右击分类结果并选择 Load Band to New Display,分类结果会在新界面中显示(图 6.79)。

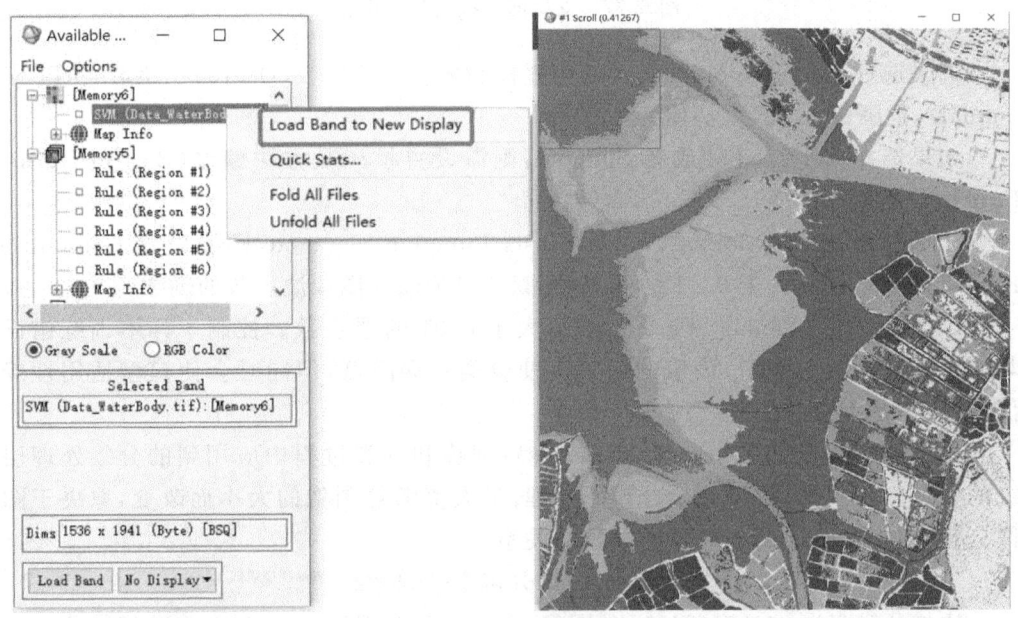

图 6.79　分类结果显示(见彩图)

(6)结果评价和分类效果输出

①在 ENVI 主菜单点选 Classification—Post Classification—Confusion Matrix—Using Ground Truth ROIs,选择使用 ROI 的方法验证分类结果(图 6.80)。

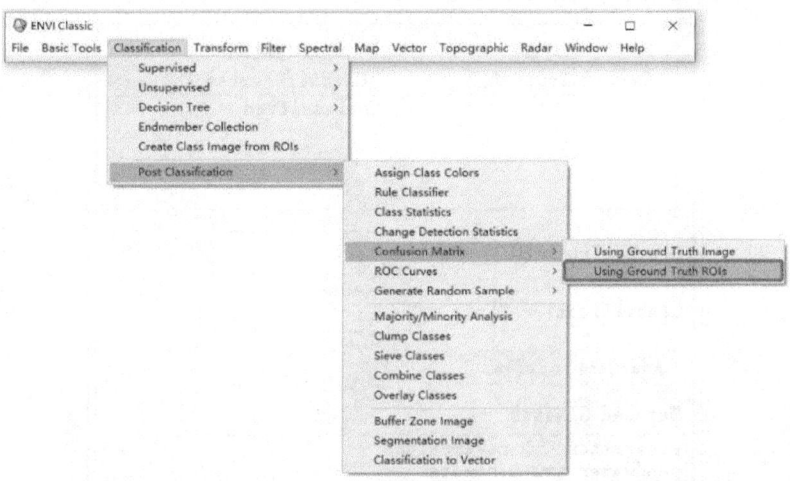

图 6.80　在 ENVI 主菜单选择使用用于检验的感兴趣区域评价分类结果

②在分类输入文件(Classification Input File)界面选择第五部分所输出的分类结果图像(图 6.81)。

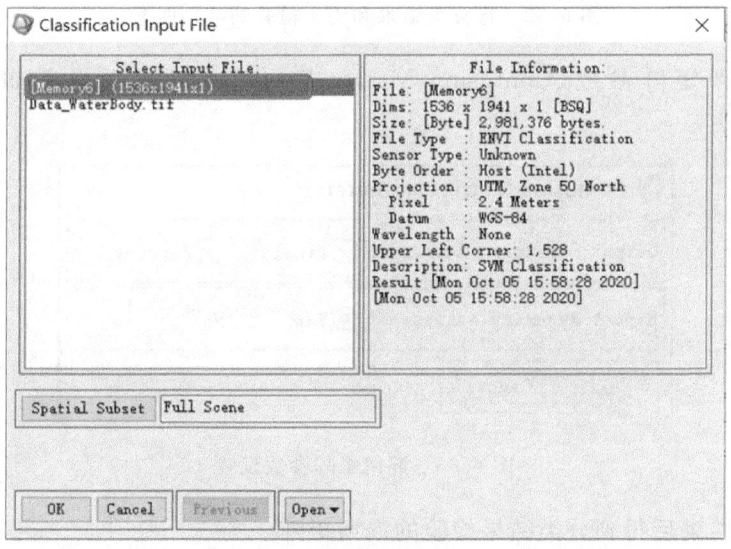

图 6.81　选择分类结果

③在匹配类别参数（Match Classes Parameters）界面将检验用 ROI 的类别与分类结果的类别一一对应（图 6.82）。

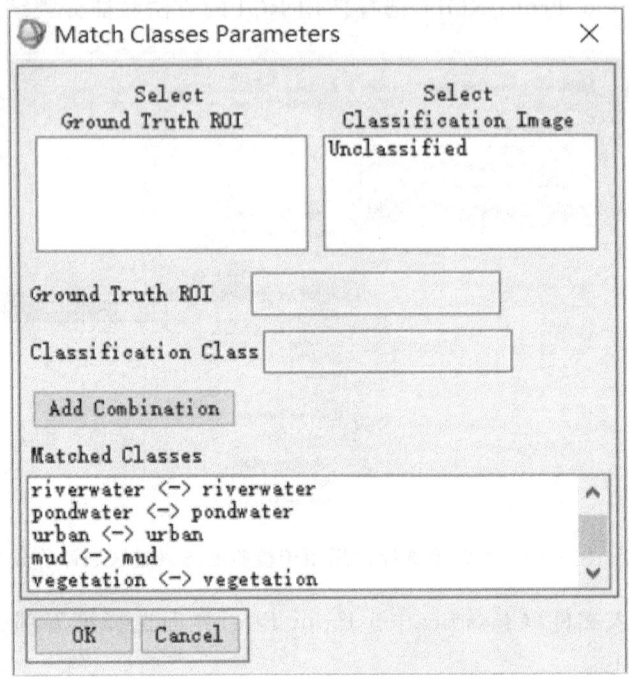

图 6.82　将分类结果和用于检验的类别匹配

④在混淆矩阵参数（Confusion Matrix Parameters）界面设置如下参数（图 6.83）。

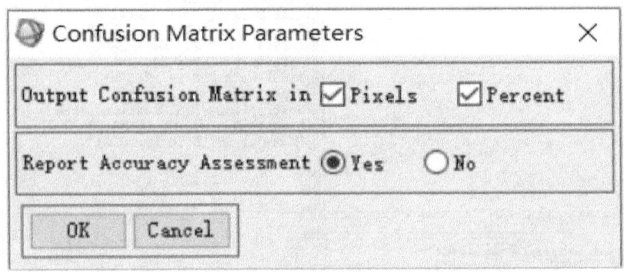

图 6.83　混淆矩阵参数设置

⑤运行结束后得到分类结果检验的混淆矩阵

其中，Kappa 系数是评价分类结果优劣的重要指标，一般情况下，Kappa 系数＞0.8 则认为该次分类结果较好（图 6.84）。

```
Class Confusion Matrix                                          —   □   ×
File
Confusion Matrix: [Memory4] (1536x1941x1)
Overall Accuracy = (6159/6786)  90.7604%
Kappa Coefficient = 0.8888

                    Ground Truth (Pixels)
         Class      seawater    riverwater    pondwater      urban         mud
   Unclassified        0            0             0           0             0
       seawater     1015          110             0           0             0
     riverwater        0          843           188           0             0
      pondwater       15           66           716           4             0
          urban        0            0             0        1187             0
            mud        0            0            55          57          1042
     vegetation        0            0           100           4             0
          Total     1030         1019          1059        1252          1042

                    Ground Truth (Pixels)
         Class     vegetation    Total
   Unclassified        0            0
       seawater        0         1125
     riverwater        0         1031
      pondwater       28          829
          urban        0         1187
            mud        0         1154
     vegetation     1356         1460
          Total    1384         6786

                    Ground Truth (Percent)
         Class      seawater    riverwater    pondwater      urban         mud
   Unclassified      0.00         0.00          0.00         0.00          0.00
       seawater     98.54        10.79          0.00         0.00          0.00
     riverwater      0.00        82.73         17.75         0.00          0.00
      pondwater      1.46         6.48         67.61         0.32          0.00
          urban      0.00         0.00          0.00        94.81          0.00
            mud      0.00         0.00          5.19         4.55        100.00
     vegetation      0.00         0.00          9.44         0.32          0.00
          Total    100.00       100.00        100.00       100.00        100.00

                    Ground Truth (Percent)
         Class     vegetation   Total
   Unclassified      0.00         0.00
       seawater      0.00        16.58
     riverwater      0.00        15.19
      pondwater      2.02        12.22
          urban      0.00        17.49
            mud      0.00        17.01
     vegetation     97.98        21.51
          Total    100.00       100.00

         Class     Commission    Omission     Commission    Omission
                   (Percent)    (Percent)     (Pixels)      (Pixels)
       seawater      9.78         1.46        110/1125      15/1030
     riverwater     18.23        17.27        188/1031     176/1019
      pondwater     13.63        32.39        113/829      343/1059
          urban      0.00         5.19          0/1187      65/1252
            mud      9.71         0.00        112/1154       0/1042
     vegetation      7.12         2.02        104/1460      28/1384

         Class     Prod. Acc.   User Acc.    Prod. Acc.   User Acc.
                   (Percent)    (Percent)    (Pixels)     (Pixels)
       seawater     98.54        90.22       1015/1030    1015/1125
     riverwater     82.73        81.77        843/1019     843/1031
      pondwater     67.61        86.37        716/1059     716/829
          urban     94.81       100.00       1187/1252    1187/1187
            mud    100.00        90.29       1042/1042    1042/1154
     vegetation     97.98        92.88       1356/1384    1356/1460
```

图 6.84　分类结果评价

除此之外，在混淆矩阵中也可看出各类别间被错误分类的样本数量，如在图6.84中可以看出类别2和3区分度显著不如其他类别，如果想进一步提升分类精度，可以考虑在类别2和3中增加区别明显的ROI或减少分类模糊的ROI以提高区分度。

6.5.2 红树林信息提取

使用ENVI中的监督分类方法（以随机森林Random Forest为例）将影像中不同的地物进行分类，其中红树林的树种作为本教程的重点，将分为白骨壤（AM）、秋茄1（KO1）、秋茄2（KO2）、桐花树（AC）、老鼠簕（AI）五类。本节学习的目标如下。

（1）后海湾红树林四大主要树种的辨识；
（2）学习使用随机森林进行遥感影像的监督分类；
（3）评定分类精度；
（4）输出分类结果。

本节所用的图像信息如表6.5所示，方法使用的是随机森林（Random Forest），它属于机器学习，是一种可用于分类的监督式学习模型。本质上是由大量决策树构成的森林，决策树是通过对训练数据随机取样而形成的，彼此之间相互独立。并在输入待分类数据后由每一个决策树进行独立判断和分类，最后取其分类众数作为最终分类结果。该方法具有学习过程较快、分类精度较高等特点。

表6.5 图像信息

Data_Mangrove.tif
空间分辨率：2.4 m×2.4 m
地理参考系：UTM
波段信息： Band 1——蓝（0.45～0.52） Band 2——绿（0.52～0.60） Band 3——红（0.63～0.69） Band 4——近红外（0.76～0.90）

注意：随机森林方法需要安装额外插件，而此插件仅能在5.3以上版本的ENVI中运行。

下面是具体的操作步骤。

(1)数据读取

①运行 ENVI

②在 ENVI 的主菜单栏点选 File—Open…,在出现的文件选择界面中选择本教程使用的样例数据 Data_Mangrove.tif,并选择 ADS40 方式作为打开方式,以真彩色方式读取影像

③在 ENVI 的主菜单点选 数据管理(Data Manager)图标 ,并选择使用近红外(Band4)、蓝(Band2)、绿(Band1)三个波段的假彩色显示影像(图 6.85、图 6.86)。

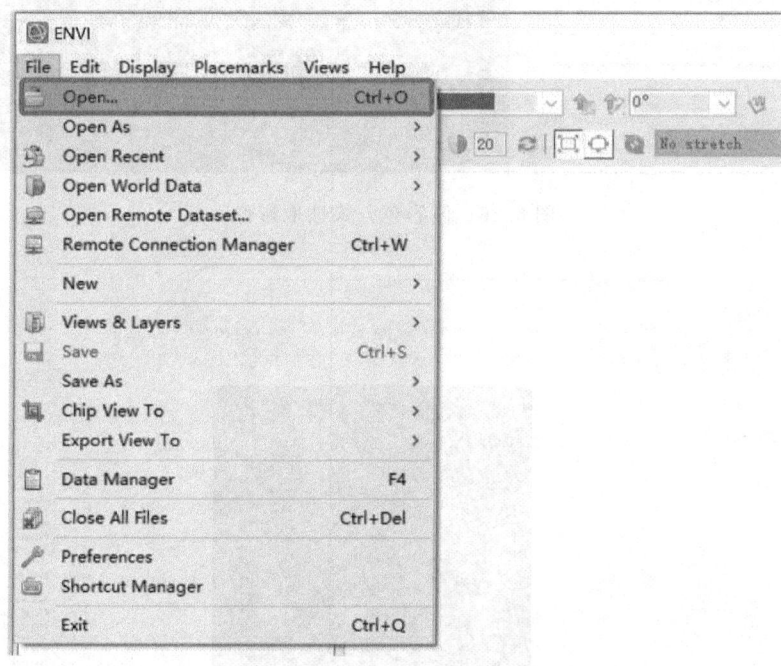

图 6.85 在 ENVI 主菜单打开影像

近红外波段不被植物叶绿体吸收,所以植物的反射率非常高,可以在有近红外波段的影像中轻松分辨不同植物。

(2)用于训练分类模型的感兴趣区域(ROI)的选取和保存

①在 ENVI 主菜单点选 ROI 图标 ,感兴趣区域工具(ROI Tool)界面出现(图 6.87、图 6.88)。

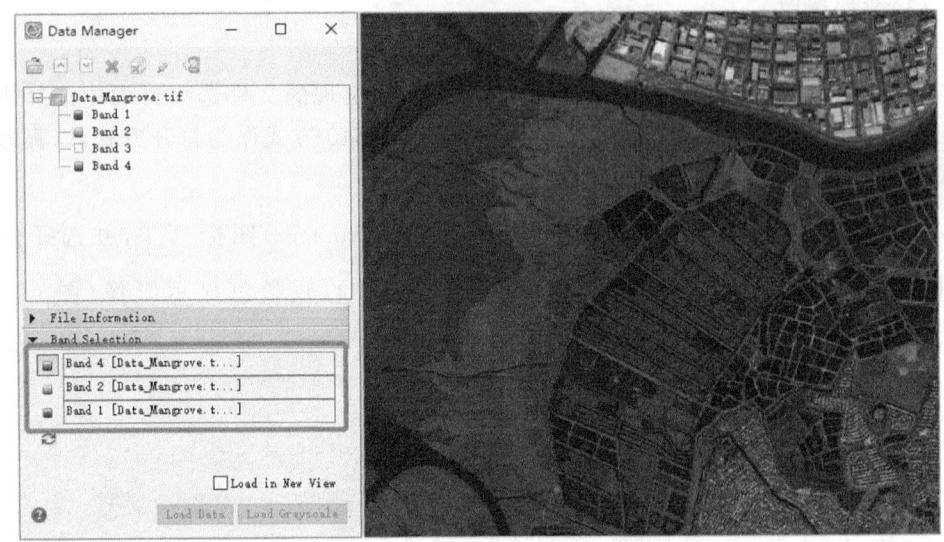

图 6.86　假彩色方式读取影像

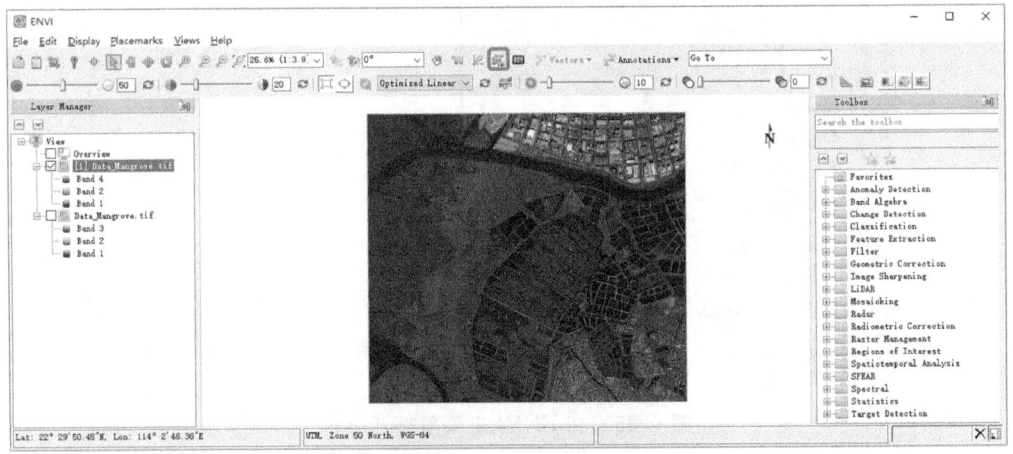

图 6.87　在 ENVI 主菜单打开感兴趣区域工具(ROI Tool)

②分类类别的增减、分类类别的更名、各类别 ROI 的绘制。在本示例中分为白骨壤(AM)、秋茄 1(KO1)、秋茄 2(KO2)、桐花树(AC)、老鼠簕(AI)、水体(WaterBody)、城市(Urban)、淤泥(Mud)、其他植被(OtherVegetation)九大类,如表 6.6 所示。

图 6.88 感兴趣区域工具(ROI Tool)界面

表 6.6 分类类别

名称	种名	分布特点	遥感示意图
白骨壤	Avicennia marina	带状分布 颜色较亮 表面起伏	
秋茄 1	Kandelia obovata	带状分布 颜色最亮 表面平滑	

续表

名称	种名	分布特点	遥感示意图
秋茄2	Kandelia obovata	带状分布 颜色最暗 表面平滑	
桐花树	Aegiceras corniculatum	贴近海边 靠近河口 颜色较暗	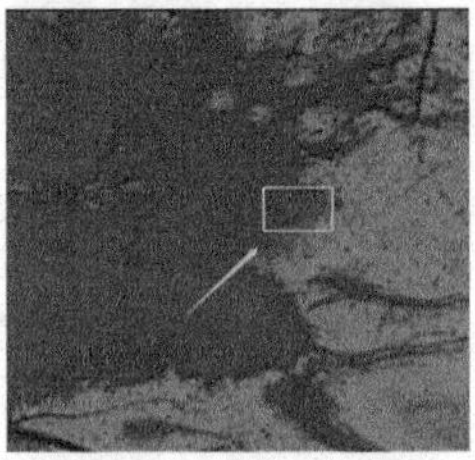
老鼠簕	Acanthus ilicifolius	沿河分布 颜色较亮	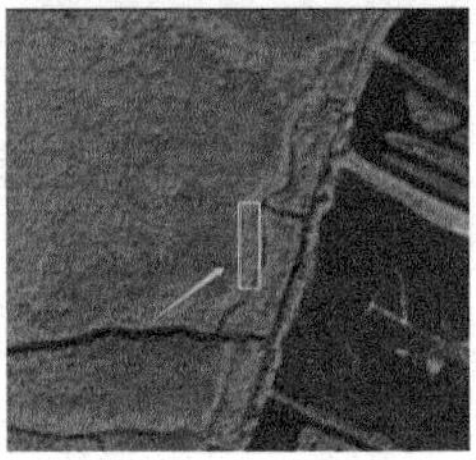

a. 分类类别的增减；

b. 分类类别的更名；

c. 各类别 ROI 绘制（图 6.89）。

③保存 ROI，在感兴趣区域工具（ROI Tool）界面菜单中，点选 File—Save As（图 6.90）。

④在保存感兴趣区域到文件（Save ROIs to File）界面中，点击 Select All Items，以选择所有类别的感兴趣区域进行保存；然后点击…选择保存路径（图 6.91）。

（3）用于评价分类结果的感兴趣区域（ROI）的选取和保存

①重复第三部分内容，注意选取的 ROI 与第三部分所用类别应一致，但区域尽量不要重叠。比如图 6.92 左侧为用于分类的 ROI，右侧为用于评价的 ROI（图 6.92）。

第 6 章 海洋遥感上机练习

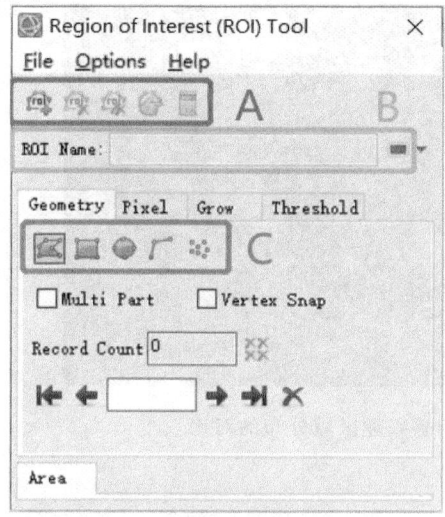

图 6.89 不同类别感兴趣区域的编辑

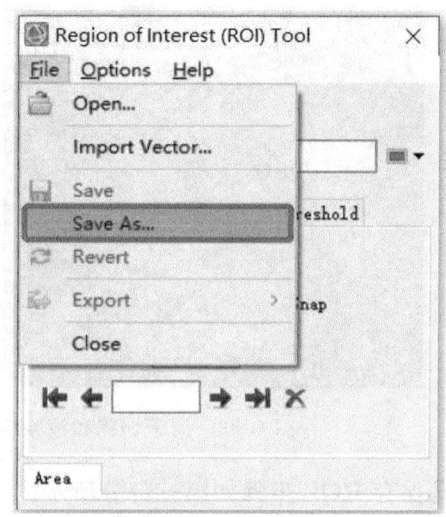

图 6.90 在感兴趣区域工具(ROI Tool)界面打开保存功能

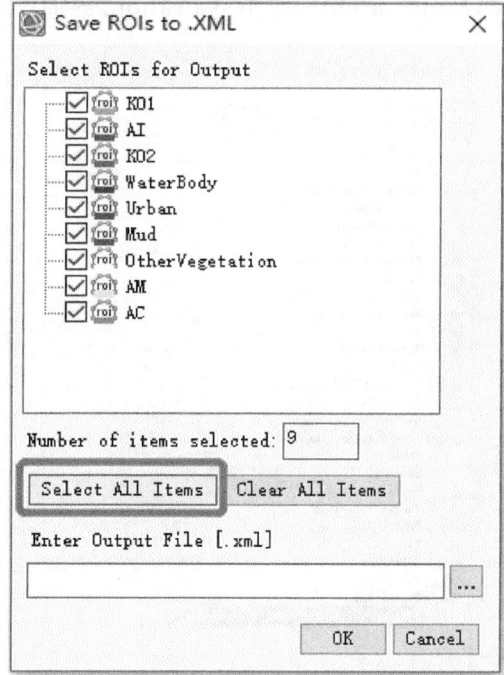

图 6.91 感兴趣区域的保存

图 6.92　用于训练和检验结果的感兴趣区域分布的对比

②保存 ROI,步骤如第三部分所示。

(4)随机森林(Random Forest)分类的使用

①安装随机森林分类插件

②在 ENVI 主菜单的 Toolbox 中,点选 Extensions—Random Forest Classification,打开随机森林分类(Random Forest Classification)界面(图 6.93、图 6.94)。

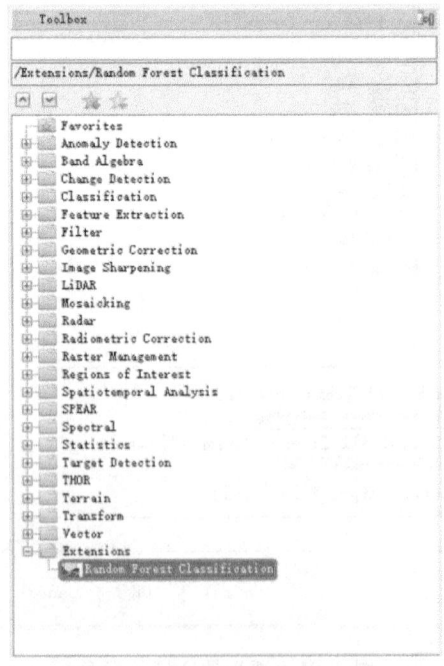

图 6.93　在 ENVI Toolbox 打开用于分类的随机森林

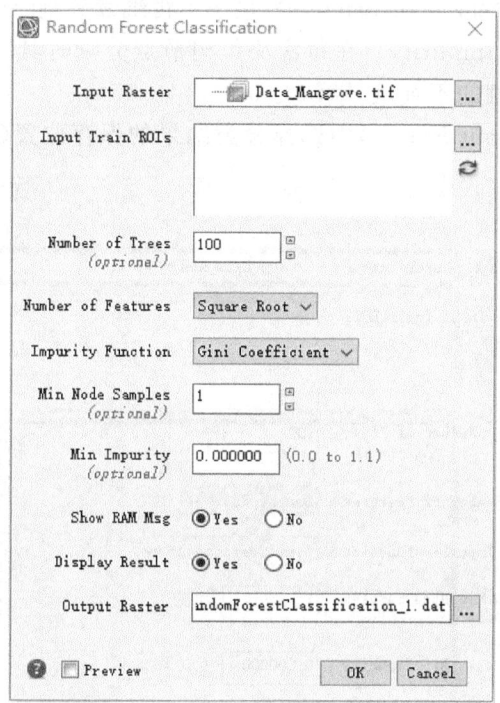

图 6.94　随机森林分类（Random Forest Classification）界面

③配置运行参数

a. 输入文件（Input File）中选择输入影像。

b. 输入训练感兴趣区域（Input Train ROIs）选择刚刚绘制的六类感兴趣区域。

c. 参数介绍为：

森林中决策树的数量（Number of Trees）：数值越大训练时间越长，分类准确度有可能会提高。默认为 100。

特征数量（Number of Features）：有两个选项，"Square Root"和"Log"，用于确定每棵决策树产生分支时的特征数量的方法。

若选择"Square Root"，则特征数量（Number of Features）$=\sqrt{波段数量（Band\ Number）}$。

若选择"Log"，则特征数量（Number of Features）= log 波段数量（Band Number）。

不纯度函数（Impurity Function）：构建决策树时用于节点分割的函数，有 Gini Coefficient 和 Entropy 两个选择，Entropy 又称信息增益，这两种方法在实际使用时区别很小。

最小节点样本数(Min Node Samples):最小不再继续分割时的样本数,默认为1。

最低不纯度(Min Impurity):在每次决策树节点分割时其不纯度都会降低,此值设置最低不再继续分割的不纯度,默认为0。

d. 输出栅格(Output Raster)中选择分类结果的保存位置(图6.95)。

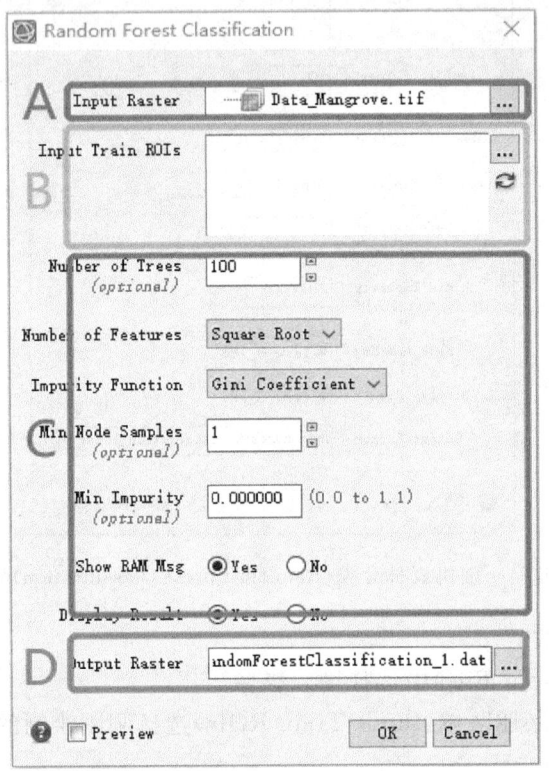

图6.95 配置分类运行参数

分类模型的训练和影像的分类需一定时间(图6.96)。

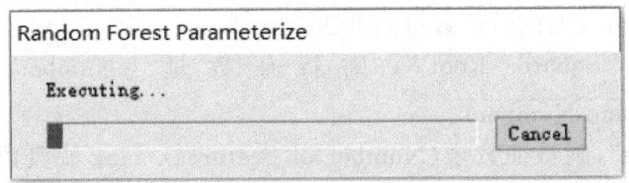

图6.96 训练和分类运行中

分类结果会在界面中显示(图6.97)。

图 6.97 分类结果显示（见彩图）

(5) 结果评价和分类效果输出

① 在 ENVI 主菜单 Toolbox 点选 Classification—Post Classification—Confusion Matrix Using Ground Truth ROIs，选择使用 ROI 的方法验证分类结果（图 6.98）。

② 在分类输入文件（Classification Input File）界面选择第四部分所输出的分类结果图像（图 6.99）。

③ 在匹配类别参数（Match Classes Parameters）界面将检验用 ROI 的类别与分类结果的类别一一对应（图 6.100）。

④ 在混淆矩阵参数（Confusion Matrix Parameters）界面设置如下参数（图 6.101）。

⑤ 运行结束后得到分类结果检验的混淆矩阵。

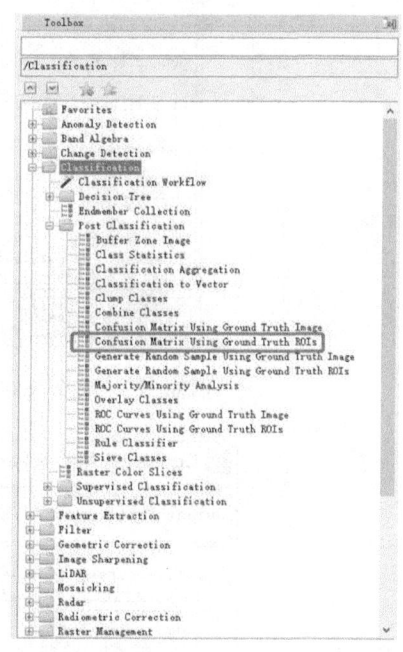

图 6.98 在 ENVI 主菜单选择使用用于检验的感兴趣区域评价分类结果

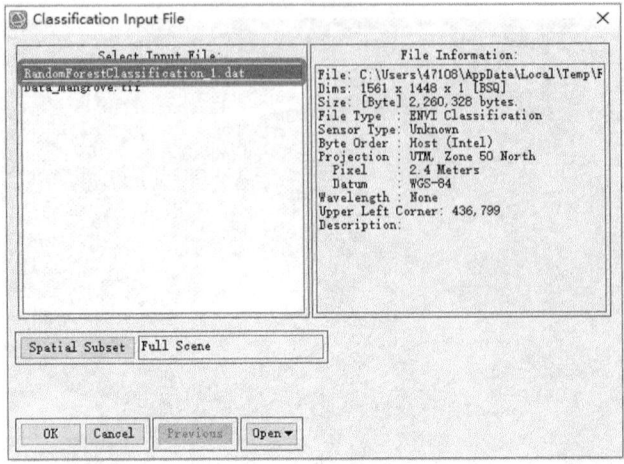

图 6.99 选择分类结果

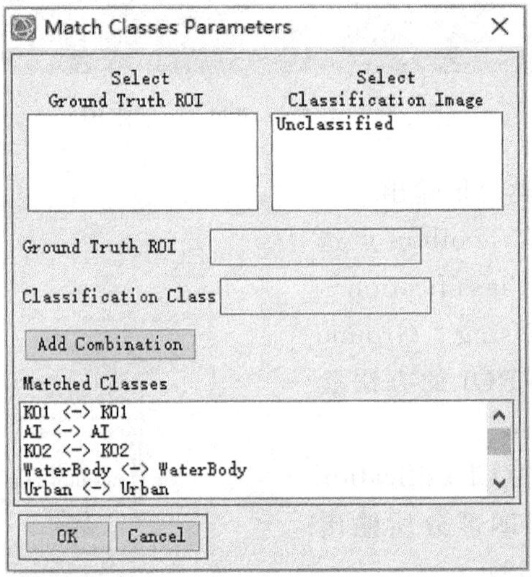

图 6.100 将分类结果和用于检验的类别匹配

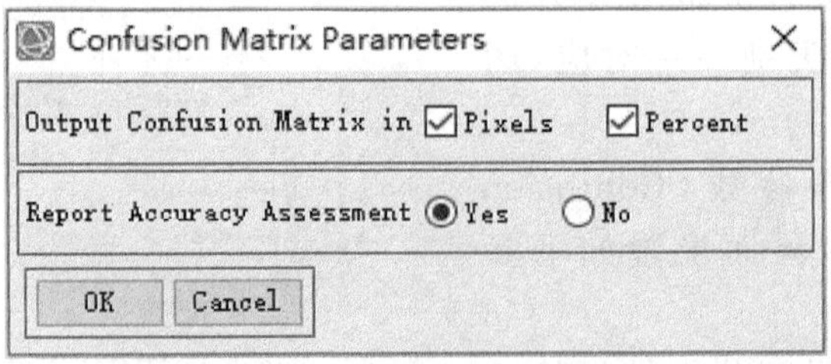

图 6.101 混淆矩阵参数设置

其中，Kappa 系数是评价分类结果优劣的重要指标，一般情况下，Kappa 系数＞0.8 则认为该次分类结果较好。

除此之外，在混淆矩阵中也可看出各类别间被错误分类的样本数量（图 6.102）。

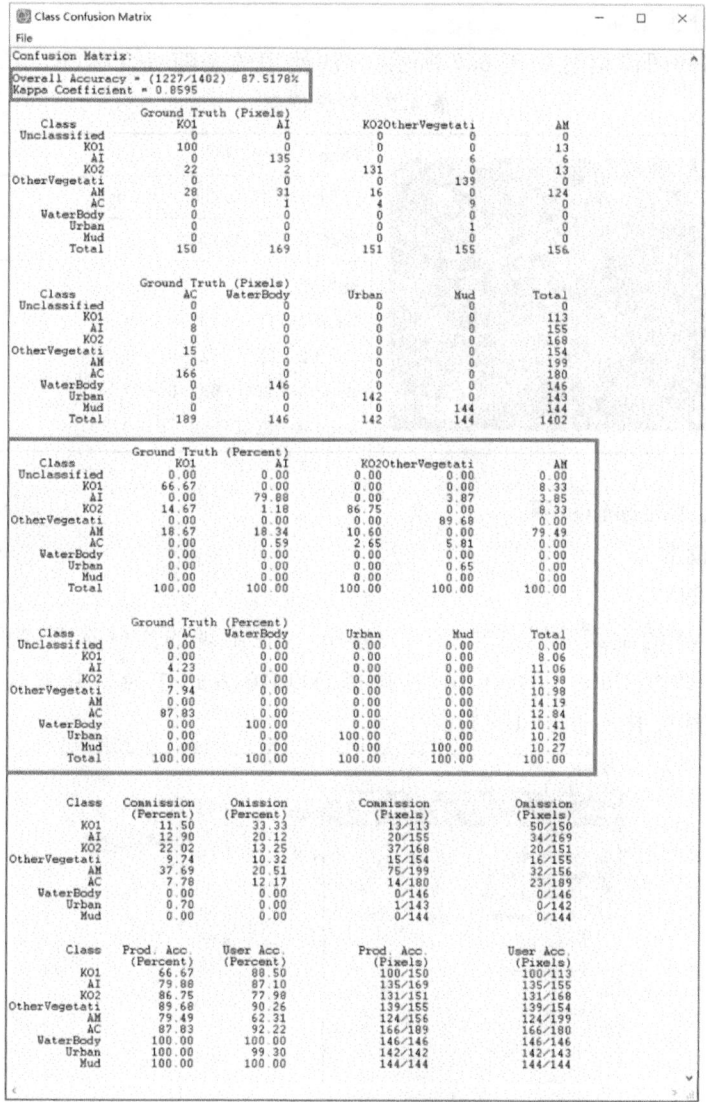

图 6.102　分类结果评价

6.5.3　城市不透水面信息提取

使用 ENVI 中的监督分类方法（以随机森林 Random Forest 为例）将影像中不同的地物进行分类，其中不透水面作为本教程的重点，将城市区域分为暗不透水面、亮不透水面和阴影三类。本节学习的目标如下。

(1) 学习使用随机森林进行遥感影像的监督分类;

(2) 评定分类精度;

(3) 输出分类结果。

本节所用的图像信息如表 6.7 所示,方法使用的是随机森林(Random Forest)。

表 6.7　图像信息

Data_Urban.tif	
空间分辨率:2.4 m×2.4 m	
地理参考系:UTM	
波段信息: Band 1——蓝(0.45~0.52) Band 2——绿(0.52~0.60) Band 3——红(0.63~0.69) Band 4——近红外(0.76~0.90)	

下面是具体的操作步骤。

(1) 数据读取

① 运行 ENVI

② 在 ENVI 的主菜单栏点选 File—Open…,在出现的文件选择界面中选择本教程使用的样例数据 Data_Urban.tif,并选择 ADS40 方式作为打开方式,以真彩色方式读取影像(图 6.103、图 6.104)。

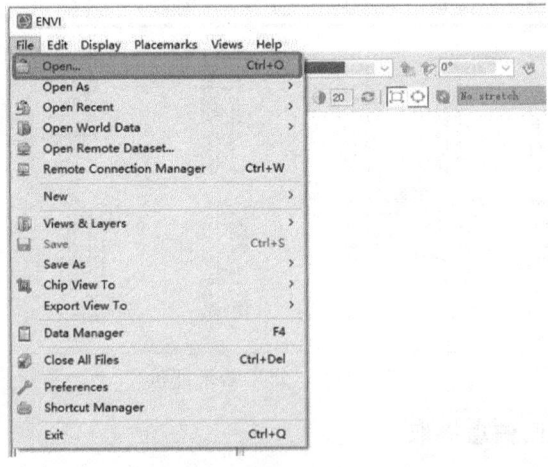

图 6.103　在 ENVI 主菜单打开影像

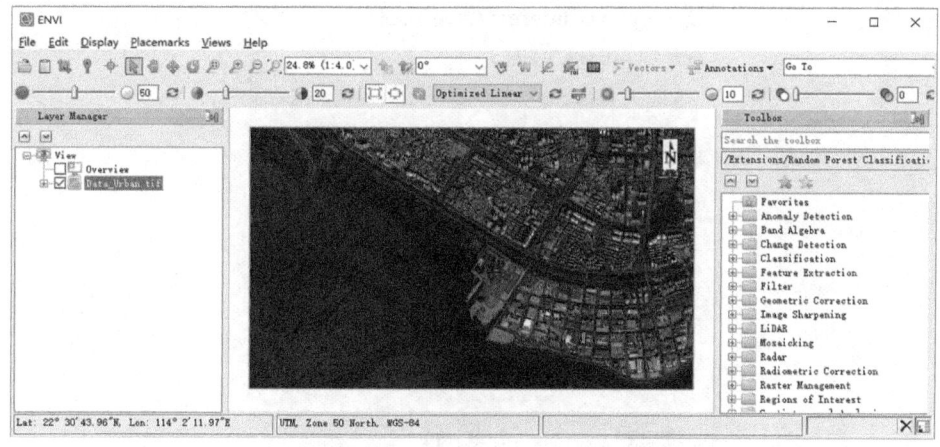

图 6.104　真彩色方式读取影像

(2)用于训练分类模型的感兴趣区域(ROI)的选取和保存

①在 ENVI 主菜单点选 ROI 图标 ![roi]，感兴趣区域工具(ROI Tool)界面出现(图 6.105、图 6.106)。

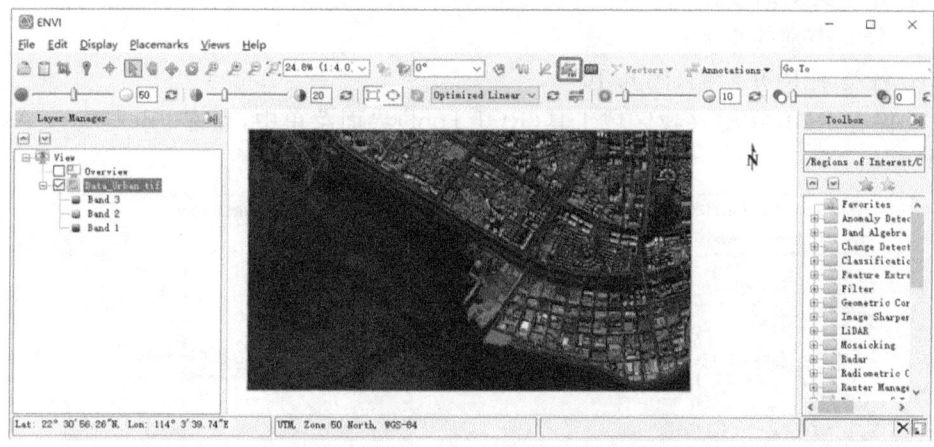

图 6.105　在 ENVI 主菜单打开感兴趣区域工具(ROI Tool)

②在感兴趣区域工具(ROI Tool)界面的菜单栏中,分类类别的增减、分类类别的更名、各类别 ROI 的绘制。在本示例中分为亮不透水面(BrightImperviousSurface)、暗不透水面(DarkImperviousSurface)、水体(WaterBody)、淤泥(Mud)、植被(Vegetation)、阴影(Shadow)六大类。

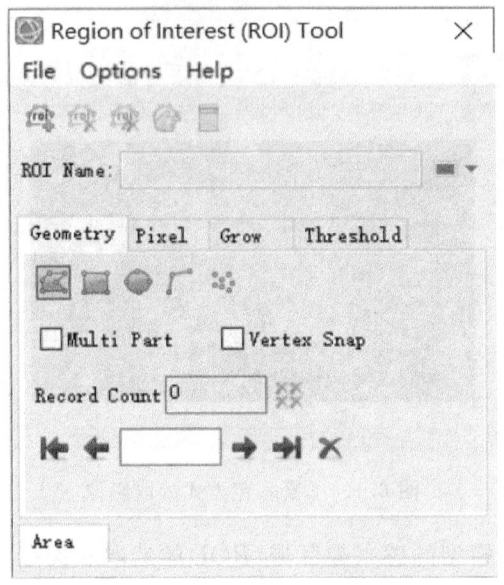

图 6.106　感兴趣区域工具(ROI Tool)界面

a. 分类类别的增减；
b. 分类类别的更名；
c. 各类别 ROI 绘制(图 6.107)。

③保存 ROI,在感兴趣区域工具(ROI Tool)界面菜单中,点选 File—Save As(图 6.108)

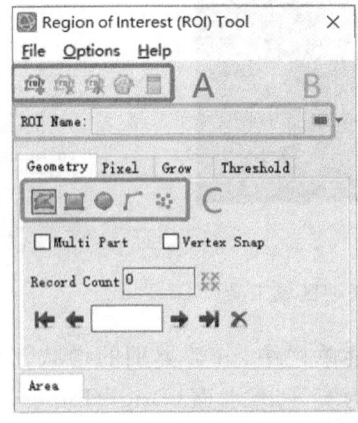
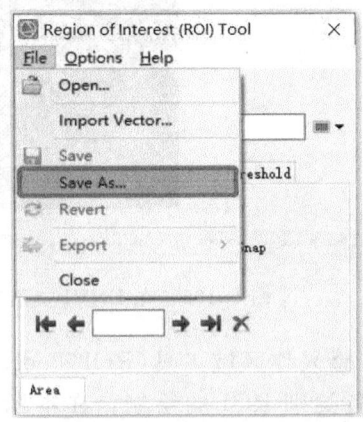

图 6.107　不同类别感兴趣区域的编辑　　图 6.108　在感兴趣区域工具(ROI Tool)界面打开保存功能

④在保存感兴趣区域到文件(Save ROIs to File)界面中,点击 Select All Items,以选择所有类别的感兴趣区域进行保存;然后点击…选择保存路径(图 6.109)。

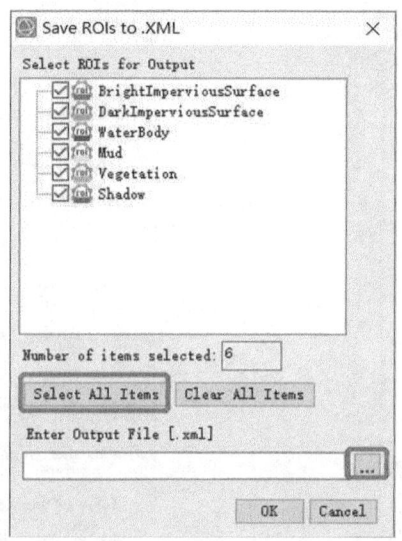

图 6.109　感兴趣区域的保存

(3)用于评价分类结果的感兴趣区域(ROI)的选取和保存

①重复第二部分内容,注意选取的 ROI 与第二部分所用类别应一致,但区域尽量不要重叠。比如图 6.110 左侧为用于分类的 ROI,右侧为用于评价的 ROI。

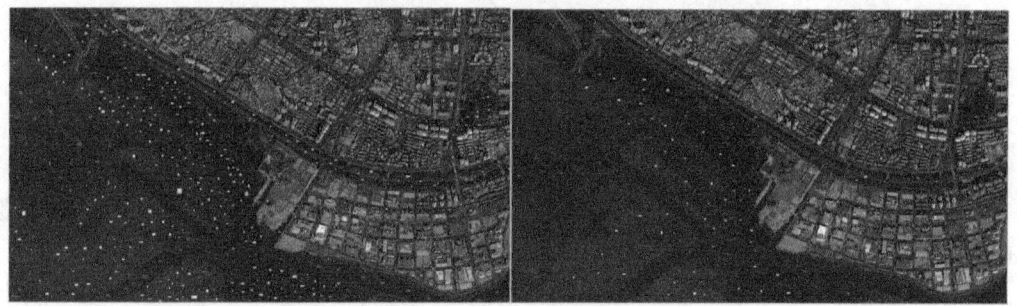

图 6.110　用于训练和检验结果的感兴趣区域分布的对比

②保存 ROI,步骤如第三部分所示。

(4)随机森林(Random Forest)分类的使用

①安装随机森林分类插件

②在 ENVI 主菜单的 Toolbox 中,点选 Extensions—Random Forest Classification,打开随机森林分类(Random Forest Classification)界面(图6.111、图6.112)

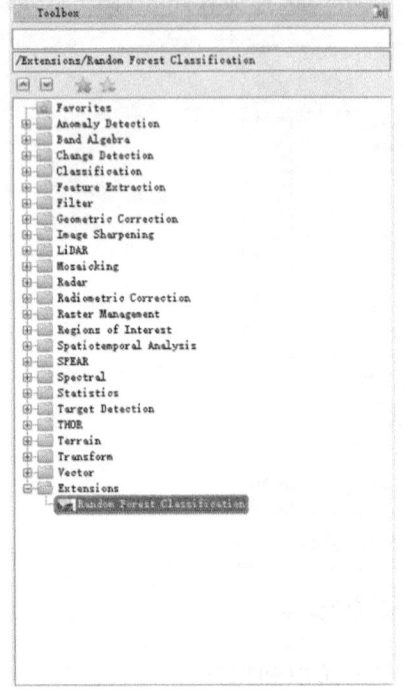

图 6.111　在 ENVI Toolbox 打开用于分类的随机森林

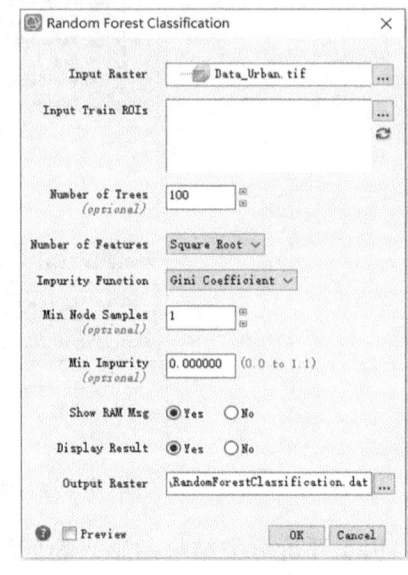

图 6.112　随机森林分类(Random Forest Classification)界面

③配置运行参数

a. 输入文件(Input File)中选择输入影像;

b. 输入训练感兴趣区域(Input Train ROIs)选择刚刚绘制的六类感兴趣区域;

c. 参数介绍为:

森林中决策树的数量(Number of Trees):数值越大训练时间越长,分类准确度有可能会提高。默认为 100。

特征数量(Number of Features):有两个选项,"Square Root"和"Log",用于确定每棵决策树产生分支时的特征数量的方法。

若选择"Square Root",则特征数量(Number of Features)$=\sqrt{波段数量(Band Number)}$。

若选择"Log",则特征数量(Number of Features)=log 波段数量(Band Number)。

不纯度函数(Impurity Function):构建决策树时用于节点分割的函数,有"Gini

Coefficient"和"Entropy"两个选择,Entropy 又称信息增益,这两种方法在实际使用时区别很小。

最小节点样本数(Min Node Samples):最小不再继续分割时的样本数,默认为 1。

最低不纯度(Min Impurity):在每次决策树节点分割时其不纯度都会降低,此值设置最低不再继续分割的不纯度,默认为 0。

d. 输出栅格(Output Raster)中选择分类结果的保存位置(图 6.113)。

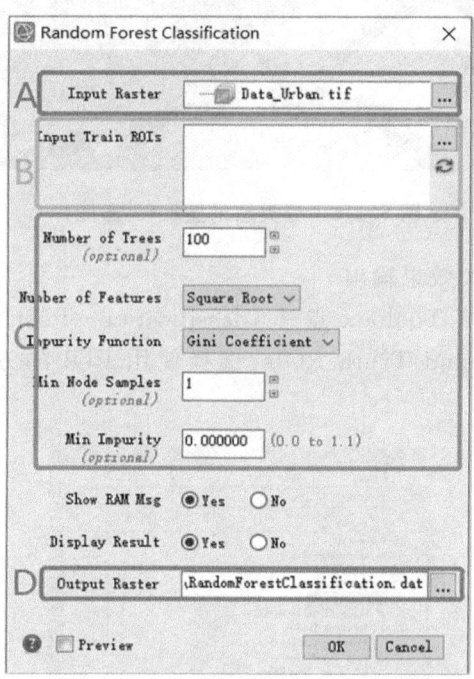

图 6.113 配置分类运行参数

分类模型的训练和影像的分类需一定时间(图 6.114)。

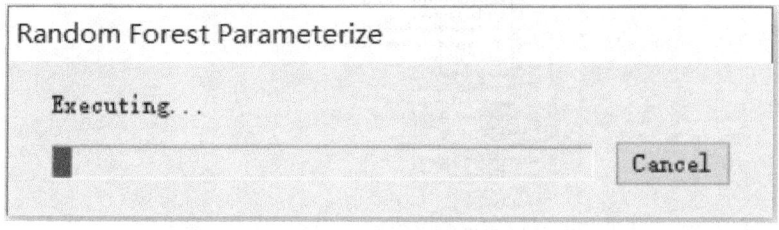

图 6.114 训练和分类运行中

分类结果会在界面中显示(图 6.115)。

图 6.115　分类结果显示(见彩图)

(5)结果评价和分类效果输出

①在 ENVI 主菜单 Toolbox 点选 Classification—Post Classification—Confusion Matrix Using Ground Truth ROIs,选择使用 ROI 的方法验证分类结果(图 6.116)。

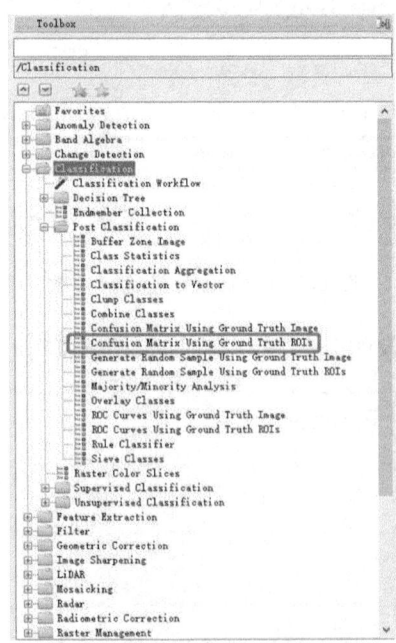

图 6.116　在 ENVI 主菜单选择使用用于检验的感兴趣区域评价分类结果

②在分类输入文件(Classification Input File)界面选择第四部分所输出的分类结果图像(图 6.117)。

在匹配类别参数(Match Classes Parameters)界面将检验用 ROI 的类别与分类结果的类别一一对应(图 6.118)。

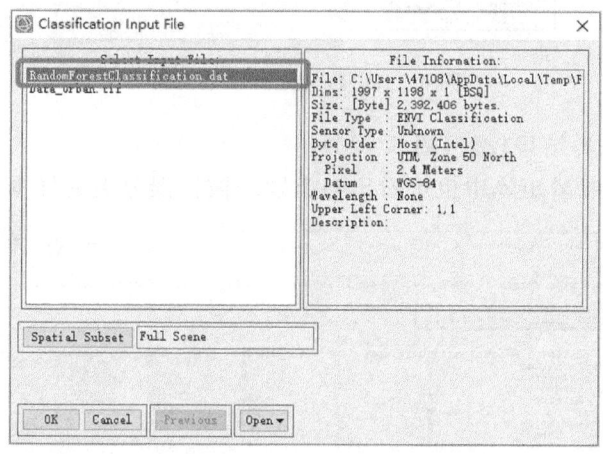

图 6.117　选择分类结果

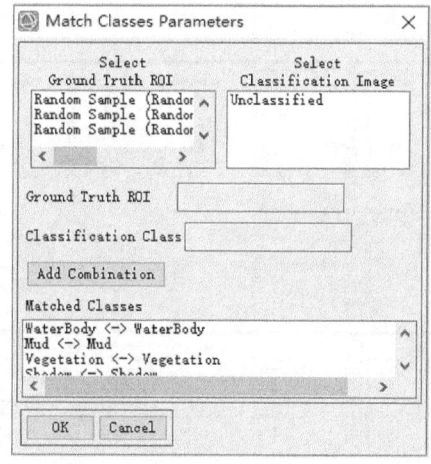

图 6.118　将分类结果和用于检验的类别匹配

③在混淆矩阵参数(Confusion Matrix Parameters)界面设置如下参数(图 6.119)。

④运行结束后得到分类结果检验的混淆矩阵。

其中,Kappa 系数是评价分类结果优劣的重要指标,一般情况下,Kappa 系数>

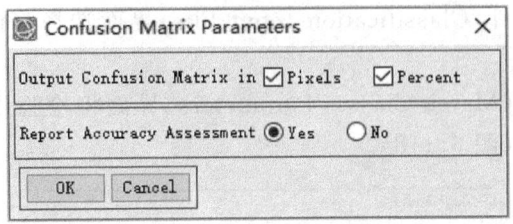

图 6.119　混淆矩阵参数设置

0.8 则认为该次分类结果较好(图 6.120)。

除此之外,在混淆矩阵中也可看出各类别间被错误分类的样本数量。

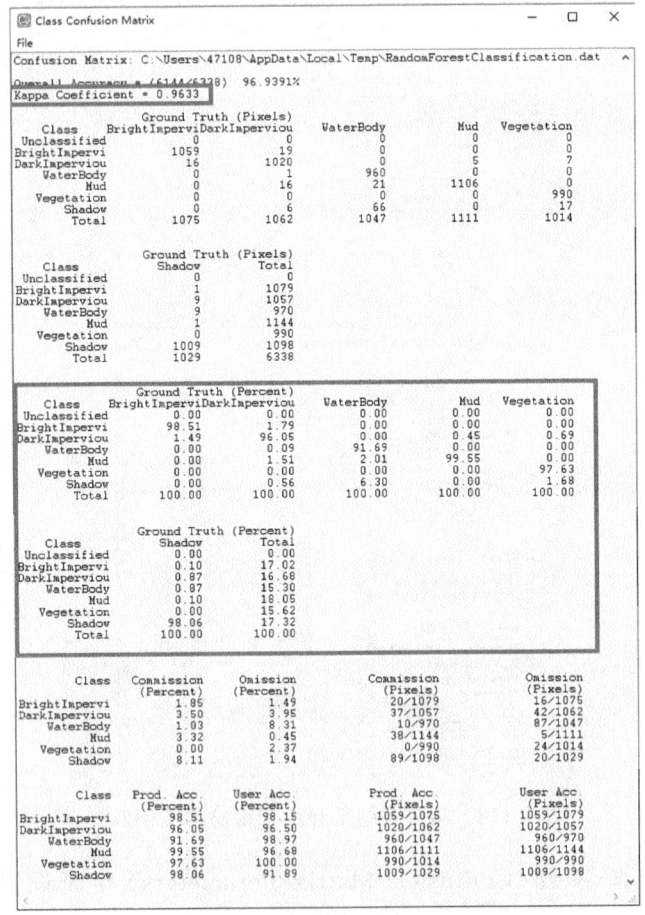

图 6.120　分类结果评价

参考文献

蔡其发,黄思训,2008.计算涡度的新方法[J].物理学报(57):3912-3919.
蔡玉林,程晓,孙国清,2006.星载雷达高度计的发展及应用现状[J].遥感信息(4):74-78.
陈海菊,安居白,刘建鑫,2008.基于SVM的激光诱导荧光遥感识别海面溢油[J].应用能源技术,000(002):6-9.
陈建平,1986.遥感技术发展史初探[J].大自然探索,5(1):177-184.
陈澎,2012.机载激光荧光海上溢油信息提取与反演研究[D].大连:大连海事大学.
陈求发,2012.世界航天器大全[M].北京:中国宇航出版社.
陈雪忠,樊伟,崔雪森,等,2013.基于随机森林的印度洋长鳍金枪鱼渔场预报[J].海洋学报(中文版),01:158-164.
崔雪森,樊伟,张晶,2005.太平洋黄鳍金枪鱼延绳钓渔获分布及渔场水温浅析[J].海洋通报,24(5):54-59.
崔雪森,唐峰华,张衡,等,2015.基于朴素贝叶斯的西北太平洋柔鱼渔场预报模型的建立[J].中国海洋大学学报(自然科学版),02:37-43.
董瑶海,2016.风云四号气象卫星及其应用展望[J].上海航天,2:1-8.
杜云艳,苏奋振,讥天宇,2005.基于案例推理的海洋涡旋特征信息空间相似性研究[J].热带海洋学报,24(2):1-9.
樊伟,2004.卫星遥感渔场渔情分析应用研究——以西北太平洋柔鱼渔业为例[D].上海:华东师范大学.
冯倩,2016.多传感器卫星海面风场遥感研究[D].青岛:国家海洋局第一海洋研究所.
付正光,吴长海,2021.关于倾斜地球同步轨道卫星运动的探究[J].中学物理教学参考,50(10):7-10.
高峰,陈新军,官文江,等,2015.基于提升回归树的东、黄海鲐鱼渔场预报[J].海洋学报,10:39-48.
高中灵,汪小钦,陈云芝,2006.MERIS遥感数据特性及应用[J].海洋技术,25(3):61-65.
谷口庆治,2002.数字图像处理[M].北京:科学出版社.
顾行发,陈兴峰,尹球,等,2011.黄海浒苔灾害遥感立体监测[J].光谱学与光谱分析,31(6):1627-1632.
郭硕宏,2008.电动力学,第3版[M].北京:高等教育出版社.
国峰,周鹏,李志恩,等,2014.2011年东中国海沿岸海域海洋垃圾分布、组成与来源分析[J].海洋湖沼通报,000(003):193-200.
国家海洋局,2013.2013年中国海洋卫星应用报告[R].北京:国家海洋局.
何宜军,陈戈,郭佩芳,等,2002.高度计海洋遥感研究与应用[M].北京:科学出版社.

胡东方,2009.黄海鳀鱼的摄食生态学研究[D].青岛:中国海洋大学.

胡来平,刘占军,2003.电磁学计算方法的比较[J].现代电子技术(10):75-78.

胡明娜,2007.舟山及邻近海域沿岸上升流的遥感观测与分析[D].中国海洋大学.

黄润恒,刘清萃,1997.从卫星遥感图象序列计算辽东湾海冰运动速度矢量[J].遥感学报,1(4):298-304.

贾永红,2001.计算机图像处理与分析[M].武汉:武汉大学出版社.

贾永君,林明森,张有广,2015.自主海洋卫星遥感技术进展与发展方向[J].海洋技术学报(3):21-25.

蒋兴伟,林明森,2009.HY-2卫星微波散射计海面风矢量场反演技术研究[J].中国工程科学,11:86-95.

蒋兴伟,林明森,2014.海洋二号卫星地面应用系统概论[M].北京:海洋出版社.

蒋兴伟,林明森,张有广,等,2018.海洋遥感卫星及应用发展历程与趋势展望[J].卫星应用(5):10-18.

蒋兴伟,何贤强,林明森,等,2019.中国海洋卫星遥感应用进展[J].海洋学报,41(10):113-124.

兰国新,2012.海上溢油遥感光谱信息挖掘与应用研究[D].大连:大连海事大学.

雷湖,2012.舟山群岛海洋产业结构优化研究[D].舟山:浙江海洋大学.

李景刚,李纪人,阮宏勋,等,2010.Jason-2卫星测高数据在陆地水域水位变化监测中的应用——以南洞庭湖为例[J].自然资源学报(3):502-510.

李可耀,李积军,1990.我国海洋污染航空遥感监测系统现状与展望[J].遥感信息,000(003):25-26.

李三妹,李亚君,董海鹰,等,2010.浅析卫星遥感在黄海浒苔监测中的应用[J].应用气象学报,21(1):76-82.

李四海,2004.海上溢油遥感探测技术及其应用进展[J].遥感信息(2):53-57.

李旭文,牛志春,姜晟,等,2014.环境监测卫星SuomiNPP业务特性及生态环境监测应用[J].环境监控与预警(3):1-6.

李志刚,杨旭海,施浒立,等,2008.转发器式卫星轨道测定新方法[J].中国科学(12):1711-1722.

梁强,2002.基于遥感的东海中上层鱼类资源评估的研究[D].北京:中国科学院大学.

梁顺林,2009.定量遥感[M].北京:科学出版社.

林明森,2006.散射计资料的风场神经网络反映算法研究[J].国土资源遥感,2:8-11.

林明森,2015.海洋遥感卫星发展历程与趋势展望[J].海洋学报,1:1-10.

林明森,张毅,宋清涛,等,2014.HY-2A卫星微波散射计在西北太平洋台风监测中的应用研究[J].中国工程科学(6):46-53.

刘良明,2005.卫星海洋遥感导论[M].武汉:武汉大学出版社.

刘良明,祝家东,2011.海洋水色遥感器发展趋势初探[J].遥感信息(2):113-121.

刘西川,宋堃,高太长,等,2018.复杂大气条件对微波传播衰减的影响研究[J].电子与信息学报,040(001):181-188.

刘晓川,2003.卫星技术在伊拉克战争中的应用[J].中国航天,4:30-35.

参考文献

刘宇中,张汉德,2001.中国的海洋航空遥感技术发展及应用[C].全国遥感技术学术交流会.
刘玉洁,杨忠东,2001.MODIS遥感信息处理原理与算法[M].北京:科学出版社.
娄明静,邢前国,施平,2013.海岸带高光谱遥感与近海高光谱成像仪(HICO)[J].遥感技术与应用(4):627-632.
马蔼乃,1978.遥感技术及其在地质上的应用[J].石油勘探与开发(3):2+82-88+97.
马金峰,詹海刚,陈楚群,等,2008.赤潮卫星遥感监测与应用研究进展[J].遥感技术与应用(5):604-610.
毛志华,朱乾坤,潘德炉,2003.卫星遥感业务系统海表温度误差控制方法田[J].海洋学报,25(5):49-57.
梅安新,彭望琭,秦其明,等,2001.遥感导论[M].北京:高等教育出版社.
潘德炉,2017.微波遥感基础[M].北京:海洋出版社.
潘德炉,白雁,2008.我国海洋水色遥感应用工程技术的新进展[J].中国工程科学,9:14-24.
潘德炉,龚芳,2011.我国卫星海洋遥感应用技术的新进展[J].杭州师范大学学报:自然科学版,10:1-10.
潘德炉,李炎,2002.海洋光学成像遥感技术的发展和前沿[C].中国空间科学学会空间遥感专业委员会.成像光谱技术与应用研讨会论文集.中国空间科学学会空间遥感专业委员会:中国空间科学学会,2002:29-35.
潘德炉,王迪峰,2004.我国海洋光学遥感应用科学研究的新进展[J].地球科学进展,19(4):506-512.
钱乐祥,2004.遥感数字影像处理与地理特征提取[M].北京:科学出版社.
日本遥感研究会,2011.遥感精解[M].刘勇卫,译.北京:测绘出版社.
沙晋明,2017.遥感原理与应用[M].北京:科学出版社.
石汉青,王毅,2009.海洋卫星研究进展[J].遥感技术与应用(3):274-283.
舒宁,2003.微波遥感基础[M].武汉:武汉大学出版社.
宋晓宇,单新建,2002.高分辨率卫星影像在城市建筑物识别中的初步应用[J].遥感信息(1):27-31.
苏奋振,周成虎,史文中,等,2005.基于粗集的环境机制发现模型及其渔业应用[J].遥感学报,9(4):398-404.
孙樊华,2010.数字图像处理-原理与计算方法[M].北京:机械工业出版社.
孙家柄,2003.遥感原理与应用[M].武汉:武汉大学出版社.
孙建,2005.SAR影像的海浪信息反演.[D].青岛:中国海洋大学.
孙乐成,周青,王娟,2019.海洋溢油遥感探测技术现状及预见[J].海洋开发与管理,36(3):49-53.
唐浩,许柳雄,陈新军,等,2013.基于GAM模型研究时空及环境因子对中西太平洋鲤鱼渔场的影响[J].海洋环境科学,4:518-522.
田国良,2009.遥感其实就在我们身边[N].中国计算机报,2009-11-23024.
汪金涛,高峰,雷林,等,2015.阿根廷滑柔鱼渔场预报模型最适时空尺度和环境因子分析[J].中国水产科学,5:1007-1014.

王迪峰,龚芳,潘德炉,等,2009.海监航空遥感平台及其在近海水体环境质量监测中的应用[J].海洋学报,31(2):49-56.

王景泉,2001.卫星技术的发展趋势与创新思路[J].国际太空(5):24-29.

王其茂,蒋兴伟,林明森,等,2003.HY-1卫星资料在海洋上的典型应用[J].遥感技术与应用,18(6):374-378.

王桥,2009.数字图像处理[M].北京:科学出版社.

王文宇,邵全琴,薛允传,等,2003.西北太平洋柔鱼资源与海洋环境的GIS空间分析[J].地球信息科学,1:39-44.

王宗灵,傅明珠,肖洁,等,2018.黄海浒苔绿潮研究进展[J].海洋学报,40(2):1-13.

韦玉春,汤国安,汪闽,等,2014.遥感数字图像处理教程[M].北京:科学出版社.

吴诗敏,1996.关于两光波干涉条件和相干度的讨论[J].赣南师范学院学报,000(006):25-27.

吴雄斌,杨绍麟,程丰,等,2003.高频地波雷达东海海洋表面矢量流探测试验[J].地球物理学报(3):340-346.

伍玉梅,王芮,程田飞,等,2019.基于卫星遥感的赤潮信息提取研究进展[J].渔业信息与战略,34(3):214-220.

徐福祥,2003.卫星工程概论[M].北京:宇航出版社.

徐建平,2000.国内外气象卫星发展[J].空间科学学报(S1):104-115.

徐金鸿,邓明镜,刘国栋,2007.遥感技术在水污染监测方面的应用[J].水土保持研究(5):324-326+330.

徐向华,程雪涛,梁新刚,2012.圆形太阳同步轨道卫星的空间热环境分析[J].宇航学报,33(3):399-404.

徐莹,张有广,林明森,2009.卫星高度计轨道设计的因素分析[J].遥感技术与应用,24(2):155-163.

许健民,郭关生,2000.风云二号气象卫星及其应用前景[J].中国航天,8:10-13.

闫敏,张衡,樊伟,等,2015.南太平洋长鳍金枪鱼渔场CPUE时空分布及其与关键海洋环境因子的关系[J].生态学杂志,11:3191-3197.

杨晓明,周应祺,陈新军,2006.基于海洋遥感的西北印度洋鸢乌贼渔场形成机制的初步分析[J].水产学报,30(5):669-675.

叶娜,贾建军,田静,等,2013.浒苔遥感监测方法的研究进展[J].国土资源遥感,25(1):7-12.

(印)拉温德拉·阿罗拉,(德)沃尔夫冈·莫什·肖登,2017.高电压与绝缘工程[M].上海:上海交通大学出版社.

于海圆,2007.鳀鱼(Engraulis japonicus)目标强度的模型法研究[D].青岛:中国海洋大学.

张安定,2014.遥感技术基础与应用[M].北京:科学出版社.

张更新,张昭,朱江,2009.全球对地观测卫星现状及其产业发展综述[J].数字通信世界(10):72-75.

张继贤,邓喀中,程春泉,等,2010.月球遥感影像高精度定位研究[J].遥感学报,14(3):423-436.

张杰,2004.合成孔径雷达海洋信息处理与应用[M].北京:科学出版社.

参考文献

张杰,2017.海洋遥感探测技术与应用[M].武汉:武汉大学出版社.

张俊,2011.基于声学数据后处理系统的黄海鳀鱼资源声学评估[D].上海:上海海洋大学.

张俊荣,1997.我国微波遥感现状及前景[J].遥感技术与应用,12(3):59-64.

张立福,张良培,村松加奈子,等,2005.基于高光谱卫星遥感数据的UPDM分析方法[J].武汉大学学报(信息科学版),30(3):264-268.

张学敏,商少平,张彩云,等,2005.闽南—台湾浅滩渔场海表温度对鲐鲹鱼类群聚资源年际变动的影响初探[J].海洋通报,24(4):91-96.

张毅,蒋兴伟,林明森,等,2009.星载微波散射计的研究现状及发展趋势[J].遥感信息(6):87-94.

张永宁,丁倩,高超,等,2000.油膜波谱特征分析与遥感监测溢油[J].海洋环境科学(3):5-10.

章毓晋,2009.图像处理和分析教程[M].北京:人民邮电出版社.

赵冬至,丛丕福,2000.海面溢油的可见光波段地物光谱特征研究[J].遥感技术与应用(3):160-164.

赵巍,2013.基于纹理分析的SAR海浪特征参数反演研究[D].桂林:桂林理工大学.

赵英时,2003.遥感应用分析原理与方法[M].北京:科学出版社.

郑履基,汤金明,1987.遥感基础与应用[M].广州:中山大学出版社.

钟陪武,2002.海洋地形卫星及其应用[J].国际太空,000(7):20-22.

朱建成,2007.黄海鳀鱼的年龄鉴定与生长特征研究[D].青岛:中国海洋大学.

朱述龙,张占睦,2000.遥感图像获取与分析[M].北京:科学出版社.

自然资源部海洋预警监测司,2019.2019中国海洋灾害公报[M]北京:自然资源部.

ABBOTT M R,CHELTON D B,1991. Advances in passive remote sensing of the ocean[J]. Reviews of Geophysics,29(S2):571-589.

BORN M,WOLF E,1999. Principles of Optics[M]. 7th ed. Cambridge:Cambridge University Press.

BRIGHTSMITH D,BRAVO A,2006. Ecology and management of nesting blue-and-yellow macaws (Ara ararauna) in Mauritia palm swamps[J]. Biodiversity & Conservation,15(13):4271-4287.

BROWN C E,MAROIS R,FINGAS M F,et al,2000. Preliminary testing of the scanning laser environmental airborne fluorosensor[C]// Environment Canada Arctic and Marine Oil Spill Program Technical Seminar (AMOP) Proceedings.

CAMPS A,1998. Extension of Kirchhoff method under stationary phase approximation to determination of polarimetric thermal emission of the sea[J]. Electronics Letters,34(15):1501-1503.

CHEN I-Ching,LEE Pei-Fen,TZENG Wann-Nian,2005. Distribution of albacore (Thunnus alalunga) in the Indian Ocean and its relation to environmental factors[J]. Fisheries Oceanography,14(1):71-80.

CHURNSIDE J H,2013. Review of profiling oceanographic lidar[J]. Optical Engineering,53(5):051405.

FIGA-Saldana J,WILSON J J W,2002. The advanced scatterometer (ASCAT) on the meteorological operational (MetOp) platform:A follow on for European wind scatterometers [J]. Can J Remote Sensing,28(3):404-412.

FREY C M, KUENZER C, DECH S, 2012. Quantitative comparison of the operational NOAA-AVHRR LST product of DLR and the MODIS LST product V005[J]. International Journal of Remote Sensing,33(22):7165-7183.

FU L L,CHRISTENSEN E J, YAMARONE C A, et al,1994. TOPEX/POSEIDON mission overview[J]. Journal of Geophysical Research:Oceans,99(C12):24369-24381.

GAULDIE R W,SHARMA S K,HELSLEY C E,1996. LIDAR application to fisheries monitoring problem[J]. Can J Fish Aquat Sci ,53:1459-1468.

GORDON H R, BROWN O B, JACOBS M M, 1975. Computed relationship between the inherent and apparent optical properties of a flat homogeneous ocean[J]. Applied Optics,14:417-427.

HERRON R C, LEMING T D, LI J, 1989. Satellite-detected fronts and butterfish aggregations in the northeastern Gulf of Mexico[J]. Continental Shelf Research,9(6):569-588.

HOLLIDAY D,1987. Resolution of a controversy surrounding the Kirchhoff approach and the small perturbation method in rough surface scattering theory[J]. IEEE Trans Antennas Propag,35(1):120-122.

HOSODA K,KAWAMURA H,LAN K W, et al,2012. Temporal scale of sea surface temperature fronts revealed by microwave observations[J]. IEEE Geoscience and Remote Sensing Letters,9(1):3-7.

ICHII T,MAHA Patra K,SAKAI M,et al,2004. Differing body size between the autumn and the winter spring exhorts of neon flying squid (Ommastre Phesbartramii) related to the oceanographic regime in the North Pacific: any Pothouses [J]. Fisheries Oceanography, 13(5): 295-309.

IRISOV V G ,1997. Small-slope expansion for thermal and reflected radiation from a rough surface [J]. Waves in Random Media,7:1-10.

JAMES C,1999. Environmental conditions, satellite imagery, and clupeoid recruitment in the northern Benguela upwelling system[J]. Fishery Oceanography,8(1):25-38.

JAMES C,2000. Coastal sea surface temperature and coho salmon production off the north-west United States[J]. Fisheries Oceanography,9(1):1-16.

JOHNSON J T,ZHANG M,1999. Theoretical study of the small slope approximation for ocean polarimetric thermal emission[J]. IEEE Transaction on Geoscience & Remote Sensing,37(5): 2305-2316.

JOHNSON J W,JR L A W,BRACALENTE E M,et al,1980. Seasat-A satellite scatterometer instrument evaluation[J]. IEEE Journal of Oceanic Engineering,5(2):138-144.

JOINT I,GROOM S B,2000. Estimation of Phytoplankton Production from Space:Current Status and Future Potential of Satellite Remote Sensing[J]. Journal of Experimental Marine Biology and Ecology,250(1-2):233-255.

JORDAN R L,1980. The Seasat-A synthetic aperture radar system[J]. IEEE Journal of Oceanic Engineering,5(2):154-164.

KEMMERER A J, SAVASTANO, et al, 1978. APPlications of space observations to the management and utilization of coastal fishery resourees. In: Godby, E. A. , Otterman, J. (Eds.), COSPAR: The Cont Ribution of Space Observations to Global Food, Information Systems[M]. Oxford: Pergamon Press, 1978: 143-155.

KIRK J T O, 1996. Light and Photosynthesis in Aquatic Ecosystems[M]. Gambrideg: Cambridge University Press.

KRAVITZ J, MATTHEWS M, BERNARD S, et al, 2020. Application of Sentinel 3 OLCI for chl-a retrieval over small inland water targets: Successes and challenges[J]. Remote Sensing of Environment, 237: 1-21.

LAURS, R. M, 1971. Fishery advisory information available to tropical Pacific tuna fleet via radio facsimile broadcast common[J]. Fish Rev, 33(4): 44-42.

LLEWELLYN-Jones D, EDWARDS M C, MUTLOW C T, et al, 2001. AATSR: Global-change and surface-temperature measurements from Envisat[J]. ESA bulletin, 105: 10-21.

MCDANIEL S T, 2003. Microwave backscatter from non-Gaussian seas[J]. IEEE Trans Geosci Remote Sen, 41(1): 51-58.

MEEKS M L, LILLEY A E, 1963. The microwave spectrum of Oxygen in the earth's atmosphere [J]. J Geo-phys Res, 68: 1683-1703.

MOBLEY C D, 1994. Light and water: Radiative transfer in natural waters[M]. San. Diego: Academic Press.

MONTGOMERY D R, 1981. Commercial applications of Satellite oceano-graphy [J]. Oceans, 24 (3): 56-6.

MONTGOMERY D R, 2013. The applications of satellite derived ocean color products to commercial fishing operations[J]. Marine Technology Society Journal, 20(2): 72-86.

POLOVINA J J, HOWELL E, KOBAYASHI D R, et al, 2001. The transition zone chlorophyll front, Dynamic global feature defining migration and forage habitat for marine resources [J]. Progression Oceanography, 49: 469-483.

POLOVINA J J, KLEIBER P, KOBAYASHI D R, 1999. Application of TOPER-POSEIDON satellite alfimetry to simulate transport dynamics of larvae of spiny lobster, Penurious marinates, in the North western Hawaiian Islands, 1993-1996[J]. Fish Bull, 97: 132-143.

REES W G, 2001. Physical principle of remote sensing[M]. 2nd ed. Cambridge: Cambridge University Press.

RIGNOT E J M, VAN Zyl J J, 1993. Change detection techniques for ERS-1 SAR data[J]. IEEE Transactions on Geoscience and Remote sensing, 31(4): 896-906.

ROITHMAYR C M, 1970. Airborne low-light sensor detects luminescing fish schools at night [J]. Commer Fish Rev, 32(12): 42-51.

ROSEKRANS P W, 1975. Shape of the 5 mm Oxygen band in the atmosphere[J]. IEEE Trans Ant Prop, 23: 498-506.

RYU J H,HAN H J,CHO S,et al,2012. Overview of geostationary ocean color imager (GOCI) and GOCI data processing system (GDPS)[J]. Ocean ence Journal,47(3):223-233.

SAITOH Sei-Iehi,KOSAKA Sunao,IISAKA Jo ji,1986. Satellite in fared observations of Kurtosis warm orderings and their application to study of Pacific saucy migration[J]. Deep Sea Research,33:1601-1615.

SCHICK R S,GOLDSTEN J,LUTEAVAGE M E,2004. Bluefintuna Distribution in relation to sea surface temperature front sin the gulf of marine(1994-96)[J]. Fish Oeeanogr,13:225-238.

SOTO-Crespo J M,1990. Scattering from slightly rough random surfaces:a detailed study on the validity of the small perturbation method[J]. J Opt Soc Am A,7(7):1185-1201.

STANLEY R H,1979. The Geos 3 Project[J]. Journal of Geophysical Research Solid Earth,84(B8):3779-3783.

VALAVANIS V D,GEORGAKARAKOS S,KAPANTAGAKIS A,et al,2004. A GIS environmental modeling approach to essential fish habitat designation [J]. Ecological Modelling,178:417-427.

VAN Vleck J H,1932. The theory of electric and magnetic susceptibilities[M]. London:Oxford University Press.

VORONOVICH A G,1996. Non-local small-slope approximation for were scattering from rough surface[J]. Waves in Random Media,6(1):151-167.

WAN L,LIN Y,ZHANG H,et al,2020. GF-5 Hyperspectral data for species mapping of mangrove in Mai Po,Hong Kong[J]. Remote Sensing,12(4):1-16.

WAN Luoma,LIN Yinyi,ZHANG Hongsheng,et al,2020. GF-5 hyperspectral data for species mapping of mangrove in Mai Po,Hong Kong[J]. Remote Sensing,12(4):656.

WANG Le,JIA Mingming,YIN Dameng,et al,2019. A review of remote sensing for mangrove forests:1956—2018[J]. Remote Sensing of Environment,231,111223.

WANG Z,ZHAO C,2015. Assessment of wind products obtained from multiple microwave scatterrometers over the China Seas,5(33):112-120.

WENTZ F J,SMITH D K,1999. A model function for the ocean-normalized radar cross section at 14 GHz derived from NSCAT observations[J]. Journal of Geophysical Research Oceans,104(C5).

WRIGHT C W,HOGE F E,SWIFT R N,et al,2001. Next-generation NASA airborne oceanographic lidar system[J]. Applied optics,40(3):336-342.

YATSU A,WATANABE T,ISHIDA M,2005. Environmental effects on recruitment and Productivity of Japanese sardine Sardine Pamela status and ehubmaekerel Somber Phonies with recommendations for management [J]. Fisheries Oceanography,14(4):263-278.

YUEH S H,WILSON W J,DINARDO S J,et al,2006. Polarimetric microwave wind radiometer model function and retrieval testing for WindSat[J]. IEEE Trans Geosci Remote Sens,44(3):597-610.

YUEH S H,1994. Polarimetric passive remote sensing of ocean wind vectors[J]. Radio Sci,29(4):799-814.

ZANEVELD J R V,KITCHEN J C,1995. The variation in the inherent optical properties of phytoplankton near an absorption peak as determined by various models of cell structure[J]. Journal of Geophysical Research,100:13309-13320.

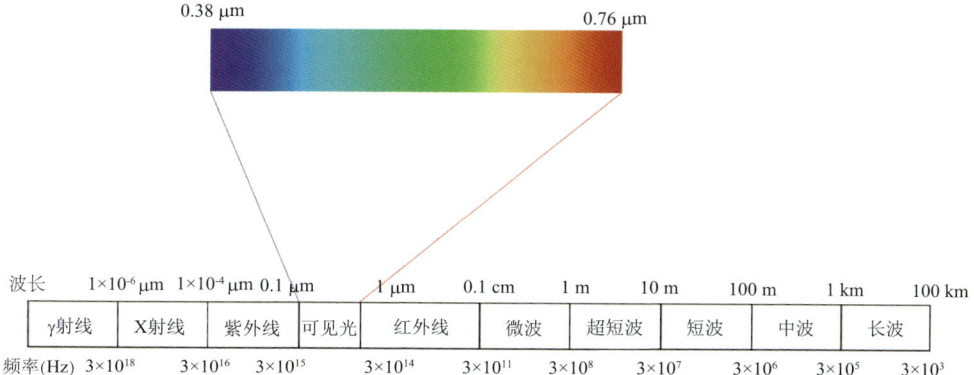

图 2.5 电磁波谱

图 4.1 红绿蓝三原色

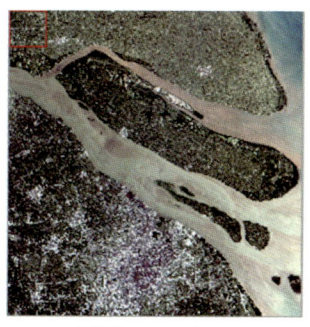
原始图像(1、2、3波段合成)

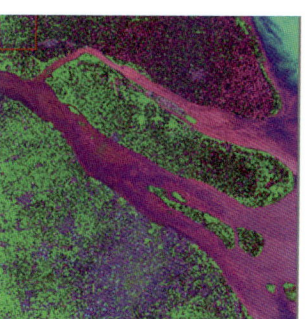
HSI图像

图 4.12 色彩空间变换

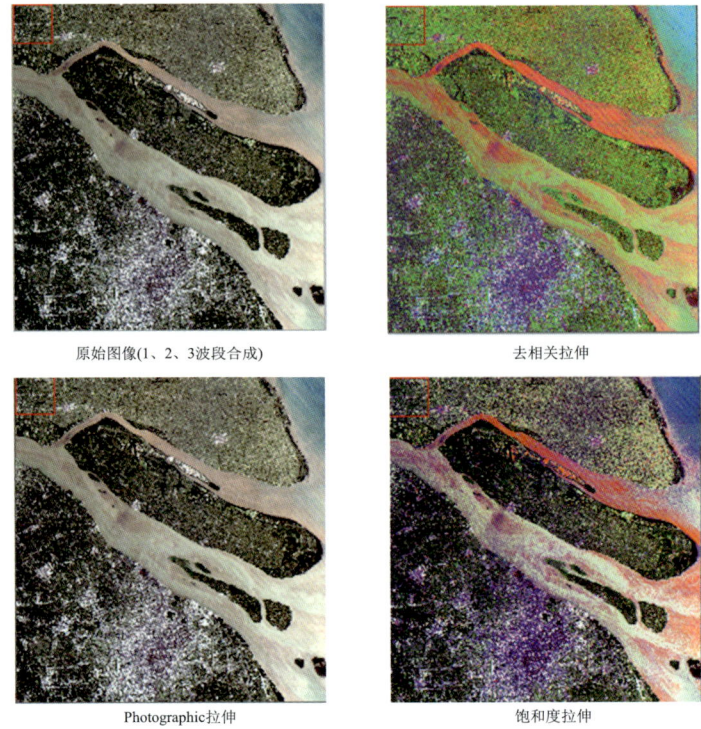

图 4.13 图像色彩拉伸

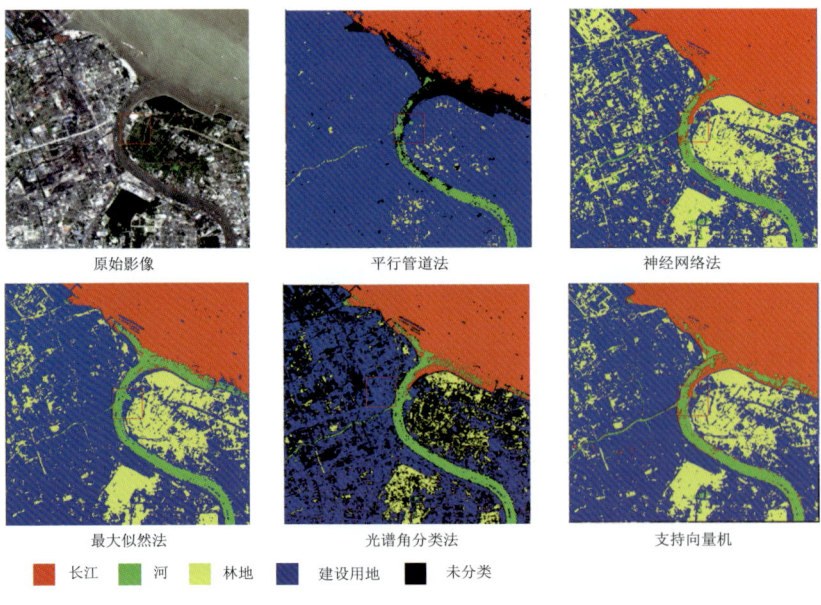

图 4.19 监督分类的结果

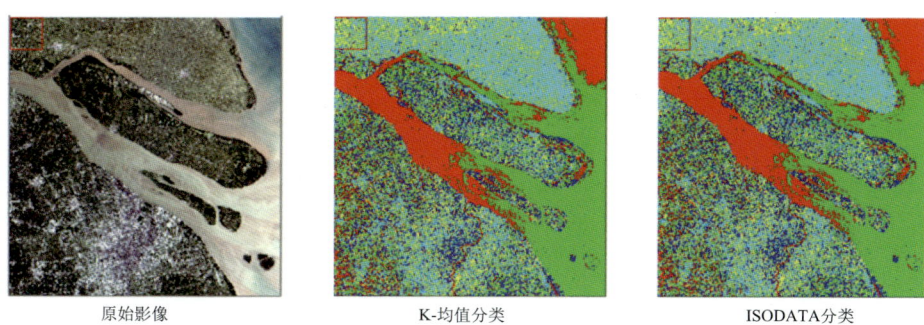

图 4.20 非监督分类的结果

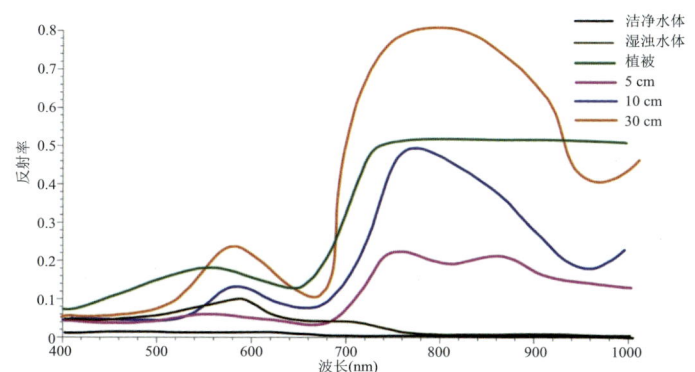

图 5.2 植被、正常海水和浒苔(厚度分别为 5,10,20 cm 和 30 cm)水体的实测光谱反射率

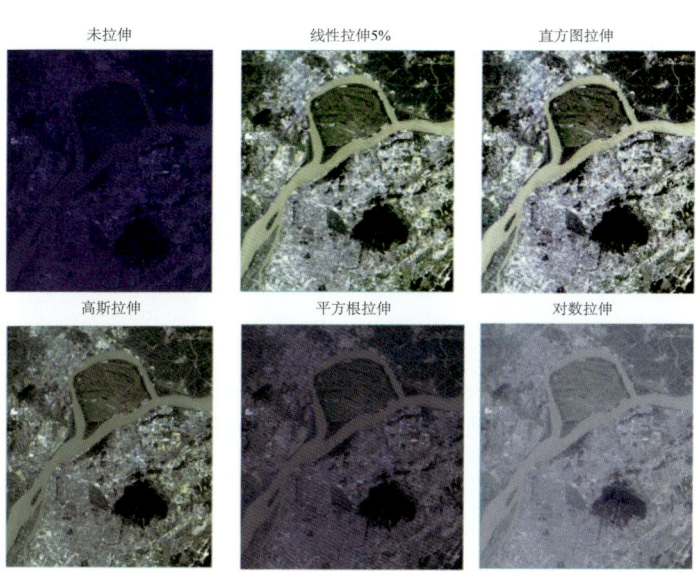

图 6.3 拉伸结果

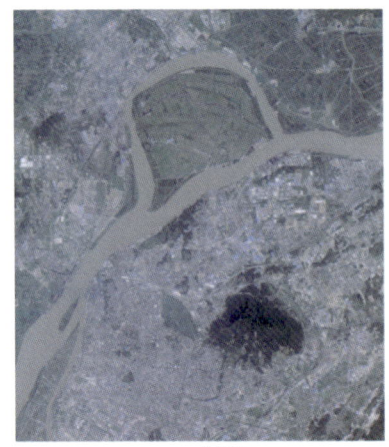

拉伸前　　　　　　　　　　　拉伸后

图 6.5　拉伸前后对比

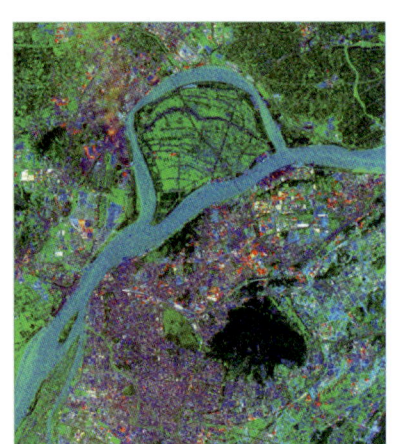

拉伸前　　　　　　　　　　　拉伸后

图 6.7　去相关拉伸结果

拉伸前　　　　　　　　　　　拉伸后

图 6.9　饱和度拉伸结果

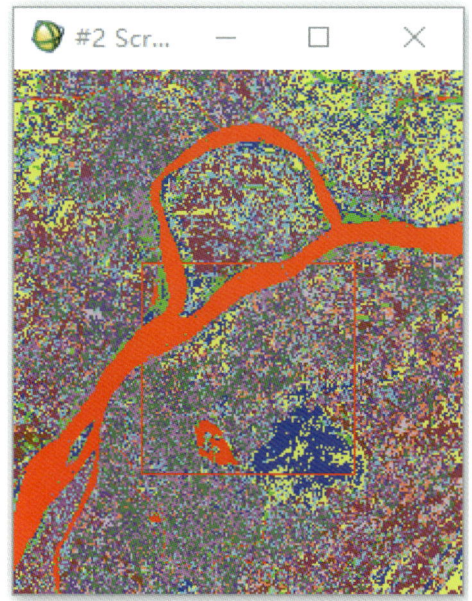

图 6.45 ISODATA 分类结果

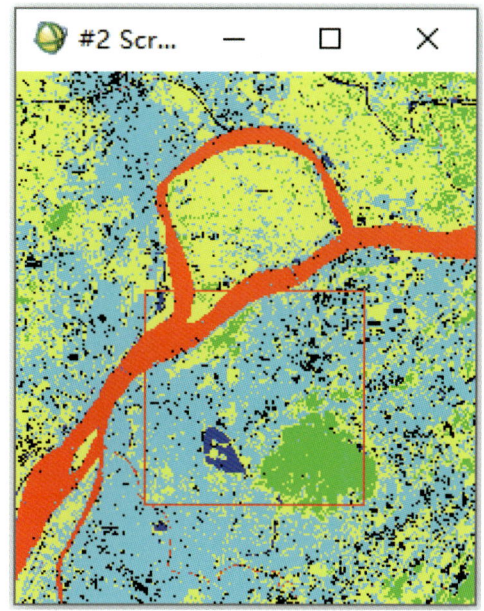

图 6.50 Parallelepiped 分类结果

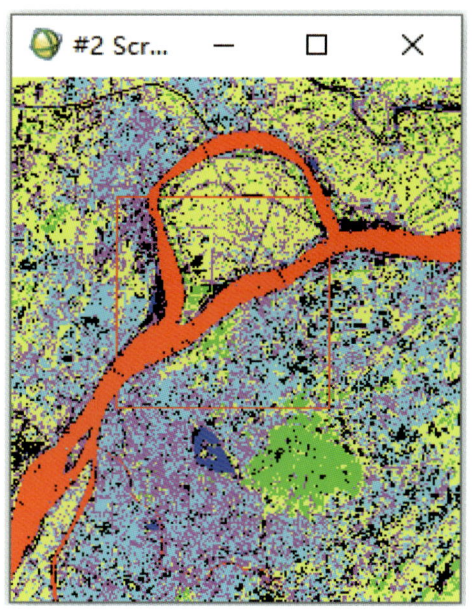

图 6.52 Minimum Distance Classification
分类结果

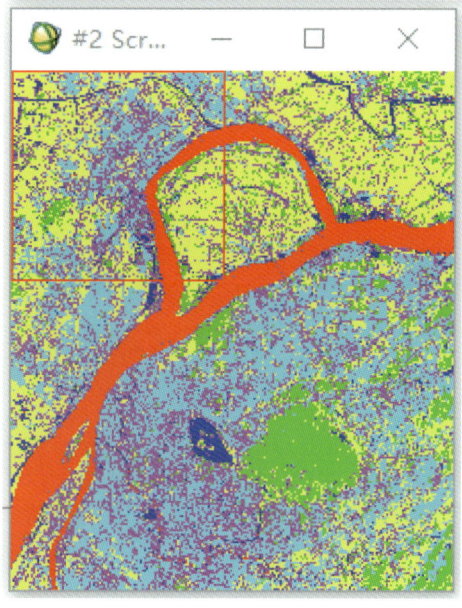

图 6.54 Mahalanobis Distance Classification
分类结果

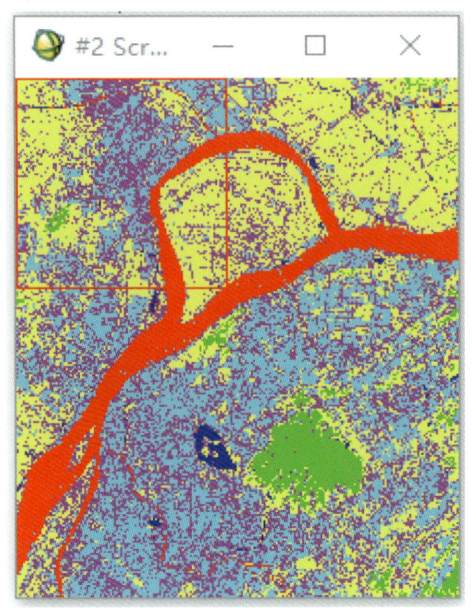

图 6.56 Maximum Likelihood Classification 分类结果

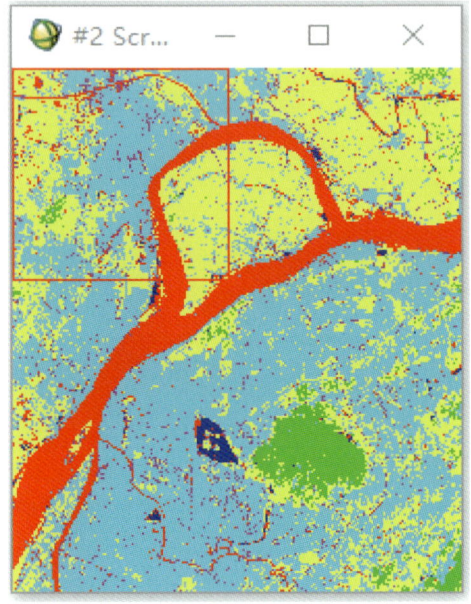

图 6.59 Neural Net Classification 分类结果

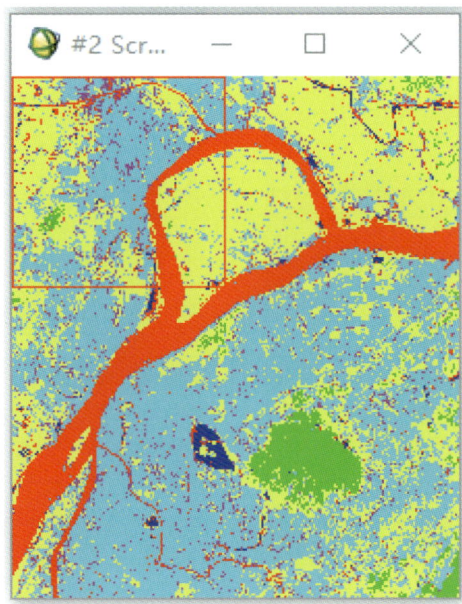

图 6.61 Support Vector Machine Classification 分类结果

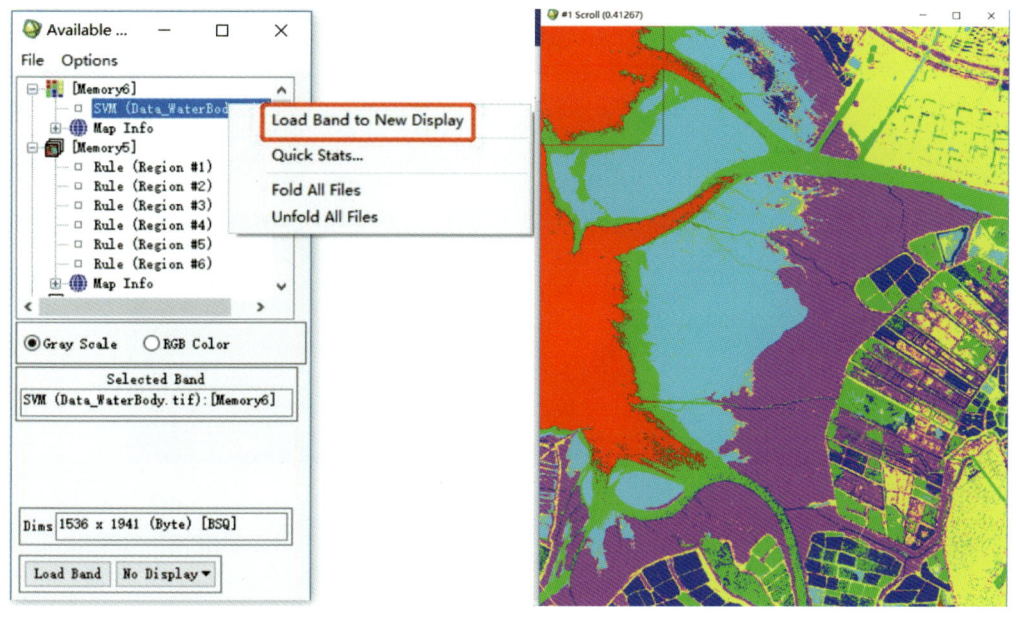

图 6.79 分类结果显示

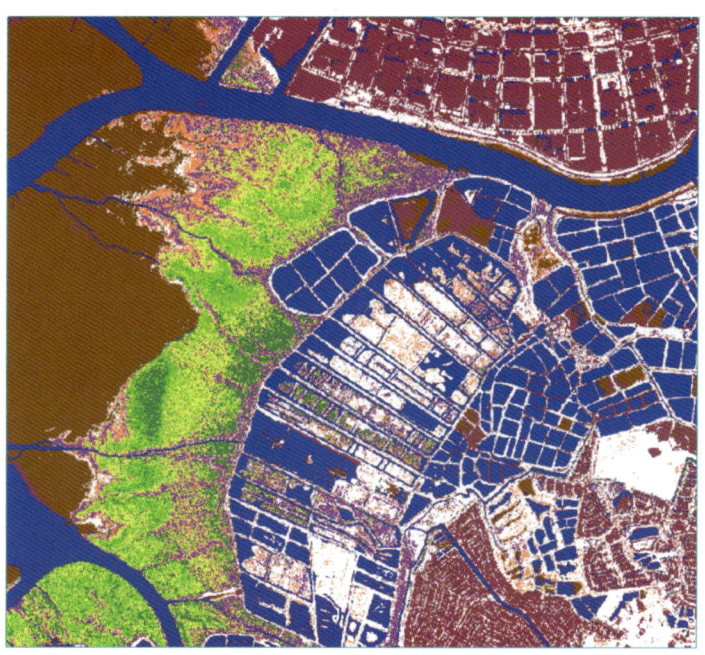

图 6.97 分类结果显示

· 7 ·

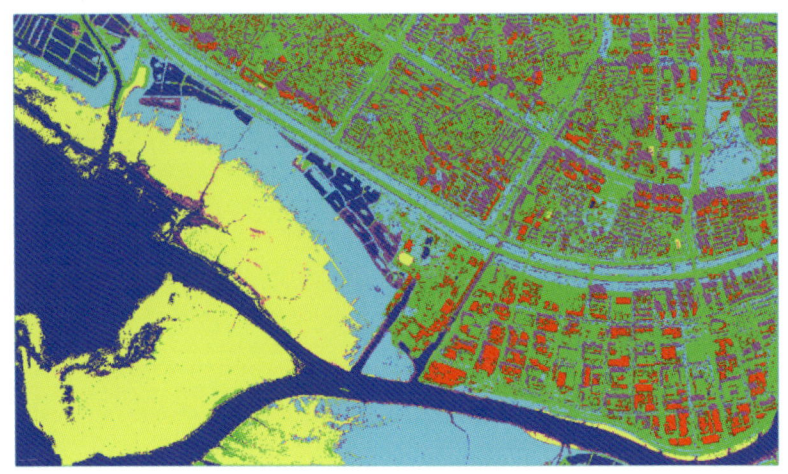

图 6.115 分类结果显示